Premiere Pro 视频后期剪辑

零基础入门到精通

郭荣 著

人 民 邮 电 出 版 社
北 京

图书在版编目（CIP）数据

Premiere Pro视频后期剪辑零基础入门到精通 / 郭荣著. -- 北京 : 人民邮电出版社, 2024.2
ISBN 978-7-115-63298-2

Ⅰ. ①P… Ⅱ. ①郭… Ⅲ. ①视频编辑软件 Ⅳ. ①TN94

中国国家版本馆CIP数据核字(2024)第007512号

内 容 提 要

本书以实战案例的方式介绍了 Adobe Premiere Pro 的操作方法，同时结合作者丰富的行业经验，帮助读者拓展后期剪辑思路。

本书共 13 章，由浅入深地讲解了 Premiere 的必会操作、Premiere 的剪辑技巧、使用动感音频增加视频节奏感、添加字幕让视频图文并茂、润色画面增加视频美感、使用视频效果打造创意画面、使用转场效果让视频过渡更自然、添加关键帧让画面动起来、抠像合成秒变技术流、制作美食快闪视频、制作高级旅拍 Vlog、制作企业宣传视频、制作微电影预告片等内容。

本书不但适合零基础的 Premiere 用户阅读，也适合作为大中专院校和培训机构相关专业的教材，还适合广大视频后期编辑爱好者、影视动画制作者、影视编辑从业人员参考学习。

◆ 著　　　　郭　荣
责任编辑　张　贞
责任印制　陈　犇

◆ 人民邮电出版社出版发行　　北京市丰台区成寿寺路 11 号
邮编　100164　　电子邮件　315@ptpress.com.cn
网址　https://www.ptpress.com.cn
北京宝隆世纪印刷有限公司印刷

◆ 开本：700×1000　1/16
印张：19　　　　2024 年 2 月第 1 版
字数：438 千字　　　　2024 年 2 月北京第 1 次印刷

定价：109.80 元

读者服务热线：(010)81055296　印装质量热线：(010)81055316
反盗版热线：(010)81055315
广告经营许可证：京东市监广登字 20170147 号

前　言

Adobe Premiere Pro是由Adobe公司推出的一款非线性编辑软件，目前这款软件广泛应用于广告制作和电视节目制作中，现已更新到Adobe Premiere Pro 2023。它提供了剪辑、调色、音频处理、字幕添加、视频转场效果制作等强大的视频编辑功能，并和其他Adobe软件高效集成，可以满足用户大部分的视频编辑需求。全书从实用角度出发，以案例的形式，由浅及深地向读者讲解Adobe Premiere Pro 2023各方面的基础操作和剪辑技巧，希望读者能学以致用，举一反三，快速掌握Adobe Premiere Pro 2023在视频编辑领域中的应用方法和技巧。

本书特色

内容由浅及深、通俗易懂：本书内容新颖、难度适中、通俗易懂，以实战案例的方式，对Adobe Premiere Pro 2023的基本剪辑功能、调色功能、视频效果、转场效果、字幕效果等知识进行全方位的讲解。

实战案例讲解、边学边练：本书没有过多的枯燥理论，采用“案例式”教学方法，通过80多个实用性极强的实战案例，为读者讲解Adobe Premiere Pro 2023的基础操作和实用剪辑技巧。

配套教学视频、边看边学：本书提供专业讲师的讲解视频，读者不仅可以按照步骤制作视频，还可以观看配套讲解视频。

内容框架

本书基于Adobe Premiere Pro 2023编写而成。全书共13章，具体内容框架如下所述。

第1章　Premiere的必会操作：介绍Adobe Premiere Pro 2023的基本操作与执行命令的方法等基础知识。

第2章　Premiere的剪辑技巧：主要介绍使用Adobe Premiere Pro 2023进行素材剪辑的各类操作，包括分割视频、视频变速等内容。

第3章　使用动感音频增加视频节奏感：主要介绍音频效果的应用，包括导入音频素材、调整音频音量、调节音频增益等内容。

第4章　添加字幕让视频图文并茂：主要介绍创建与编辑字幕的方法，包括添加字幕、编辑字幕样式、制作滚动字幕等内容。

第5章　润色画面增加视频美感：主要介绍校正和调整素材颜色的操作，包括使用颜色校正效果增加视频美感的方法等内容。

第6章　使用视频效果打造创意画面：介绍常用的视频效果以及使用视频效果制作创意画面的方法。

第7章　使用转场效果让视频过渡更自然：介绍常用的视频过渡效果的使用方法。

第8章　添加关键帧让画面动起来：介绍关键帧的应用方法，包括创建关键帧、制作关键帧动画等内容。

第9章　抠像合成秒变技术流：主要介绍抠像合成技术，包括键控特效的应用、叠加与抠像效果的应用等内容。

第10章　制作美食快闪视频：对之前介绍的内容进行汇总，讲解美食快闪视频的制作方法。

第11章　制作高级旅拍Vlog：对之前介绍的内容进行汇总，讲解Vlog的制作方法。

第12章　制作企业宣传视频：对之前介绍的内容进行汇总，讲解企业宣传片的制作方法。

第13章　制作微电影预告片：对之前介绍的内容进行汇总，讲解微电影预告片的制作方法。

笔者

2023年7月

目 录 CONTENTS

第 1 章 Premiere 的必会操作

第 2 章 Premiere 的剪辑技巧

第 3 章 使用动感音频增加视频节奏感

第 4 章 添加字幕让视频图文并茂

第 5 章 润色画面增加视频美感

第 6 章 使用视频效果打造创意画面

第 7 章 使用转场效果让视频过渡更自然

第 8 章　添加关键帧让画面动起来

第 9 章　抠像合成秒变技术流

第 10 章　制作美食快闪视频

第 11 章　制作高级旅拍 Vlog

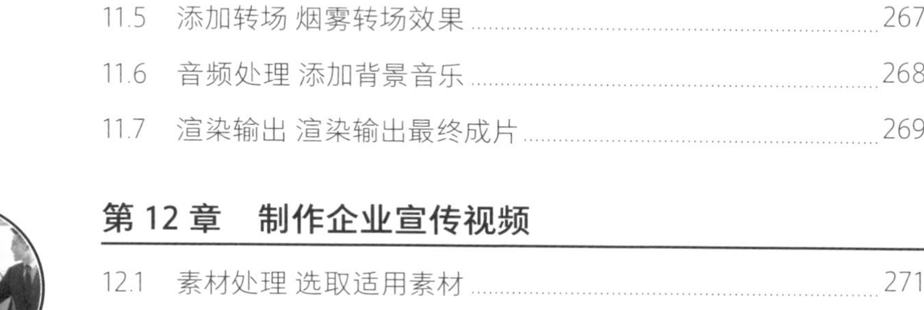

第 12 章　制作企业宣传视频

第 13 章　制作微电影预告片

第 1 章

Premiere 的必会操作

Adobe Premiere Pro（简称Pr）是由Adobe公司开发的一款视频编辑软件，凭借着简便实用的编辑方式、对素材格式的广泛支持、拓展性强、兼容性强等优势，得到了很多视频编辑爱好者和专业人士的青睐。这款软件广泛应用于广告制作和电视节目制作中，本章将介绍Adobe Premiere Pro 2023的一些必会操作。

1.1 安装与启动 Premiere

使用Adobe Premiere Pro 2023（后文称Premiere Pro 2023）对素材进行剪辑之前，需要先安装和启动Premiere Pro 2023应用程序。下面将详细介绍安装与启动Premiere Pro 2023的操作方法。

步骤 01 打开Premiere Pro 2023安装文件夹，双击Setup.exe安装文件，然后根据向导提示进行安装。

步骤 02 安装完成后，双击桌面上的Premiere Pro 2023的快捷方式图标，即可进入Premiere Pro 2023的启动界面，如图1-1所示。

步骤 03 启动完成后，会显示软件的“主页”界面，如图1-2所示。通过该界面可以打开最近编辑过的项目文件，还可以进行新建项目、打开项目等操作。

图 1-1

图 1-2

1.2 创建项目

要制作符合要求的影视作品，首先得创建一个符合要求的项目文件，然后再进行剪辑工作。下面将详细介绍如何在Premiere Pro 2023中创建影片编辑项目。

步骤 01 在桌面上双击Premiere Pro 2023的快捷方式图标，启动软件。

步骤 02 在“主页”界面中，单击“新建项目”按钮，如图1-3所示，进入项目设置界面，设置项目的名称和保存位置，在右侧“导入设置”区域中还可以复制媒体、新建素材箱以及创建新序列，如图1-4所示。

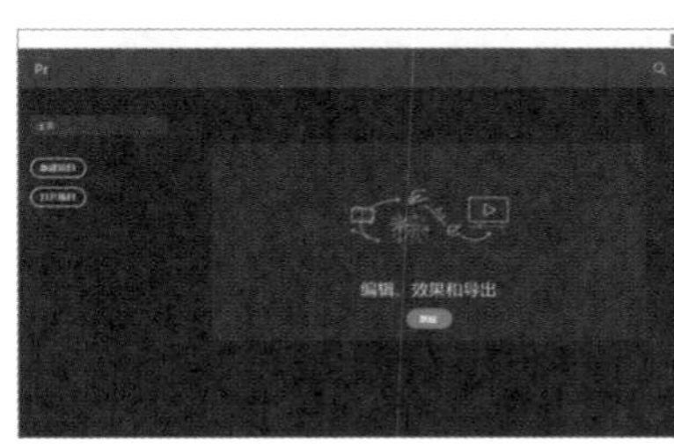

图 1-3

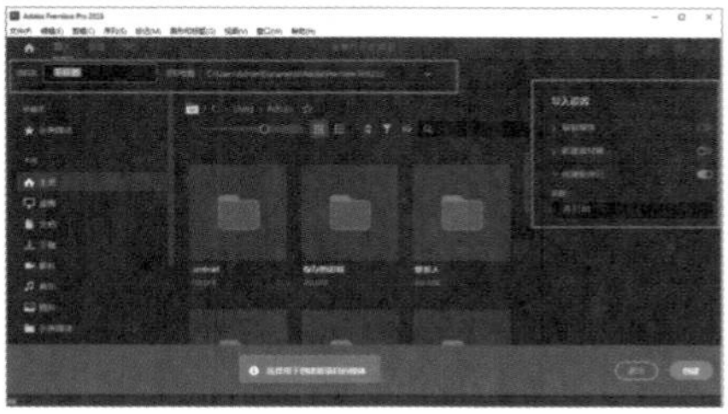

图 1-4

步骤 03 单击“创建”按钮，进入Premiere Pro 2023的工作界面，如图1-5所示。

图 1-5

提示

执行“文件→新建→项目”菜单命令（快捷键Ctrl+Alt+N），也可以新建项目文件。

1.3 新建序列

新建序列是在新建项目后需要完成的一个操作，可根据素材的大小选择合适的序列类型。下面将详细介绍新建竖屏视频序列与横屏视频序列的方法。

步骤 01 启动Premiere Pro 2023，在菜单栏中执行“文件→打开项目”命令（快捷键Ctrl+O），将路径文件夹中的“新建序列.prproj”文件打开。

步骤 02 在“项目：新建序列”面板的空白区域右击，在弹出的快捷菜单中执行“新建项目→序列”命令，如图1-6所示。

步骤 03 在弹出的“新建序列”对话框中，切换到“设置”选项卡，展开“编辑模式”下拉列表，选中“自定义”选项，将“帧大小”设置为1080和1920，在对话框下面设置“序列名称”为“竖屏视频”，单击“确定”按钮，如图1-7所示，完成竖屏视频序列的创建。

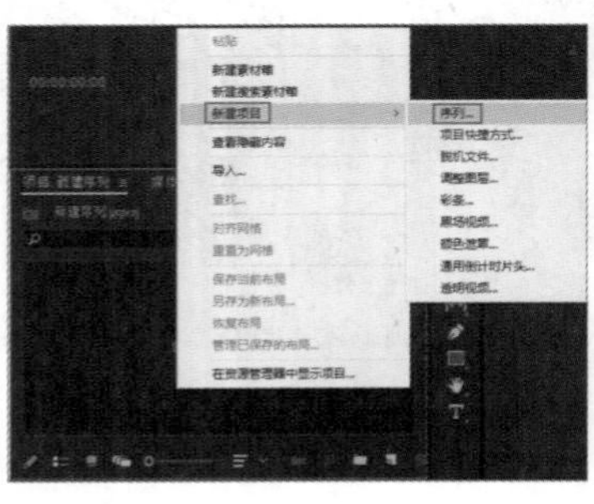

图 1-6

图 1-7

步骤 04 此时新建的序列会自动添加到“项目：新建序列”面板和“时间轴”面板中，如图 1-8 和图 1-9 所示。

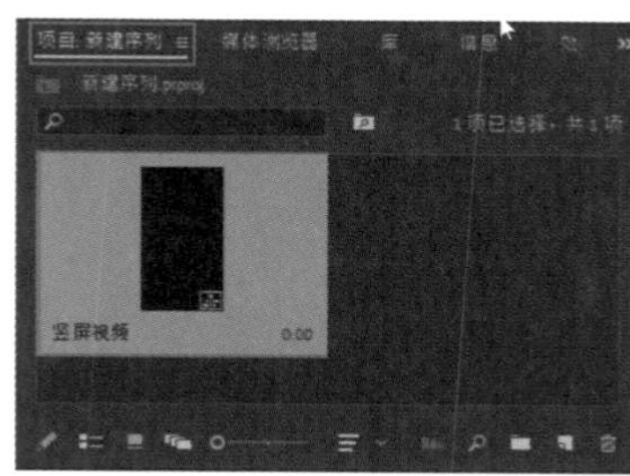

图 1-8

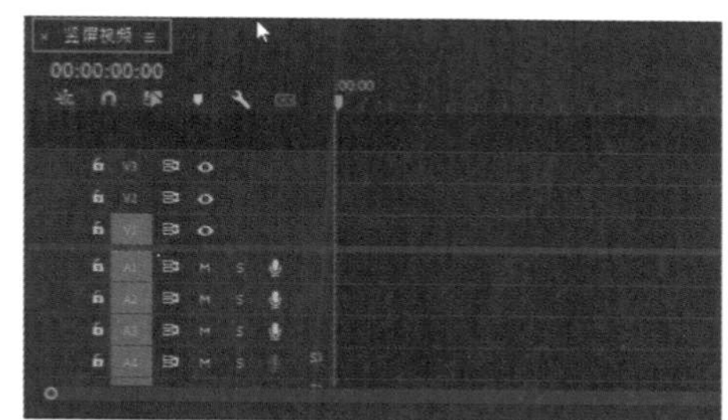

图 1-9

步骤 05 在“项目：新建序列”面板右下角单击“新建项”按钮，在弹出的菜单中执行“序列”命令，如图 1-10 所示，也可以使用快捷键 Ctrl+N 直接打开“新建序列”对话框。在“新建序列”对话框中打开“AVCHD”文件夹，然后打开“1080i”子文件夹，选中“AVCHD 1080i25（50i）”，设置“序列名称”为“横屏视频”，再单击“确定”按钮，如图 1-11 所示，完成横屏视频序列的创建。

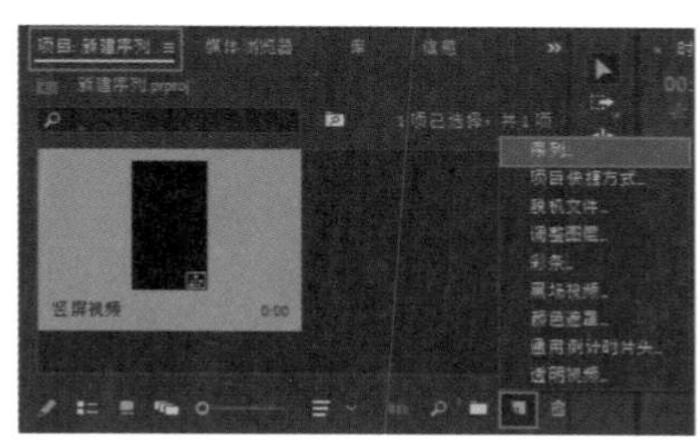

图 1-10

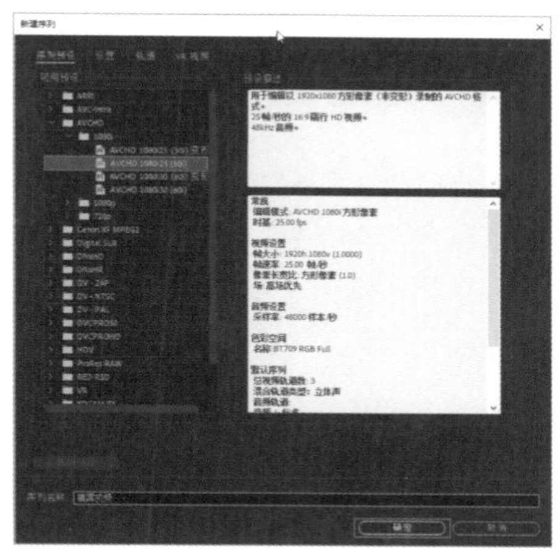

图 1-11

步骤 06 此时新建的序列会自动添加到“项目：新建序列”面板和“时间轴”面板中，如图 1-12 和图 1-13 所示。

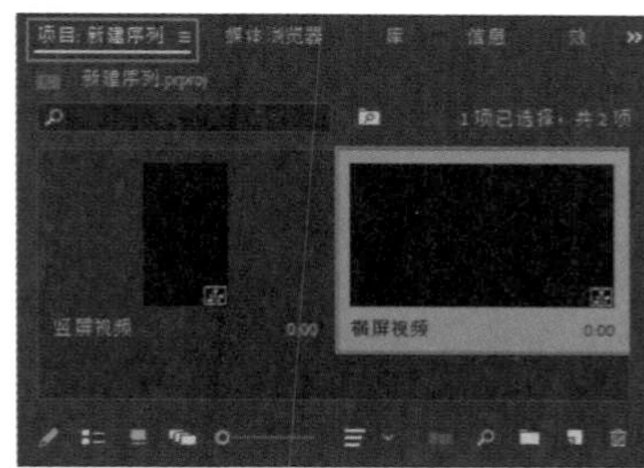

图 1-12

图 1-13

提示

在没有新建序列的情况下，将素材文件拖曳至“时间轴”面板中，此时“项目”面板中将自动生成与素材文件等大的序列。

1.4 导入素材 向日葵花海

Premiere是通过组合素材来编辑影视作品的，因此，在编辑影视作品的时候会用到很多素材。在编辑影视作品之前，需要将准备的素材导入“项目”面板中。下面将详细介绍导入素材的基本操作，包括导入序列图片素材、导入PSD格式的素材、导入视频素材。

步骤 01 启动Premiere Pro 2023软件，新建一个项目文件。

步骤 02 双击“项目”面板的空白区域，在弹出的“导入”对话框中选中“静帧序列”文件夹，单击“打开”按钮，如图1-14所示。

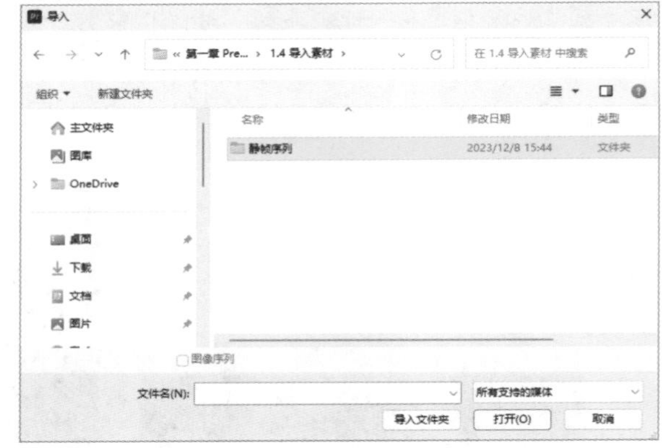

图 1-14

步骤 03 选中“静帧序列”文件夹里的第一张图片，接着勾选下方的“图像序列”复选框，然后单击“打开”按钮，如图1-15所示。

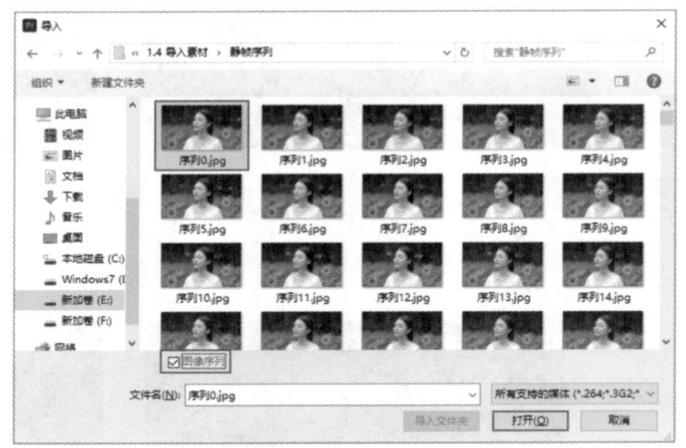

图 1-15

步骤 04 序列图片在“项目：无标题”面板中以独立文件的形式显示，如图1-16所示。按住鼠标左键将其拖曳至“时间轴”面板中，如图1-17所示，即可成功添加序列图片。

图 1-16

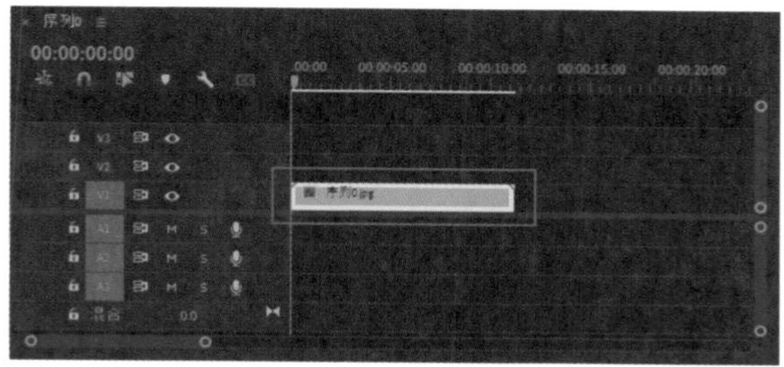

图 1-17

步骤 05 在“项目：无标题”面板的空白区域右击，在弹出的快捷菜单中执行“导入”命令，如图 1-18 所示。

步骤 06 在弹出的“导入”对话框中双击“向日葵.psd”文件，如图 1-19 所示。

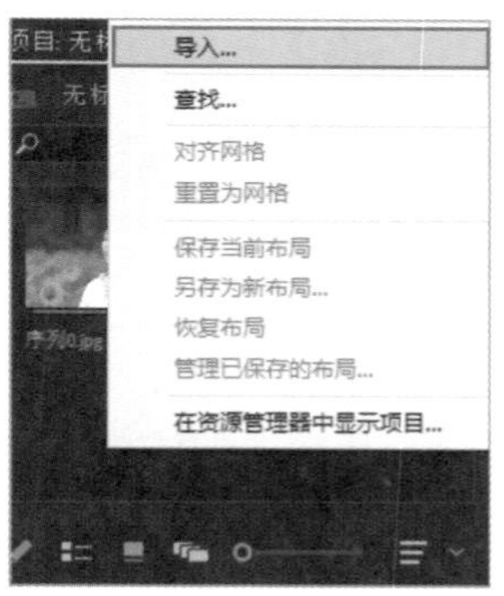

图 1-18

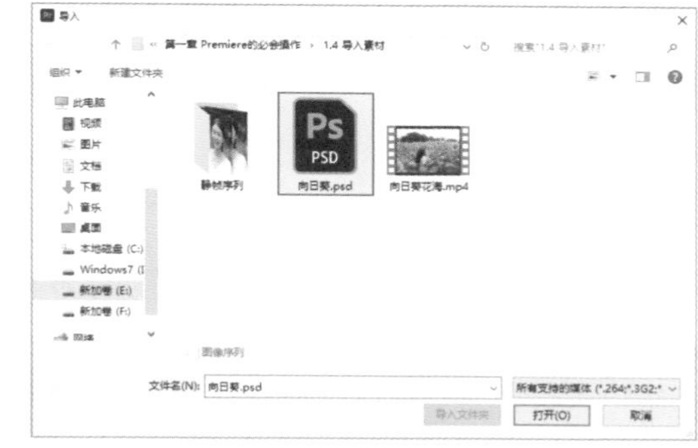

图 1-19

步骤 07 系统弹出“导入分层文件：向日葵”对话框，在“导入为”下拉列表中选中“合并所有图层”选项，然后单击“确定”按钮，如图 1-20 所示，导入的 PSD 格式的合成素材将以图片形式出现在“项目：无标题”面板中，如图 1-21 所示。

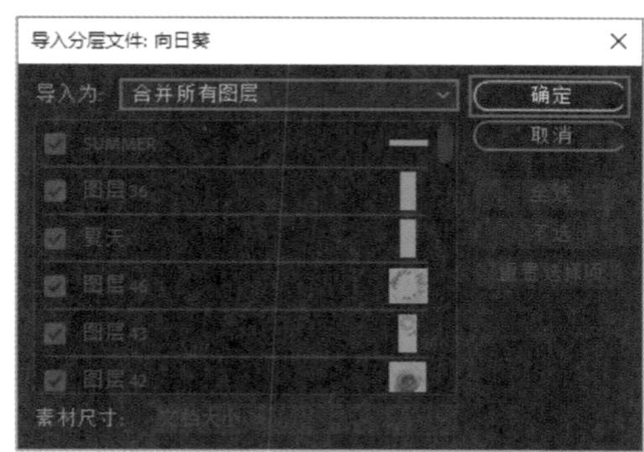

图 1-20

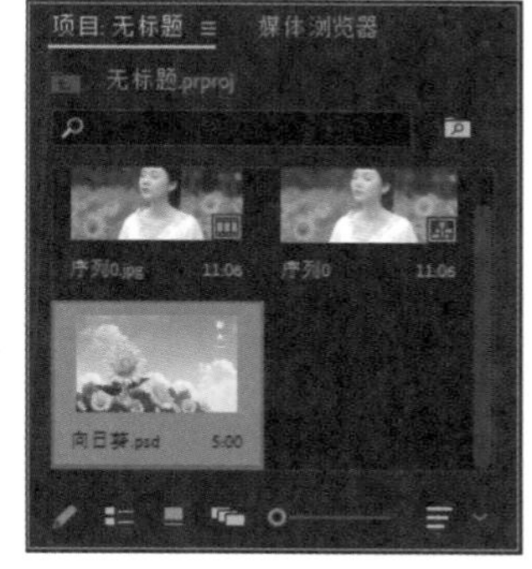

图 1-21

步骤 08 在菜单栏中执行“文件→导入”命令（快捷键 Ctrl＋I），如图 1-22 所示，在打开的“导入”对话框中选中“向日葵花海.mp4”素材文件，单击“打开”

按钮，如图 1-23 所示，即可将视频素材导入 Premiere Pro 2023 的“项目”面板中。

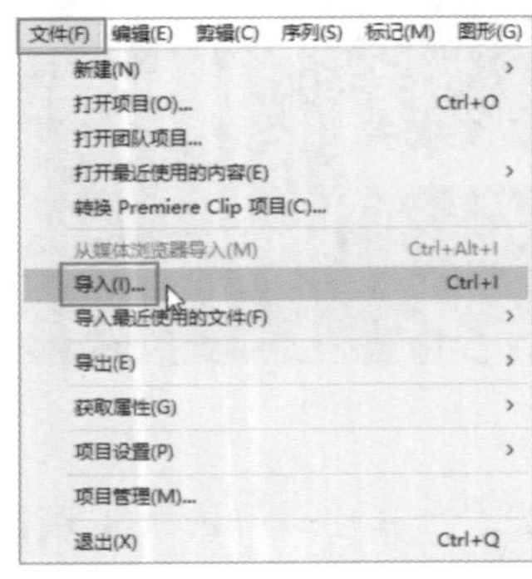

图 1-22

图 1-23

提示

导入素材文件还有另外两种方法，第一种是在“媒体浏览器”面板中打开需要导入的素材文件，第二种是直接将素材文件拖入“项目”面板中。

1.5 替换素材 世界读书日

在视频编辑过程中，用户会碰到素材已经添加了一些属性，但突然发现素材不合适，需要更换素材的情况。这时如果直接将素材删除，已经添加的属性也会跟着被删除，但使用“替换素材”功能可以在不更改已经添加的属性的情况下，替换原始素材，帮助用户提高工作效率。下面将详细介绍替换素材的方法。

步骤 01 启动 Premiere Pro 2023 软件，在菜单栏中执行“文件→打开项目”命令，将路径文件夹中的“替换素材.prproj”文件打开，如图 1-24 所示。

步骤 02 在“项目：替换素材”面板中打开“视频”文件夹，选中“阅读.mp4”素材并右击，在弹出的快捷菜单中执行“替换素材”命令，如图 1-25 所示。

图 1-24

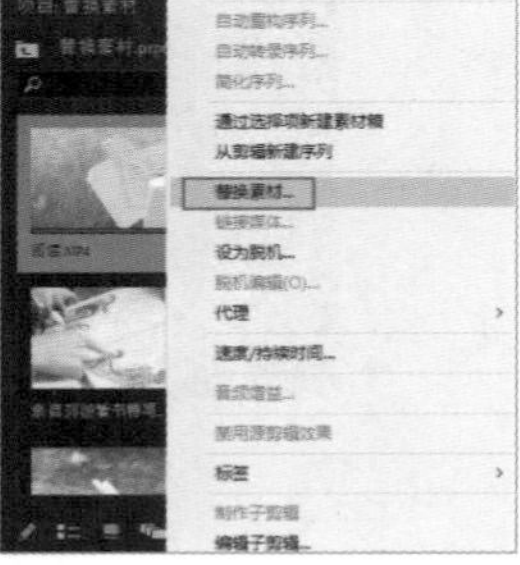

图 1-25

步骤 03 在打开的对话框中选中“亲子郊游看书.mp4”素材作为替换素材，单击“选择”按钮，如图 1-26 所示。此时，“视频”文件夹中的“女生草地看书.mp4”素材被替换为“亲子郊游看书.mp4”素材，如图 1-27 所示。

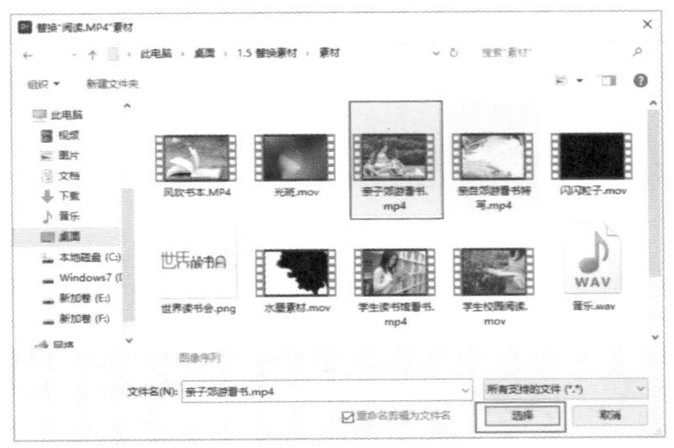

图 1-26

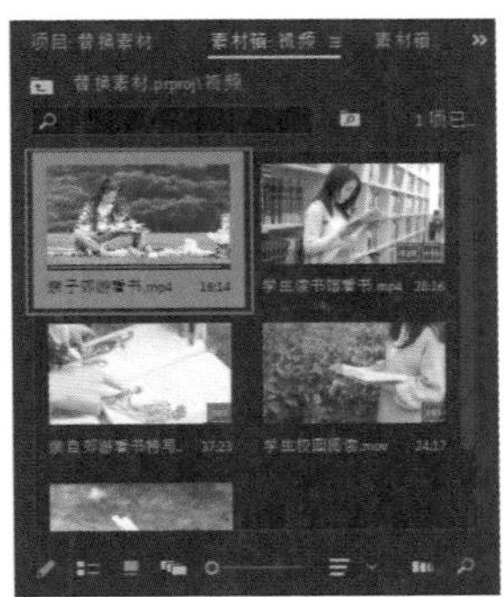

图 1-27

1.6 编组素材 运动进行时

在编辑视频时可通过对多个素材进行编组处理，将多个素材文件合并为一个整体，这样在后续编辑时便可同时选中素材或添加效果。下面将详细介绍编组素材的方法。

步骤 01 启动 Premiere Pro 2023 软件，在菜单栏中执行“文件→打开项目”命令，将路径文件夹中的“编组素材.prproj”文件打开。

步骤 02 将“热身运动 1.mp4”和“热身运动 2.mp4”素材拖曳到“时间轴”面板的 V1 轨道上，在弹出的“剪辑不匹配警告”对话框中单击“保持现有设置”按钮，如图 1-28 所示；将“足球运动员运球.mp4”素材拖曳到 V2 轨道上，起始时间为 00:00:02:21，结束时间与 V1 轨道上的“热身运动 1.mp4”素材的结束时间相同；将“足球运动员形象.mp4”素材拖曳到 V2 轨道上，起始时间为 00:00:10:10，如图 1-29 所示。

图 1-28

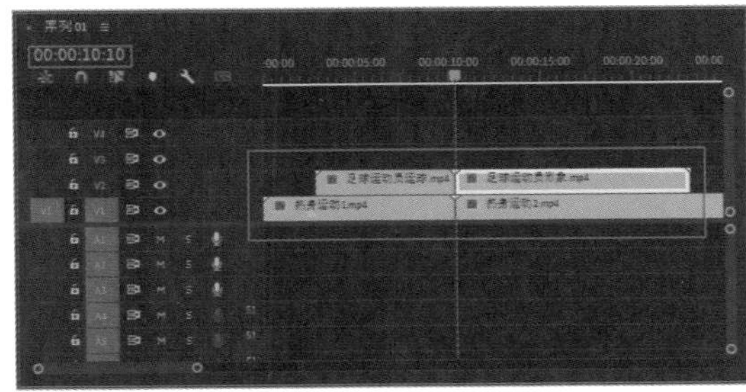

图 1-29

步骤 03 选中“热身运动1.mp4”和“足球运动员运球.mp4”素材并右击，在弹出的快捷菜单中执行“编组”命令，如图1-30所示，之后便可同时选中或移动这两个素材，如图1-31所示。

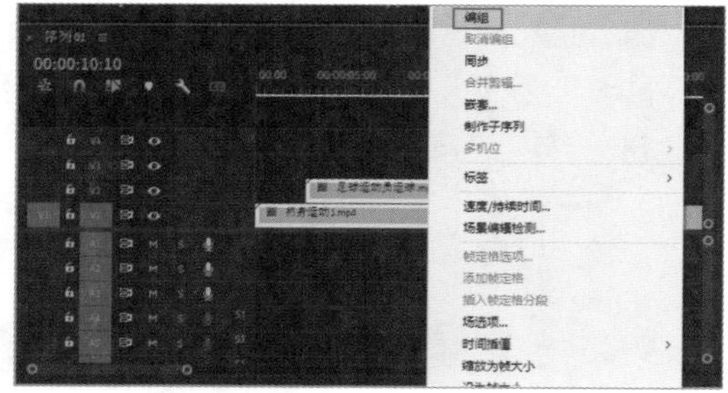

图 1-30

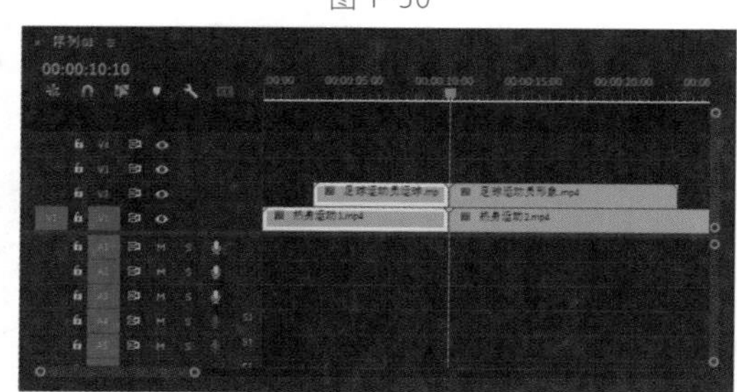

图 1-31

步骤 04 在“效果”面板的搜索框中输入“水平翻转”并按Enter键，如图1-32所示，按住鼠标左键将“水平翻转”效果拖曳到编组对象上，如图1-33所示。

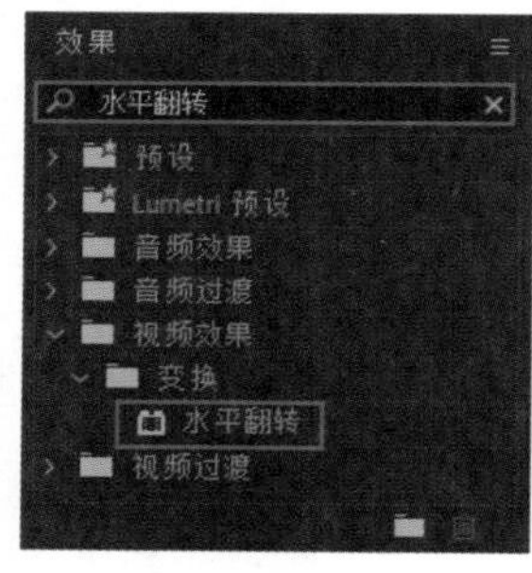

图 1-32

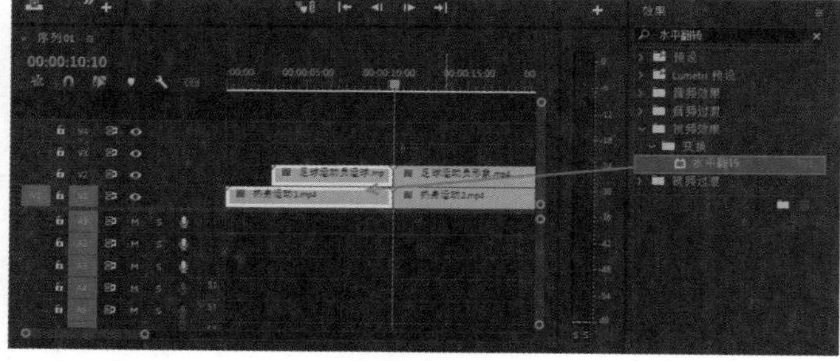

图 1-33

步骤 05 “热身运动1.mp4”和“足球运动员运球.mp4”素材均发生了水平翻转变化，添加效果前后的对比图如图1-34所示。

图 1-34

1.7 嵌套素材 唯美小雏菊

嵌套素材就是将一组素材进行嵌套，形成一个序列。这样可以让“时间轴”面板中的序列看起来更加清晰明了，用户不会因为素材片段过多而无从下手。用户可以单独打开某个主序列并编辑其所包含的内容，同时可以在主序列中看到更新后的变化。在进行视频制作时，将“时间轴”面板中的素材文件以嵌套的方式转换为一个序列，便于对素材进行操作与归纳。下面将详细介绍嵌套素材的方法。

步骤 01 启动Premiere Pro 2020软件，在菜单栏中执行“文件→打开项目”命令，将路径文件夹中的“嵌套素材.prproj”文件打开。

步骤 02 在“效果”面板中搜索“裁剪”效果，将该效果拖曳至V1轨道的“小雏菊.mp4”素材上，如图 1-35 所示。

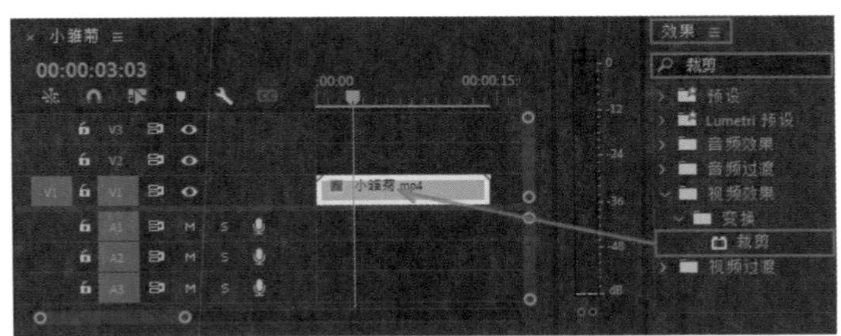

图 1-35

步骤 03 在“效果控件”面板中展开“裁剪”卷展栏，设置“右侧”参数为50.0%，如图 1-36 所示。

步骤 04 选中“小雏菊.mp4”素材，将时间线拖到起始位置，在“效果控件”面板中，设置“位置”参数为（960.0，–542.0），并单击“位置”左侧的“切换动画”按钮，开启自动关键帧。接着将时间线拖到00:00:09:00位置，设置“位置”参数为（960.0，540.0），如图 1-37 所示。

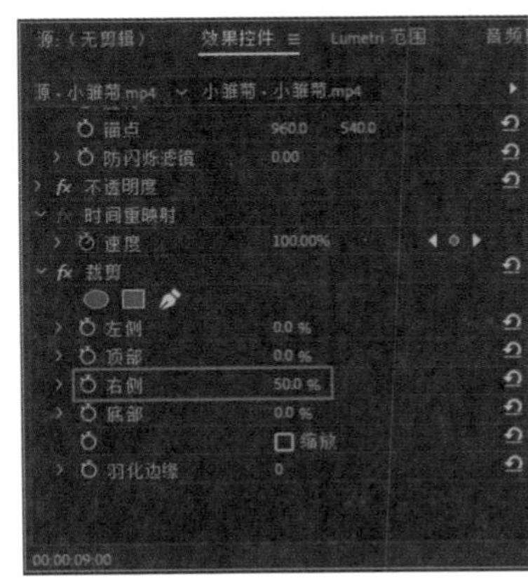

图 1-36

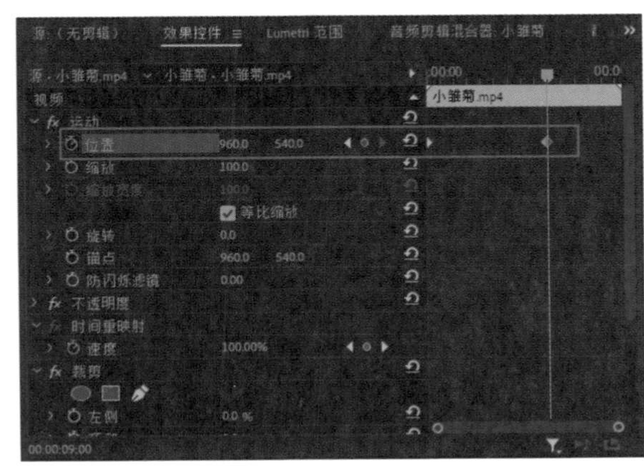

图 1-37

步骤 05 预览视频，画面效果如图 1-38和图 1-39所示。

图 1-38

图 1-39

步骤 06 选中 V1轨道中的“小雏菊.mp4”素材，按住Alt键的同时，将素材拖至V2轨道，以复制素材，如图 1-40所示。

步骤 07 选中V2轨道中的“小雏菊.mp4”素材，在“效果控件”面板中，将时间线拖到起始位置，设置“位置”参数为（960.0，1623.0）；展开“裁剪”卷展栏，设置“右侧”参数为0.0%，设置“左侧”参数为50.0%，如图 1-41所示。

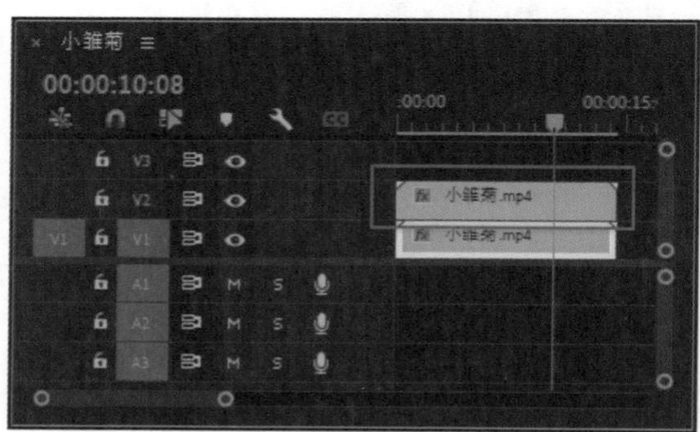

图 1-40

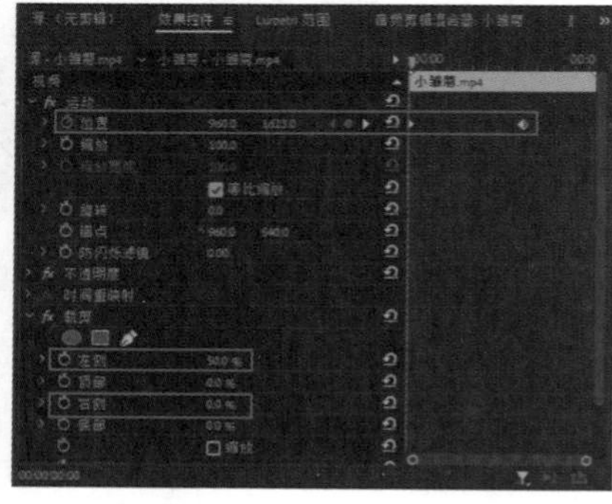

图 1-41

步骤 08 上述操作完成后，得到的画面效果如图 1-42和图 1-43所示。

图 1-42

图 1-43

步骤 09 在“时间轴”面板中，同时选中V1和V2轨道中的素材，单击鼠标右键，在弹出的快捷菜单中执行“嵌套”命令，如图 1-44所示。

步骤 10 弹出“嵌套序列名称”对话框，在“名称”文本框中自定义序列名称（这里使用默认名称），单击“确定”按钮，如图 1-45所示。

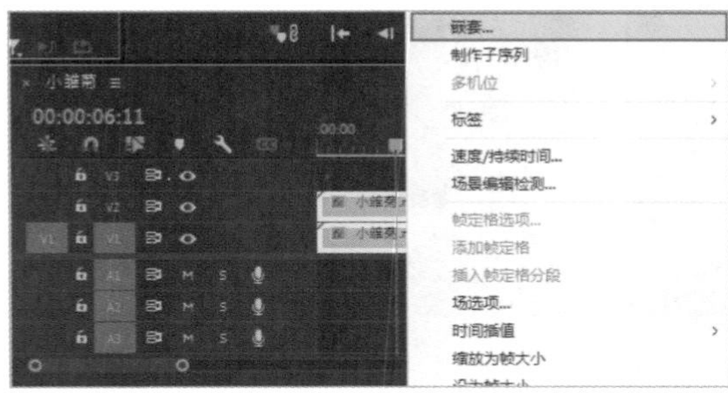

图 1-44

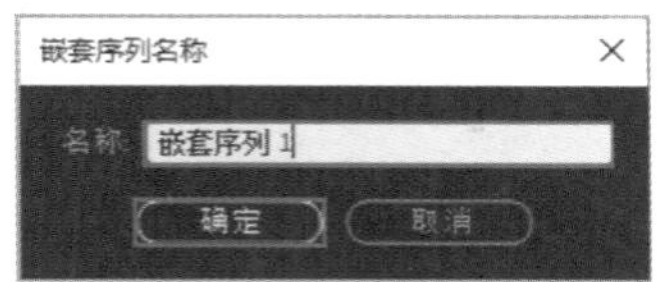

图 1-45

步骤 11 在“项目：嵌套素材”面板中可以看到刚刚创建的“嵌套序列 1”，如图 1-46 所示，“时间轴”面板中的两个素材转换为一个序列，如图 1-47 所示。

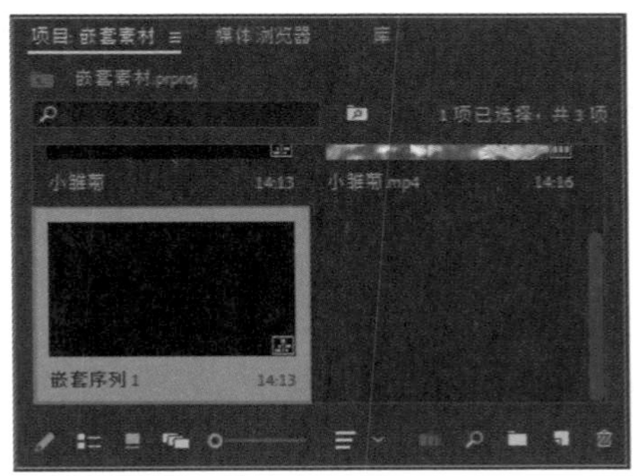

图 1-46

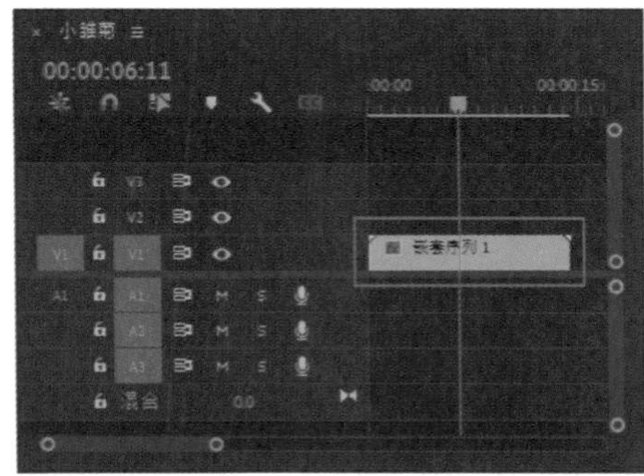

图 1-47

步骤 12 选中“嵌套序列 1”，在“效果控件”面板中，将时间线拖到 00:00:14:13 位置并单击“缩放”左侧的“切换动画”按钮，开启自动关键帧。接着将时间线拖到 00:00:09:12 位置，设置“缩放”参数为 135.0，如图 1-48 所示。

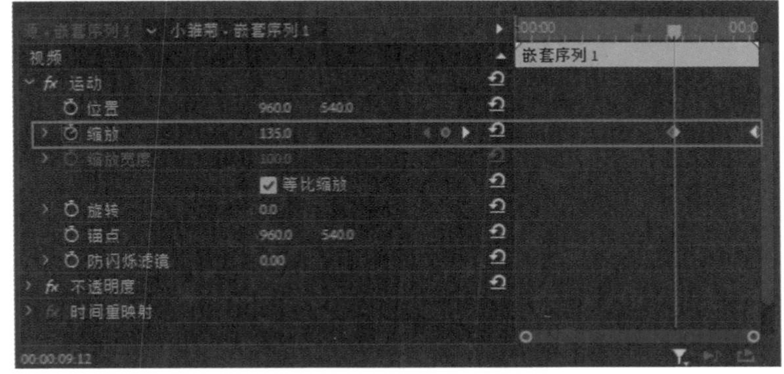

图 1-48

画面最终效果如图 1-49 和图 1-50 所示。

图 1-49

图 1-50

1.8 链接素材 春日桃花开

在视频编辑过程中，素材显示为红色，说明素材已经脱机或者素材文件被移动，这时可以通过执行“链接素材”命令重新链接素材，这样做不会破坏已编辑好的项目文件。下面将详细介绍链接素材的方法。

步骤 01 启动 Premiere Pro 2023 软件，在菜单栏中执行“文件→打开项目”命令，将路径文件夹中的“链接素材.prproj”文件打开。

步骤 02 在“项目：链接素材”面板中，“桃花盛开.mp4”文件显示的媒体类型信息为问号，如图 1-51 所示；“节目：序列 01”面板中显示为脱机媒体文件，如图 1-52 所示。

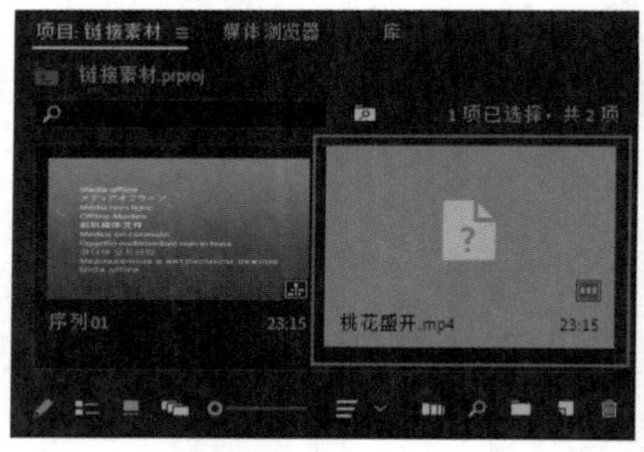

图 1-51

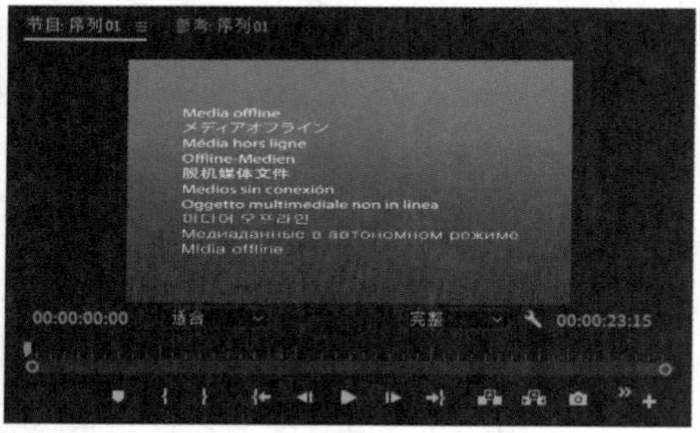

节目: 序列 01
参考: 序列 01
Media offline
メディアオフライン
Média hors ligne
Offline-Medien
脱机媒体文件
Medios sin conexión
Oggetto multimediale non in linea
Медиаданные в автономном режиме
Mídia offline
00:00:00:00
适合
完整
00:00:23:15

图 1-52

步骤 03 在“桃花盛开.mp4”文件上右击，在弹出的快捷菜单中执行“链接媒体”命令，如图 1-53 所示。

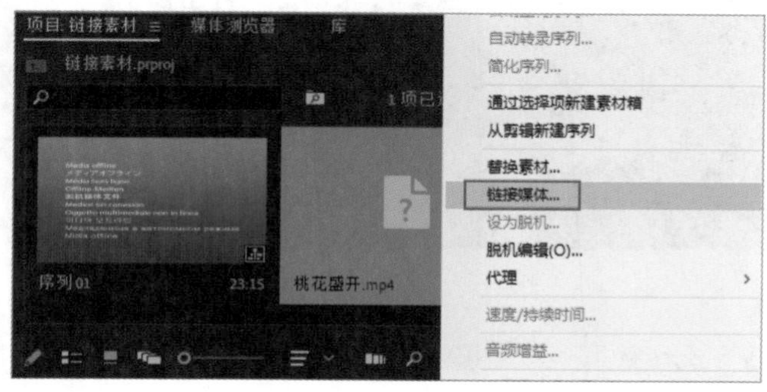

图 1-53

步骤 04 在弹出的“链接媒体”对话框中单击“查找”按钮，如图 1-54 所示。

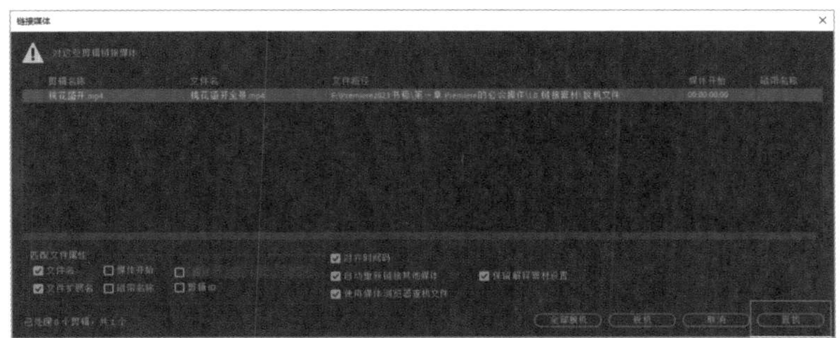

图 1-54

步骤 05 在打开的对话框中查找并选中“桃花盛开.mp4”素材，单击对话框中的“确定”按钮，如图 1-55 所示，重新链接文件，如图 1-56 所示。

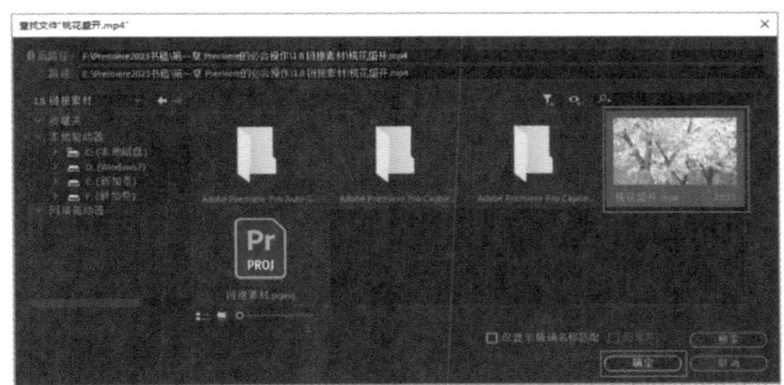

图 1-55

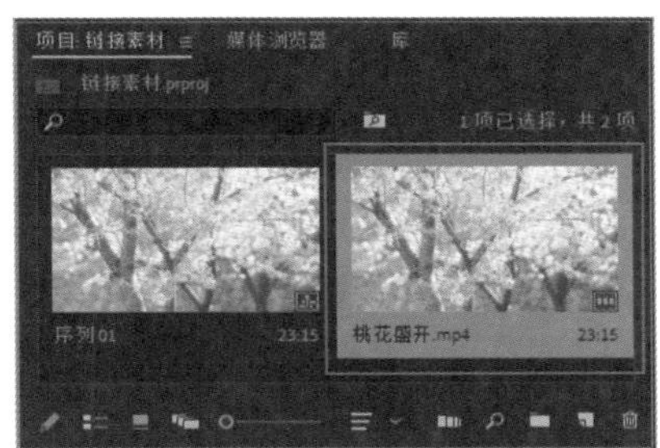

图 1-56

1.9 打包素材 欢乐中国年

在编辑视频时，用到的素材可能不在同一个文件夹中。当需要在其他计算机上继续编辑时，就要将素材打包到一个文件夹中，以免素材丢失。下面将详细介绍打包素材的方法。

步骤 01 启动 Premiere Pro 2023 软件，在菜单栏中执行“文件→打开项目”命令，将路径文件夹中的“欢乐中国年.prproj”文件打开，如图 1-57 所示。

图 1-57

步骤 02 在菜单栏中执行“文件→项目管理”命令，在弹出的“项目管理器”对话框中勾选“欢乐中国年”复选框。在“生成项目”选项组中选中“收集文件并复制到新位置”选项，然后在下方单击“浏览”按钮，选中文件的目标路径，设置完毕后单击“确定”按钮，如图 1-58 所示。

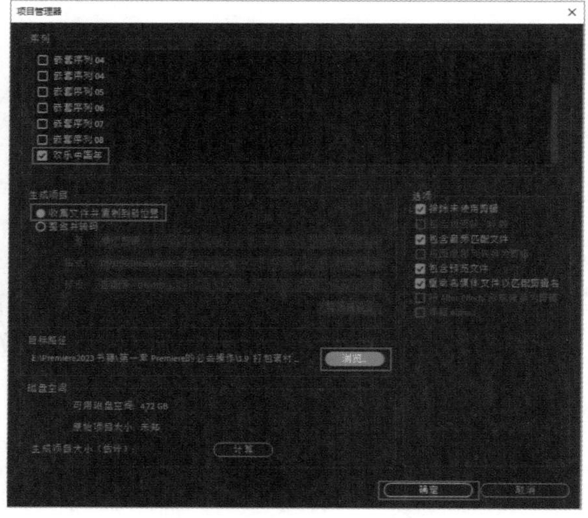

图 1-58

步骤 03 在弹出的提示对话框中单击“是”按钮，如图 1-59 所示。

步骤 04 在设置的新文件夹路径中可找到收集的所有素材文件，如图 1-60 所示。

图 1-59

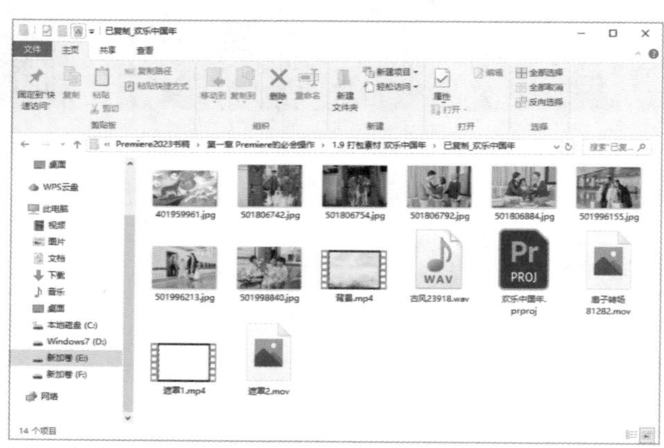

图 1-60

1.10 自定义工作界面 Premiere 专属界面

在 Premiere Pro 2023 中，一个合适的工作区可以大大提高视频剪辑人员的工作效率。在 Premiere Pro 2023 默认的工作区中，各种面板堆积在一起，比较烦琐且杂乱，所以用户可以根据自己的习惯自定义工作界面。下面将详细介绍设置横屏与竖屏视频工作界面的操作方法。

步骤 01 启动 Premiere Pro 2023 软件，在菜单栏中执行“文件→打开项目”命令，将路径文件夹中的“自定义工作界面 - 横屏.prproj”文件打开。

步骤 02 单击"Lumetri 范围"面板名称右侧的☰按钮，在弹出的菜单中执行"关闭面板"命令，如图 1-61 所示。

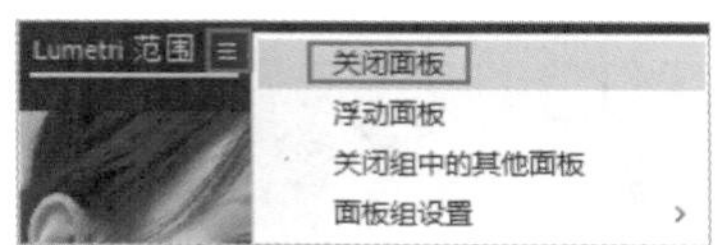

图 1-61

步骤 03 参照步骤 02 的操作方法，依次关闭"音频剪辑混合器：横屏视频"面板、"基本声音"面板、"库"面板、"标记"面板、"信息"面板，最终效果如图 1-62 所示。

图 1-62

步骤 04 将鼠标指针移动到"项目：自定义工作界面 - 横屏"面板的名称上，如图 1-63 所示，按住鼠标左键，将此面板拖曳至"效果控件"面板左侧，当移动的面板与其他面板的区域相交时，相交面板区域会变亮，如图 1-64 所示。

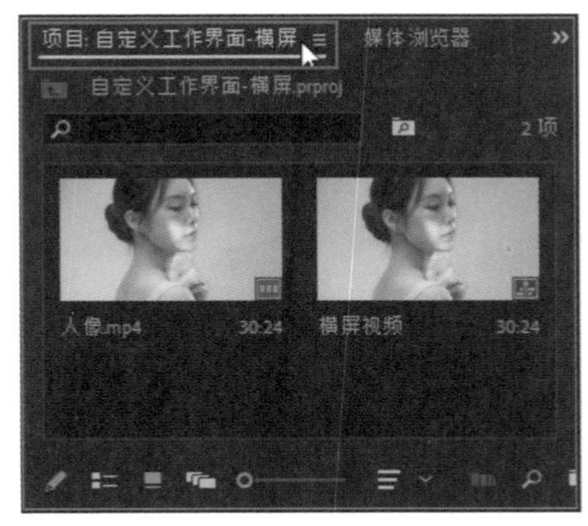

图 1-63

图 1-64

步骤 05 参照步骤 04 的操作方法调整其他面板的位置，最终效果如图 1-65 所示。将鼠标指针移动到"时间轴"面板与"音频仪表"面板的分界线上，此时鼠标指针会变成⇹形状，如图 1-66 所示，按住鼠标左键向左或向右移动，面板的大小会随之发生变化。

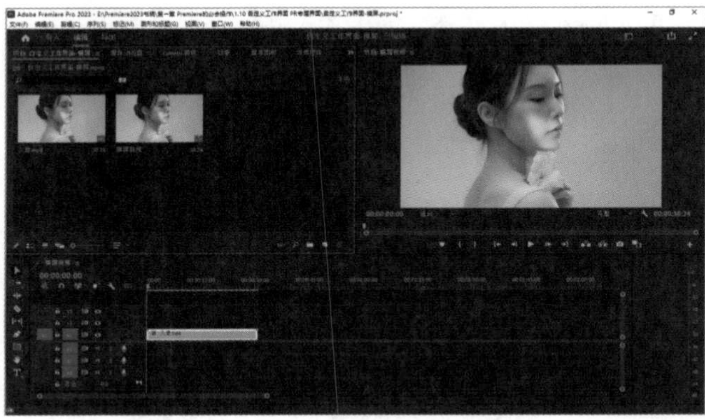

图 1-65

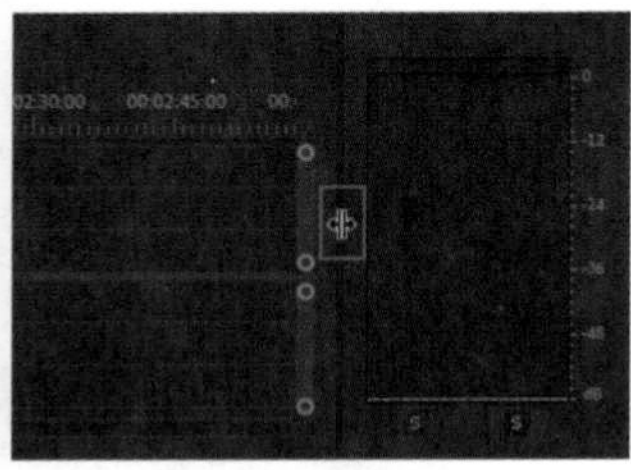

图 1-66

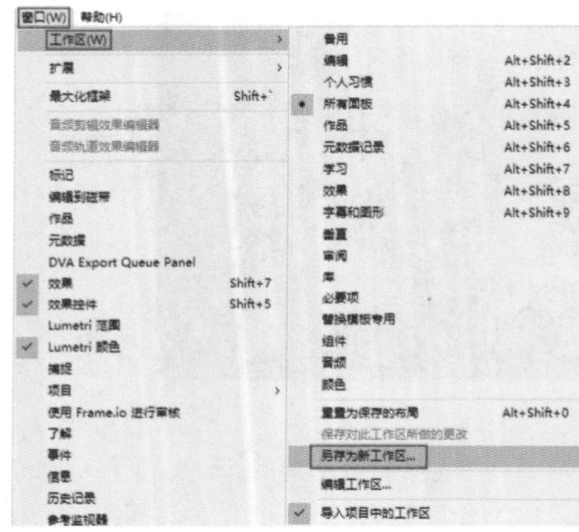

图 1-67

步骤 06 若想要存储自定义的工作区，可执行“窗口→工作区→另存为新工作区”命令，如图 1-67 所示，在弹出的“新建工作区”对话框中设置名称为“横版视频剪辑工作区”，然后单击“确定”按钮，如图 1-68 所示。

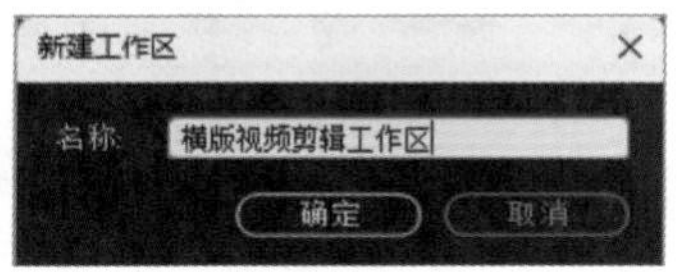

图 1-68

步骤 07 执行“文件→打开项目”命令，将路径文件夹中的“自定义工作界面-竖屏.prproj”文件打开，将鼠标指针移动到“节目：竖屏视频”面板的名称上，如图 1-69 所示，按住鼠标左键，将此面板拖曳至图 1-70 所示的绿色区域。

图 1-69

图 1-70

步骤 08 将鼠标指针移动到3个面板的交界位置，此时鼠标指针变成形状，如图1-71所示，拖曳鼠标就能改变这3个面板的大小，最终效果如图 1-72所示。

图 1-71

图 1-72

提示

如果在操作过程中不小心关闭了某个面板，在“窗口”菜单中勾选该面板的名称就可以在工作界面中显示该面板。

1.11 启用和禁用素材 环保小卫士

在视频编辑过程中，如果想用不同素材对比画面效果，又不想删除其他素材，可以采用启用和禁素材的方法进行画面效果对比，这样可以快速确定视频风格。下面将详细介绍如何采用启用和禁用素材的方法挑选出更美观的画面，最终效果如图1-73所示。

图 1-73

步骤 01 启动Premiere Pro 2023软件，在菜单栏中执行“文件→打开项目”命令，将路径文件夹中的“启用和禁用素材.prproj”文件打开，如图1-74所示。

步骤 02 双击“项目：启用和禁用素材”面板的空白区域，导入“绿色环保.mp4”素材，如图1-75所示。

图 1-74

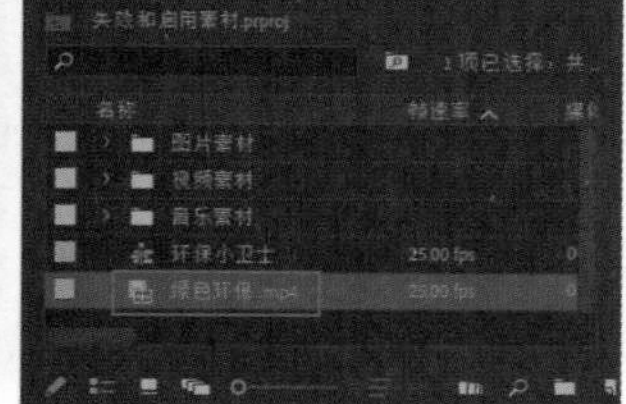

图 1-75

步骤 03 右击V1轨道，在弹出的快捷菜单中执行“添加单个轨道”命令，如图1-76所示。

将“项目:启用和禁用素材”面板中的“绿色环保.mp4”素材拖曳至“时间轴”面板的V2轨道上，如图1-77所示。

图1-76

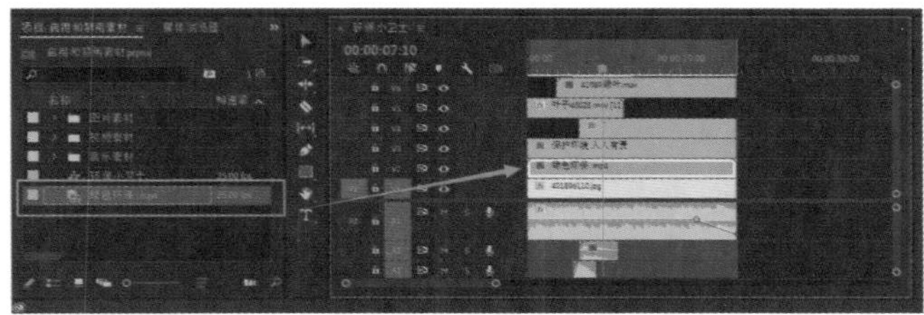

图1-77

步骤04 右击V2轨道上的“绿色环保.mp4”素材，在弹出的快捷菜单中单击“启用”命令取消将选中，如图1-78所示。

图1-78

步骤05 在“时间轴”面板中，“绿色环保.mp4”素材变成了深蓝色，表示被禁用，如图1-79所示。“节目：环保小卫士”面板中的画面为初始画面，如图1-80所示。

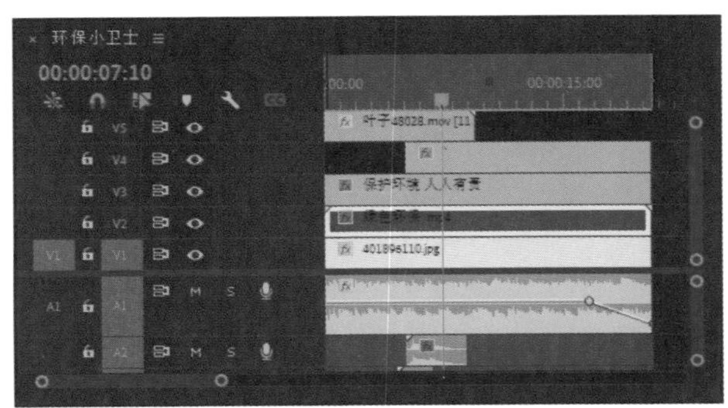

图1-79

图1-80

步骤06 在“时间轴”面板中右击“绿色环保.mp4”素材，在弹出的快捷菜单中单击“启用”命令，如图1-81所示。“绿色环保.mp4”素材的画面将重新显示出来，如图1-82所示。

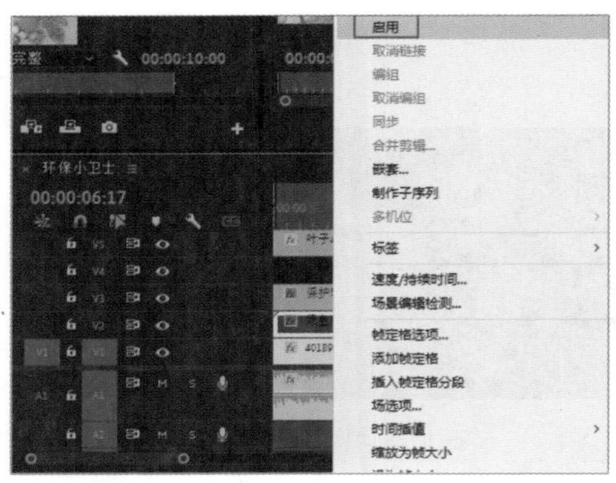

图 1-81

图 1-82

1.12 渲染并输出视频 倒计时片头

视频编辑完成后，可在“节目”面板中预览视频效果。如果对视频效果满意，可以按快捷键Ctrl+S将项目保存，然后将视频导出为所需格式，便于分享和随时观赏。下面详细介绍将一个制作好的视频渲染并输出的方法，效果如图 1-83 所示。

图 1-83

步骤 01 启动Premiere Pro 2023软件，在菜单栏中执行“文件→打开项目”命令，将路径文件夹中的“倒计时片头.prproj”文件打开，可以看到“时间轴”面板中已经有制作完成的序列，如图 1-84 所示。

步骤 02 执行“文件→导出→媒体”命令（快捷键Ctrl+M），弹出“导出”界面，如图 1-85 所示。

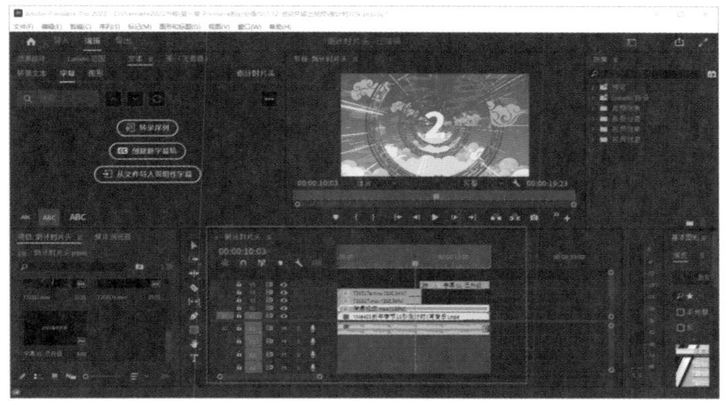

图 1-84

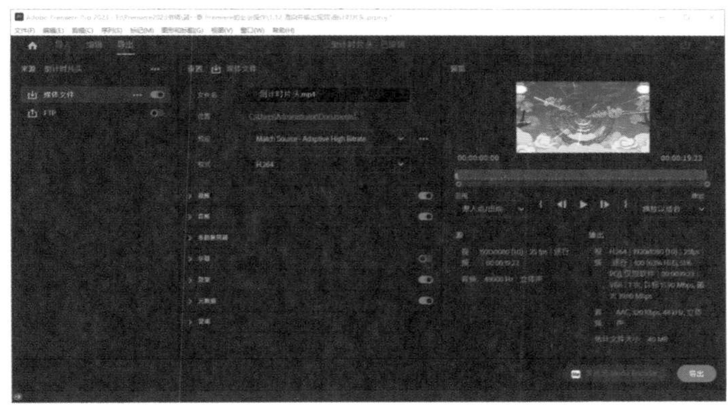

图 1-85

步骤 03 单击“位置”右侧的路径，在弹出的“另存为”对话框中，为输出文件设置名称及存储路径，如图 1-86 所示，完成后单击“保存”按钮。

图 1-86

步骤 04 展开“预设”下拉列表，选中“高品质 720p HD”选项，如图 1-87 所示。展开“格式”下拉列表，选中“H.264”选项，如图 1-88 所示。

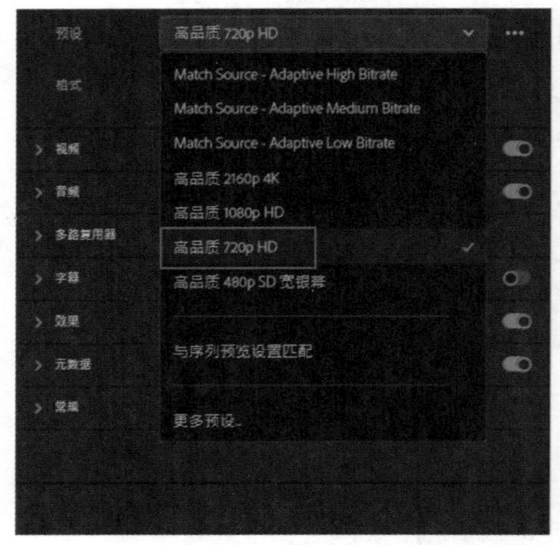

图 1-87

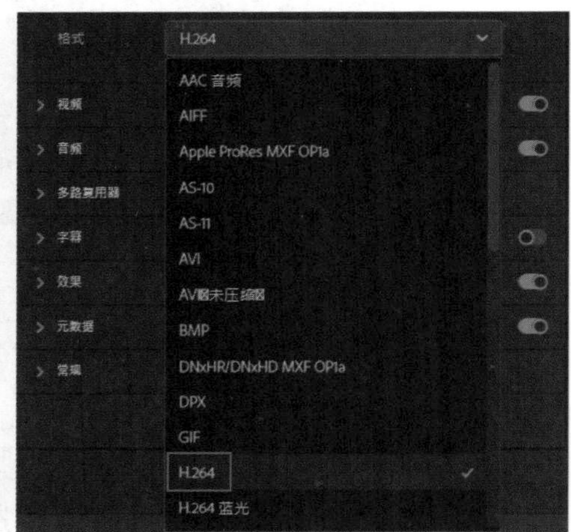

图 1-88

步骤 05 在“导出”界面中还可以进行更详细的设置，设置完成后单击界面右下角的“导出”按钮，弹出的对话框如图 1-89 所示。

步骤 06 渲染完成后，就可以在之前设置的保存路径下找到渲染完成的 MP4 格式的视频，如图 1-90 所示。

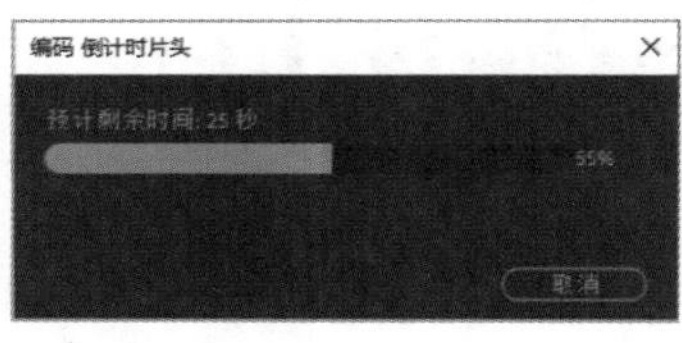

图 1-89

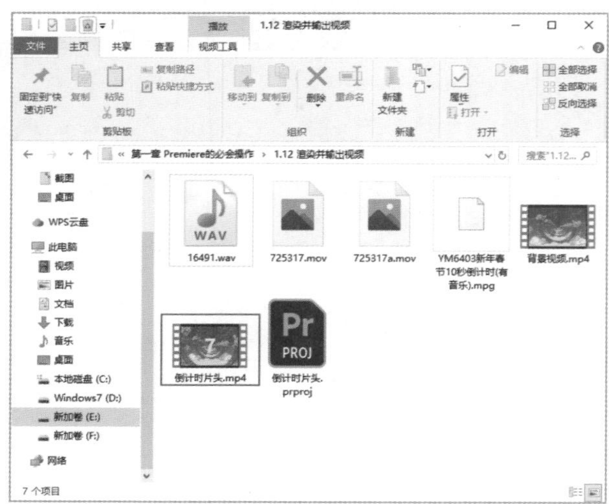

图 1-90

第 2 章

Premiere 的剪辑技巧

剪辑是视频制作过程中必不可少的一个操作，在一定程度上决定了视频质量的好坏，可以影响作品的叙事方式、节奏和情感，更是视频二次升华和创作的基础。剪辑的本质是通过视频中主体动作的分解和组合来完成蒙太奇形象的塑造，从而传达故事情节，完成内容的叙述。

2.1 入点和出点 周末亲子时光

用户编辑视频通常要花费大量时间查看素材及选择素材（或某个素材的某一部分内容），添加入点和出点可以帮助用户很容易地做出选择。下面将详细介绍设置入点和出点挑选视频片段的方法，案例效果如图 2-1 所示。

图 2-1

步骤 01 启动 Premiere Pro 2023 软件，在菜单栏中执行“文件→打开项目”命令，打开路径文件夹中的“入点和出点.prproj”文件。可以看到“时间轴”面板中添加了音频、视频素材，如图 2-2 所示。

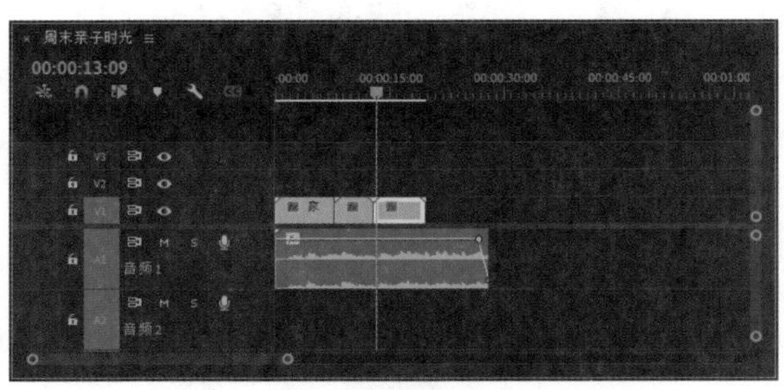

图 2-2

步骤 02 双击“项目：入点和出点”面板中的“追逐嬉闹.mp4”素材文件，将其在“源：追逐嬉闹.mp4”面板中打开。将播放滑块拖至 00:00:03:00 位置，单击“源：追逐嬉闹.mp4”面板底部的“标记入点”按钮 （快捷键 I），为素材添加入点，如图 2-3 所示；将播放滑块拖至 00:00:11:06 位置，单击“标记出点”按钮 （快捷键 O），为素材添加出点，如图 2-4 所示。

图2-3

图2-4

步骤 03 将时间线拖至00:00:19:21位置，将鼠标指针移到“仅拖动视频”按钮▣上，如图2-5所示，按住鼠标左键不放将其拖曳至时间线所在位置，如图2-6所示，即可添加选择的视频片段。

图2-5

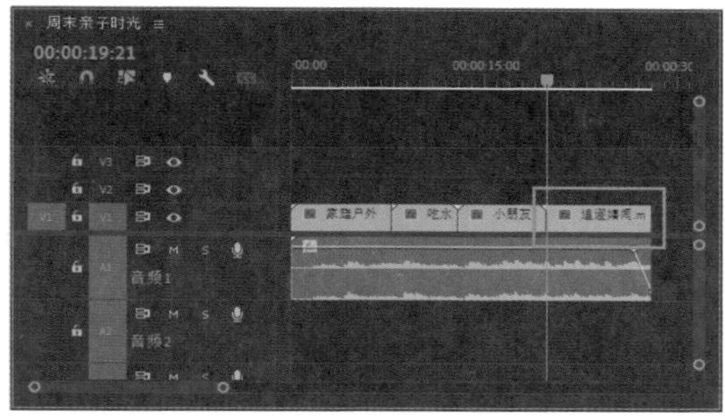

图2-6

提示

将时间线拖至00:00:19:21位置，使用快捷键I设置入点，如图2-7所示，接着将时间线拖至00:00:28:02位置，使用快捷键O设置出点，如图2-8所示，按快捷键Ctrl+M，即可输出此段视频。

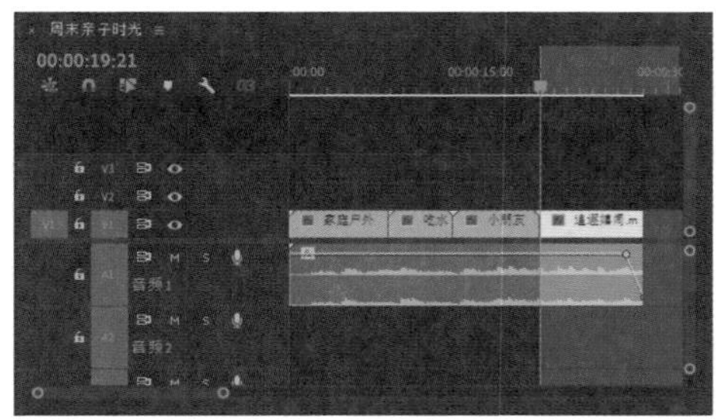

图2-7

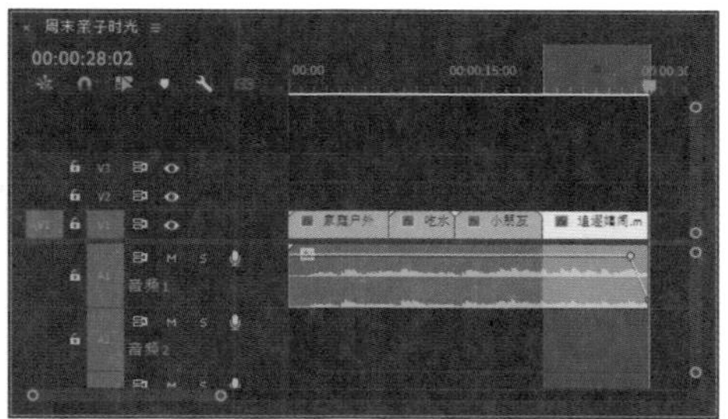

图2-8

2.2 设置标记点 中秋古风月饼

设置标记点可以为素材添加标记，方便用户后续对素材进行编辑。下面将详细介绍使用标记点制作卡点视频的方法，案例效果如图2-9所示。

图 2-9

步骤 01 启动 Premiere Pro 2023 软件，在菜单栏中执行"文件→打开项目"命令，打开路径文件夹中的"设置标记点.prproj"文件。可以看到"时间轴"面板中添加了音频素材，如图 2-10 所示。

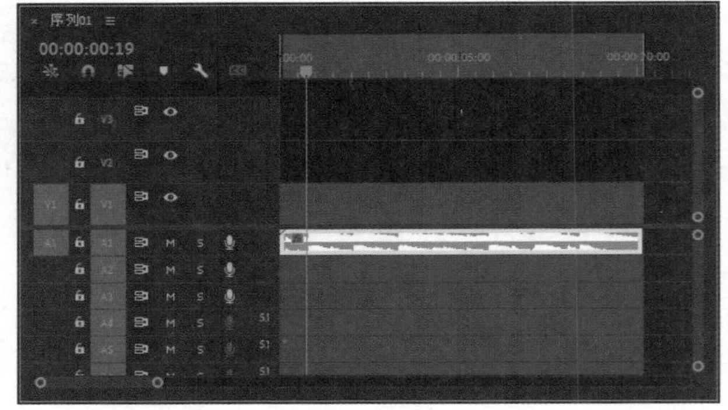

图 2-10

步骤 02 按 Space 键播放音频。当时间线移到 00:00:00:19 位置时，音乐有明显的节奏重点，单击"时间轴"面板的空白区域，按 M 键，添加一个绿色标记，如图 2-11 所示。

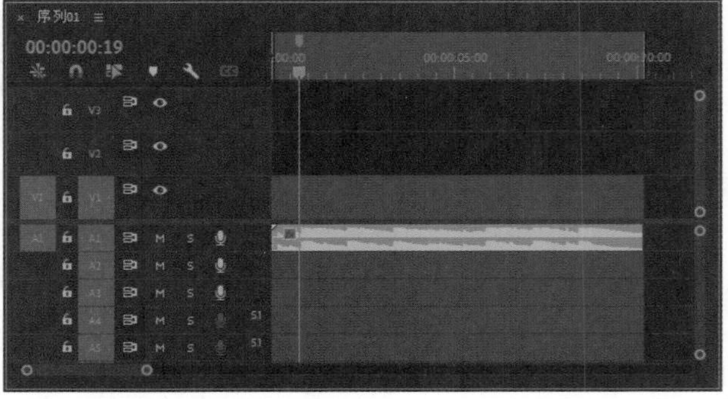

图 2-11

步骤 03 继续播放音频。参照步骤 02 的操作方法，分别在 00:00:02:00、00:00:03:07、00:00:05:21、00:00:07:02、00:00:08:09 处添加绿色标记，效果如图 2-12 所示。

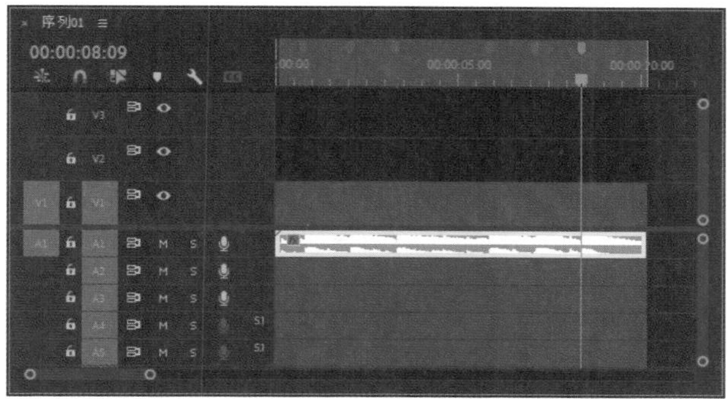

图2-12

步骤04 在“项目:设置标记点”面板中，双击“月饼.mp4”素材，将其在“源：月饼.mp4”面板中打开，将播放滑块移至00:00:02:14位置并单击“标记入点”按钮，将播放滑块移至00:00:03:08位置并单击“标记出点”按钮，然后将鼠标指针移动到“仅拖动视频”按钮上，如图2-13所示，将其拖曳至“时间轴”面板中，如图2-14所示。

图2-13

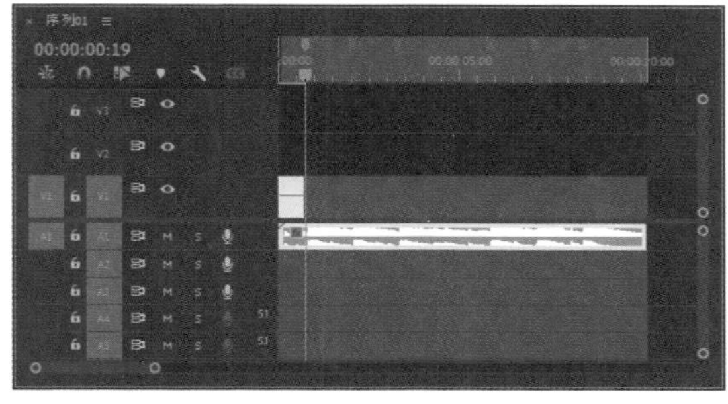

图2-14

步骤05 参照步骤04的操作方法，分别选中00:00:22:01至00:00:23:08片段、00:00:30:10至00:00:31:16片段、00:00:47:08至00:00:47:09片段、00:01:02:20至00:01:03:24片段、00:01:17:03至00:01:18:10片段、00:01:27:18至00:01:29:13片段，并添加到“时间轴”面板中，如图2-15所示。

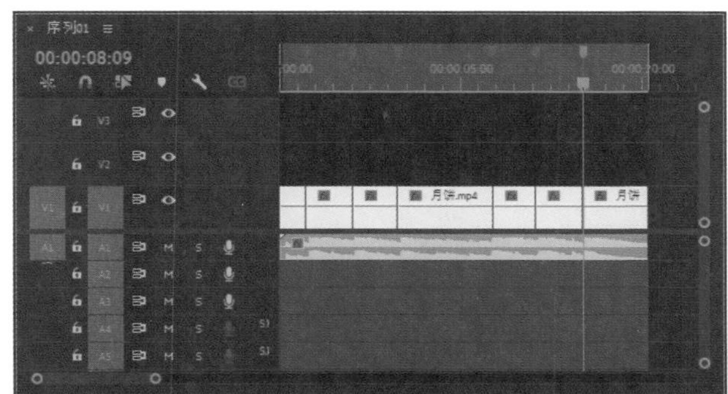

图2-15

步骤 06 选中所有素材并右击，在弹出的快捷菜单中执行“缩放为帧大小”命令，如图 2-16 所示，制作出卡点视频。

提示

在为音频设置标记点的时候，可以观察音频的波纹，一般波峰的位置会有重音。

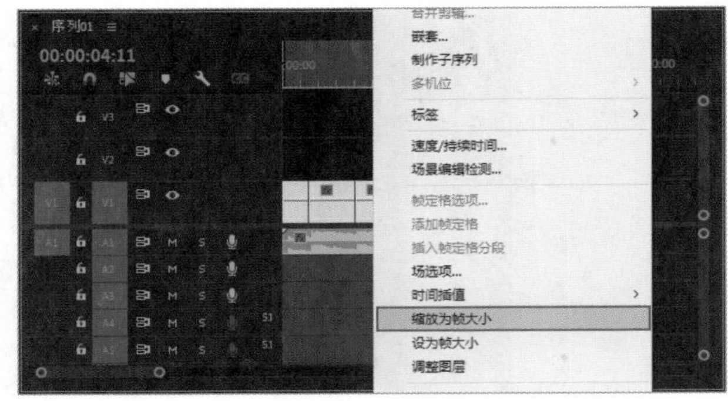

图 2-16

2.3 插入和覆盖 海边落日余晖

插入编辑是指在时间线所在位置添加素材时，时间线后面的素材同时向后移动；覆盖编辑是指在时间线所在位置添加素材时，时间线后方素材与添加的素材重叠的部分被覆盖，且不会向后移动。下面将详细介绍如何使用插入编辑和覆盖编辑快速插入与更换素材。案例效果如图 2-17 所示。

图 2-17

步骤 01 启动 Premiere Pro 2023 软件，在菜单栏中执行“文件→打开项目”命令，打开路径文件夹中的“插入和覆盖.prproj”文件。

步骤 02 可以看到“时间轴”面板中添加了素材，如图 2-18 所示。在“节目：序列 01”面板中可以预览当前素材的效果，如图 2-19 所示。

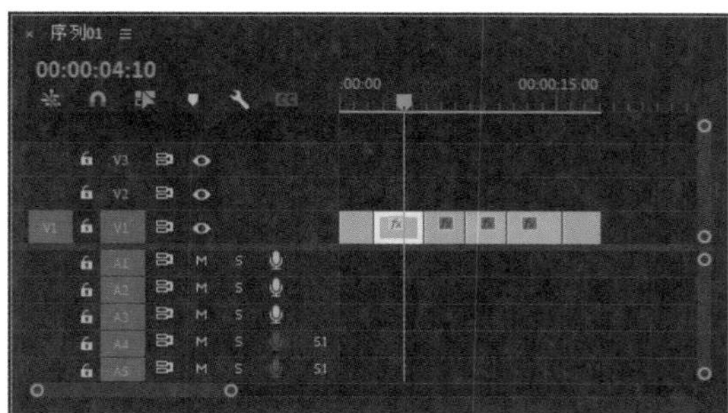

图2-18

图2-19

步骤03 在“时间轴”面板中，将时间线移至00:00:02:11位置，如图 2-20所示。

步骤04 双击“项目”面板中的“海边游玩.mp4”素材，将其在“源：海边游玩.mp4”面板中打开，将播放滑块移至00:00:03:00位置并单击“标记入点”按钮，将播放滑块移至00:00:06:06位置并单击“标记出点”按钮，然后单击“源：海边游玩.mp4”面板底部的“插入”按钮，如图 2-21所示。

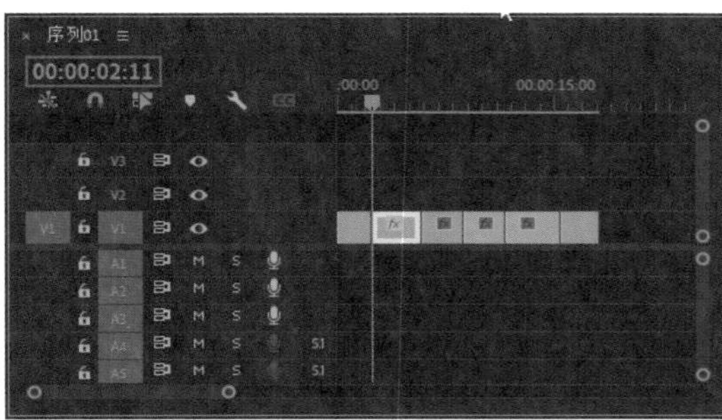

图2-20

图2-21

步骤05 “海边游玩.mp4”素材被插到时间线的后方，原本位于时间线后方的“大海.mp4”等素材相应地向后移动了，如图 2-22所示。

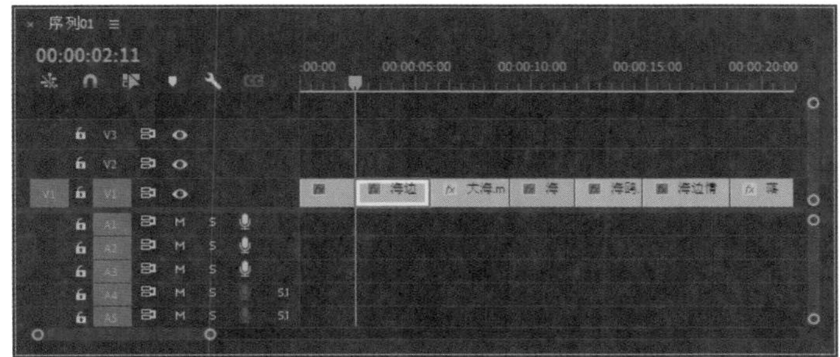

图2-22

步骤06 在“时间轴”面板中，将时间线移至00:00:18:16位置，如图 2-23所示。

步骤 07 双击“项目”面板中的“夕阳.mp4”素材，将其在“源：夕阳.mp4”面板中打开，将播放滑块移至00:00:05:29位置并单击“标记入点”按钮，将播放滑块移至00:00:08:21位置并单击“标记出点”按钮，然后单击“源：夕阳.mp4”面板底部的“覆盖”按钮，如图2-24所示。

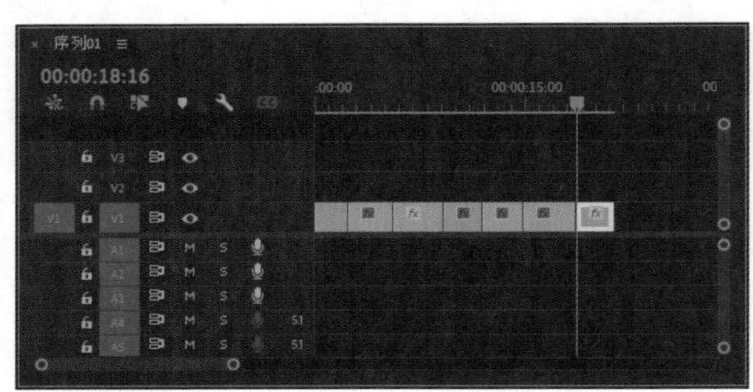

图2-23

图2-24

步骤 08 “夕阳.mp4”素材被插到时间线的后方，同时，原本位于时间线后方的“落日.mp4”素材被“夕阳.mp4”素材覆盖，如图2-25所示。

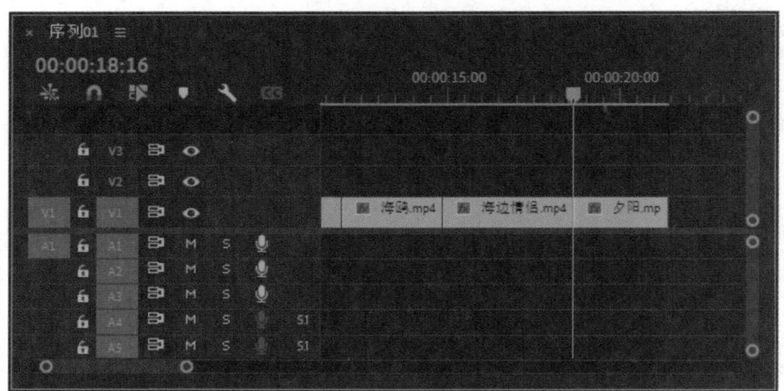

图2-25

提示

在“时间轴”面板中，按方向键可以快速调整时间线所在素材的起始位置与结尾位置，按←键表示向左移动，按→键表示向右移动。

2.4 提升和提取 春天万物生长

执行“提升”或“提取”命令，可以在“时间轴”面板中轻松移除素材片段。执行“提升”命令，会在“时间轴”面板中移除一个素材片段，然后在已移除素材的地方留下一个空白区域；执行“提取”命令，会移除素材的一部分，然后素材后面的帧会前移，补上删除部分的空缺，因此不会有空白区域。下面将详细介绍使用“提升”和“提取”命令，快速删除序列标记的素材片段的方法。案例效果如图2-26所示。

图 2-26

步骤 01 启动 Premiere Pro 2023 软件，在菜单栏中执行“文件→打开项目”命令，打开路径文件夹中的“提升与提取.prproj”文件。

步骤 02 “时间轴”面板中添加的素材如图 2-27 所示。

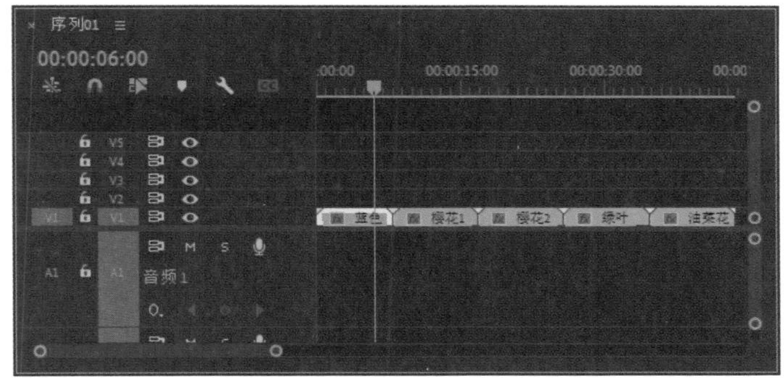

图 2-27

步骤 03 在“时间轴”面板中，将时间线移至 00:00:16:23 位置，然后按 I 键标记入点，如图 2-28 所示；将时间线移至 00:00:25:20 位置，然后按 O 键标记出点，如图 2-29 所示。

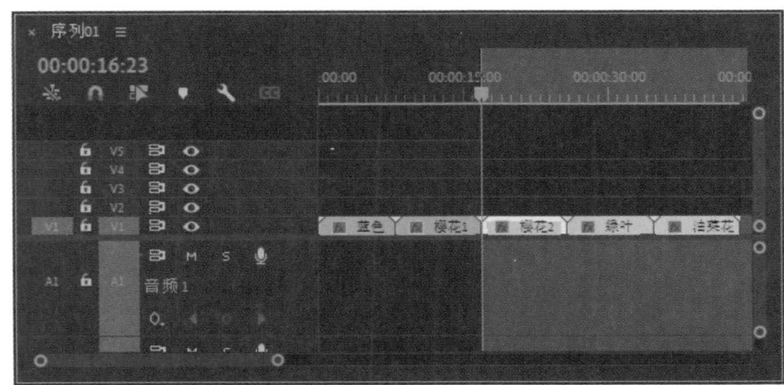

图 2-28

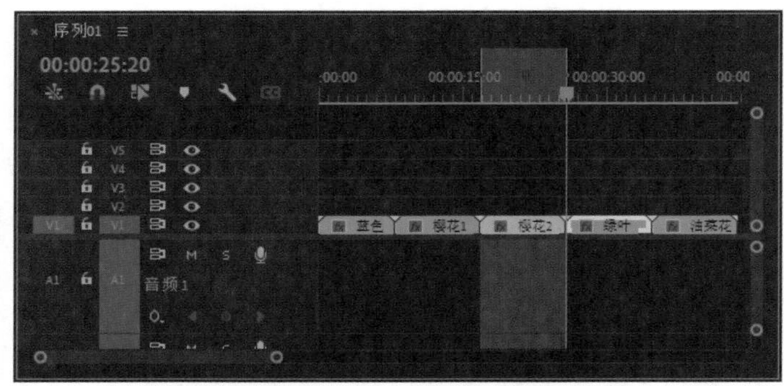

图2-29

步骤 04　标记好片段的入点和出点后，在菜单栏中执行“序列→提升”命令，如图 2-30 所示，或者在“节目：序列 01”面板中单击“提升”按钮，如图 2-31 所示。

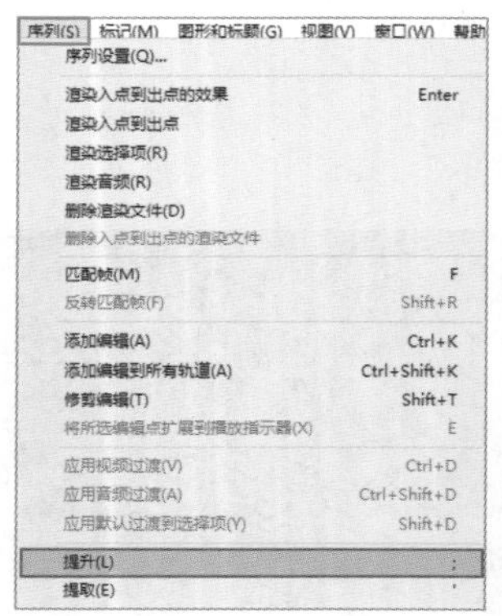

图2-30

图2-31

步骤 05　“时间轴”面板的视频轨道中留出一个空白区域，如图 2-32 所示。

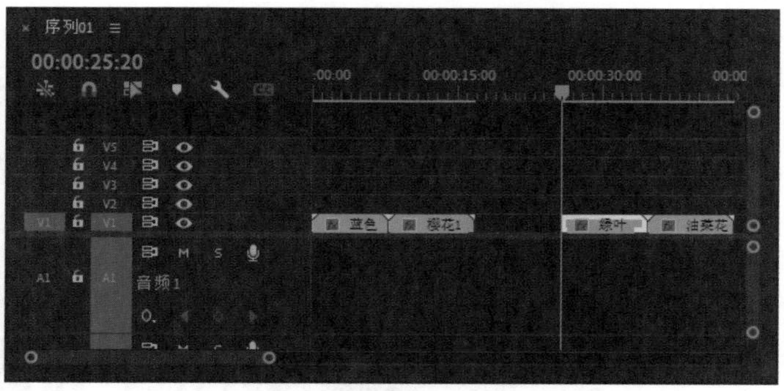

图2-32

步骤 06　在菜单栏中执行“编辑→撤销”命令，撤销“提升”编辑操作，使素材回到执行“提升”命令前的状态。

步骤07 在菜单栏中执行“序列→提取”命令，或者在“节目：序列01”面板中单击“提取”按钮，完成“提取”编辑操作。此时入点和出点之间的素材被移除，并且出点之后的素材向前移动，视频轨道中没有留下空白区域，如图2-33所示。

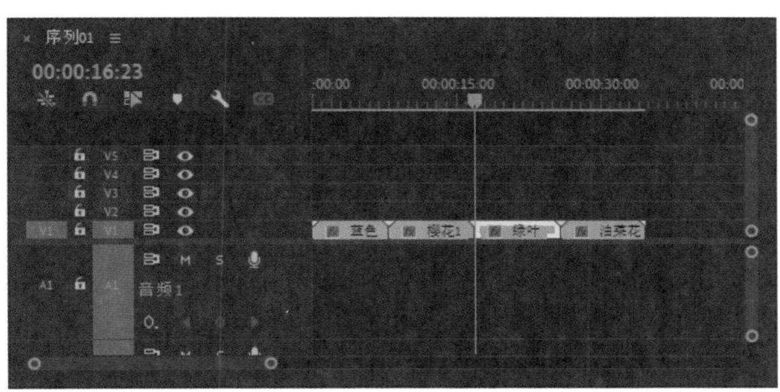

图2-33

2.5 分割与删除素材片段

分割素材是Premiere Pro 2023中的一项基本操作，通过分割素材操作，可将一个素材拆分为多个部分，并可以对分割得到的片段进行删除、移动等操作。在剪辑时，一般会搭配“剃刀工具”将废弃的片段删除。选中需要删除的素材片段，按Delete键或执行“清除”命令即可将该素材片段删除。下面将详细介绍使用分割与删除的方法制作抽帧视频效果的具体操作，案例效果如图2-34所示。

图2-34

步骤 01 启动Premiere Pro 2023软件，在菜单栏中执行“文件→打开项目”命令，打开路径文件夹中的“分割与删除.prproj”文件。

步骤 02 在“项目：分割与删除”面板中，依次将“公园步道.mp4”“向日葵花海.mp4”“油菜花.mp4”“樱花.mp4”视频素材拖曳到V1轨道上，将“音乐.mp3”素材拖曳到A1轨道上，如图2-35所示。

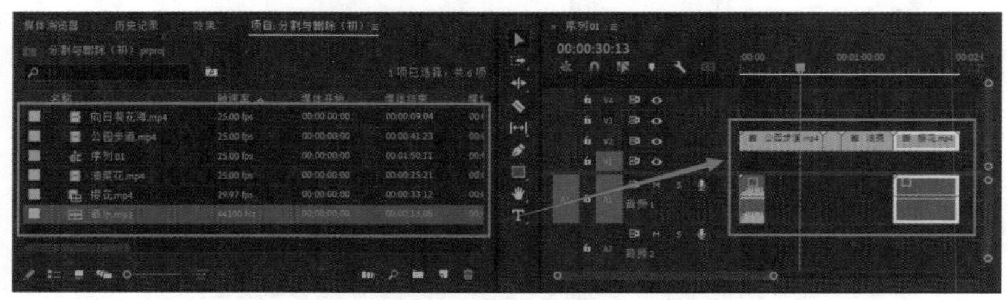

图2-35

步骤 03 选中V1轨道上的“樱花.mp4”素材，右击，在弹出的快捷菜单中执行“取消链接”命令，如图2-36所示。选中A1轨道上的“樱花.mp4”素材下的音频，按Delete键将其删除，如图2-37所示。

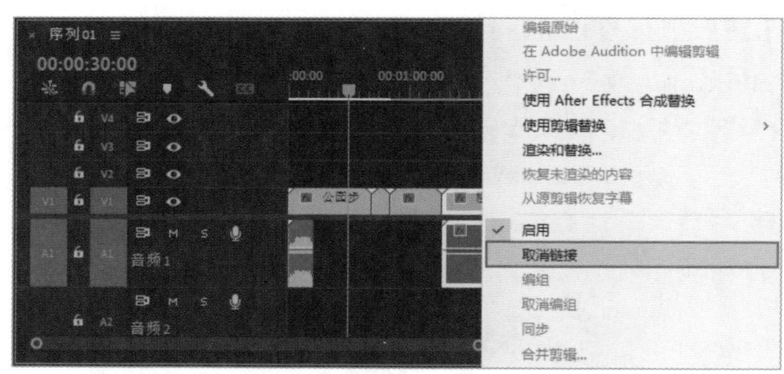

图2-36

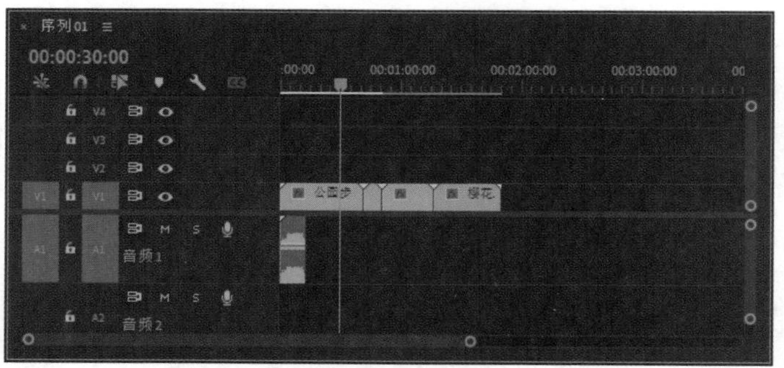

图2-37

步骤 04 将时间线拖至起始帧位置，单击“播放-停止切换”按钮▶或者按Space键聆听音频，在节奏强烈的位置按M键快速添加标记，直到音频结束，这里一共添加了25个标记，如图2-38所示。

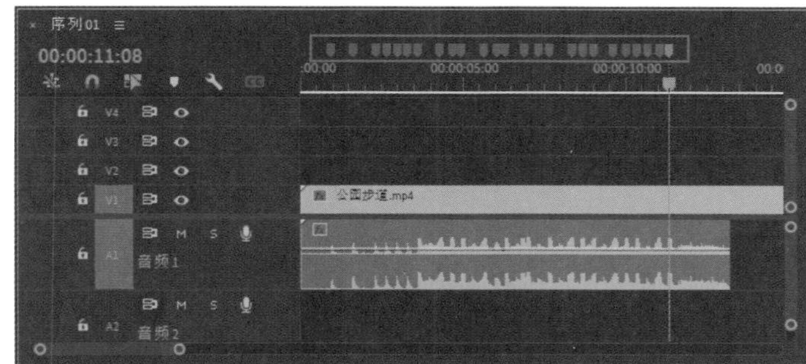

图 2-38

步骤 05 按快捷键C，切换到“剃刀工具”，对4段视频素材进行分割，如图 2-39 所示。

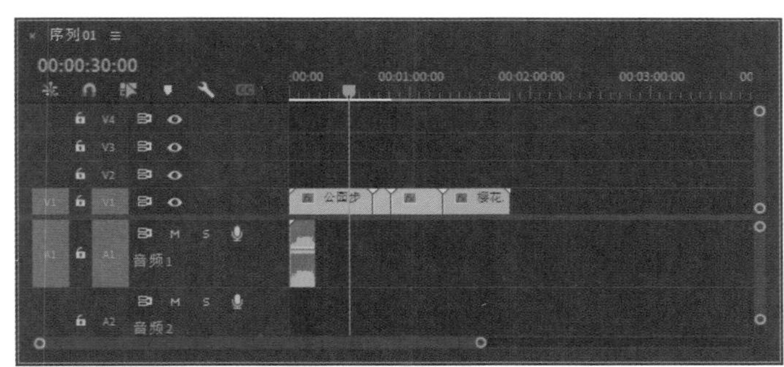

图 2-39

步骤 06 按快捷键V，切换到“选择工具”，选中V1轨道上的第二段素材，将它向左拖曳到第一个标记的位置，如图 2-40 所示。使用同样的方法拖曳其他素材，最终效果如图 2-41 所示。

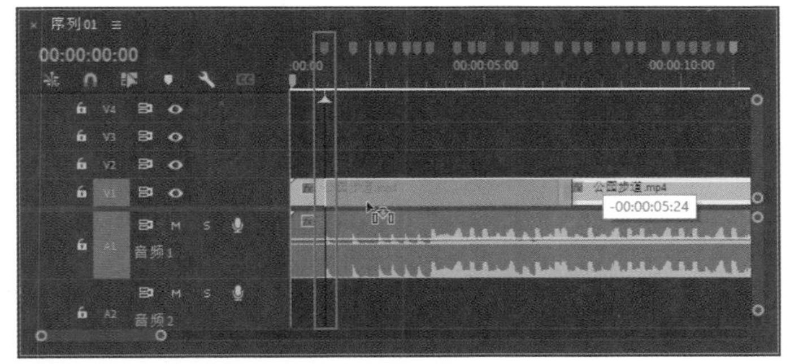

图 2-40

提示

按Ctrl+Shift+K快捷键，可对所有轨道的素材进行分割。

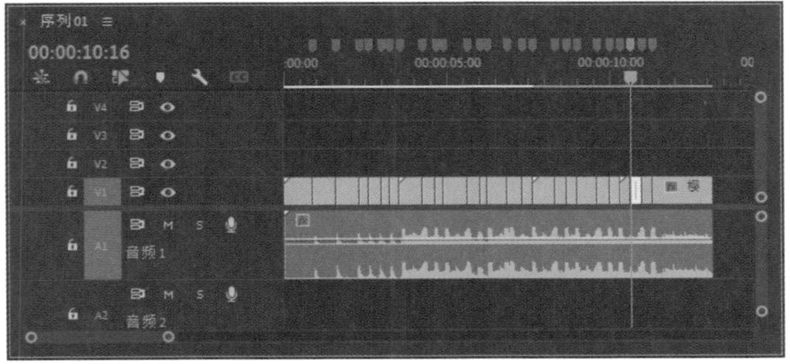

图 2-41

2.6 调整素材位置 花中四君子

在视频编辑过程中，经常需要调整素材的顺序，以实现更好的逻辑性。在Premiere Pro 2023中，可利用快捷键快速调整素材位置。下面将详细介绍调整素材位置的具体方法，案例效果如图2-42所示。

图2-42

步骤 01 启动Premiere Pro 2023软件，在菜单栏中执行“文件→打开项目”命令，打开路径文件夹中的“调整素材位置.prproj”文件。

步骤 02 可以看到“时间轴”面板中添加了素材，如图2-43所示。

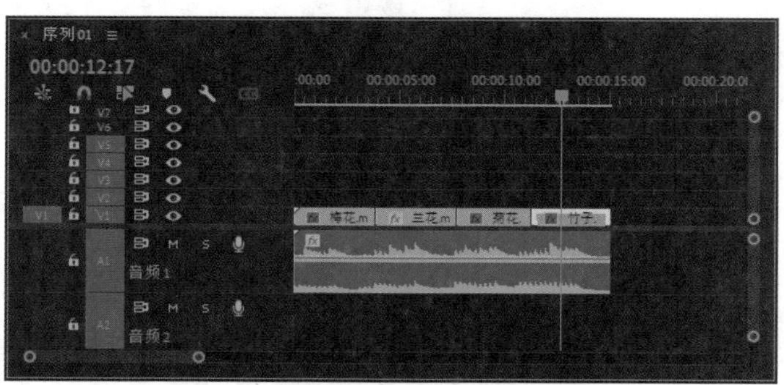

图2-43

步骤 03 按住Alt+Ctrl组合键的同时，选中“竹子.mp4”素材，按住鼠标左键将其拖曳至“菊花.mp4”素材前面，如图2-44所示，即可调换“竹子.mp4”素材与“菊花.mp4”素材的位置。

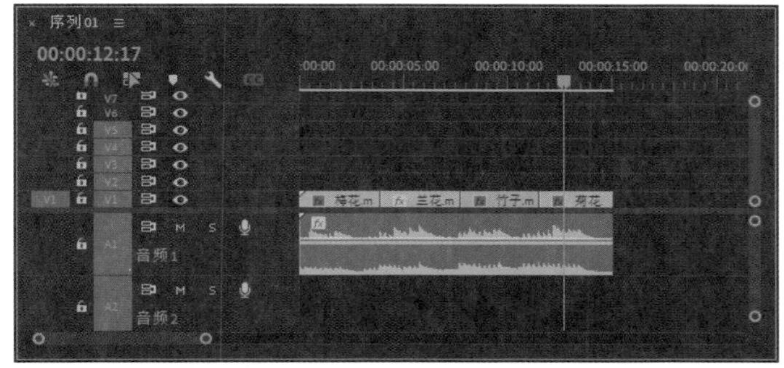

图 2-44

2.7　修改素材时长 白天到黑夜

由于有不同的影片播放需求，因此有时需要将素材进行快放或慢放，以增强画面的表现力。在 Premiere Pro 2023 中，可以通过调整素材的播放速度来实现素材的快放或慢放。下面将详细介绍调整视频播放速度的方法，案例效果如图 2-45 所示。

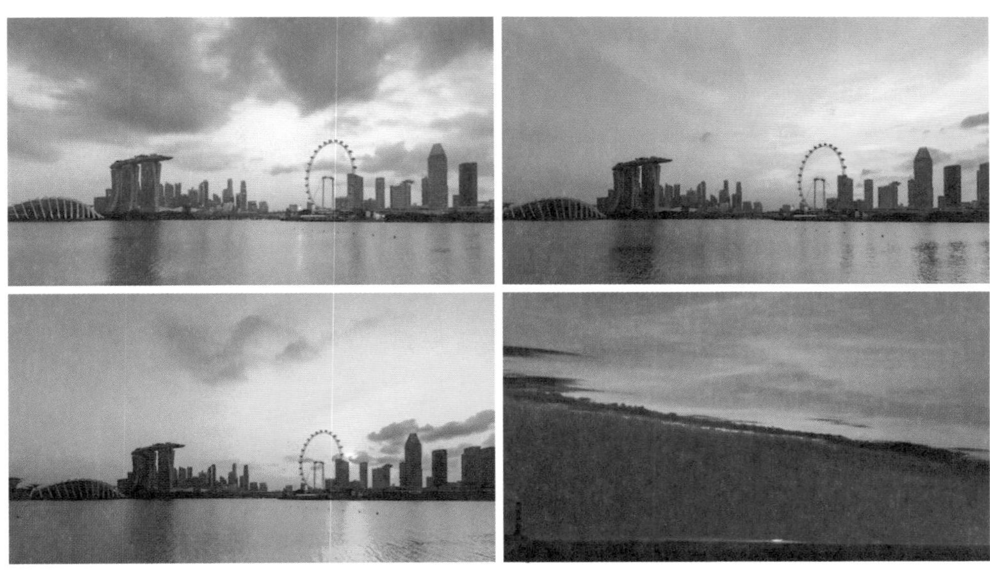

图 2-45

步骤 01　启动 Premiere Pro 2023 软件，在菜单栏中执行“文件→打开项目”命令，打开路径文件夹中的“修改素材时长.prproj”文件。

步骤 02　可以看到“时间轴”面板中添加了素材，如图 2-46 所示。

步骤 03　在“时间轴”面板中，选中 V2 轨道中的“城市.mp4”素材并右击，在弹出的快捷菜单中执行“速度/持续时间”命令，如图 2-47 所示。

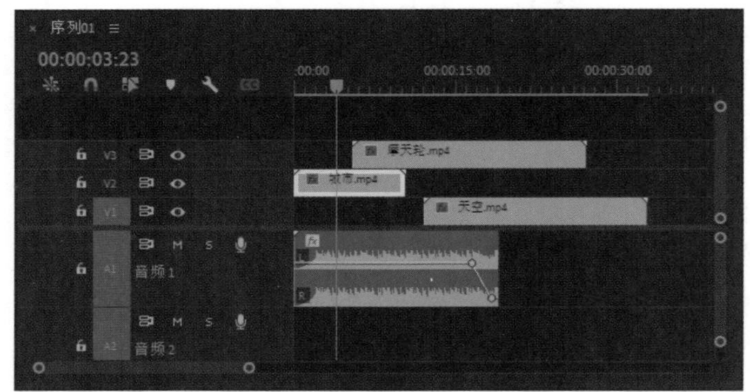

图 2-46

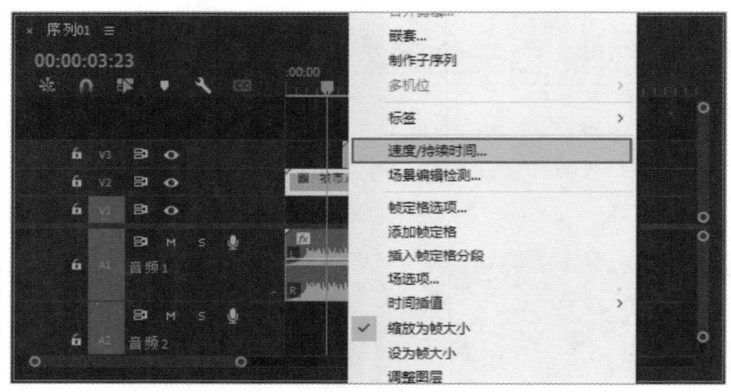

图 2-47

步骤 04　弹出“剪辑速度/持续时间”对话框，此时“速度”为100%，代表素材原本的播放速度，如图 2-48 所示。

步骤 05　调整“速度”为190%，此时素材持续时间将变短，如图 2-49 所示。然后单击“确定”按钮，关闭对话框，完成播放速度的调整。

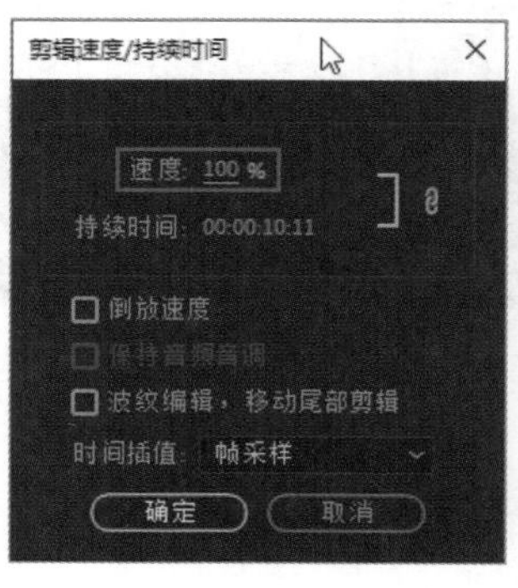

图 2-48

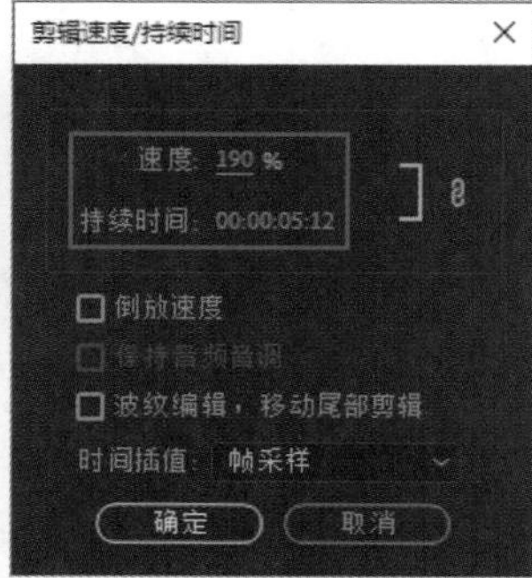

图 2-49

提示

“速度”大于100%，素材的总时长变短，素材的播放速度变快。同理，“速度”小于100%，素材的总时长变长，素材的播放速度变慢。

步骤 06 将时间线移至00:00:12:02位置，选中V3轨道中的“摩天轮.mp4”视频素材，在“工具”面板中单击“比率拉伸工具”按钮 （快捷键R），接着将鼠标指针移动到“摩天轮.mp4”视频素材的末尾，按住鼠标左键向时间线所在位置移动，如图2-50所示。此时该视频素材的持续时间变短，播放速度变快。

步骤 07 在“时间轴”面板中，选中V1轨道中的“天空.mp4”素材并右击，在弹出的快捷菜单中执行“速度/持续时间”命令，在弹出的对话框中调整“速度”为293.82%，然后单击“确定”按钮，如图2-51所示。

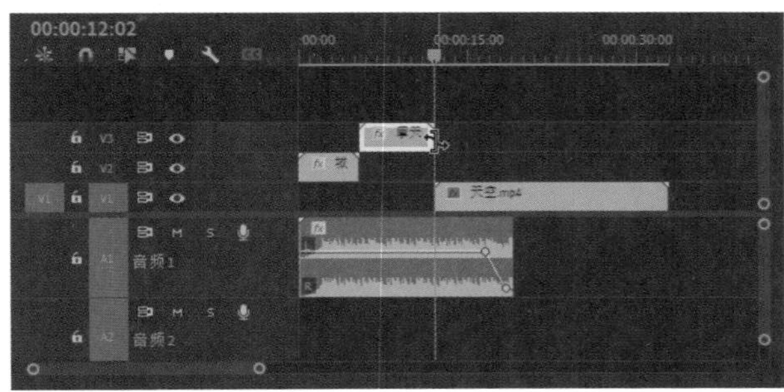

图2-50

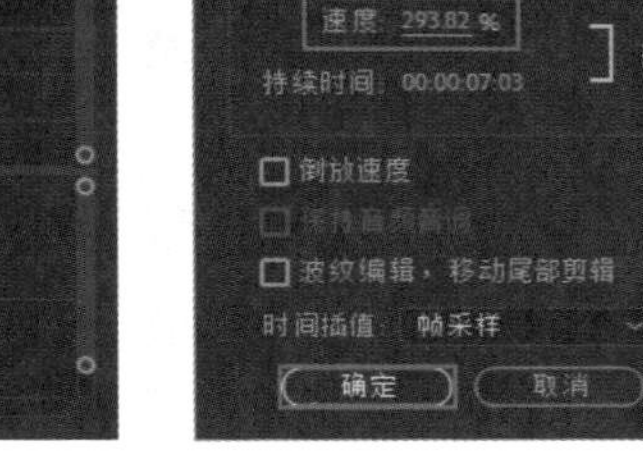

图2-51

2.8 调整视频速度 慢动作变色

在Premiere Pro 2023中，可通过时间重映射来调整视频的速度。时间重映射是指调整视频时间流逝的速度。通过时间重映射，可以在一个视频片段中加快或减慢时间流逝的速度，并且可以在同一个视频片段中的不同位置使用不同的速度。下面将详细介绍使用时间重映射调整视频速度的方法，案例效果如图2-52所示。

图2-52

步骤 01 启动Premiere Pro 2023软件，在菜单栏中执行“文件→打开项目”命令，打开路径文件夹中的“调整视频速度.prproj”文件。

步骤 02　可以看到“时间轴”面板中添加了素材，如图 2-53 所示。

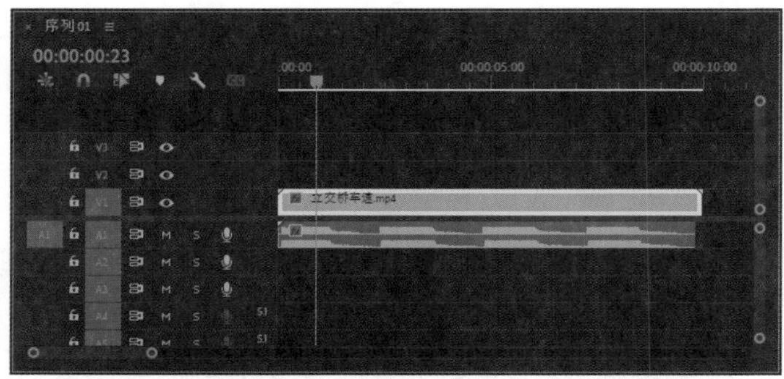

图 2-53

步骤 03　将鼠标指针放在“立交桥车速.mp4”素材左上角的图标上，右击并在弹出的快捷菜单中执行“时间重映射→速度”命令，如图 2-54 所示。

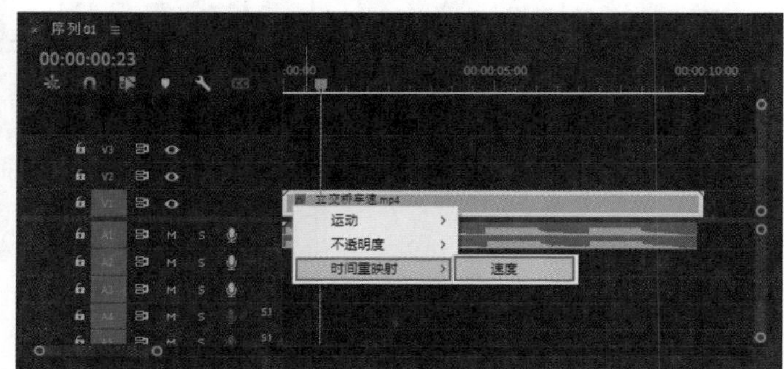

图 2-54

步骤 04　将鼠标指针放在 V1 和 V2 轨道之间，鼠标指针变成形状，如图 2-55 所示，向上拖曳，就可以显示剪辑的关键帧区域，如图 2-56 所示。

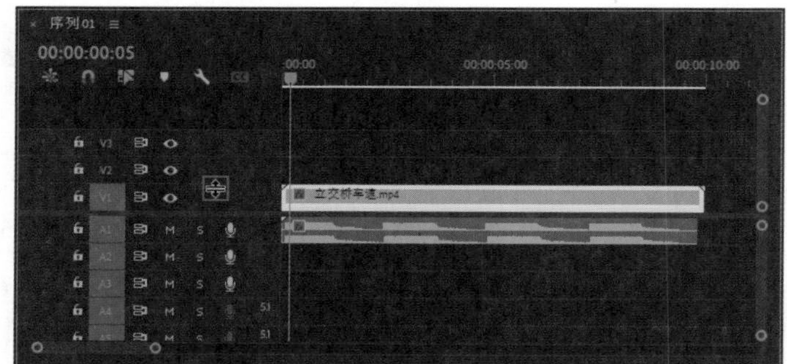

图 2-55

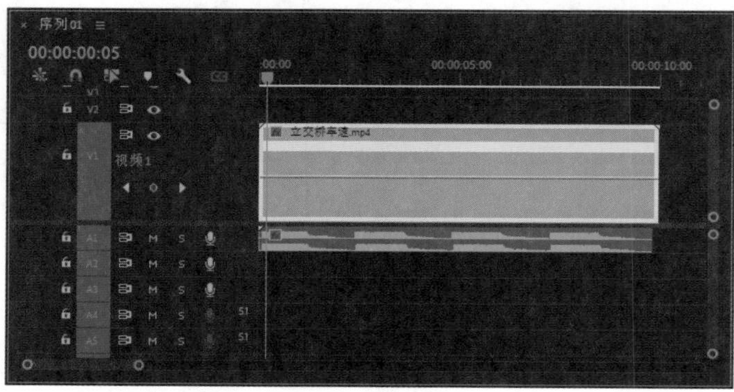

图 2-56

步骤 05 拖动时间线至00:00:01:08位置，选中“立交桥车速.mp4”素材，单击轨道左侧的“添加-移除关键帧”按钮，直接在剪辑上添加关键帧；拖动时间线至00:00:02:09位置，单击轨道左侧的“添加-移除关键帧”按钮，直接在剪辑上添加关键帧，如图2-57所示。

图2-57

步骤 06 在“工具”面板中单击“选择工具”按钮，向下拖曳中间的线段，使这个区域的播放速度变慢，时间重映射速度为18.00%，如图2-58所示。

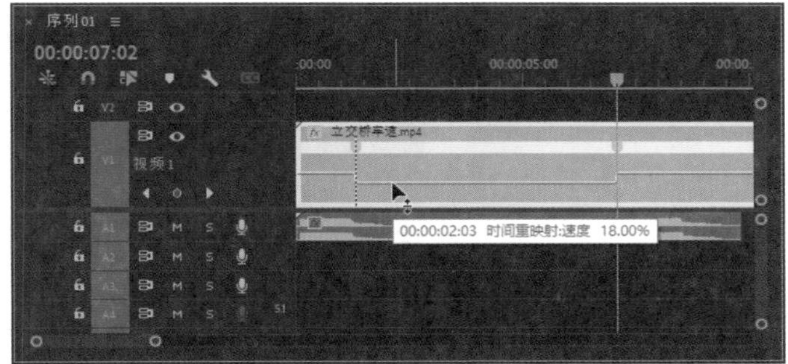

图2-58

步骤 07 观察播放效果，发现放慢速度的持续时间有点长。按住Alt键，选中00:00:07:02位置的关键帧，向左拖曳到00:00:02:10位置，如图2-59所示。

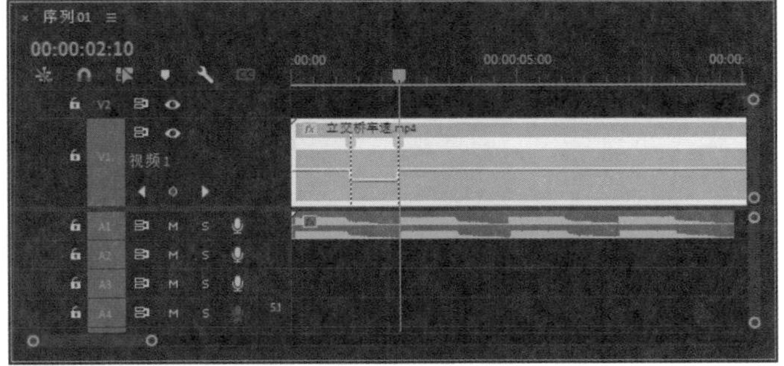

图2-59

步骤 08 根据步骤05、06和07的操作，为“立交桥车速.mp4”素材添加视频关键帧，效果如图2-60所示。

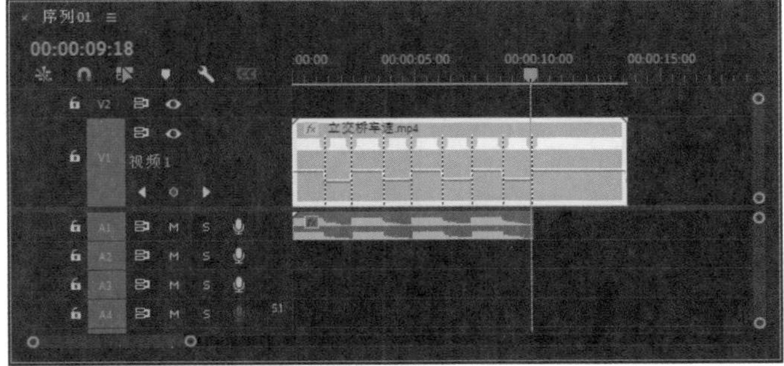

图2-60

步骤 09 在00:00:09:17位置，按快捷键Ctrl+K将视频素材分割，如图2-61所示，选中时间线后面的素材片段，按Delete键将其删除，如图2-62所示。

图2-61

步骤 10 在“项目：调整视频速度”面板中单击右下角的“新建项”按钮，执行“调整图层”命令，如图2-63所示，在弹出的“调整图层”对话框中单击“确定”按钮，如图2-64所示。

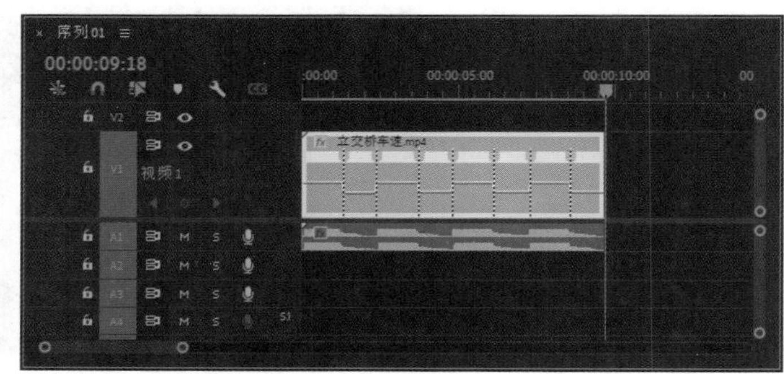

图2-62

图2-63

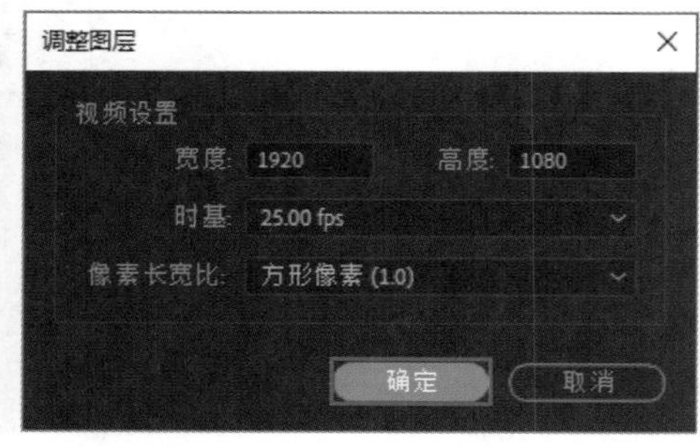

图2-64

步骤 11 将“项目：调整视频速度”面板中的“调整图层”拖曳至“时间轴”面板的V2轨道上，起始位置为00:00:01:08，结束位置为00:00:02:09，如图2-65所示。

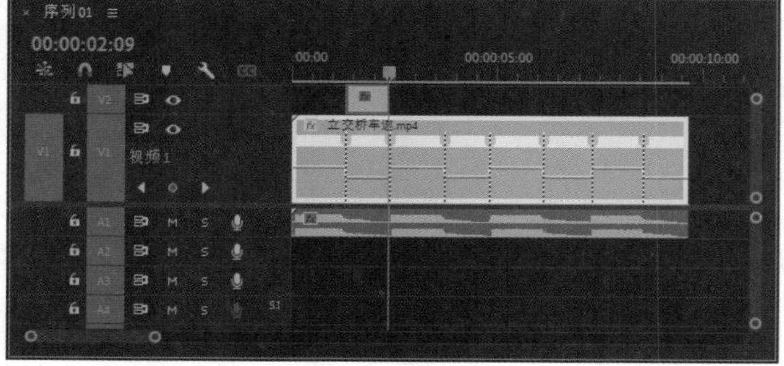

图2-65

步骤 12 选中V2轨道中的“调整图层”，在“Lumetri颜色”面板中，设置“色温”参数为53.5、“色彩”参数为–2.3、“饱和度”参数为120.9、“对比度”参数为34.9、“高光”参数为76.7、“阴影”参数为67.4，如图2-66所示。

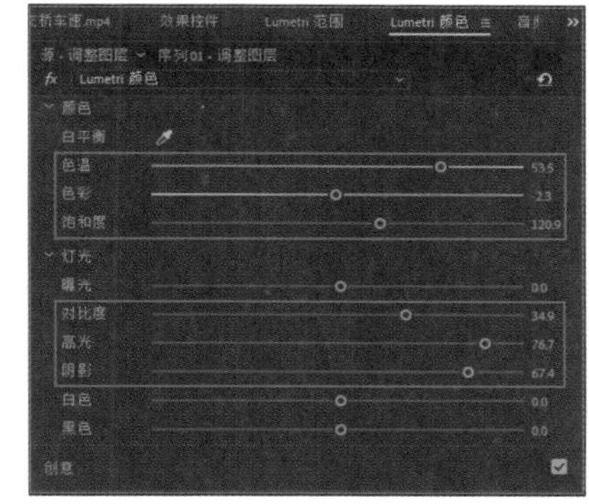

图2-66

步骤 13 选中V2轨道中的“调整图层”，按住Alt键不放，依次向后拖曳，如图2-67所示。

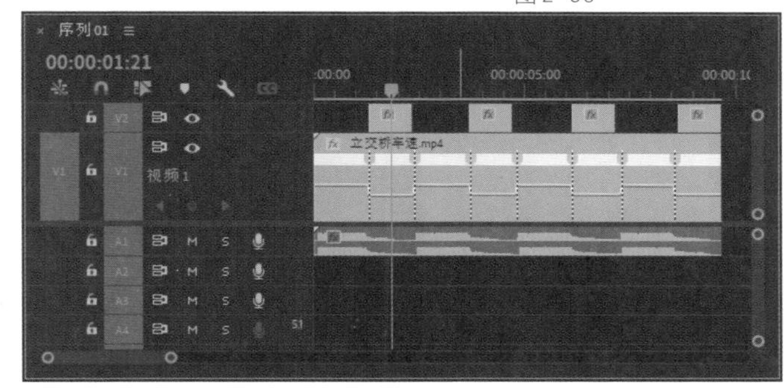

图2-67

2.9 定格视频画面 手捧玫瑰

在影视作品中，为了强调某个主要人物或重要细节，有时会将运动镜头中的画面突然变静止，这就是定格。下面将详细讲解使用“添加帧定格”命令来制作定格拍照效果的方法，案例效果如图2-68所示。

图2-68

步骤 01　启动Premiere Pro 2023软件，在菜单栏中执行“文件→打开项目”命令，打开路径文件夹中的“定格视频画面.prproj”文件。

步骤 02　可以看到“时间轴”面板中添加了素材，如图 2-69 所示。

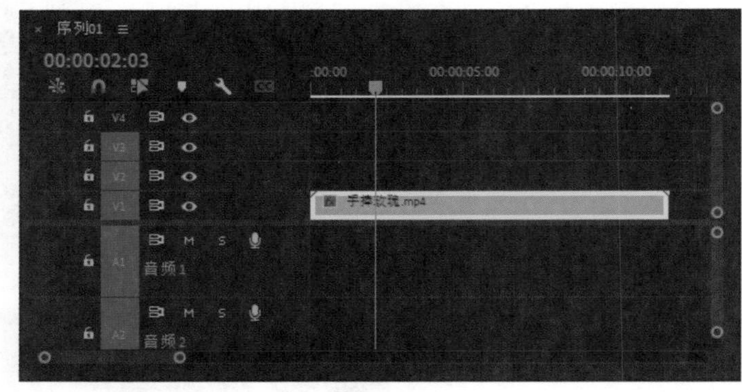

图2-69

步骤 03　拖动时间线至00:00:07:04位置，然后在“工具”面板中单击“剃刀工具”按钮，在“手捧玫瑰.mp4”素材上进行剪切，如图 2-70 所示。

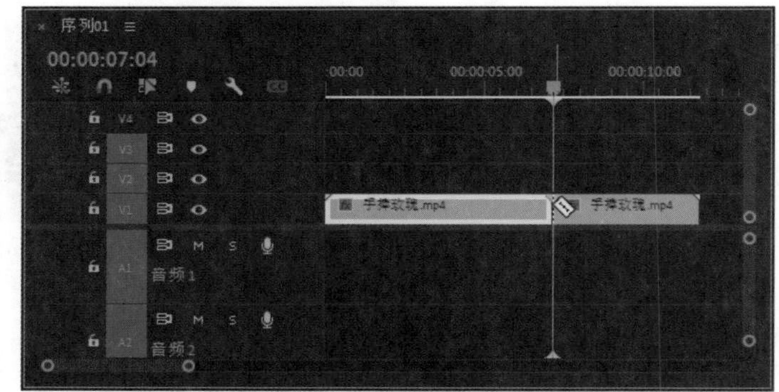

图2-70

步骤 04　选中“手捧玫瑰.mp4”素材后面的部分，按住Alt键向上复制一份，如图 2-71 所示。

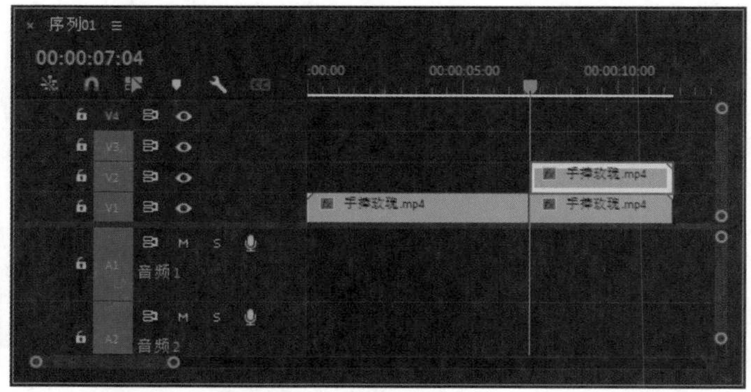

图2-71

步骤 05　选中V2轨道中的“手捧玫瑰.mp4”素材，右击，在弹出的快捷菜单中执行“添加帧定格”命令，如图 2-72 所示。

步骤 06　在“效果”面板中搜索“高斯模糊”效果，如图 2-73 所示，将该效果拖曳至V1轨道的第二段“手捧玫瑰.mp4”素材上。

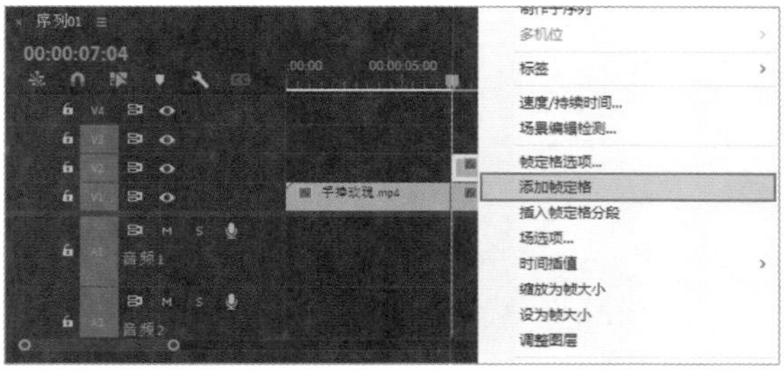

图 2-72

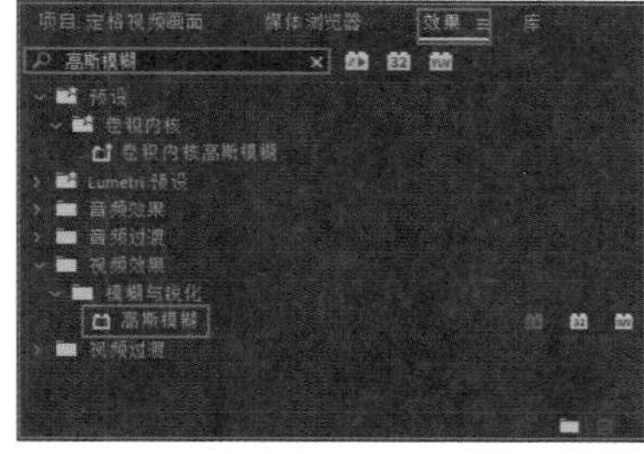

图 2-73

步骤 07 在“效果控件”面板中调整“高斯模糊”卷展栏的“模糊度”参数为100.0，如图 2-74 所示。

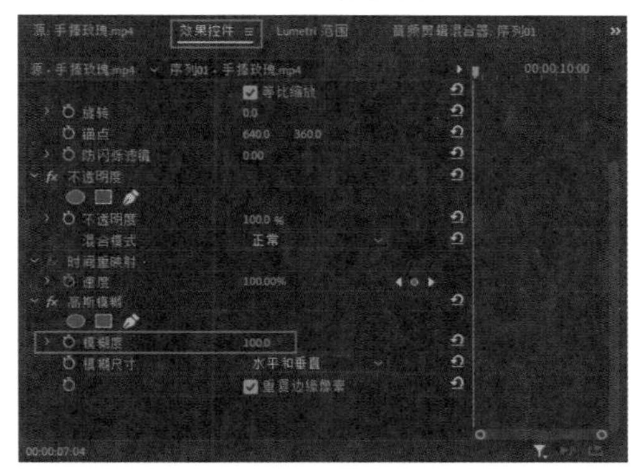

图 2-74

步骤 08 选中 V2 轨道的“手捧玫瑰.mp4”素材，将其转换为“嵌套序列 01”，如图 2-75 所示。

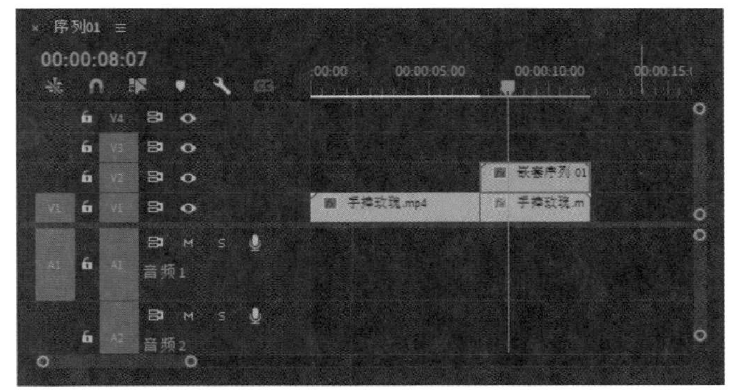

图 2-75

步骤 09 拖动时间线至00:00:07:04位置，选中 V2 轨道的“嵌套序列 01”，在“效果控件”面板中单击“缩放”和“旋转”左侧的“切换动画”按钮 ，开启自动关键帧。拖动时间线至00:00:08:13的位置，设置“缩放”参数为 50.0、“旋转”参数为 12.0°，如图 2-76 所示，效果如图 2-77 所示。

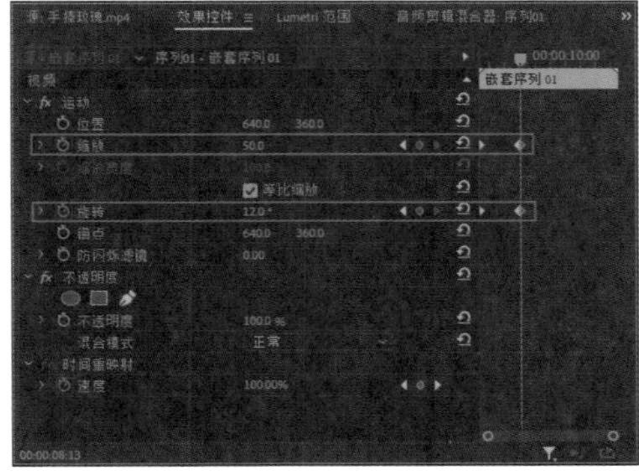

图 2-76

步骤 10 在“效果”面板中搜索“投影”效果，将该效果拖曳至V2轨道的“手捧玫瑰.mp4”素材上，然后在“效果控件”面板中设置“不透明度”参数为60%、“距离”参数为120、“柔和度”参数为100，效果如图2-78所示。

图2-77

步骤 11 照片边缘看起来不是很好看，可以添加一个边框。双击V2轨道的“嵌套序列01”，创建一个白色的颜色遮罩并将其放在“手捧玫瑰.mp4”素材下方，如图2-79所示。

图2-78

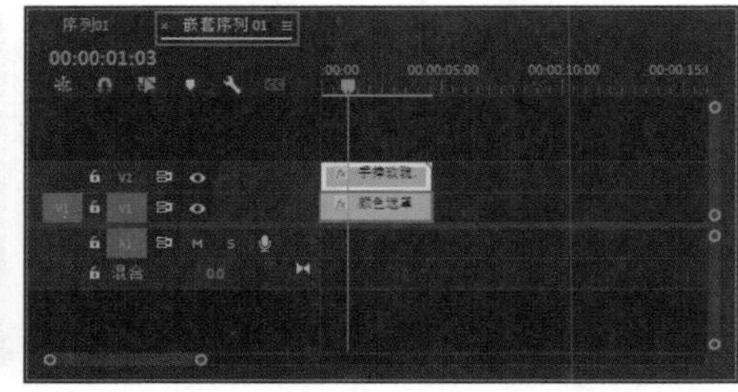

图2-79

提示

为了使投影看起来更加真实，建议在“距离”参数上添加关键帧，在起始位置设置“距离”参数为0。

步骤 12 选中“手捧玫瑰.mp4”素材，在“效果控件”面板中设置“缩放”参数为95，照片边缘会显示白色的边框，如图2-80所示。

步骤 13 返回“序列01”，就可以观察到旋转的照片效果，如图2-81所示。

图2-80

图2-81

步骤 14 在“项目:定格视频画面”面板中选中“音效.mp3”“音乐.wav”素材，如图2-82所示，将“音效.mp3”“音乐.wav”素材拖曳至“时间轴”面板，如图2-83所示。

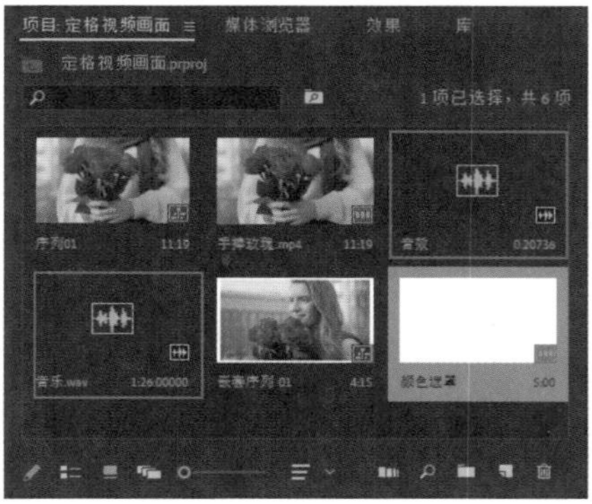

图 2-82

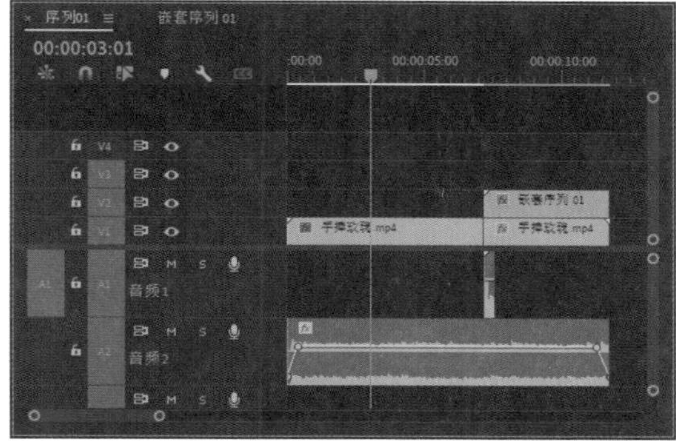

图 2-83

2.10 三点剪辑视频 海洋馆

三点剪辑是视频剪辑的一种比较实用的方式，需要在素材“源”面板和“节目”面板中指定3个点，以确定素材的长度和插入的位置。这3个点可以是素材的入点、出点和时间线的入点、出点这4个点中的任意3个。下面将详细讲解三点剪辑的具体操作方法，案例效果如图 2-84 所示。

图 2-84

步骤 01 启动 Premiere Pro 2023 软件，在菜单栏中执行“文件→打开项目”命令，打开路径文件夹中的“三点剪辑视频.prproj”文件。

步骤 02 可以看到“时间轴”面板中添加了素材，如图 2-85 所示。

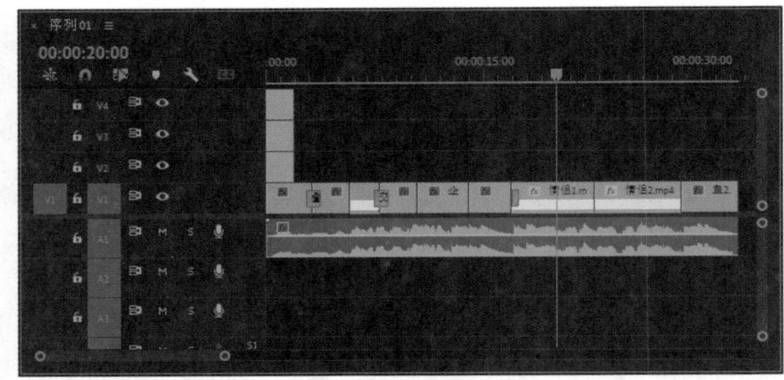

图 2-85

步骤 03 在“情侣2.mp4”视频素材中间插入“情侣3.mp4”视频素材。将时间线移至00:00:25:12位置，如图 2-86 所示，单击“节目：序列01”面板底部的“标记入点”按钮。

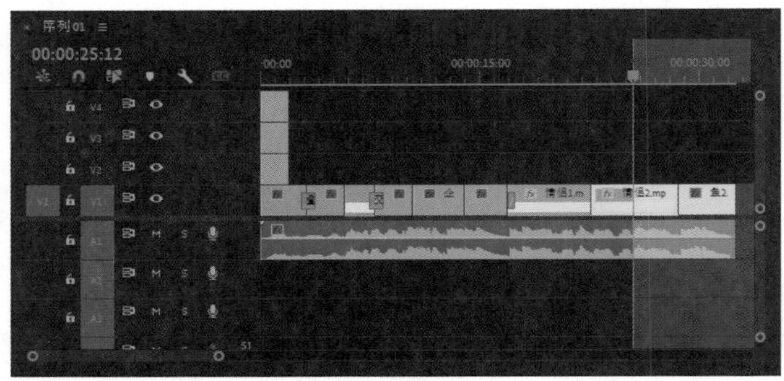

图 2-86

步骤 04 双击“项目：入点和出点”面板中的“情侣3.mp4”视频素材，将其在“源：情侣3.mp4”面板中打开。将播放滑块拖动至00:00:00:00位置，单击“源：情侣3.mp4”面板底部的“标记入点”按钮，如图 2-87 所示；将播放滑块拖至00:00:02:00位置，单击“标记出点”按钮，如图 2-88 所示。

图 2-87

图 2-88

步骤 05 在“时间轴”面板中，单击A1轨道左侧的“切换轨道锁定”按钮，如图 2-89 所示，然后单击“源：情侣3.mp4”面板底部的“插入”按钮，如图 2-90 所示。

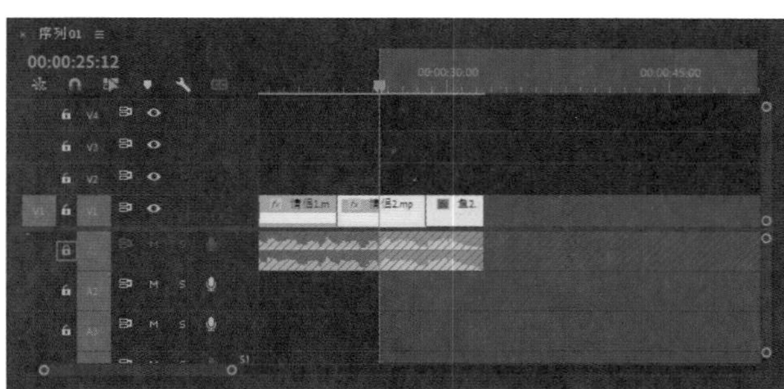

图 2-89

图 2-90

步骤 06 选定部分被插到“时间轴”面板中所设定的入点位置，如图 2-91 所示。

步骤 07 预览视频画面，发现“节目：序列01”面板中“情侣3.mp4”视频素材的画面过小，如图 2-92 所示，需调整画面大小。

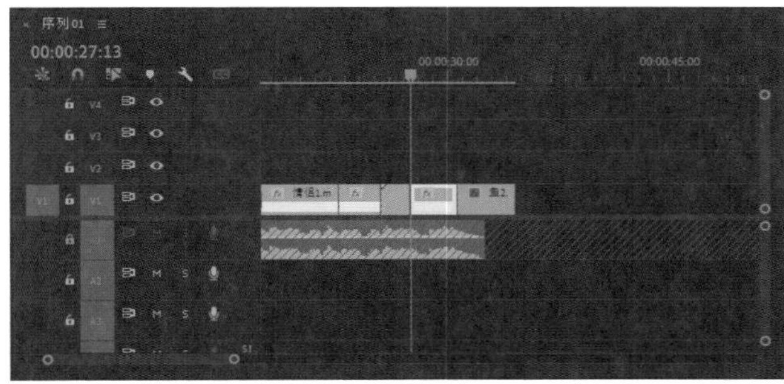

图 2-91

图 2-92

步骤 08 选中“情侣3.mp4”视频素材，右击并在弹出的快捷菜单中执行“添加帧定格”命令，如图 2-93 所示。

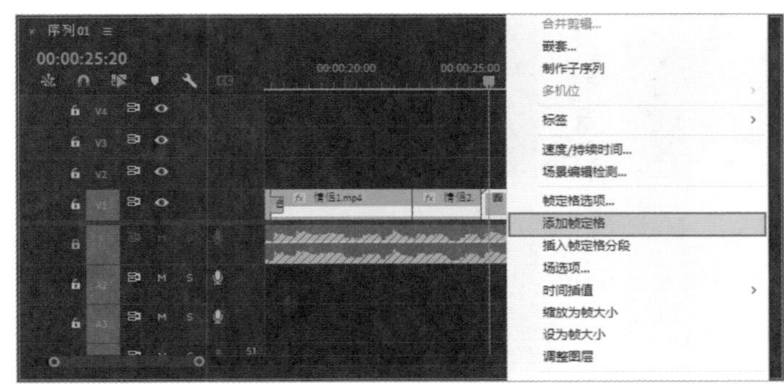

图 2-93

步骤 09 将时间线移至00:00:32:15位置，按Ctrl+K快捷键，将“鱼2.mp4”视频素材分割；选中00:00:32:15之后的片段，按Delete键将其删除，如图 2-94所示。

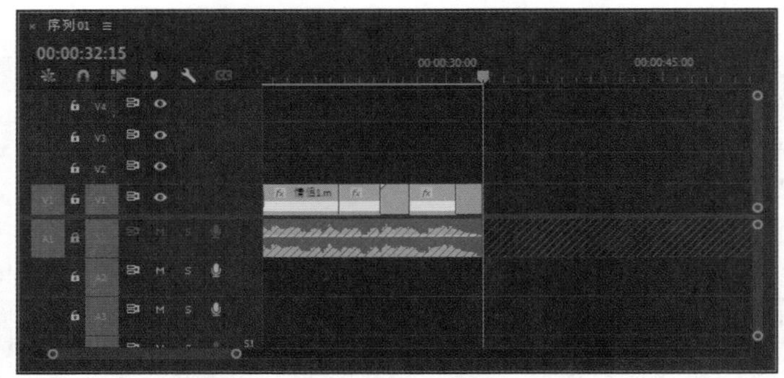

图2-94

2.11 四点剪辑视频 假日探店视频

四点剪辑是在确定素材的出点、入点的同时，确定时间线上目标位置的出点和入点，然后将素材插到“时间轴”面板中的剪辑方式。下面将详细讲解四点剪辑的具体操作方法，案例效果如图 2-95所示。

图2-95

步骤 01 启动Premiere Pro 2023软件，在菜单栏中执行“文件→打开项目”命令，打开路径文件夹中的“四点剪辑视频.prproj”文件。

步骤02 可以看到“时间轴”面板中添加了素材，如图 2-96 所示。

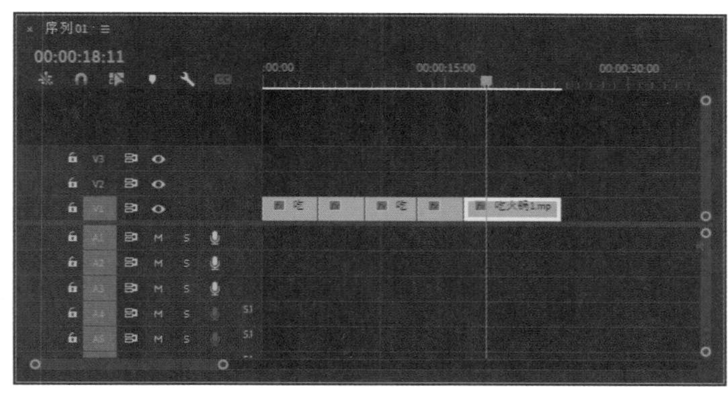

图 2-96

步骤03 将时间线移至00:00:16:15位置，如图 2-97 所示，在“节目：序列 01”面板中单击“标记入点”按钮 ；将时间线移至00:00:20:00位置，如图 2-98 所示，在“节目：序列 01”面板中单击“标记出点”按钮 。

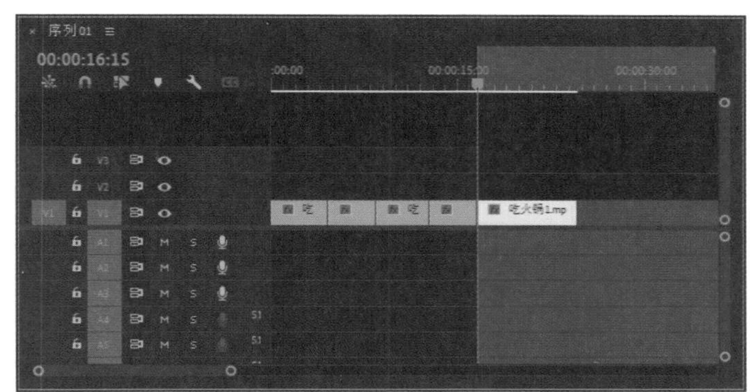

图 2-97

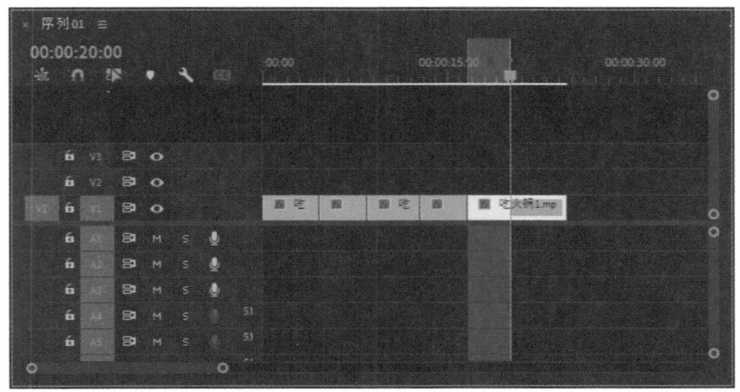

图 2-98

步骤04 在“项目：四点剪辑视频”面板中双击“吃火锅2.mp4”视频素材，将其在“源：吃火锅2.mp4”面板中打开。将播放滑块移至00:00:00:00位置，单击“源：吃火锅2.mp4”面板底部的“标记入点”按钮 ，为素材添加入点，如图 2-99 所示；将播放滑块移至00:00:04:22位置，单击“标记出点”按钮 ，为素材添加出点，如图 2-100 所示。

图2-99　　图2-100

步骤 05　单击“源：吃火锅2.mp4”面板底部的“覆盖”按钮，当选定的素材长度大于时间线选定的长度时，覆盖素材会弹出“适合剪辑”对话框，如图2-101所示。

步骤 06　选择“更改剪辑速度（适合填充）”选项，然后单击“确定”按钮，素材将改变本身的速度，以时间线入点和出点之间的长度为标准压缩素材，再插入到时间线中，如图2-102所示。

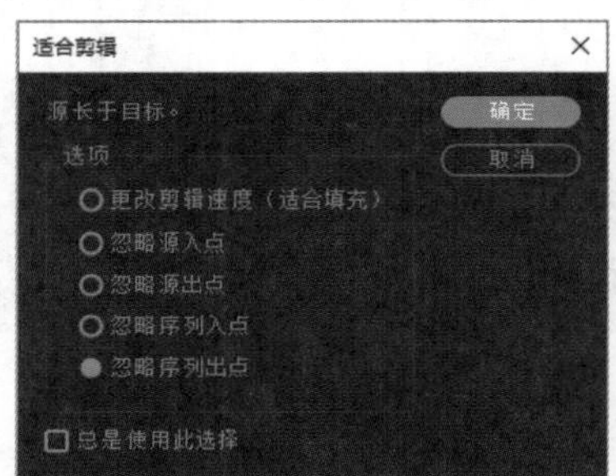

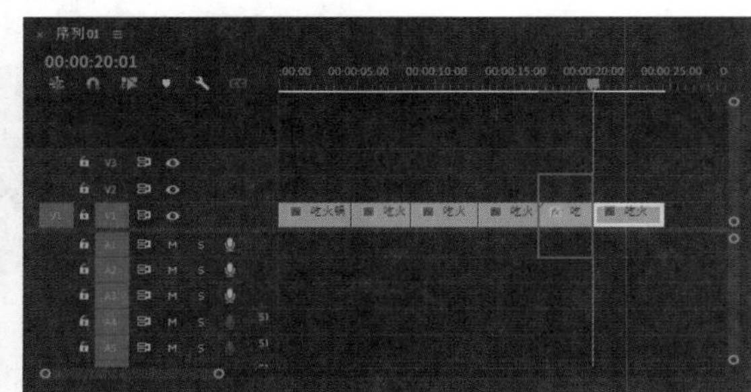

图2-101　　图2-102

步骤 07　在菜单栏中执行“编辑→撤销”命令（快捷键Ctrl+Z），撤销上一步操作。

步骤 08　单击“源：吃火锅2.mp4”面板底部的“覆盖”按钮，在覆盖素材时会弹出“适合剪辑”对话框，选择“忽略源入点”选项，然后单击“确定”按钮，如图2-103所示，素材的出点将与时间线中的出点相匹配，与此同时，系统将自动在时间线的入点位置对素材进行修剪，使素材的入点与时间线上的入点保持一致，如图2-104所示。

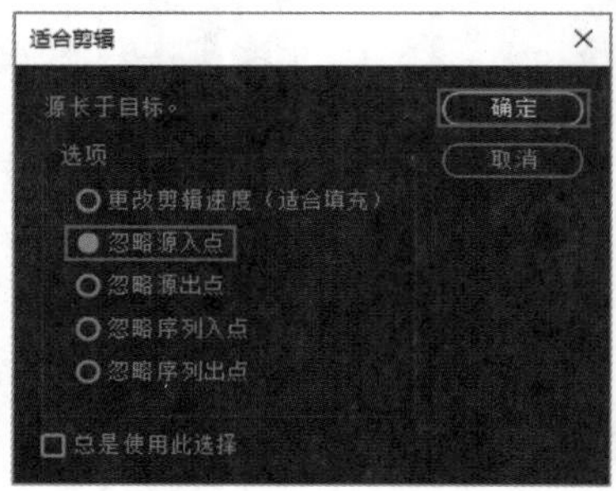

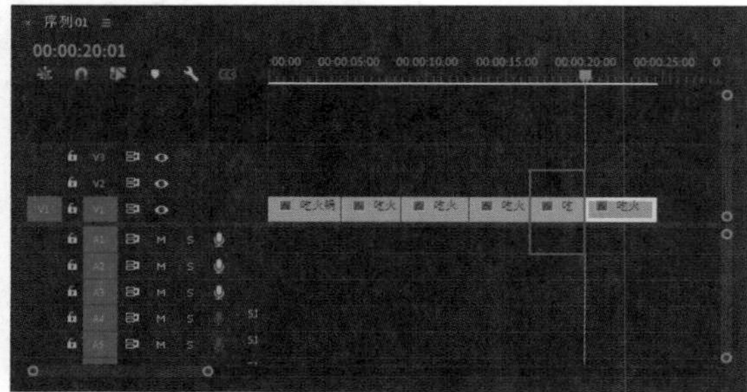

图2-103　　图2-104

步骤 09 在菜单栏中执行“编辑→撤销”命令，撤销上一步操作。

步骤 10 单击“源：吃火锅2.mp4”面板底部的“覆盖”按钮，在覆盖素材时会弹出“适合剪辑”对话框，选择“忽略源出点”选项，然后单击“确定”按钮，如图 2-105 所示，素材的入点将与时间线中的入点相匹配，与此同时，系统将自动在时间线的出点位置对素材进行修剪，使素材的出点与时间线上的出点保持一致，如图 2-106 所示

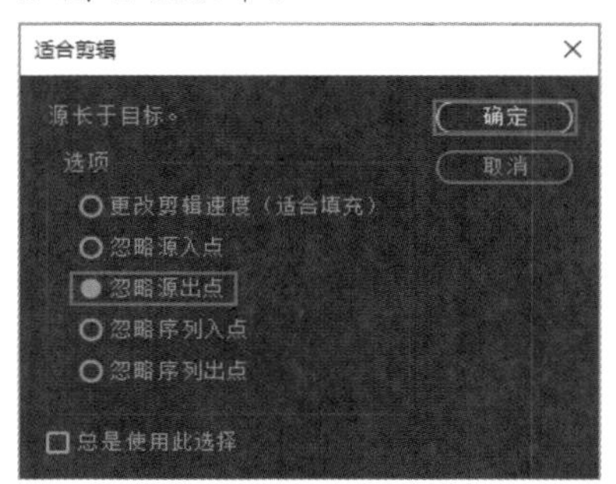

图 2-105

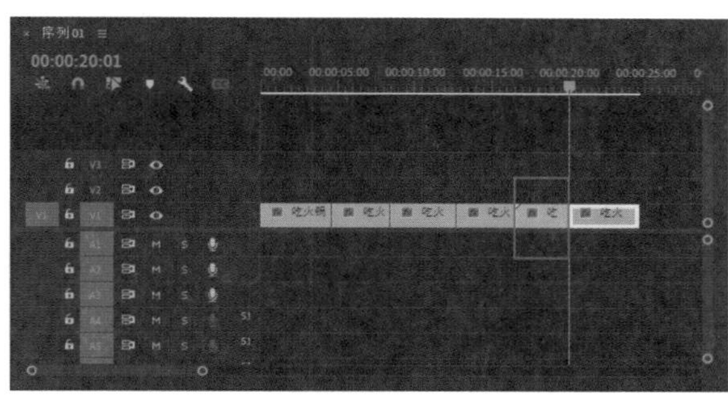

图 2-106

步骤 11 在菜单栏中执行“编辑→撤销”命令，撤销上一步操作。

步骤 12 单击“源：吃火锅2.mp4”面板底部的“覆盖”按钮，在覆盖素材时会弹出“适合剪辑”对话框，选择“忽略序列入点”选项，然后单击“确定”按钮，如图 2-107 所示，执行操作后将直接忽略时间线上的入点，在时间线的出点位置覆盖所选素材的入点和出点之间的全部片段，如图 2-108 所示。

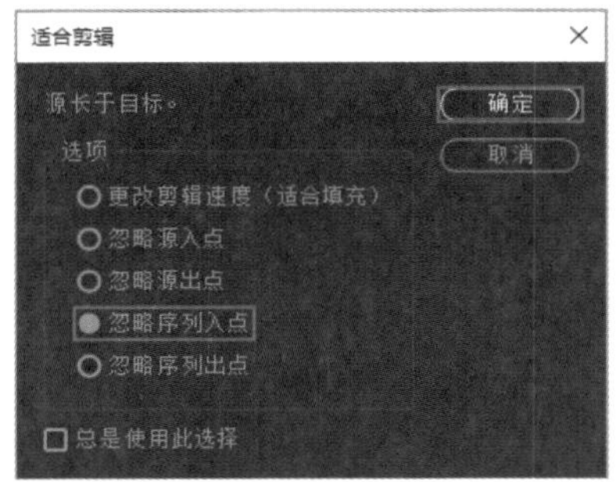

图 2-107

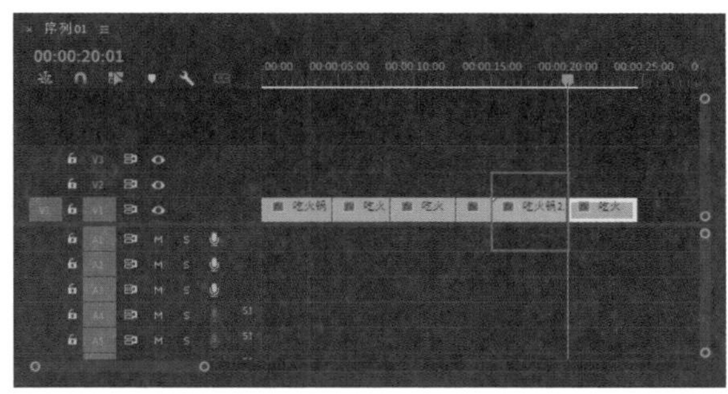

图 2-108

步骤 13 在菜单栏中执行“编辑→撤销”命令，撤销上一步操作。

步骤 14 单击“源：吃火锅2.mp4”面板底部的“覆盖”按钮，在覆盖素材时会弹出“适合剪辑”对话框，选择“忽略序列出点”选项，然后单击“确定”按钮，如图 2-109 所示，执行操作后将直接忽略时间线上的出点，在时间线的

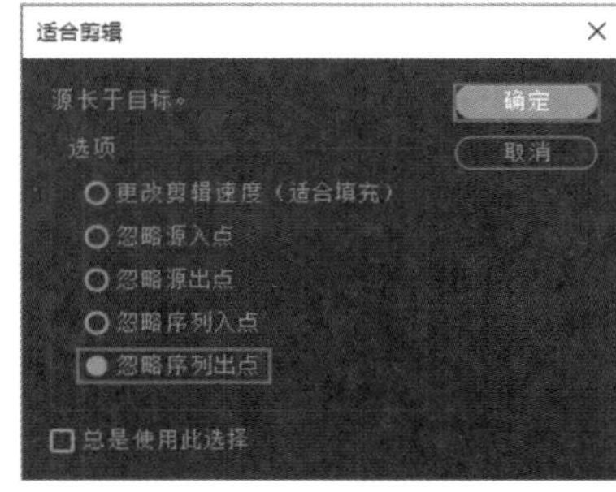

图 2-109

入点位置覆盖所选素材的入点和出点之间的全部片段，如图 2-110 所示。

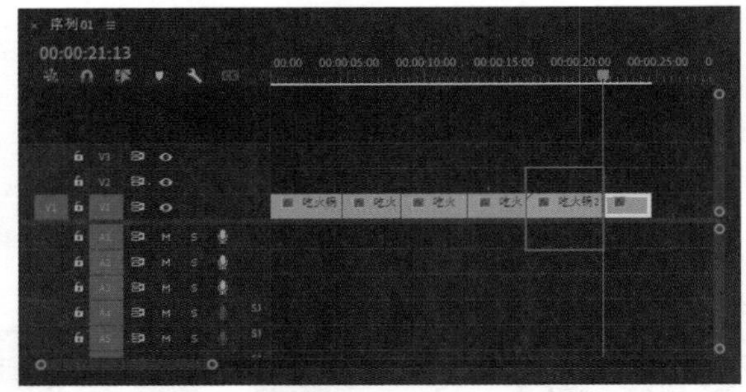

图 2-110

步骤 15 在菜单栏中执行“编辑→撤销”命令，撤销上一步操作。

步骤 16 在“源：吃火锅 2.mp4”面板中，将播放滑块移至 00:00:00:00 位置，单击“源：吃火锅 2.mp4”面板底部的“标记入点”按钮，为素材添加入点，如图 2-111 所示；将播放滑块移至 00:00:04:22 位置，单击“标记出点”按钮，为素材添加出点，如图 2-112 所示。

图 2-111

图 2-112

步骤 17 单击“源：吃火锅 2.mp4”面板底部的“覆盖”按钮，当选定的素材长度小于时间线选定的长度时，覆盖素材会弹出“适合剪辑”对话框，如图 2-113 所示。此时不需要修整选定部分，可以直接将所选片段覆盖到时间线的入点和出点之间，如图 2-114 所示。

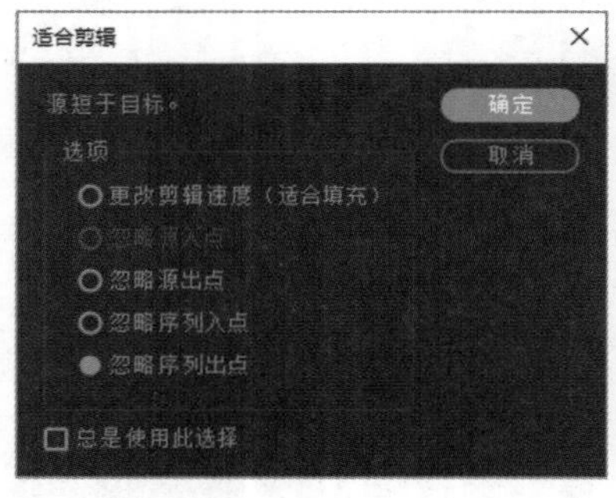

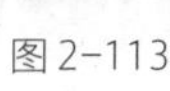
图 2-113

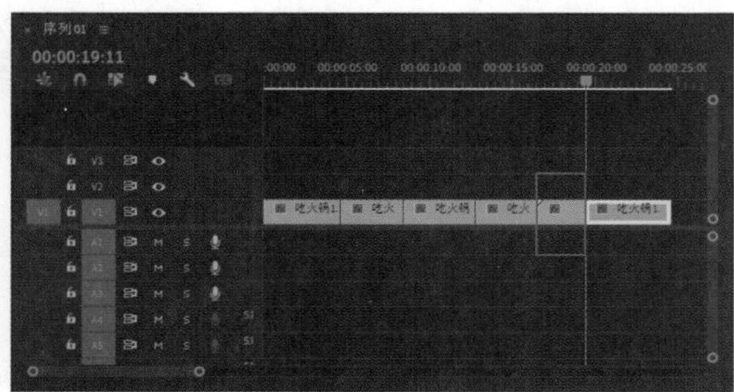

图 2-114

步骤 18 将“项目：四点剪辑视频”面板中的“音乐.mp3”素材拖曳到 A1 轨道上，如图 2-115 所示。

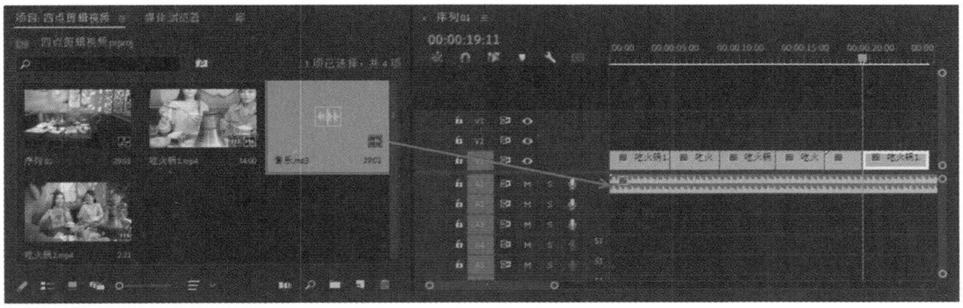

图 2-115

步骤 19 将时间线移至 00:00:24:17 位置，单击“工具”面板中的“剃刀工具”按钮，裁剪多余的音频并删除，如图 2-116 所示。

图 2-116

2.12 智能裁剪视频 美妆主图视频

用户在进行拉片、混剪、二次剪辑时，经常需要逐帧观看视频来寻找剪辑点，将不同的镜头素材进行分割，制作起来费时费力。在 Premiere Pro 2023 中，用户可以使用“场景编辑检测”命令对视频进行智能裁剪，从而提高工作效率。下面将详细讲解智能裁剪视频的方法，案例效果如图 2-117 所示。

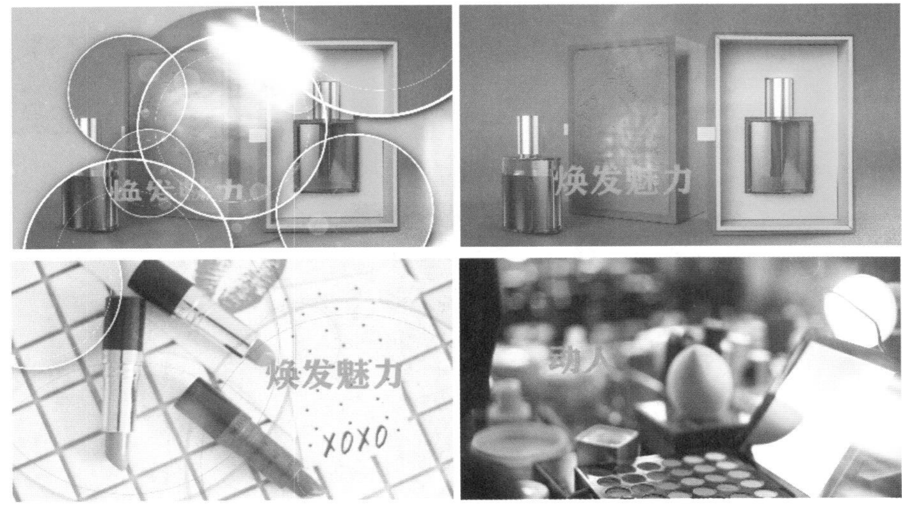

图 2-117

步骤01　启动Premiere Pro 2023软件，在菜单栏中执行“文件→打开项目”命令，打开路径文件夹中的“智能裁剪视频.prproj”文件。

步骤02　在“项目：智能裁剪视频”面板中，将“美妆.mp4”视频素材拖曳到V1轨道上，如图2-118所示。

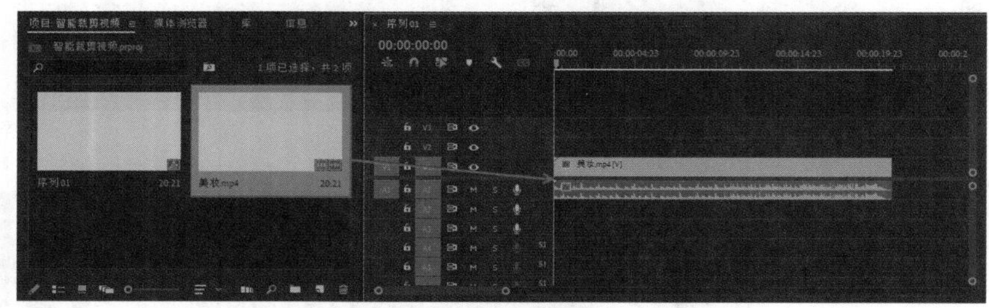

图2-118

步骤03　选中“时间轴”面板中的“美妆.mp4”视频素材并右击，在弹出的快捷菜单中执行“场景编辑检测”命令，如图2-119所示，在弹出的“场景编辑检测”对话框中单击“分析”按钮，如图2-120所示。

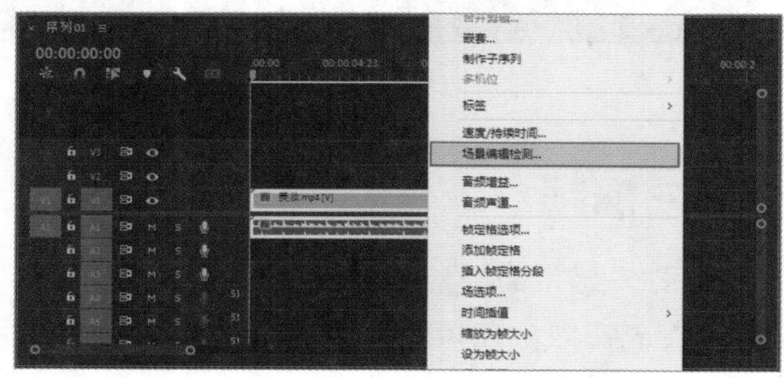

图2-119

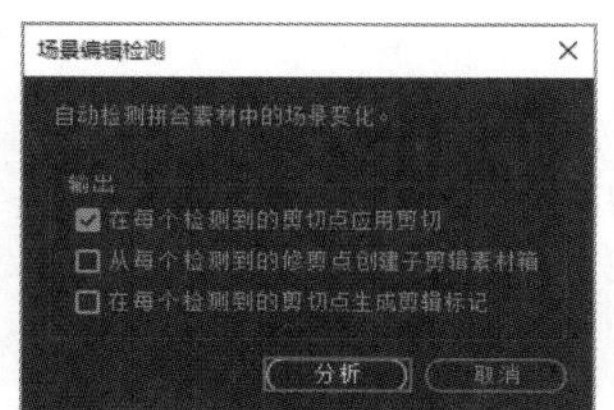

图2-120

步骤04　此时，弹出的对话框中显示分析进度条，如图2-121所示。完成分析后的效果如图2-122所示。

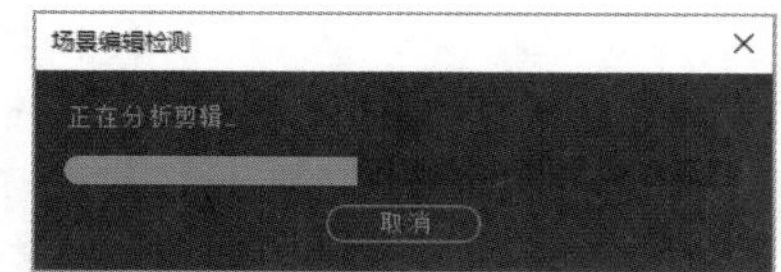

图2-121

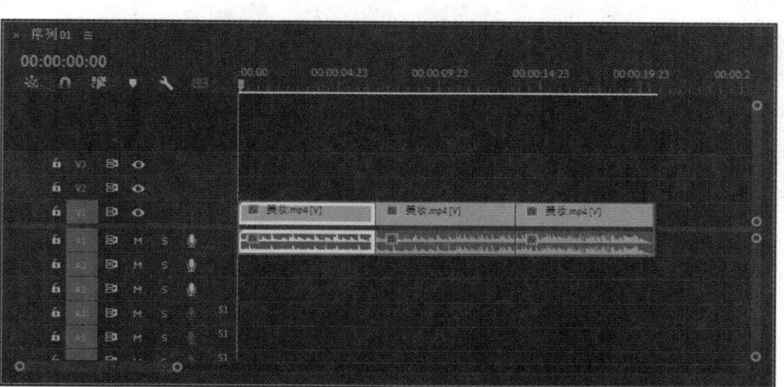

图2-122

2.13 多机位剪辑视频 陶瓷制作

在多个机位拍摄同一场景的前提下，使用多机位剪辑更加便捷，剪辑效率也更高。下面将详细讲解多机位剪辑视频的方法，案例效果如图 2-123 所示。

图 2-123

步骤 01 启动 Premiere Pro 2023 软件，在菜单栏中执行“文件→打开项目”命令，打开路径文件夹中的“多机位剪辑视频.prproj”文件。

步骤 02 可以看到“时间轴”面板中添加了素材，如图 2-124 所示。

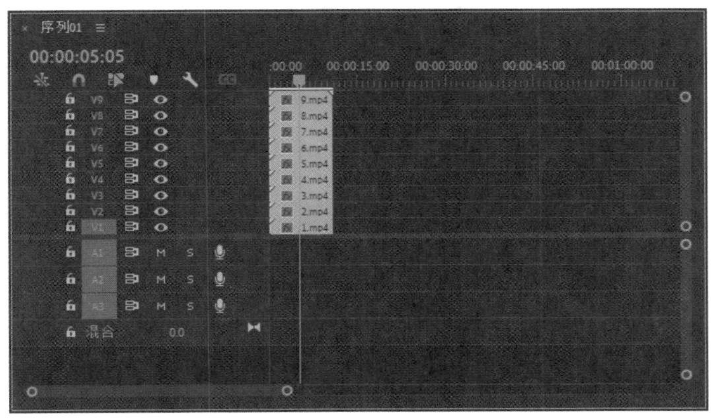

图 2-124

步骤 03 选中“时间轴”面板中的全部素材并右击，在弹出的快捷菜单中执行“嵌套”命令，如图 2-125 所示，在弹出的“嵌套序列名称”对话框中设置“名称”为“陶瓷制作”，如图 2-126 所示。

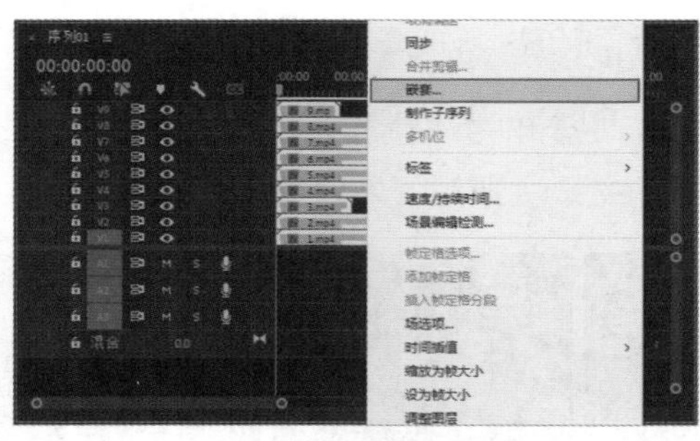

图 2-125

图 2-126

步骤 04　此时的“时间轴”面板如图 2-127 所示。

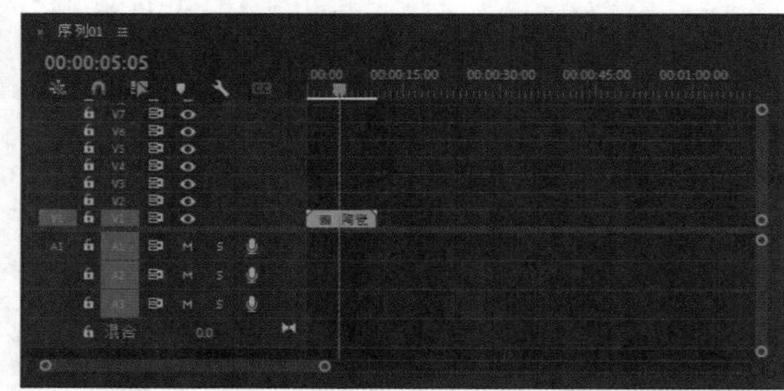

图 2-127

步骤 05　选中“陶瓷制作”序列并右击，在弹出的快捷菜单中执行“多机位→启用”命令，如图 2-128 所示，此时多机位被激活。

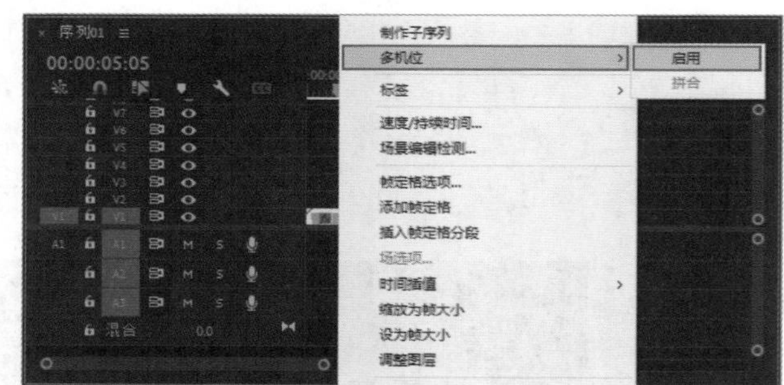

图 2-128

步骤 06　单击“节目：序列 01”面板右下角的“按钮编辑器”按钮，在“按钮编辑器”面板中将“切换多机位视图”按钮拖曳至按钮栏中，如图 2-129 所示。此时单击“切换多机位视图”按钮，“节目：序列 01”

图 2-129

面板将变为多机位剪辑框，左边为多机位窗口，右边为录制窗口，如图 2-130 所示。

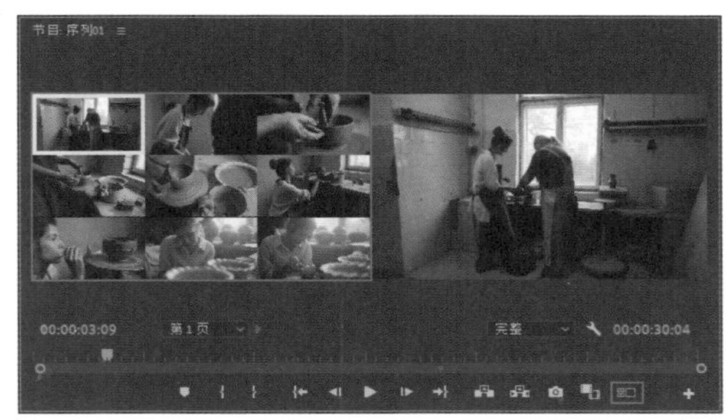

图 2-130

步骤 07 在“节目：序列 01”面板下方单击“播放-停止切换”按钮▶，选中的图像边缘为黄色。单击左侧多机位窗口中的任意图像，此时正在被剪辑的机位图像边缘呈红色，说明正在录制此机位的图像，这个时候右侧的录制窗口中会呈现此机位的图像，如图 2-131 所示。

图 2-131

步骤 08 在多机位窗口里不断地单击需要的机位图像，直到录制完毕，或单击“播放-停止切换”按钮▶，停止录制。此时“时间轴”面板中的素材文件被分段剪辑，如图 2-132 所示。

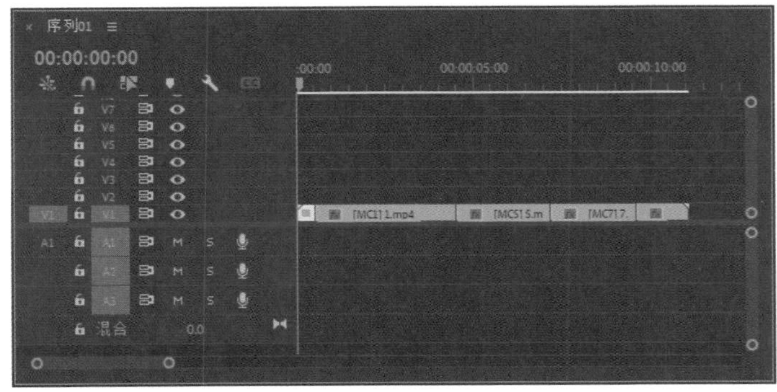

图 2-132

第 3 章

使用动感音频
增加视频节奏感

一部完整的作品通常包括图像和声音，声音在影视作品中可以起到烘托、渲染气氛和增加感染力等作用。Premiere Pro 2023具有完善的音频编辑功能，其“效果”面板的“音频效果”卷展栏中提供了大量的音频效果，可以充分满足用户的编辑需要。本章将为读者介绍一些常用的音频处理方法与技巧，读者掌握这些方法与技巧后，可以配合视频画面增加视频的节奏感。

3.1 导入音频文件 春日鸟语

在编辑视频之前，要先在“项目”面板中导入素材文件。下面将详细介绍导入音频文件的操作方法。

步骤 01 启动 Premiere Pro 2023 软件，在菜单栏中执行“文件→打开项目”命令，打开路径文件夹中的“导入音频文件.prproj”文件。

图 3-1

步骤 02 双击“项目：导入音频文件”面板的空白区域，在弹出的“导入”对话框中选中“大自然鸟儿清晨春天.wav”音频素材，单击“打开”按钮，如图 3-1 所示。执行操作后可以在“项目：导入音频文件”面板中看到刚刚导入的音频素材“大自然鸟儿清晨春天.wav”，如图 3-2 所示。

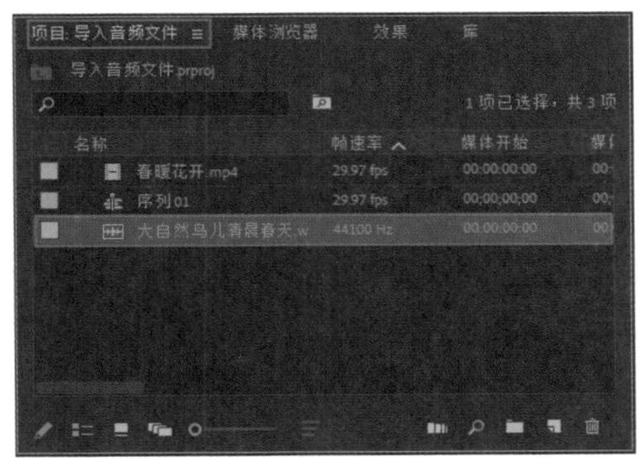

图 3-2

步骤 03 按住鼠标左键将“项目：导入音频文件”面板中的“大自然鸟儿清晨春天.wav”音频素材拖曳到“时间轴”面板中的 A1 轨道上，如图 3-3 所示。

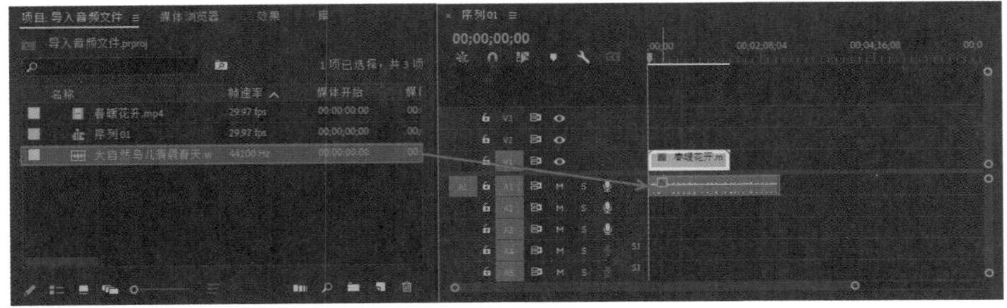

图 3-3

3.2 编辑音频文件 夏日蝉鸣

通常加快视频播放速度后，音频部分的音调也会跟着发生改变，但使用“音高换档器”效果对加速后的音频进行处理，可以使播放速度改变后音调不产生变化。下面将介绍具体的操作方法。

步骤 01 启动Premiere Pro 2023软件，在菜单栏中执行“文件→打开项目”命令，打开路径文件夹中的“编辑音频文件.prproj”文件。

步骤 02 可以看到“时间轴”面板中添加了素材，如图 3-4所示。

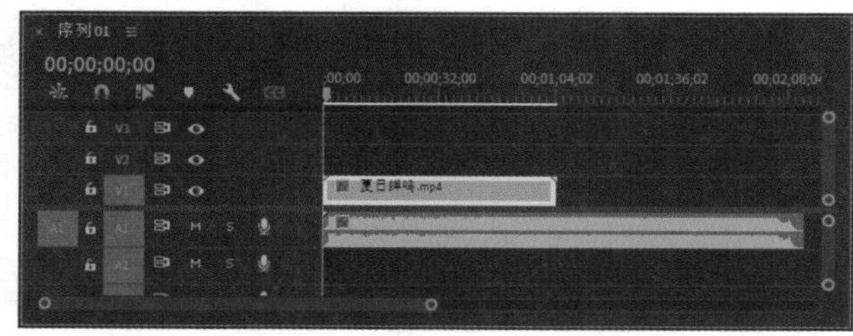

图 3-4

步骤 03 选中“时间轴”面板中的“音乐.wav”音频素材并右击，在弹出的快捷菜单中执行“速度/持续时间”命令，如图 3-5所示。

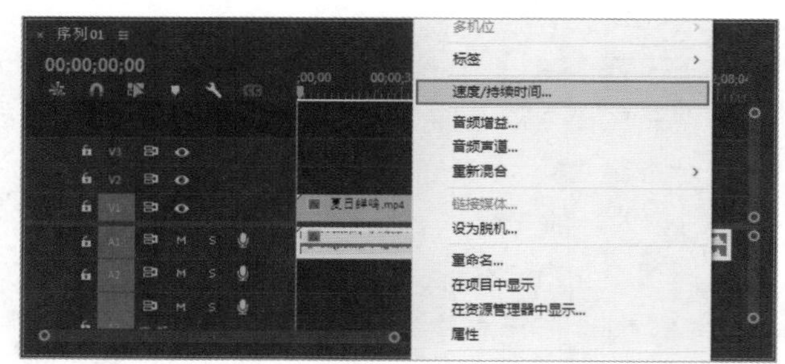

图 3-5

步骤 04 弹出“剪辑速度/持续时间”对话框，设置“速度”参数为160%，单击“确定”按钮，如图 3-6所示。可以看到音频素材的长度明显缩短了，如图 3-7所示。

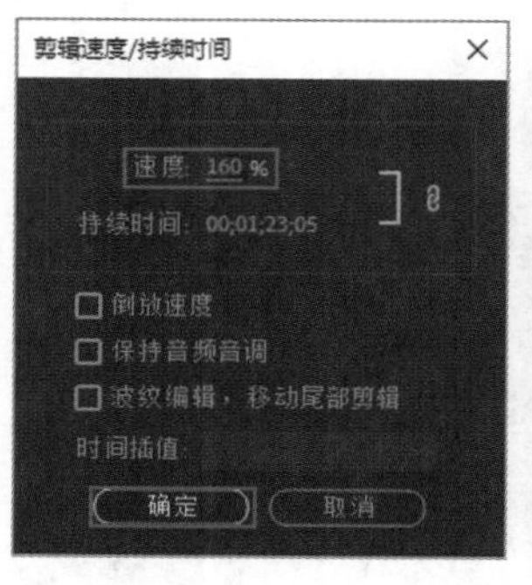

图 3-6

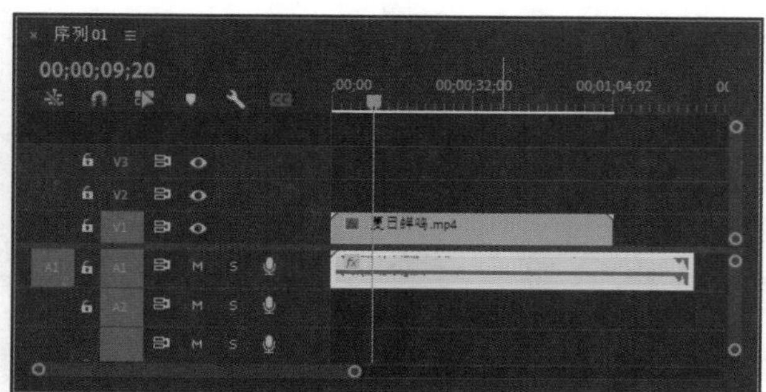

图 3-7

提示

在进行上面的操作时，不要勾选“保持音频音调”复选框。即使勾选该复选框，加速的音频的音调仍然会改变。

步骤 05 在“时间轴”面板中选中“夏日蝉鸣.mp4”视频素材，然后在“工具”面板中单击“比率拉伸工具”按钮，将视频素材延长，使之与下方的音频素材长度一致，如图 3-8 所示。

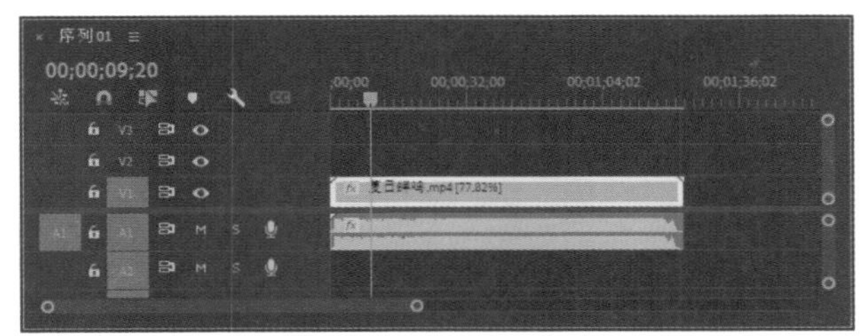

图 3-8

步骤 06 在“效果”面板中搜索“音高换档器”效果，将该效果拖曳至A1轨道的“音乐.wav”素材上，如图 3-9 所示。

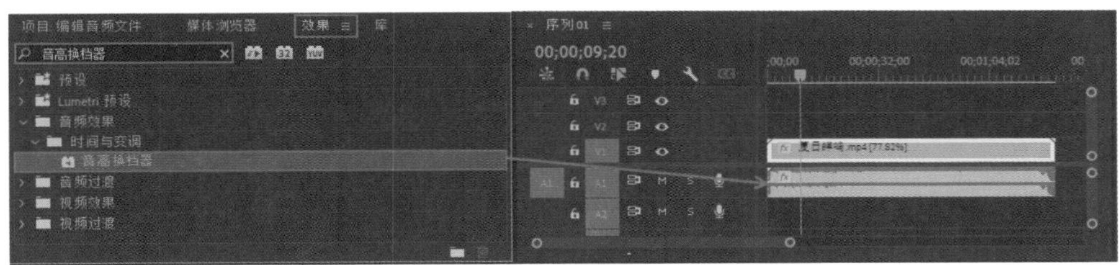

图 3-9

步骤 07 在“效果控件”面板中单击“编辑”按钮，如图 3-10 所示，在弹出的对话框中设置“比率”参数为0.5000，设置“精度”为“高精度”，并勾选“使用相应的默认设置”复选框，如图 3-11 所示。

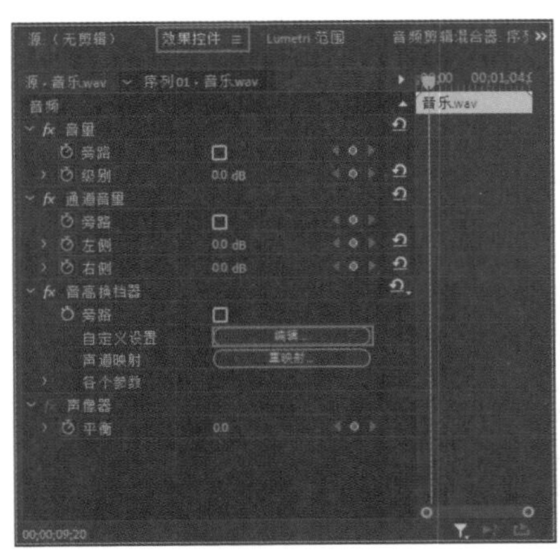

图 3-10

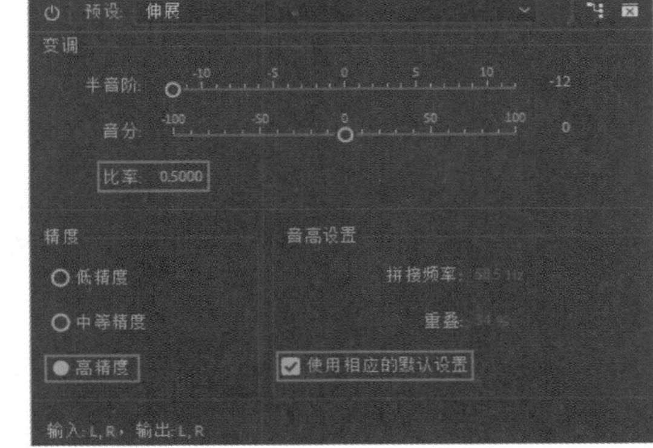

图 3-11

步骤 08 关闭对话框，然后按Space键播放音频，可以听到音频的音调没有发生变化，只是节奏加快了。

步骤 09 选中V1轨道的“音乐.wav”音频素材，双击V1轨道左侧的空白区域，可以显示音频的关键帧区域，效果如图3-12所示。在“工具”面板中单击“选择工具”按钮，向下拖曳中间的线段，使整个区域音量变小，“调整增益值”参数为–100dB，如图3-13所示。

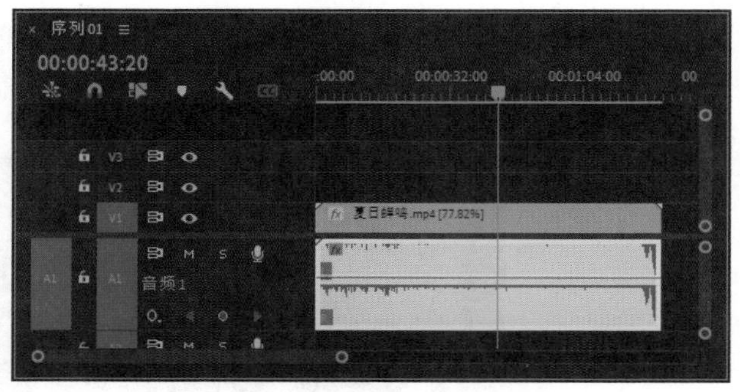

图3-12

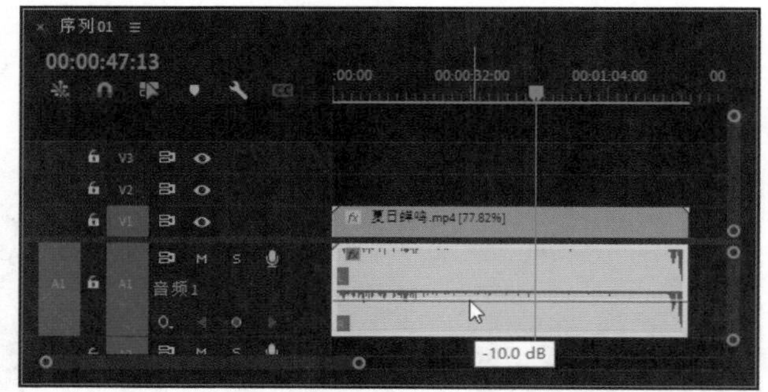

图3-13

3.3 声音淡化效果 歌手献唱

一段音乐开始时突然声音增大或结束时突然没有声音，会给人一种突兀的感觉，此时可以使用“效果控件”面板中的“级别”参数为音频添加关键帧，制作一种缓入缓出的效果，使音频的开头和结尾都更加自然。

步骤 01 启动Premiere Pro 2023软件，在菜单栏中执行“文件→打开项目”命令，打开路径文件夹中的“声音淡化效果.prproj”文件。

步骤 02 可以看到“时间轴”面板中添加了素材，如图3-14所示。

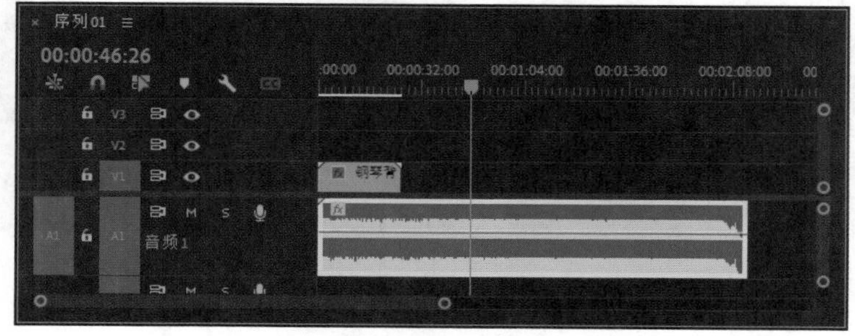

图3-14

步骤 03　将时间线移至00:01:05:27位置，在“工具”面板中单击“剃刀工具”按钮，在时间线处对音频进行裁剪，如图 3-15 所示。

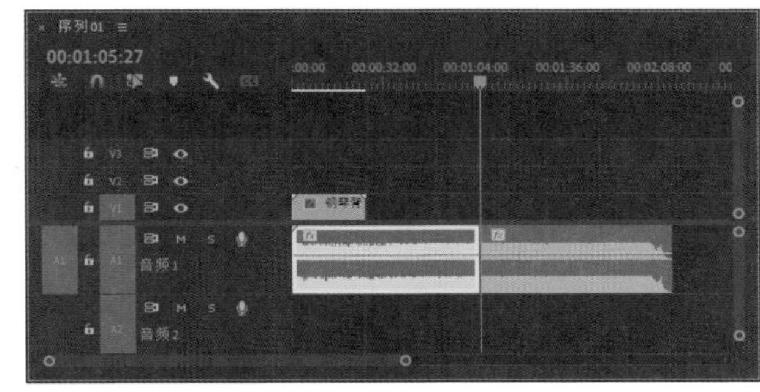

图 3-15

步骤 04　按快捷键 V，切换到“选择工具”，选中时间线前方的音频，按 Delete 键将其删除，然后将时间线后方的音频向前移动，接着裁剪并删除多余的音频，使视频、音频素材的长度一致，如图 3-16 所示。

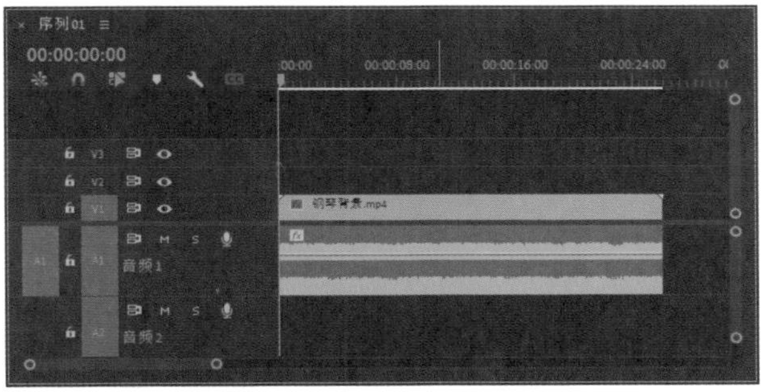

图 3-16

步骤 05　在“时间轴”面板中选中 A1 轨道的“音乐.wav”素材，移动时间线，分别在 00:00:01:00 和 00:00:25:00 位置，在“效果控件”面板中单击“级别”左侧的“切换动画”按钮，开启自动关键帧，使其保持原有声音大小，如图 3-17 所示。

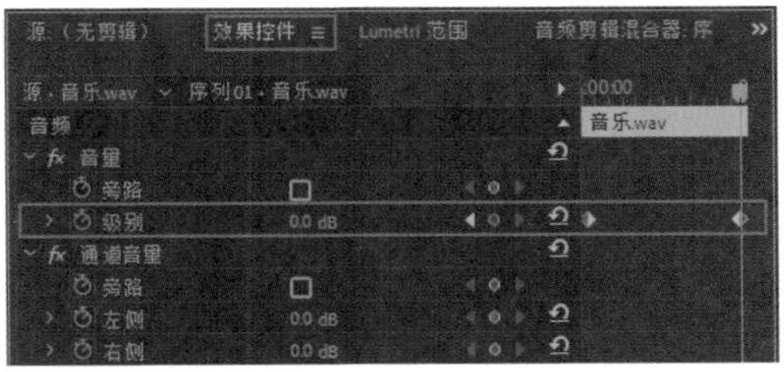

图 3-17

步骤 06　在“时间轴”面板中，将时间线移至“音乐.wav”素材的起始位置，在“效果控件”面板中设置“级别”参数为–999.0dB，如图 3-18 所示；将时间线移至“音乐.wav”素材的结尾位置，设置“级别”参数为–999.0dB。这时播放音频，就能听到音频有声音从小到大和从大到小的变化，这样就不会显得突兀了。

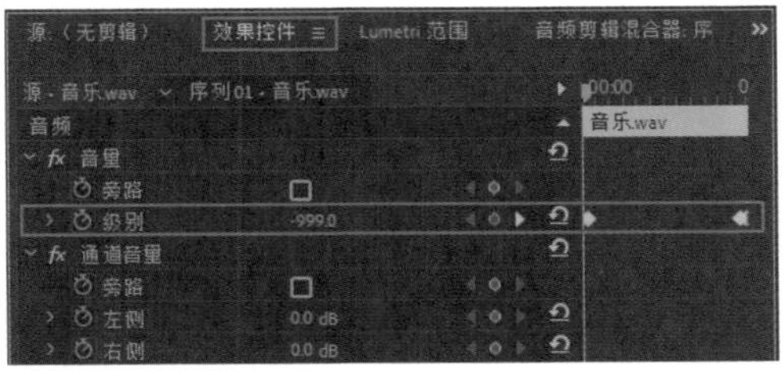

图 3-18

3.4 调节音频增益 厨房做菜

在编辑视频的过程中，音频声音过大或过小都会影响音频的效果。下面将详细讲解使用“音频增益”命令调节音频声音大小的操作方法。

步骤 01 启动Premiere Pro 2023软件，在菜单栏中执行“文件→打开项目”命令，打开路径文件夹中的“调节.prproj”文件。

步骤 02 可以看到“时间轴”面板中添加了素材，如图3-19所示。

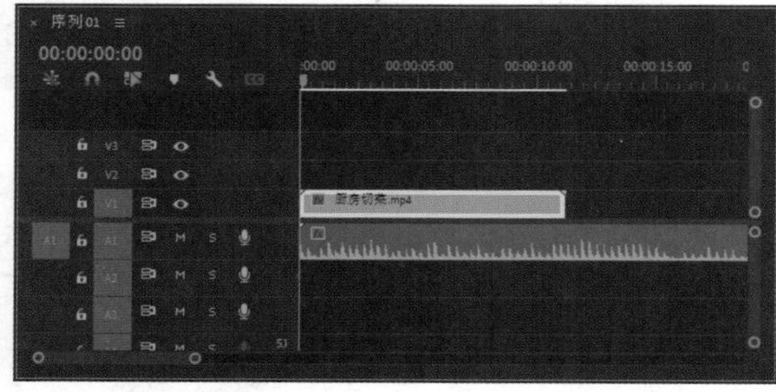

图3-19

步骤 03 将时间线移至00:00:08:18位置，按快捷键C，切换到“剃刀工具”，在时间线处裁剪音频与视频素材。按快捷键V，切换到“选择工具”，然后全选时间线后面的素材，按Delete键将其删除，效果如图3-20所示。

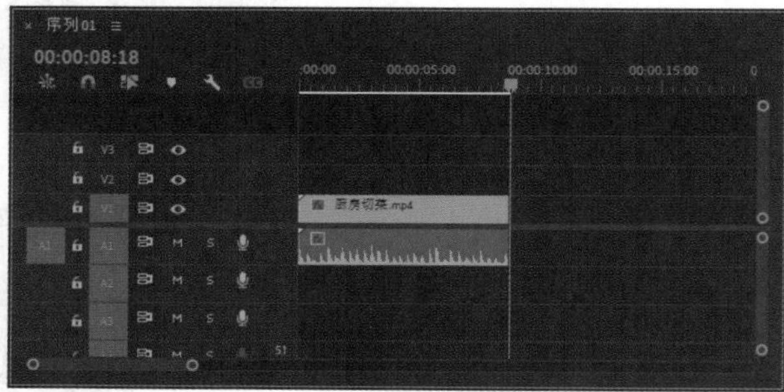

图3-20

步骤 04 在“时间轴”面板中选中A1轨道的“厨房切菜剁碎音效.wav”音频素材并右击，在弹出的快捷菜单中执行“音频增益”命令，如图3-21所示，在弹出的“音频增益”对话框中设置“调整增益值”参数为6dB，单击“确定”按钮，如图3-22所示，将音频的音量调高。

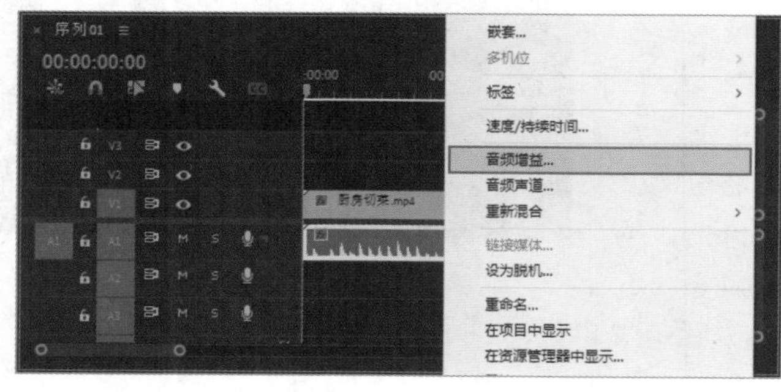

图3-21

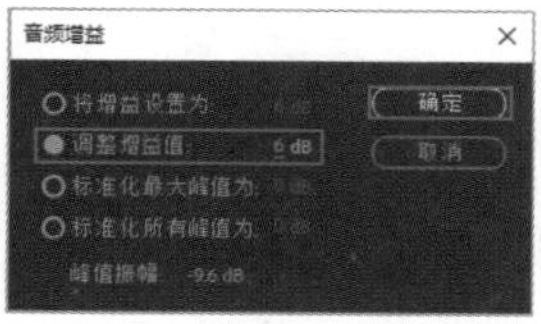

图3-22

步骤05 在“时间轴”面板中选中A1轨道的“厨房切菜剁碎音效.wav”音频素材，在菜单栏中执行“剪辑→音频选项→音频增益”命令（快捷键G），如图3-23所示，在弹出的“音频增益”对话框中设置“调整增益值”参数为–6dB，单击“确定”按钮，如图3-24所示，将音频的音量调低。

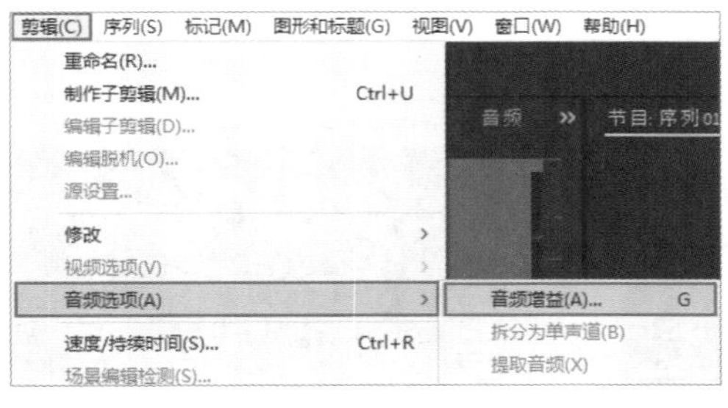

图3-23

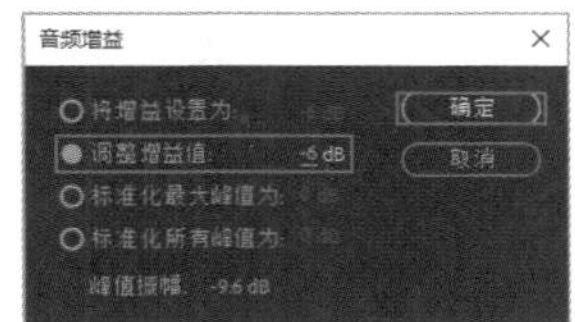

图3-24

3.5 调节音量大小 平地惊雷

在常规思维中，要调高或调低音频的音量，最直接的方法是调整音频增益值，而这种方法很容易让音频失真。但使用“强制限幅”效果可以在不失真的情况下降低音频音量。下面将详细介绍使用“强制限幅”效果调节音量的操作方法。

步骤01 启动Premiere Pro 2023软件，在菜单栏中执行“文件→打开项目”命令，打开路径文件夹中的“调节音量大小.prproj”文件。

步骤02 可以看到“时间轴”面板中添加了素材，如图3-25所示。

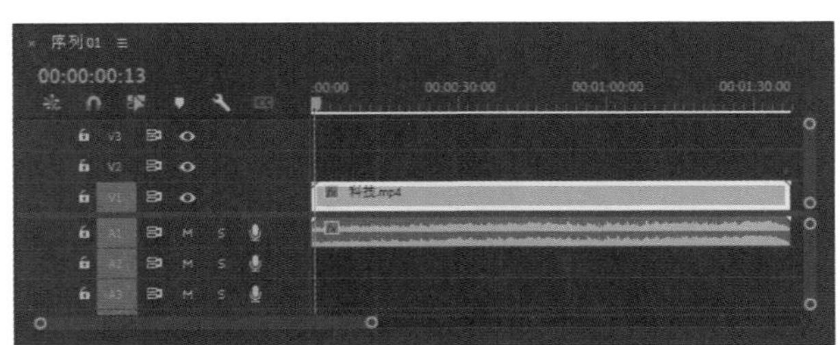

图3-25

步骤03 按Space键播放音频，发现声音偏大。在“效果”面板中搜索“强制限幅”效果，将该效果拖曳至A1轨道的音频素材上，如图3-26所示。

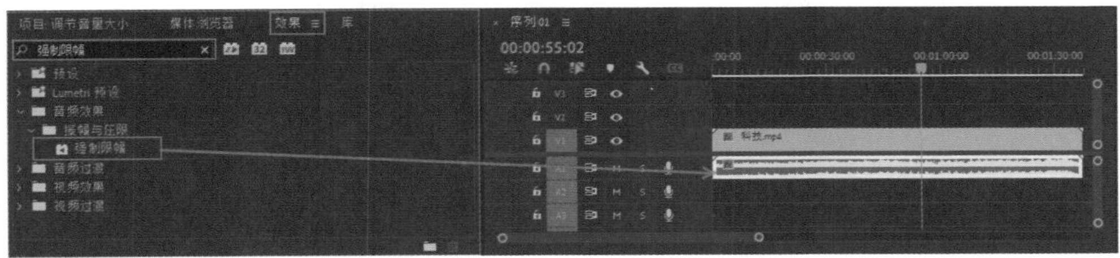

图3-26

步骤 04 在“效果控件”面板中单击“编辑”按钮，如图 3-27 所示，在弹出的对话框中设置“最大振幅”参数为 –4.0dB、“输入提升”参数为 –8.0dB，如图 3-28 所示，降低音频音量。

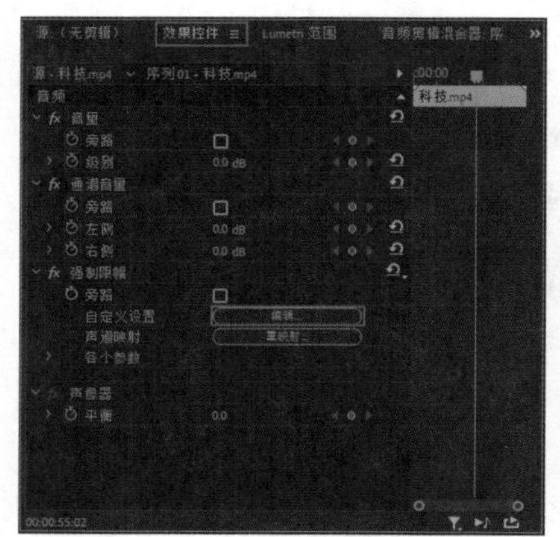

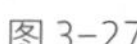
图 3-27

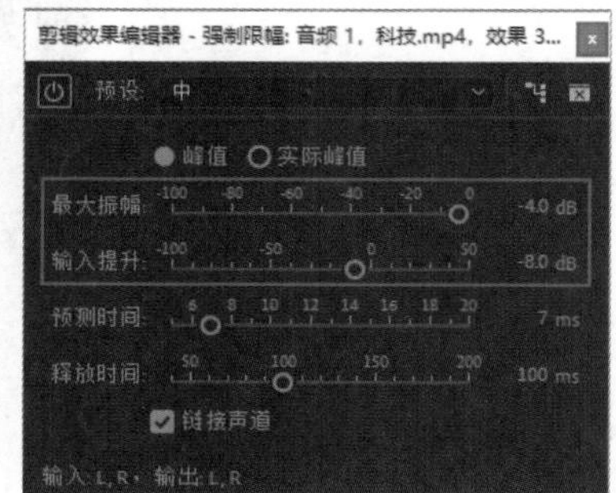

图 3-28

3.6 同步视频音频 直播卖货

在编辑视频的过程中，可能会使用多机位拍摄的素材，在 Premiere Pro 2023 中，可以自动同步多机位素材的音频。下面将详细介绍通过执行“同步”命令来同步双机位素材音频的操作方法。

步骤 01 启动 Premiere Pro 2023 软件，在菜单栏中执行“文件→打开项目”命令，打开路径文件夹中的“自动回避人声 .prproj”文件。

步骤 02 分别将“项目：同步视频音频”面板中的“直播带货 .mp4”“音频 .mp3”素材文件拖曳至“时间轴”面板中，如图 3-29 所示。

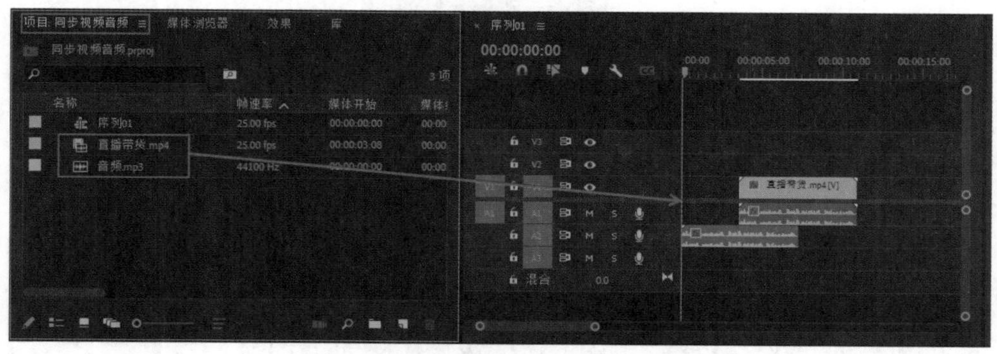

图 3-29

步骤 03 选中“时间轴”面板的所有素材文件并右击，在弹出的快捷菜单中执行“同步”命令，如图 3-30 所示，在弹出的“同步剪辑”对话框中，单击“确定”按钮，如图 3-31 所示。

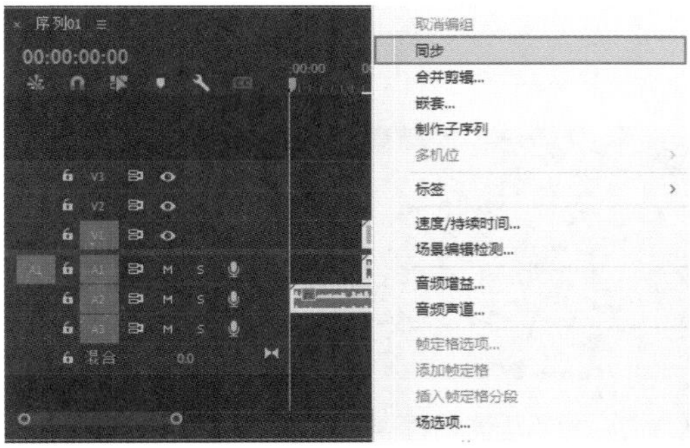

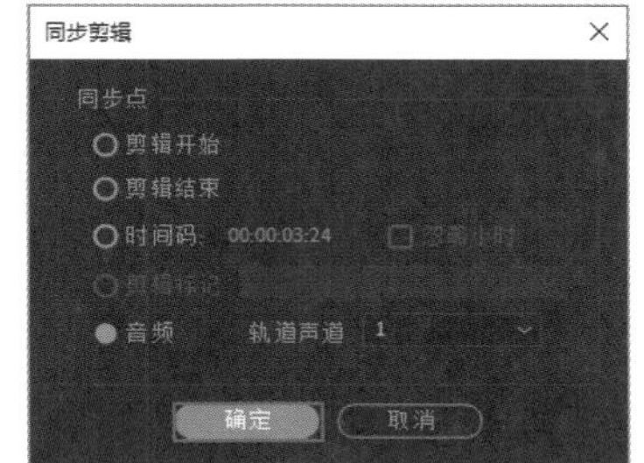

图 3-30

图 3-31

步骤 04 最终效果如图 3-32 所示。

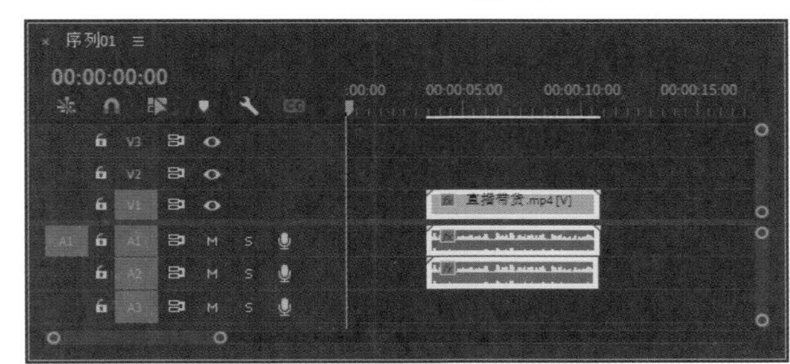

图 3-32

3.7 自动回避人声 电影旁白

在一些影视作品中，背景音乐会自动回避人物间的对话。下面将详细介绍使用“基本声音”面板中的“对话”和“音乐”功能制作自动回避人声效果的操作方法。

步骤 01 启动 Premiere Pro 2023 软件，在菜单栏中执行“文件→打开项目”命令，打开路径文件夹中的“自动回避人声 .prproj”文件。

步骤 02 可以看到“时间轴”面板中添加了素材，如图 3-33 所示。

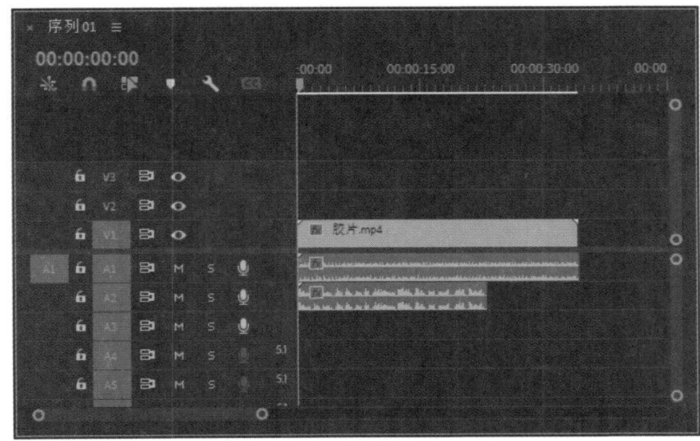

图 3-33

步骤 03 选中A2轨道上的“音频.mp3”素材，按快捷键C，按照音频内容将其裁剪为4段，并拉开一些距离摆放，如图3-34所示。

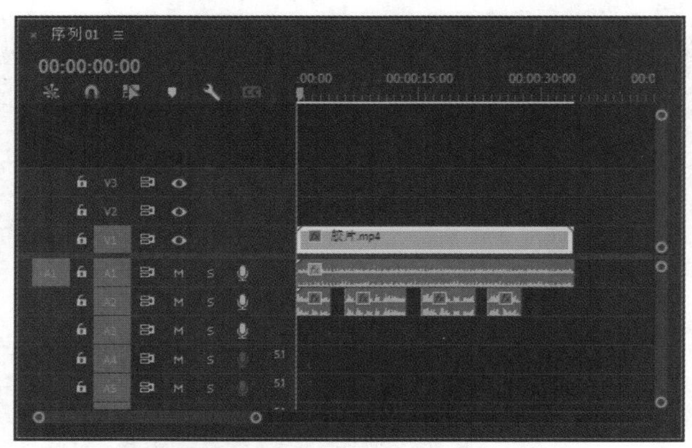

图3-34

步骤 04 选中A2轨道上的所有音频片段，在“基本声音”面板中单击“对话”按钮，如图3-35所示。

步骤 05 选中A1轨道上的“音乐.mp3”素材，在“基本声音”面板中单击“音乐”按钮，如图3-36所示。

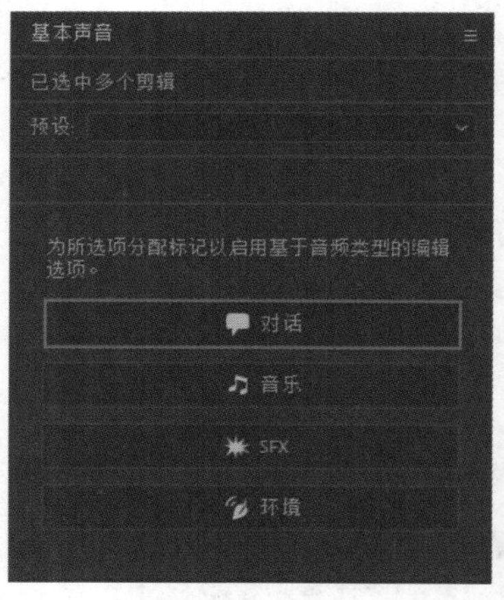

图3-35

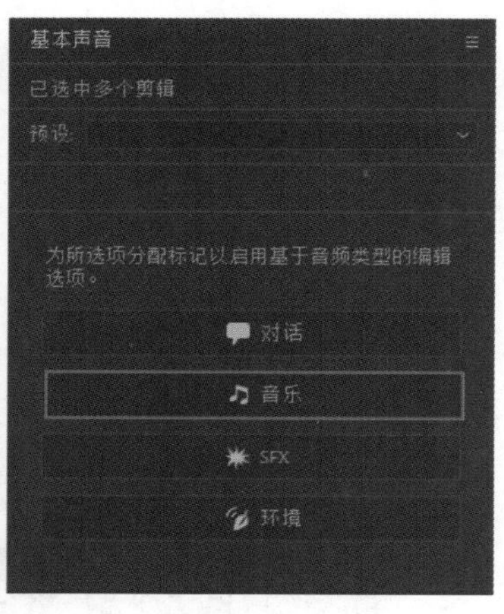

图3-36

步骤 06 勾选“回避”复选框，设置“敏感度”参数为5.0、“闪避量”参数为–20.0dB、“淡入淡出时间”参数为500毫秒，然后单击“生成关键帧”按钮，如图3-37所示。

步骤 07 按Space键播放音频，可以听到音频中语音部分的背景音乐会自动消失，只保留语音，而音频中没有语音的部分的背景音乐会自动播放。将时间线移至00:00:29:11位置，在“工具”面板中单击“剃刀工具”按钮，在时间线处裁剪并删除多余的视频与音频素材，效果如图3-38所示。

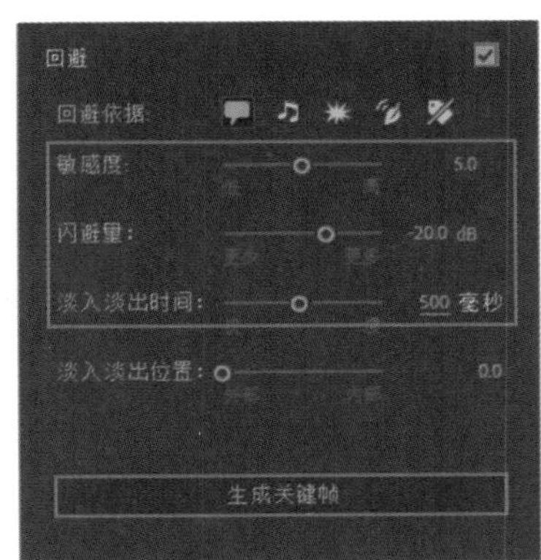

图 3-37

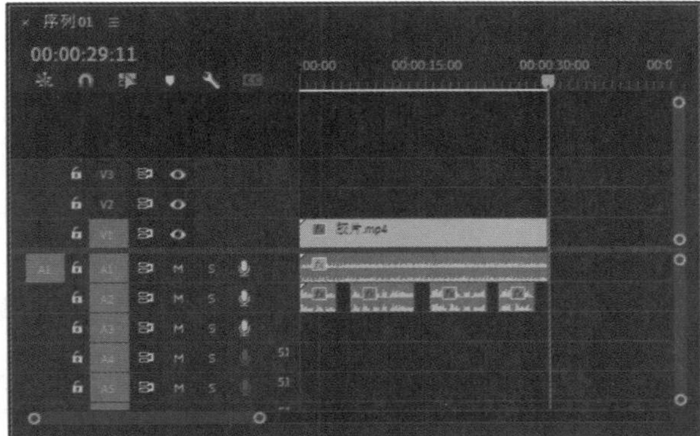

图 3-38

提示

读者在制作案例时可以录制自己喜欢的语音，用其替代原有的语音素材，并将其裁剪成需要的片段。语音剪辑的间隔按照具体情况进行设置即可。

3.8 制作变声效果 欢乐童声

在视频编辑过程中，遇到声音不好听或者想对声音进行特殊处理的情况时，可以为声音进行变声。下面将详细介绍使用“高音换档器”效果制作变声效果的操作方法。

步骤 01 启动 Premiere Pro 2023 软件，在菜单栏中执行“文件→打开项目”命令，打开路径文件夹中的“制作变声效果.prproj”文件。

步骤 02 可以看到“时间轴”面板中添加了素材，如图 3-39 所示。

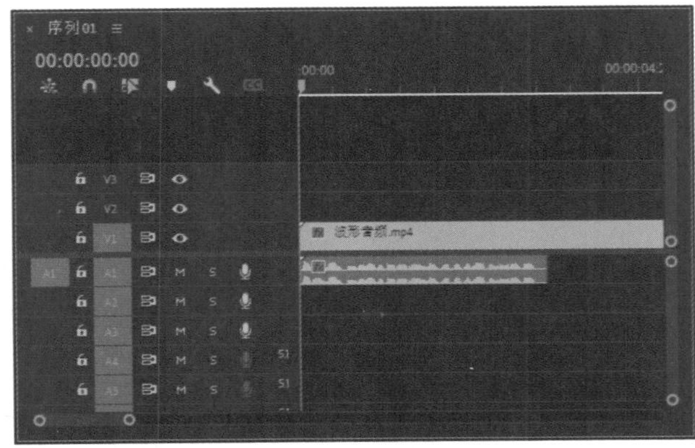

图 3-39

步骤 03 将时间线移至 00:00:03:16 位置，在“工具”面板中单击“剃刀工具”按钮，在时间线处裁剪并删除多余的视频片段，效果如图 3-40 所示。

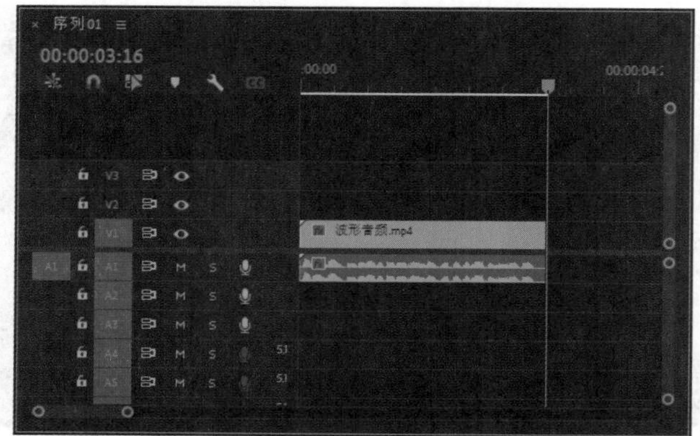

图 3-40

步骤 04 在“效果”面板中搜索“音高换档器”效果，将该效果拖曳至A1轨道的“音频.mp3”素材上，如图 3-41 所示。

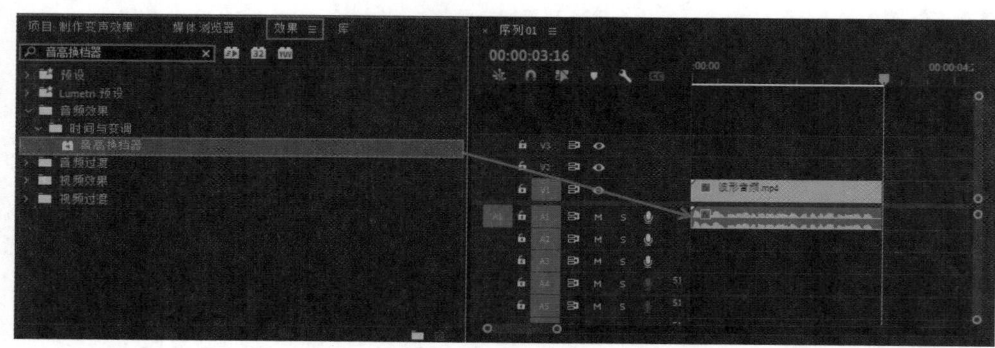

图 3-41

步骤 05 在“效果控件”面板中，单击“编辑”按钮，如图 3-42 所示，在弹出的对话框中设置“半音阶”参数为7，设置“拼接频率”参数为100Hz，如图 3-43 所示。

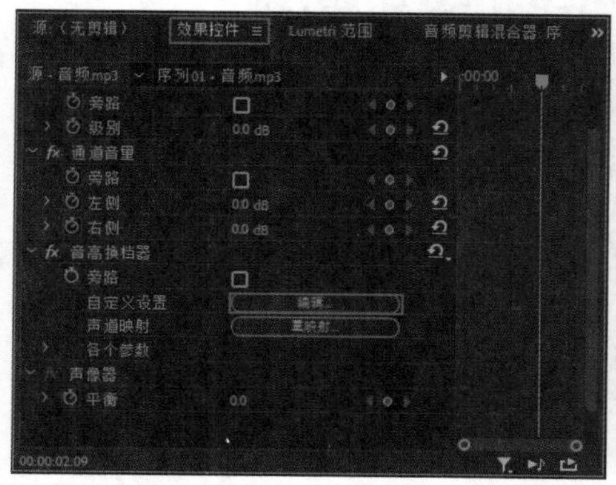

图 3-42

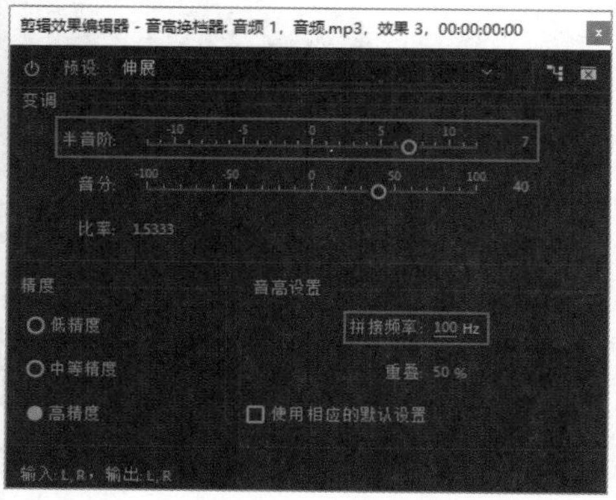

图 3-43

3.9 电话语音音效 人物通话

我们经常在影视作品中听到电话中的声音和人物平时说话的声音有明显的差别。下面将详细介绍使用“效果”面板中的“高通”效果制作电话语音音效的操作方法。

步骤 01 启动Premiere Pro 2023软件，在菜单栏中执行“文件→打开项目”命令，打开路径文件夹中的“电话语音音效.prproj”文件。

步骤 02 可以看到“时间轴”面板中添加了素材，如图 3-44 所示。

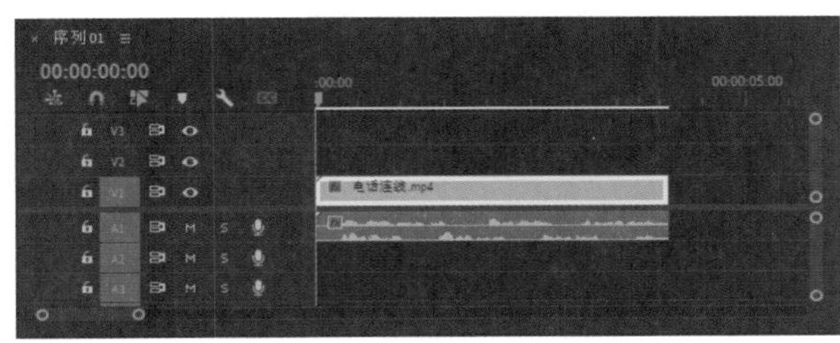

图 3-44

步骤 03 在“效果”面板中搜索“高通”效果，将该效果拖曳至A1轨道的“音频.mp3”素材上，如图 3-45 所示。

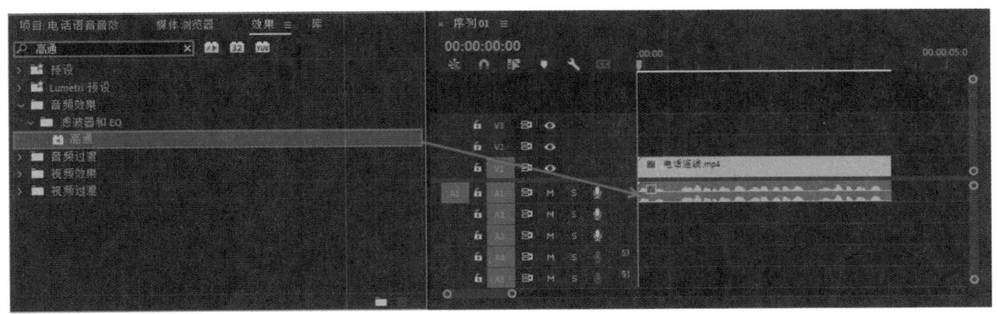

图 3-45

步骤 04 在“效果控件”面板中设置“切断”参数为700.0Hz，如图 3-46 所示。按Space键播放音频，能听到声音发生了明显的变化。

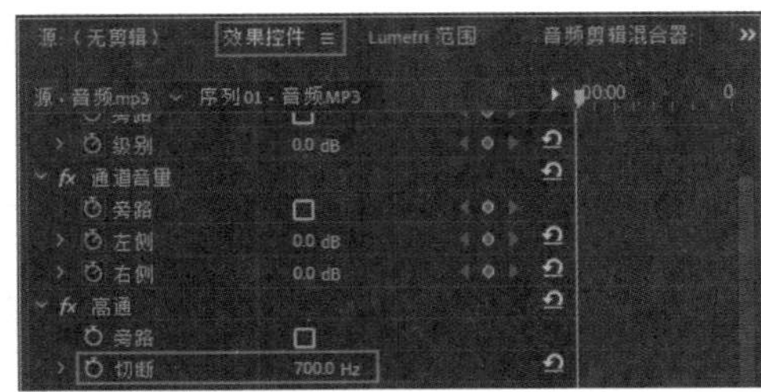

图 3-46

提示

制作电话语音音效除了上述案例中的操作方法，还有一种更为简单的操作方法：首先选中音频素材，在“基本声音”面板中单击“对话”按钮，如图 3-47 所示；然后在“预设”下拉列表中选择“从电话”选项，如图 3-48 所示。

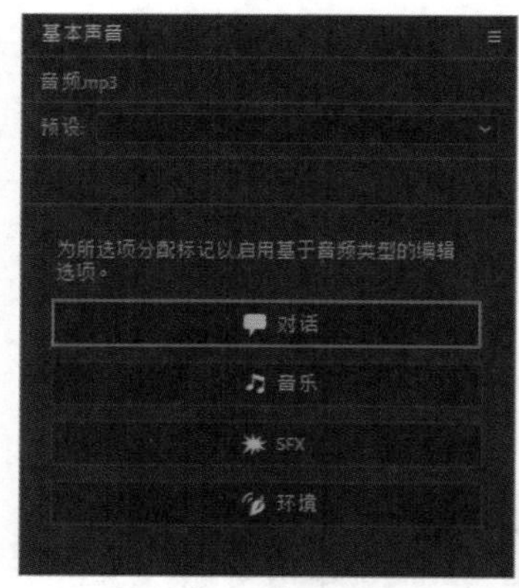

图 3-47

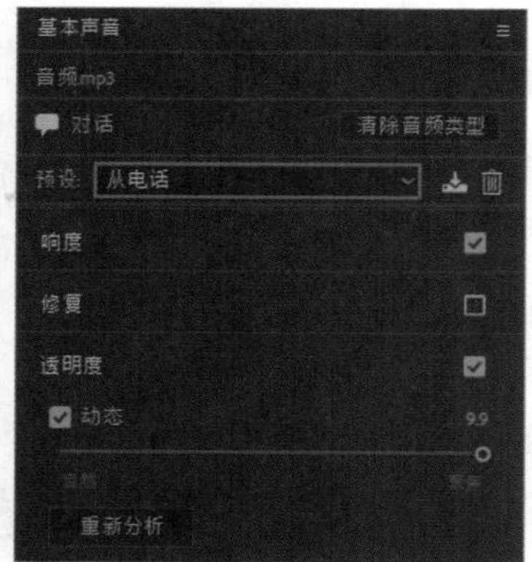

图 3-48

3.10　3D 环绕音效 电影质感

3D 环绕音效会在左右两个声道中交替出现声音，从而呈现更为丰富的音频效果。下面将详细介绍为“效果控件”面板中的“级别”参数添加关键帧来制作 3D 环绕音效的操作方法。

步骤 01　启动 Premiere Pro 2023 软件，在菜单中执行“文件→打开项目”命令，打开路径文件夹中的“3D 环绕音效.prproj”文件。

步骤 02　可以看到“时间轴”面板中添加了素材，如图 3-49 所示。

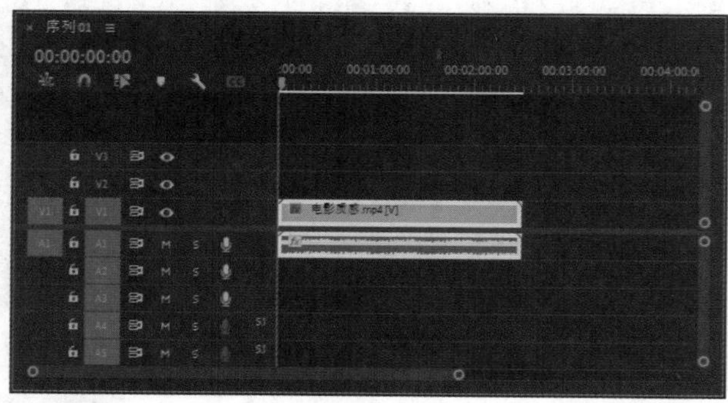

图 3-49

步骤 03　选中“电影质感.mp4”素材文件并右击，在弹出的快捷菜单中执行“取消链接”命令，如图 3-50 所示。

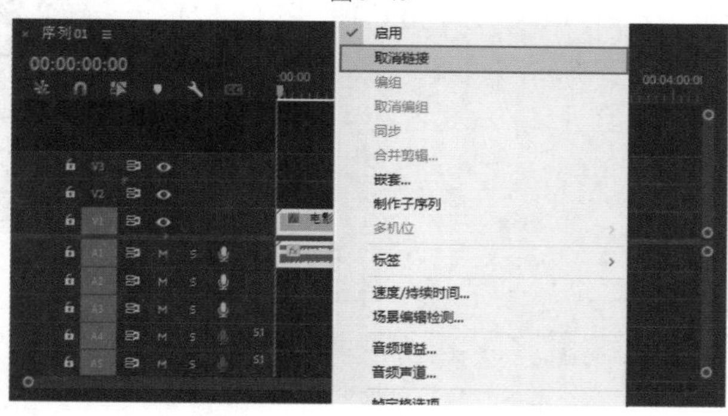

图 3-50

步骤 04 选中音频素材，按住Alt键将音频素材向下拖曳，复制两份，如图3-51所示。

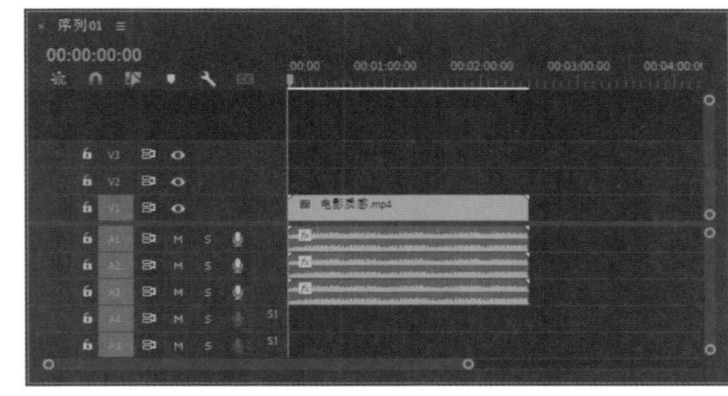

图3-51

步骤 05 单击A3轨道左侧的“静音轨道”按钮 M，将该轨道的声音关闭，如图3-52所示。

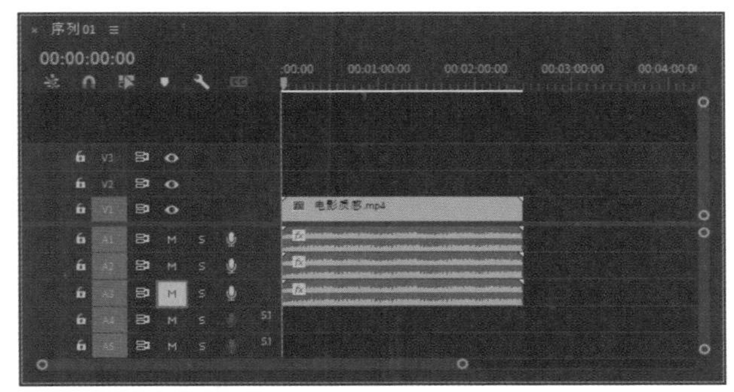

图3-52

步骤 06 选中A1轨道上的音频素材并右击，在弹出的快捷菜单中执行“音频声道”命令，如图3-53所示。

图3-53

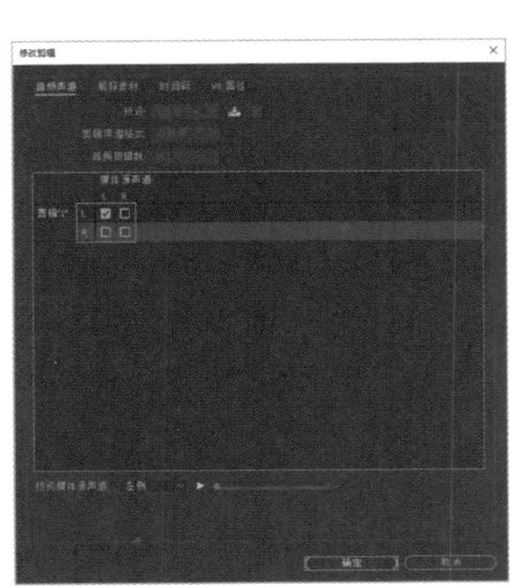

图3-54

步骤 07 在弹出的“修改剪辑”对话框中取消勾选右声道，只保留左声道，单击“确定”按钮，如图3-54所示。

提示

在“修改剪辑”对话框中，L代表左声道，R代表右声道。

步骤 08 选中A2轨道上的素材，打开“修改剪辑”对话框，取消勾选左声道，只保留右声道，单击“确定”按钮，如图3-55所示。

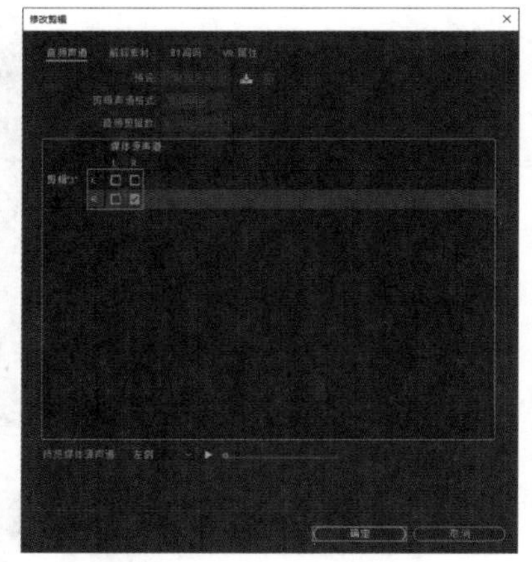

图3-55

步骤 09 选中A1轨道上的素材，在“效果控件”面板中根据音乐的节奏为“级别”参数添加关键帧，如图3-56所示。

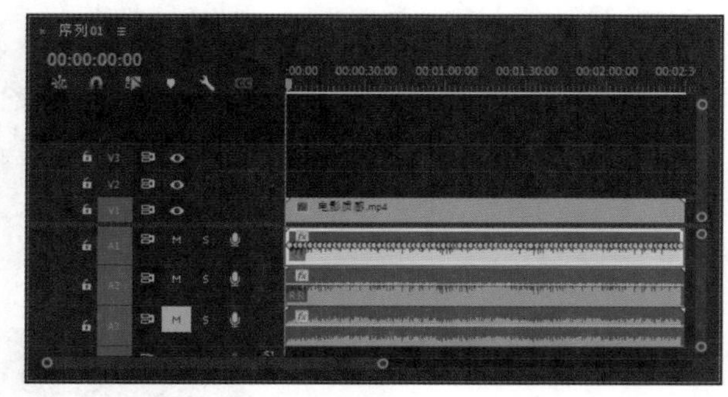

图3-56

步骤 10 在“效果控件”面板中，全选上一步添加的关键帧，按快捷键Ctrl+C复制。

步骤 11 将时间线移至00:00:02:00位置，选中A2轨道上的素材，在“效果控件”面板中，单击“级别”右侧的“添加/移除关键帧”按钮，直接在素材上添加关键帧，如图3-57所示，然后按快捷键Ctrl+V粘贴关键帧，效果如图3-58所示。

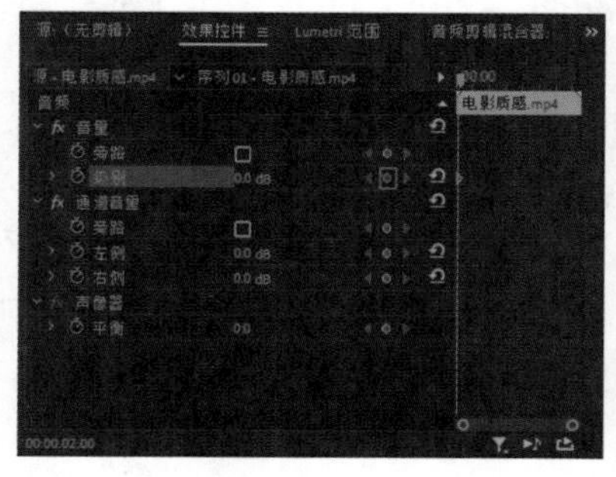

图3-57

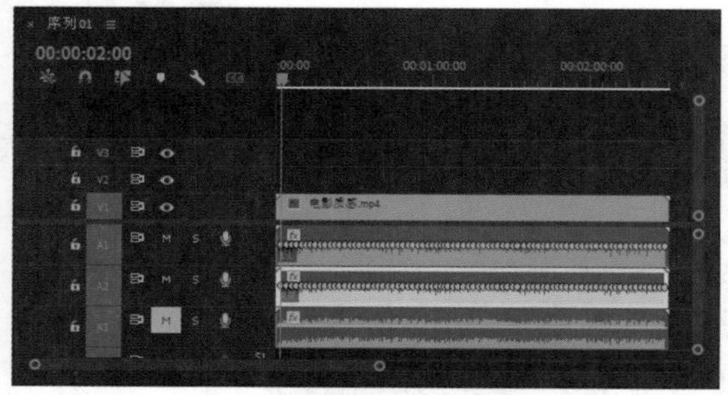

图3-58

步骤 12 从第一个关键帧开始，将A1轨道上素材的关键帧每间隔一个向下拉到最低的位置，如图3-59所示。

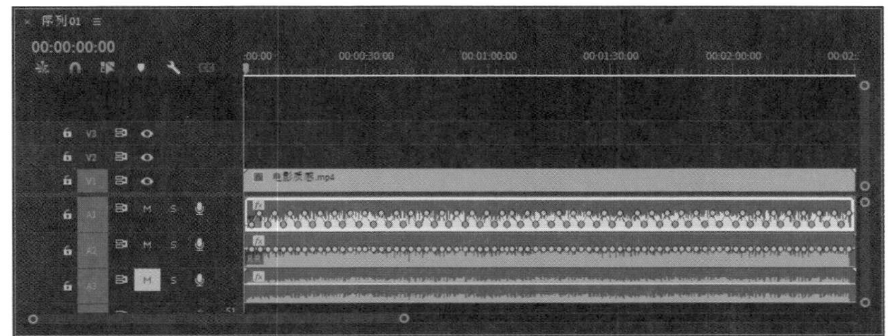

图 3-59

提示

按住Shift键可以让关键帧直线向下移动。

步骤 13 从第二个关键帧开始，将A2轨道上素材的关键帧每间隔一个向下拉到最低位置，如图 3-60 所示。

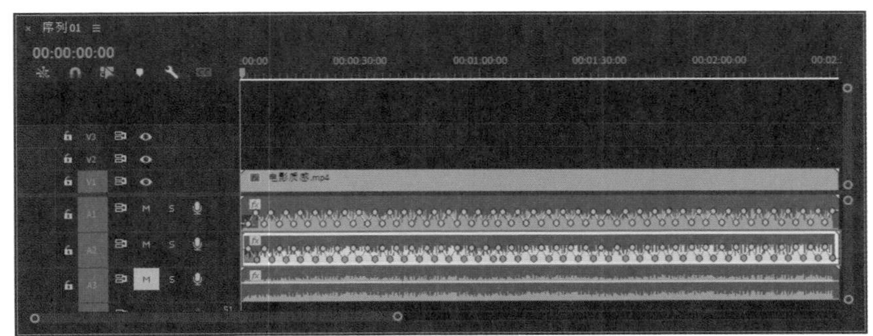

图 3-60

步骤 14 按Space键播放音频，可以听到声音在左右两个声道间进行切换。单击A3轨道上的“静音轨道”按钮 M，取消轨道静音效果，如图 3-61 所示。这样就能避免声道转换时出现声音忽大忽小的问题。如果感觉声音切换效果不明显，可以适当降低A3轨道上音频的音量。

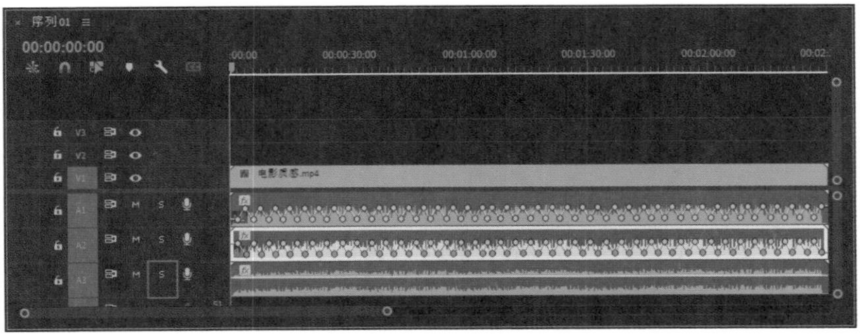

图 3-61

3.11　机器人语音音效 科技大片

机器人语音音效有明显的延迟效果，所以通常在制作机器人语音音效时都需要使用到“效果”面板中的“模拟延迟”效果。下面将详细介绍制作机器人语音音效的操作方法。

步骤 01　启动Premiere Pro 2023软件，在菜单栏中执行“文件→打开项目”命令，打开路径文件夹中的“机器人语音.prproj”文件。

步骤 02　可以看到“时间轴”面板中添加了素材，如图 3-62 所示。

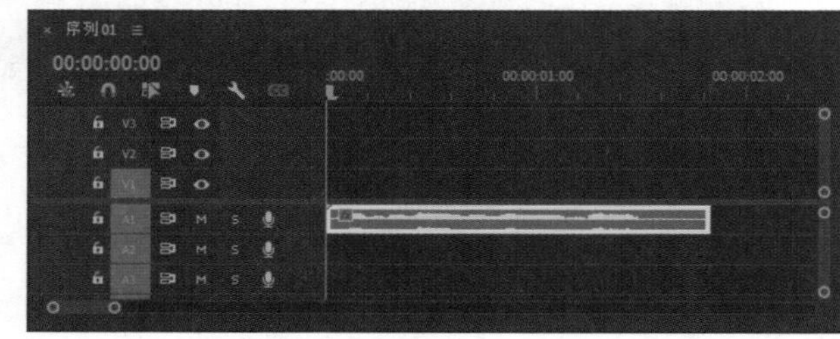

图 3-62

步骤 03　在“效果”面板中搜索“模拟延迟”效果，将该效果拖曳至A1轨道的音频素材上，如图 3-63 所示。

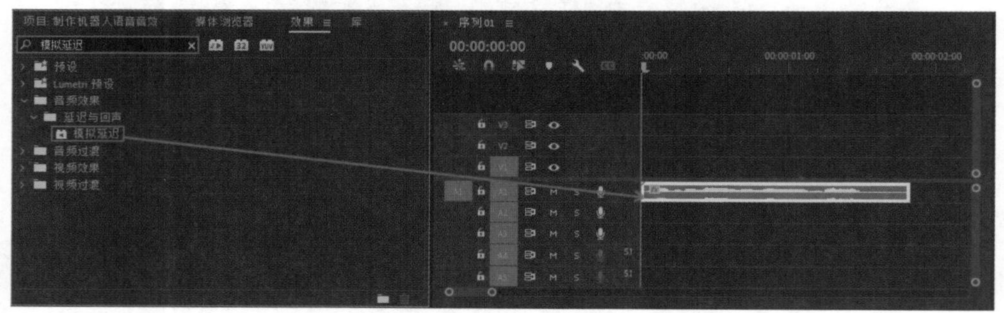

图 3-63

步骤 04　在“效果控件”面板中单击“编辑”按钮，如图 3-64 所示，在弹出的对话框中设置“预设”为“机器人声音”，如图 3-65 所示。

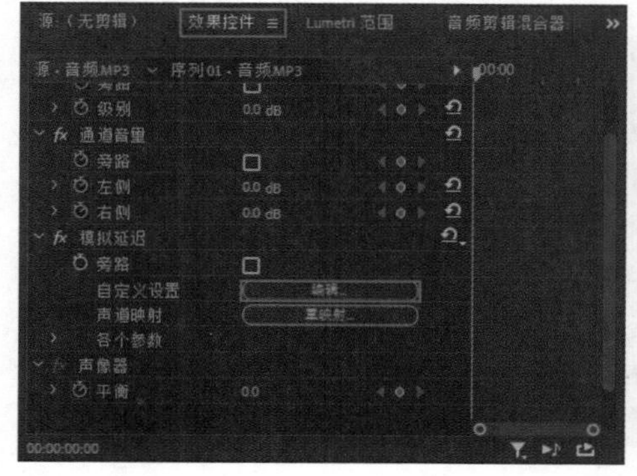

图 3-64

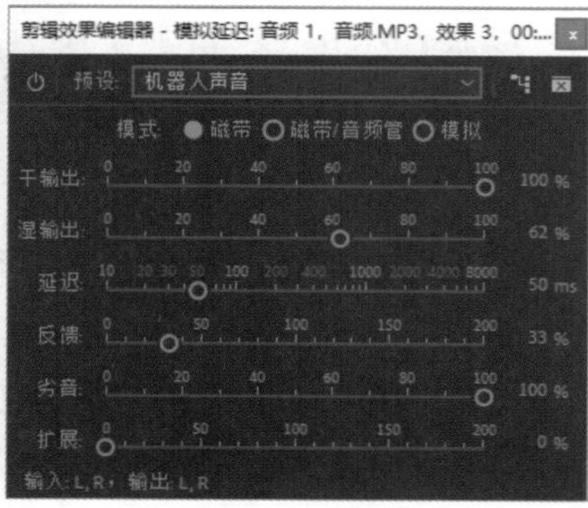

图 3-65

步骤 05　在对话框中设置“延迟”参数为25ms、“劣音”参数为70%，单击“关闭”按钮，如图3-66所示。

步骤 06　在“效果”面板中搜索“音高换档器”效果，如图3-67所示，将该效果添加到素材上。按Space键播放音频，能听到声音已经变成带延迟效果的机械音，类似于机器人的语音效果。

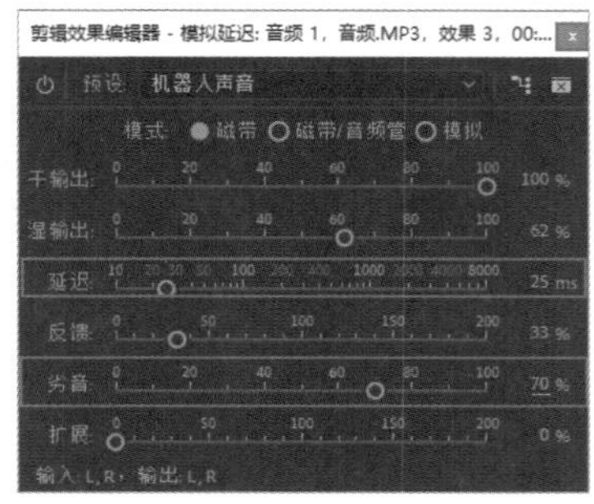

图3-66

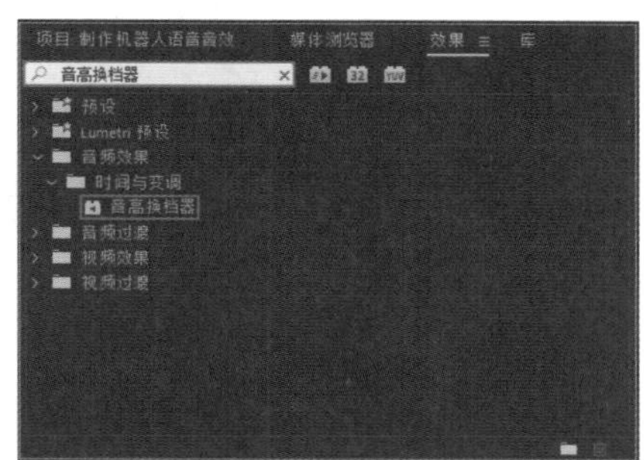

图3-67

3.12　喇叭广播音效 促销广告

喇叭广播的声音带有回声和重复的效果，所以在制作此类音效时通常会使用到“吉他套件”效果和“模拟延迟”效果。下面将详细介绍制作喇叭广播音效的操作方法。

步骤 01　启动Premiere Pro 2023软件，在菜单栏中执行“文件→打开项目”命令，打开路径文件夹中的“喇叭广播音效.prproj”文件。

步骤 02　可以看到“时间轴”面板中添加了素材，如图3-68所示。

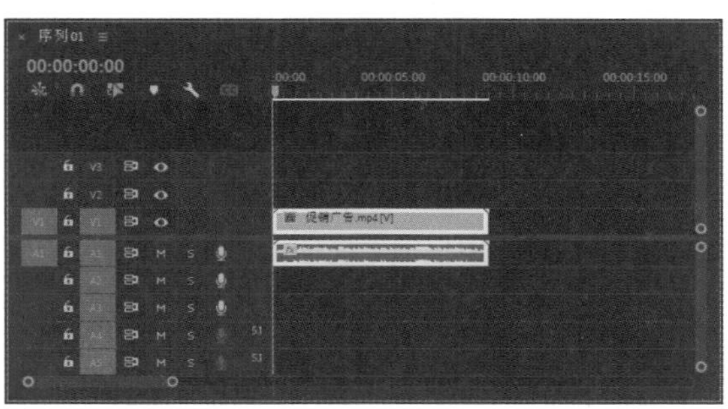

图3-68

步骤 03　选中“时间轴”面板中的“促销广告.mp4”素材文件并右击，在弹出的快捷菜单中执行“取消链接”命令，如图3-69所示。

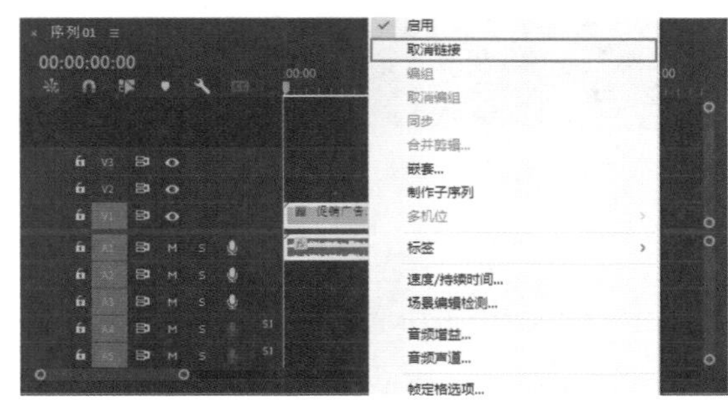

图3-69

步骤 04 在“效果”面板中搜索“吉他套件”效果，将该效果拖曳至A1轨道的音频素材上，如图 3-70 所示。

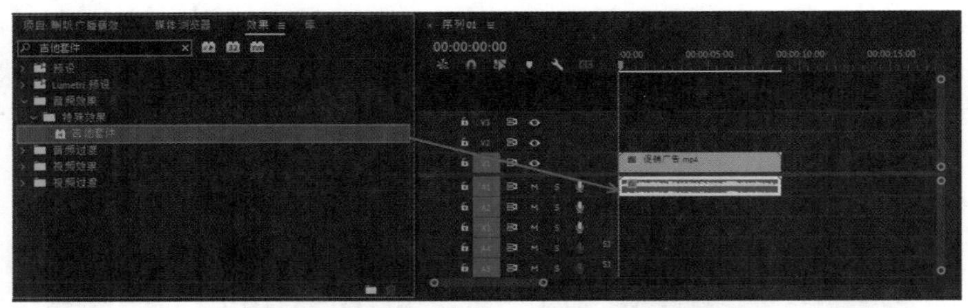

图3-70

步骤 05 在“效果控件”面板中单击“编辑”按钮，如图 3-71 所示，在弹出的对话框中设置“预设”为“驱动盒”，如图 3-72 所示。

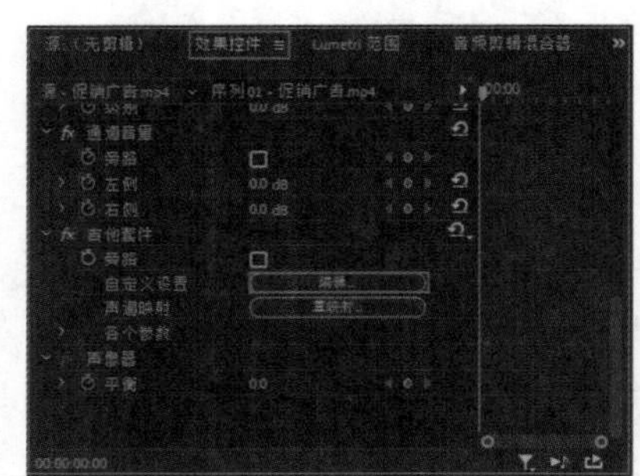

图3-71

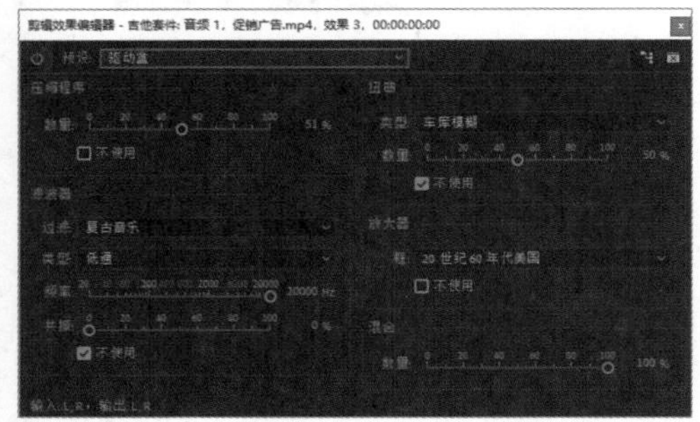

图3-72

步骤 06 在“效果”面板中搜索“模拟延迟”效果，将该效果拖曳至A1轨道的音频素材上，如图 3-73 所示。再次播放音频，可以听到回声效果。

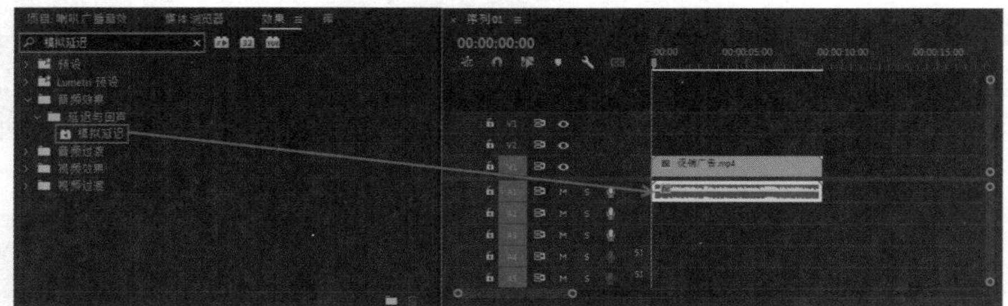

图3-73

3.13 耳机播放音乐 滑板少年

耳机播放音乐是指耳机外放情况下的声音效果。下面将详细介绍使用“高通”效果制作耳机播放音乐的操作方法。

步骤 01 启动Premiere Pro 2023软件，在菜单栏中执行“文件→打开项目”命令，打开路径文件夹中的“耳机播放音乐.prproj”文件。

步骤 02 在“项目：耳机播放音乐”面板中，分别将“滑板少年.mp4”“音乐.wav”素材文件拖曳到“时间轴”面板中，如图3-74所示。按Space键播放视频，可以听到音乐原本的曲调。

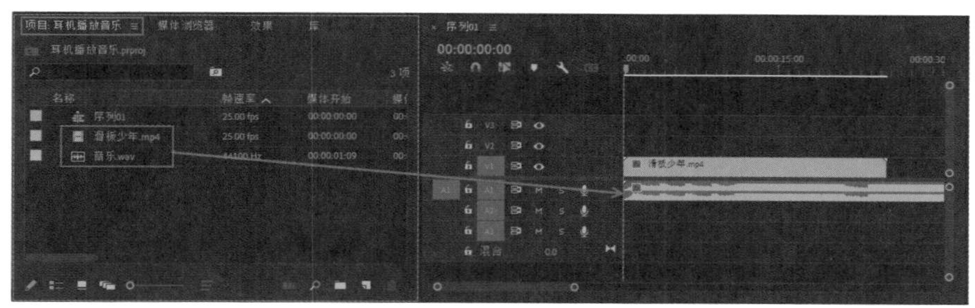

图3-74

步骤 03 将时间线移至00:00:23:14位置，在“工具”面板中单击“剃刀工具”按钮，在时间线处裁剪并删除多余的视频与音频素材，效果如图3-75所示。

步骤 04 选中“时间轴”面板中的“音乐.wav”素材并右击，在弹出的快捷菜单中执行“音频增益”命令，在弹出的“音频增益”对话框中，设置“调整增益值”参数为–8dB，然后单击“确定”按钮，如图3-76所示。

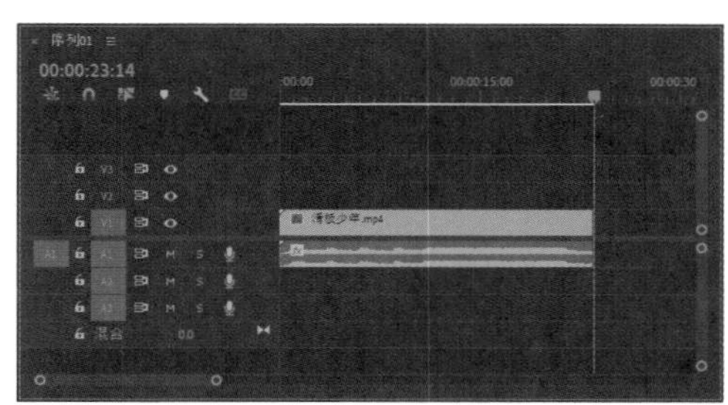

图3-75

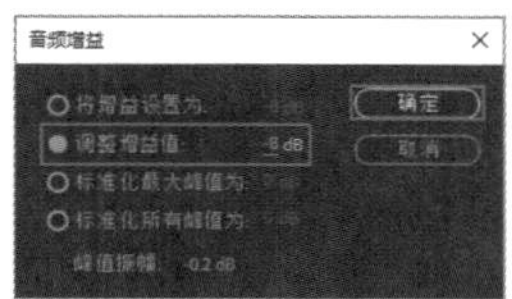

图3-76

步骤 05 在“效果”面板中搜索“高通”效果，将该效果拖曳至A1轨道的“音乐.wav”素材上，如图3-77所示。按Space键播放视频，可以听到音乐的曲调转换为耳机外放时的效果。

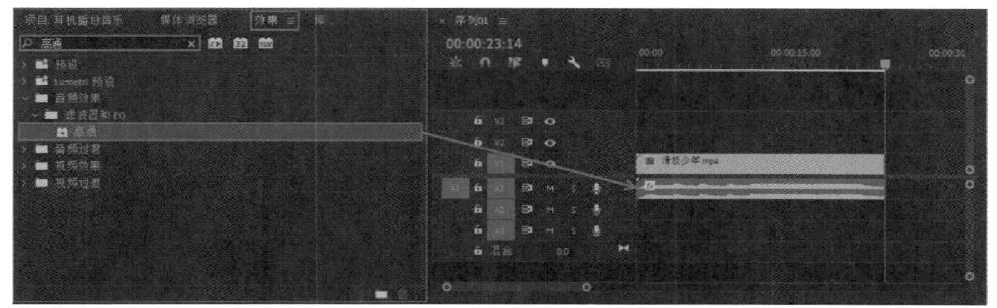

图3-77

第 4 章

添加字幕
让视频图文并茂

添加字幕是视频编辑软件的一项基本功能，字幕除了可以帮助影片更好地展现相关内容信息外，还可以起到美化画面、表现创意的作用。Premiere Pro 2023为用户提供了制作影视作品所需的大部分字幕功能，用户可以使用其制作各类字幕，如闪光字幕、滚动字幕、纹理字幕等。

4.1 新版字幕 祖国大好河山

在Premiere Pro 2023中，可以通过“工具”面板新建字幕。下面将详细讲解在“工具”面板中使用“文字工具”创建字幕的方法，案例效果如图4-1所示。

图4-1

步骤01 启动Premiere Pro 2023软件，在菜单栏中执行“文件→打开项目”命令，将路径文件夹中的“新版字幕.prproj”文件打开。

步骤02 可以看到“时间轴”面板中已经添加了素材，如图4-2所示。在“节目：序列01”面板中可以预览当前素材的效果，如图4-3所示。

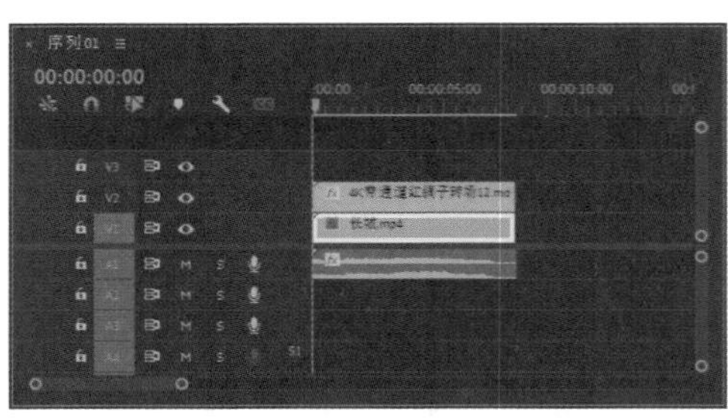

图4-2

图4-3

步骤03 在“工具”面板中单击“文字工具”按钮T，然后在“节目：序列01”面板中单击，出现红色的输入框，如图4-4所示。

步骤04 在输入框内输入需要展示的文字内容，如图4-5所示。

图 4-4

图 4-5

步骤 05 在“工具”面板中单击“选择工具”按钮，之后可以在画面中移动、旋转和缩放文字。在“效果控件”面板中可以设置文字的字体、字号、排列方式、颜色和阴影等相关属性，如图 4-6 所示，展开“源文本”下拉列表，选择“方正粗活意简体”选项，如图 4-7 所示。

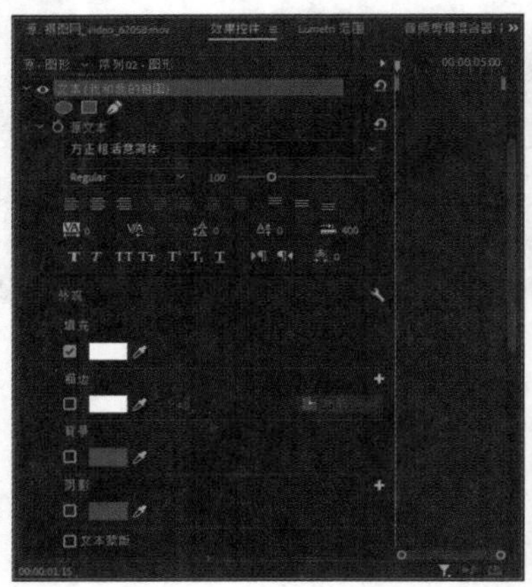

图 4-6

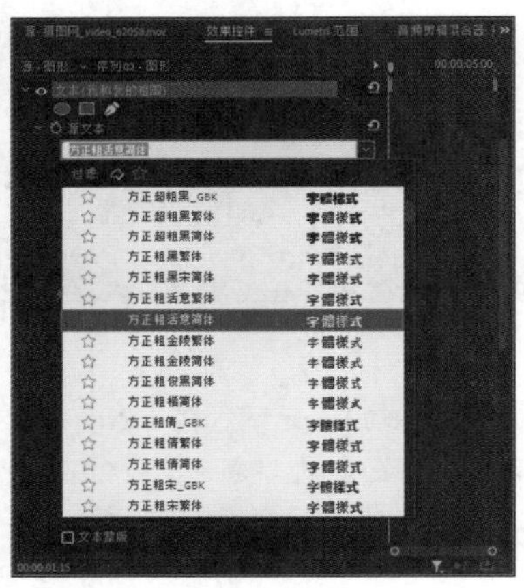

图 4-7

步骤 06 选择 V3 轨道的“我和我的祖国”文字素材，将其延长至与下方视频素材的长度一致，如图 4-8 所示。在“效果”面板中搜索“交叉溶解”效果，将该效果拖曳至 V3 轨道的“我和我的祖国”文字素材的起始位置和末尾位置，如图 4-9 所示。

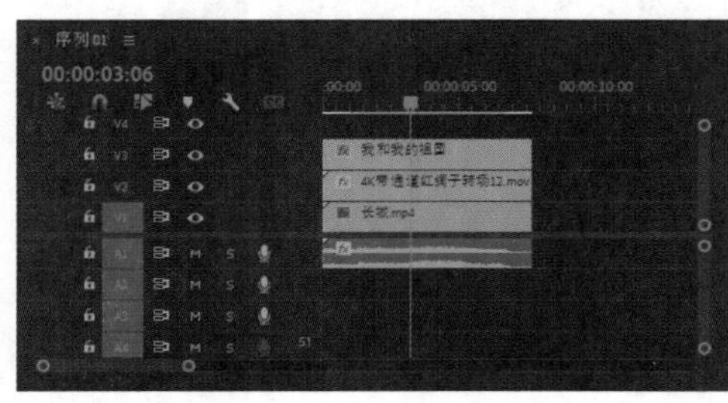

图 4-8

图 4-9

提示

本章案例中所设置的文字参数仅作为参考，读者可根据自己的喜好设置“字体”“颜色”“字体大小”等参数。

4.2 闪光文字 男装新品上市

使用Premiere Pro 2023中的“闪光灯”效果，可以为文字制作不同颜色的闪光，使字幕的视觉效果更加炫酷，案例效果如图4-10所示。

图4-10

步骤 01 启动Premiere Pro 2023软件，在菜单栏中执行“文件→打开项目”命令，将路径文件夹中的“闪光文字.prproj”文件打开。

步骤 02 可以看到“时间轴”面板中添加了素材。

步骤 03 在“工具”面板中单击“文字工具”按钮 T，然后在“节目：序列01”面板中输入“NEW PRODUCT”文字，设置“字体”为“方正晶粗黑”、“字体大小”参数为91、“字符间距”参数为200，接着取消勾选“填充”复选框，再勾选“描边”复选框，设置“描边宽度”为10.0，如图4-11所示。字幕效果如图4-12所示。

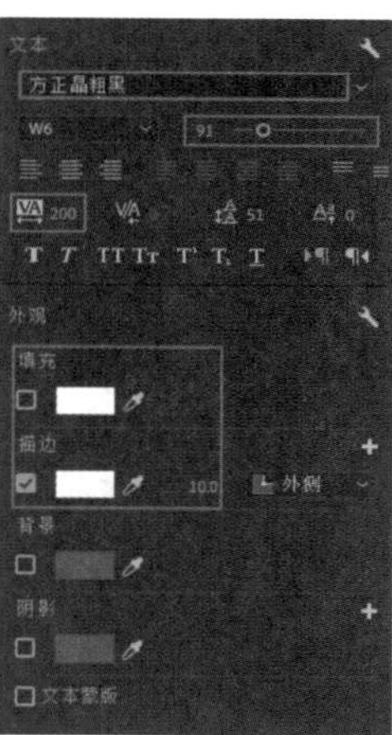

图4-11

图4-12

步骤 04 在“效果”面板中搜索“闪光灯”效果，将该效果拖曳至V2轨道的“NEW PRODUCT”文字素材上。将时间线移至00:00:00:00位置，设置“闪光色”为“黄色”，并单击“闪光色”左侧的“切换动画”按钮，生成关键帧，接着设置“闪光持续时间（秒）”为0.00，如图4-13所示。

步骤 05 向右移动两帧，设置“闪光色”为“紫色”，如图4-14所示。

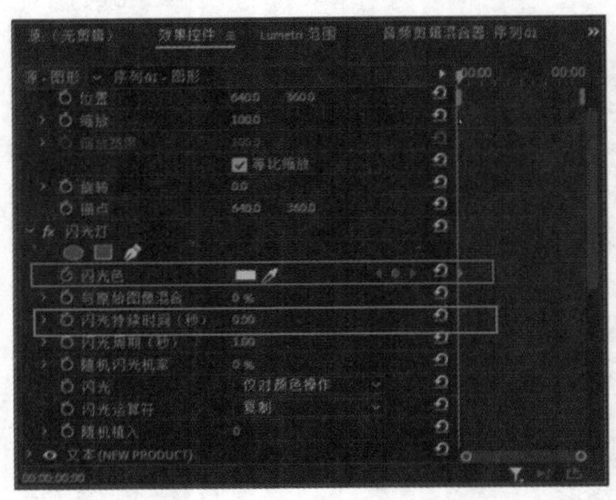

图4-13

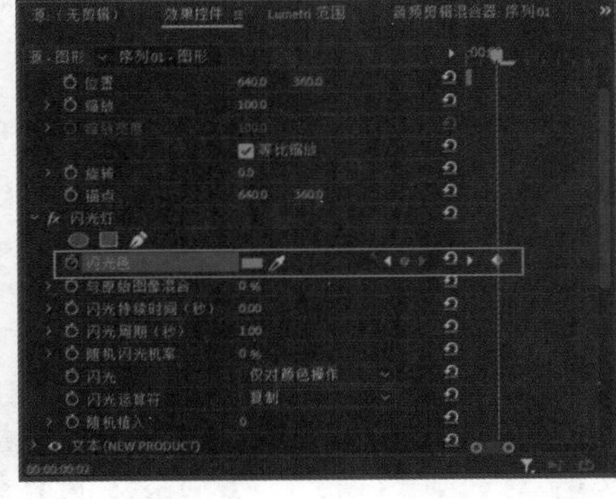

图4-14

步骤 06 参照上述操作方法设置“闪光色”，选中“闪光色”参数的所有关键帧，如图4-15所示，按快捷键Ctrl+C复制，再按快捷键Ctrl+V粘贴，向后复制几组，如图4-16所示。

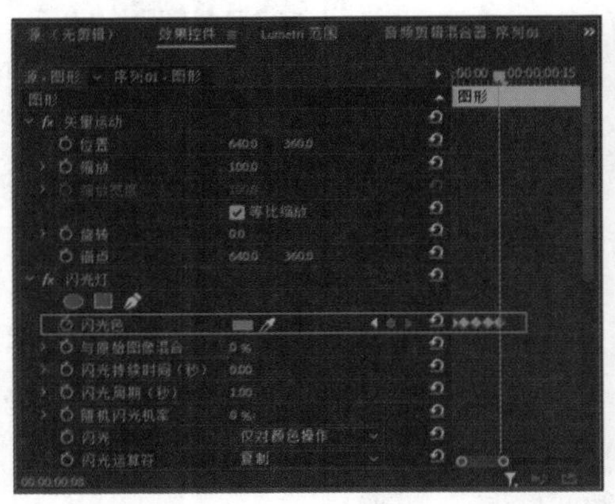

图4-15

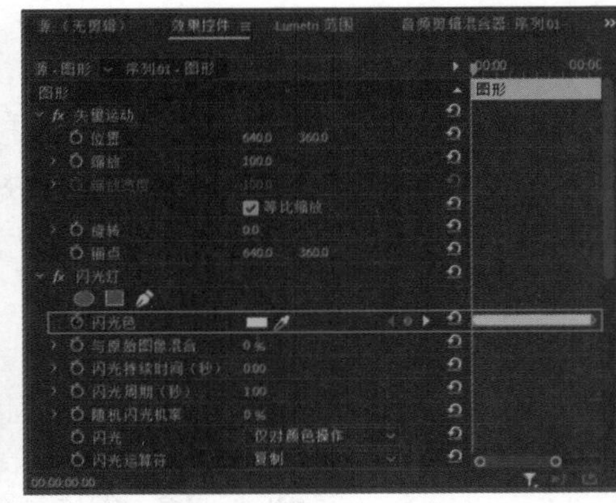

图4-16

步骤 07 将时间线移至00:00:05:00位置，在“工具”面板中单击“剃刀工具”按钮，在时间线处对视频和音频进行裁剪，删除时间线后的素材，效果如图4-17所示。

步骤 08 在“效果”面板中搜索“指数淡化”效果，将该效果拖曳至A1的轨道音频素材的起始位置和末尾位置，如图4-18所示。

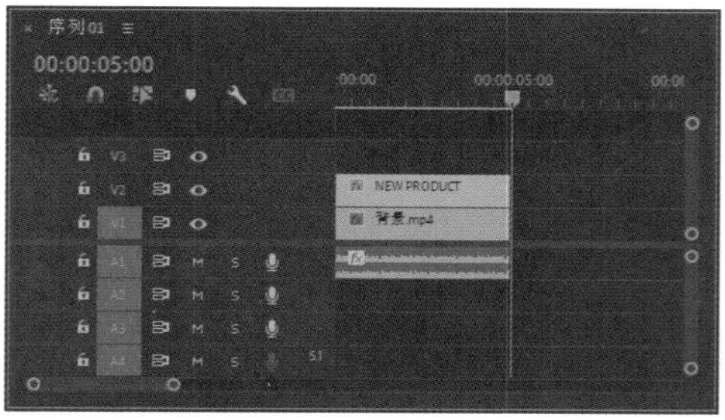

图 4-17

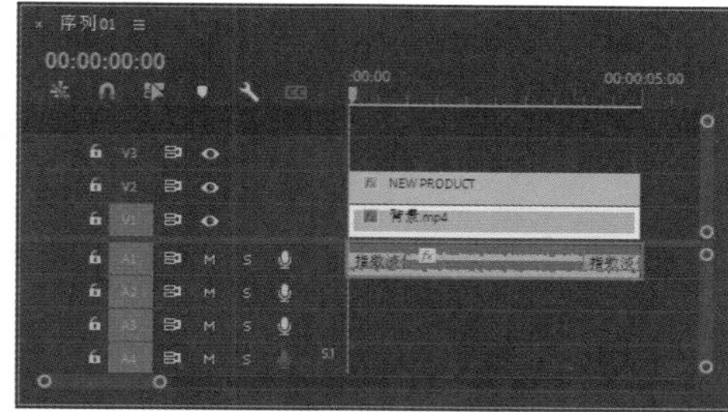

图 4-18

提示

案例中选用的“闪光色”仅作为参考，读者可根据具体需求设置自己喜欢的颜色。

4.3 字幕溶解 茶室宣传视频

在Premiere Pro 2023中，使用“粗糙边缘”效果可以制作出文字逐渐溶解的效果。下面将介绍为茶室宣传视频制作溶解字幕的操作方法，案例效果如图 4-19 所示。

图 4-19

步骤 01 启动Premiere Pro 2023软件，在菜单栏中执行“文件→打开项目”命令，将路径文件夹中的“字幕溶解.prproj”文件打开。

步骤 02 可以看到“时间轴”面板中添加了素材，如图 4-20 所示。在“节目：序列 01”面板中可以预览当前素材的效果，如图 4-21 所示。

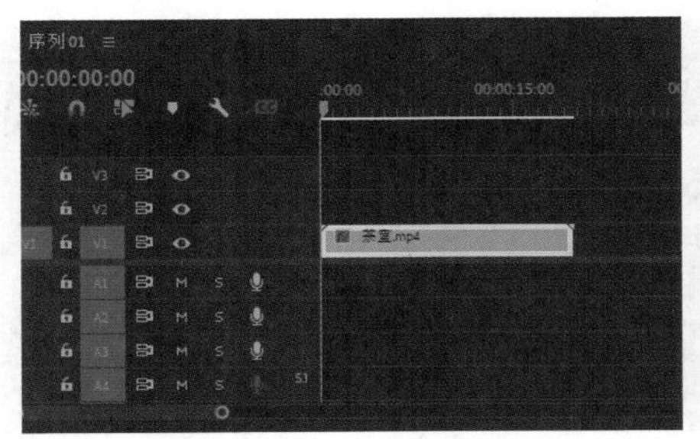

图 4-20

图 4-21

步骤 03 在“工具”面板中单击“文字工具”按钮T，然后在“节目：序列01”面板中输入“茶余饭后”文字，并设置“字体”为“方正字迹-长江行书简体”，设置“字体大小”参数为182，如图 4-22所示。字幕效果如图 4-23所示。

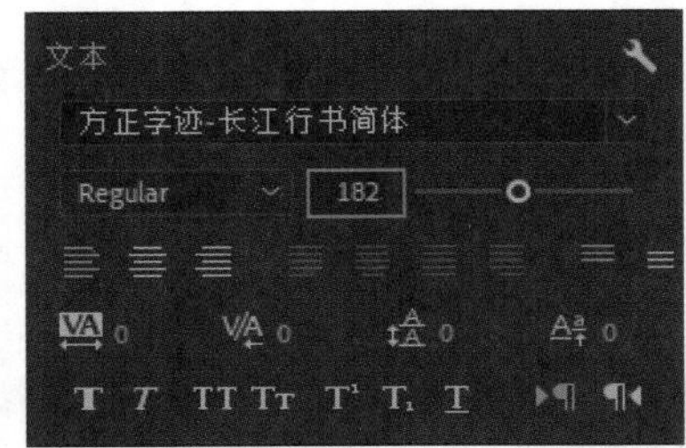

图 4-22

图 4-23

步骤 04 在“效果”面板中搜索“粗糙边缘”效果，将该效果拖曳至V2轨道的文字素材上。在“效果控件”面板中单击“边框”左侧的“切换动画”按钮，设置“边框”参数为300.00，如图 4-24所示；将时间线移至00:00:03:23位置，设置“边框”参数为0.00，如图 4-25所示。

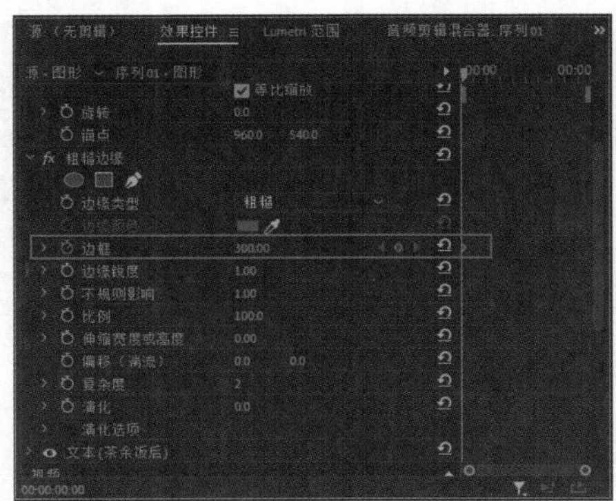

图 4-24

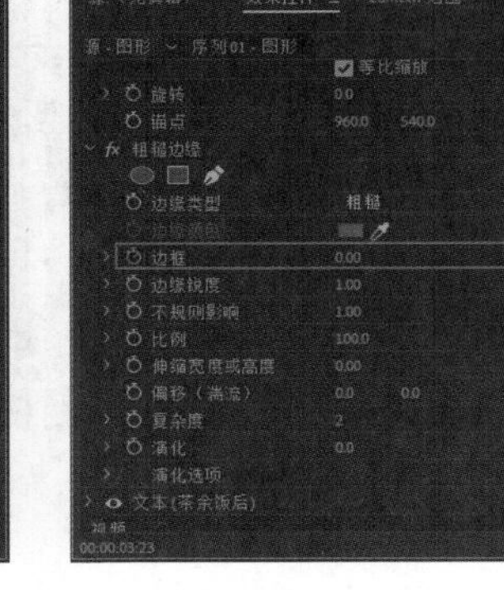

图 4-25

步骤 05 将时间线移至00:00:06:20位置，根据上述操作方法，为视频制作余下的字幕，如图 4-26所示。

步骤 06 在“项目：字幕溶解”面板中选择“音乐.wav”素材文件，将其拖曳至“时间轴”面板的A1轨道上，并裁剪成合适的长度，如图 4-27所示。

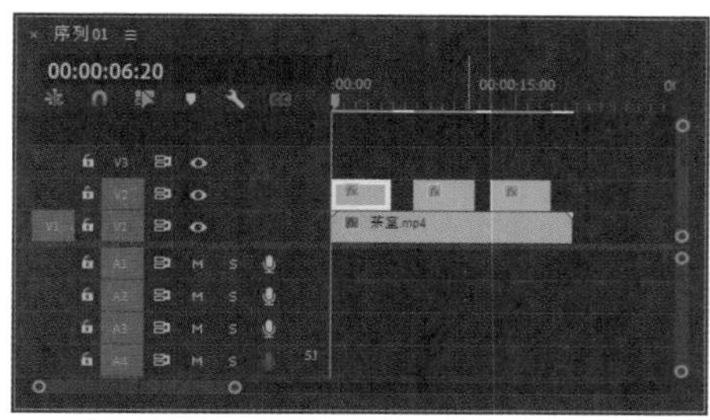

图 4-26

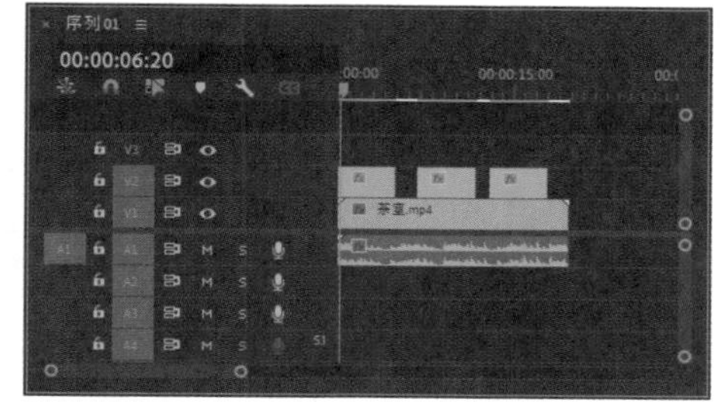

图 4-27

4.4 滚动字幕 婚礼纪念短片

在影视作品的片尾，经常可以看见一种由下往上滚动的字幕，用来展示演职人员名单。下面将介绍这种片尾滚动字幕的制作方法，案例效果如图 4-28 所示。

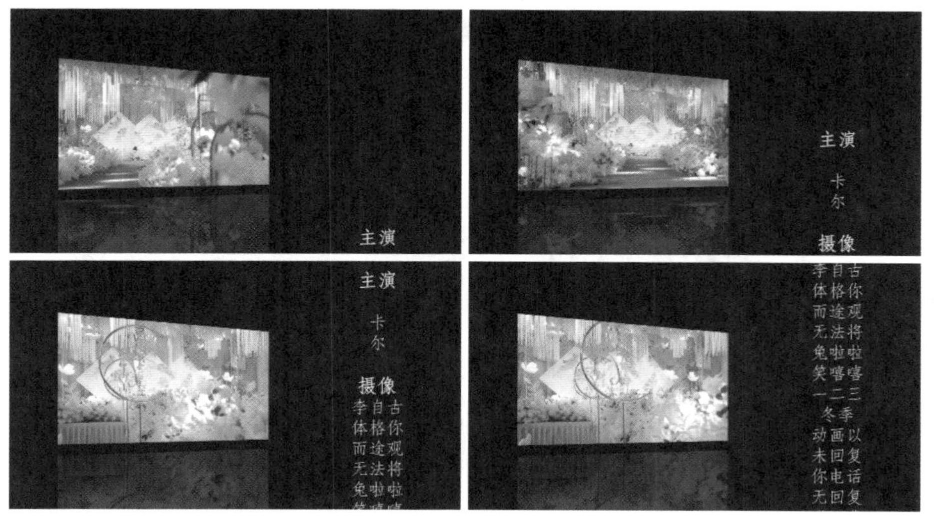

图 4-28

步骤 01 启动 Premiere Pro 2023 软件，在菜单栏中执行“文件→打开项目”命令，将路径文件夹中的“滚动字幕.prproj”文件打开。

步骤 02 可以看到“时间轴”面板中添加了素材，如图 4-29 所示。在“节目：序列 01”面板中可以预览当前素材的效果。

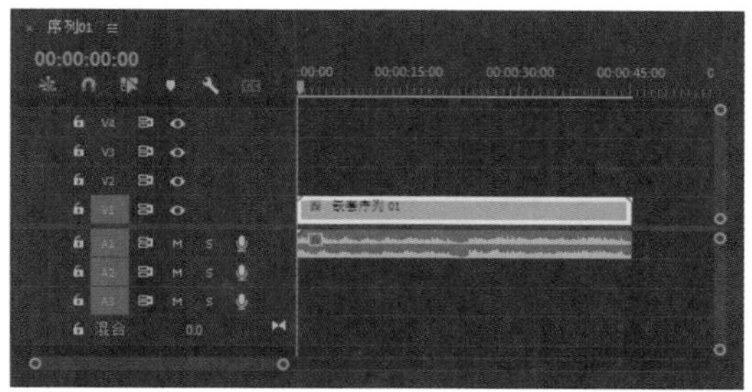

图 4-29

步骤 03 在“工具”面板中单击“文字工具”按钮T，然后在“节目：序列01”面板中输入相关的文字内容，如图4-30所示。

图4-30

步骤 04 在“基本图形”面板中，单击“居中对齐文本”按钮，如图4-31所示。设置“切换动画的位置”参数为1043.5和63.2，如图4-32所示。

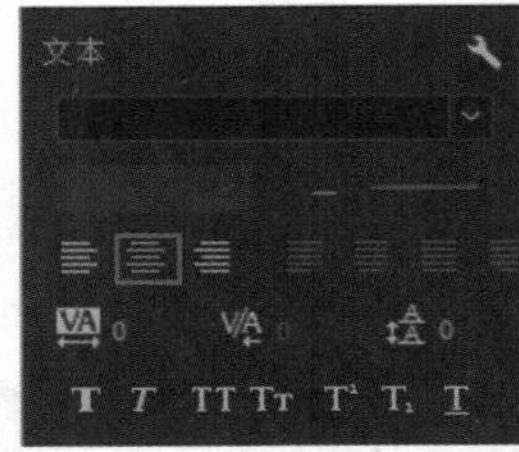

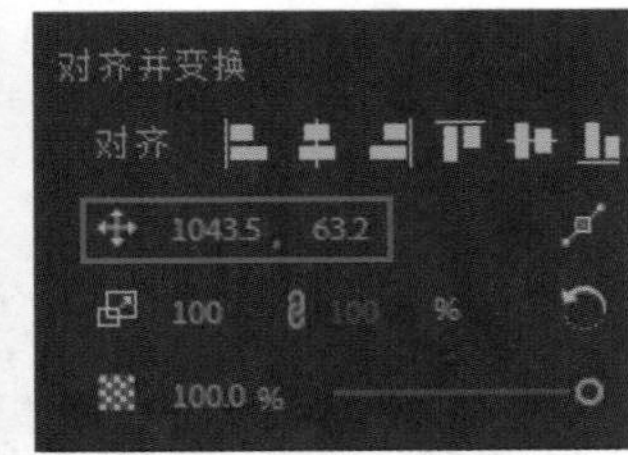

图4-31　　图4-32

步骤 05 设置所有的文字字体为“方正仿宋_GBK”，效果如图4-33所示。

步骤 06 选择“主演”“摄像”标题文字并将其加粗，设置“字体大小”参数为55，效果如图4-34所示。

图4-33　　图4-34

步骤 07 选择V2轨道的字幕素材，单击“节目：序列01”面板的空白处，在“基本图形”面板中勾选“滚动”复选框，此时“节目：序列01”面板中会出现一个滚动条，根据需求设置“滚动”参数来控制播放速度，如图4-35所示。

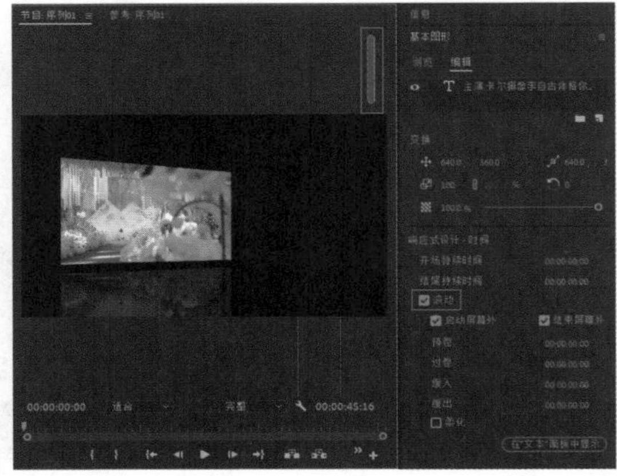

图4-35

步骤 08 将V2轨道的字幕素材延长，使其末尾和V1轨道的“嵌套序列01”末尾对齐，这样就控制了文字整体的滚动时间，如图4-36所示。

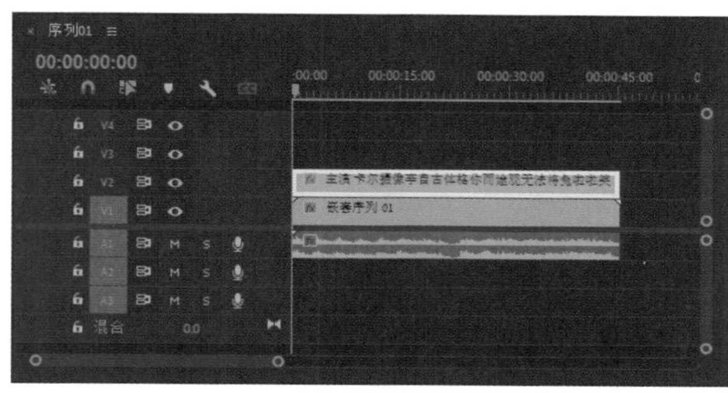

图4-36

提示

在输入文字内容时若需换行，可以按Enter键；段落文字被限制在文本框之内，并会在文本框的边缘处自动换行。

4.5 文字消散 企业宣传视频

在观看视频的时候，经常会看到视频片头出现一种文字消散效果，这种效果可以用Premiere Pro 2023中的“湍流置换”效果来制作。下面将介绍文字消散效果的制作方法，案例效果如图4-37所示。

图4-37

步骤 01 启动Premiere Pro 2023软件，在菜单栏中执行“文件→打开项目”命令，将路径文件夹中的“文字消散.prproj”文件打开。

步骤 02 可以看到“时间轴”面板中已经添加了素材，在“节目：序列01”面板中可以预览当前素材的效果。

步骤 03 在“工具”面板中单击“文字工具”按钮T，然后在“节目：序列01”面板中输入“乘风破浪 梦想同行”文字。在“基本图形”面板中设置“字体”为“方正字迹-吕建德字体”，设置“填充”颜色为白色设置，“字体大小”参数为181，如图4-38所示，字幕效果如图4-39所示。

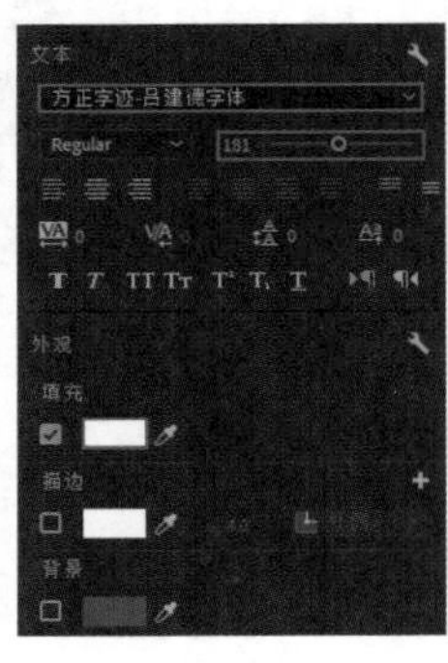

图4-38

图4-39

步骤 04 在“项目：文字消散”面板中，将“金属遮罩.mov”素材拖曳至“时间轴”面板的V4轨道上，如图4-40所示。

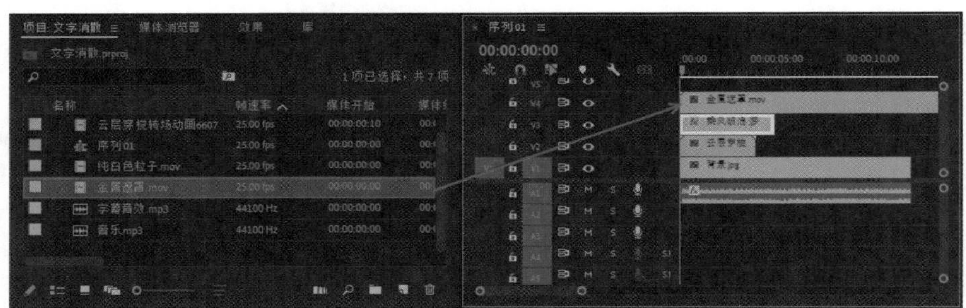

图4-40

步骤 05 在“效果”面板中搜索“轨道遮罩键”效果，将该效果拖曳至V3轨道的字幕素材上，然后在“效果控件”面板中设置“遮罩”为“视频4”，设置“合成方式”为“亮度遮罩”，如图4-41所示。全选V3和V4轨道上的素材并右击，在弹出的快捷菜单中执行“嵌套”命令，效果如图4-42所示。

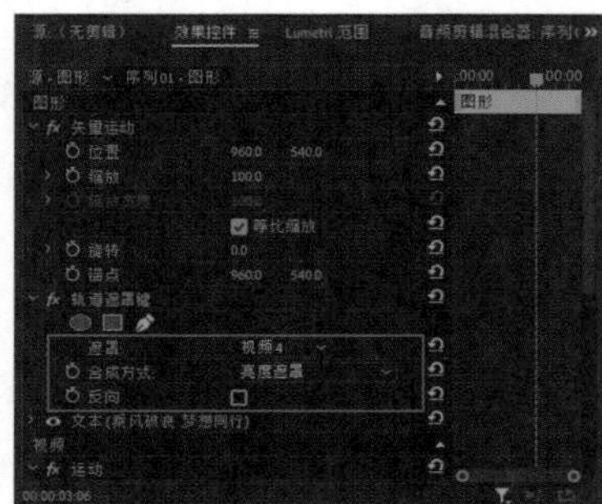

图4-41

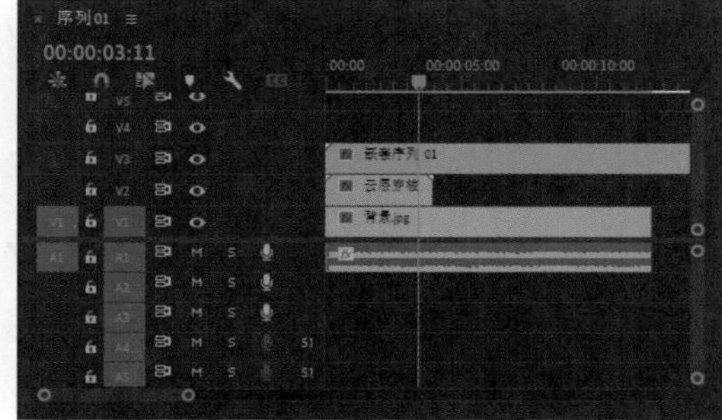

图4-42

步骤 06 在“效果”面板中分别搜索“斜面Alpha”与“投影”效果并将效果拖曳至V3轨道的“嵌套序列01”上，在“效果控件”面板中设置“边缘厚度”参数为3.00、“不透明度”参数为100%，如图4-43所示。字幕效果如图4-44所示。

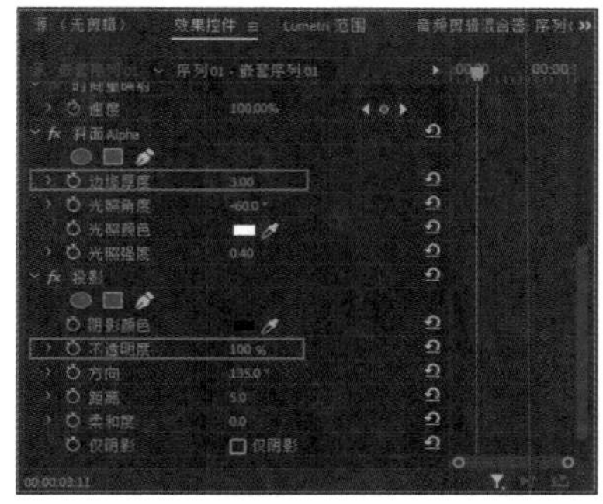

图4-43

图4-44

步骤 07 在“效果”面板中搜索“湍流置换”效果，将该效果拖曳至V3轨道的“嵌套序列01”上，设置“数量”参数为1000.0、“复杂度”参数为10.0，如图4-45所示。此时，文字被分解为细小的粒子并消散，效果如图4-46所示。

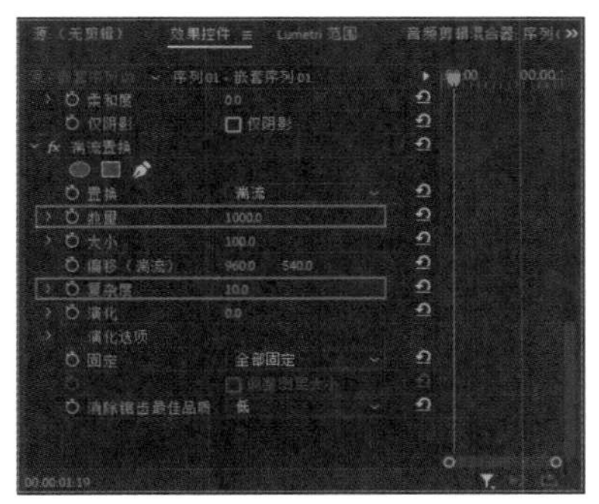

图4-45

图4-46

步骤 08 将时间线移至00:00:01:17位置，使“嵌套序列01”的起始位置与时间线对齐，如图4-47所示。将时间线移至00:00:05:00位置，在“工具”面板中单击“剃刀工具”按钮，分割并删除时间线后的素材，如图4-48所示。

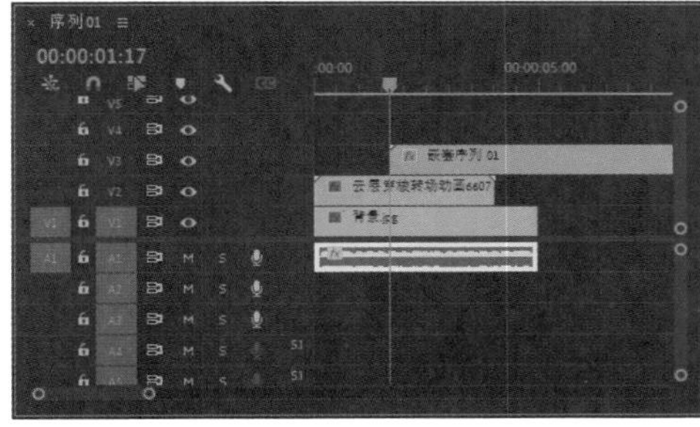

图4-47

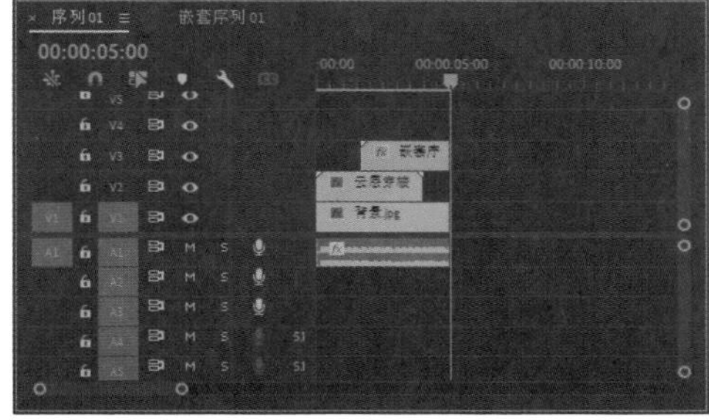

图4-48

步骤 09 在V3轨道的“嵌套序列01”的起始位置和结束位置设置“数量”参数为1000.0，并添加关键帧，如图4-49所示。

步骤 10 分别将时间线移至00:00:02:14和00:00:03:23位置，设置“数量”参数为0.0，如图4-50所示。

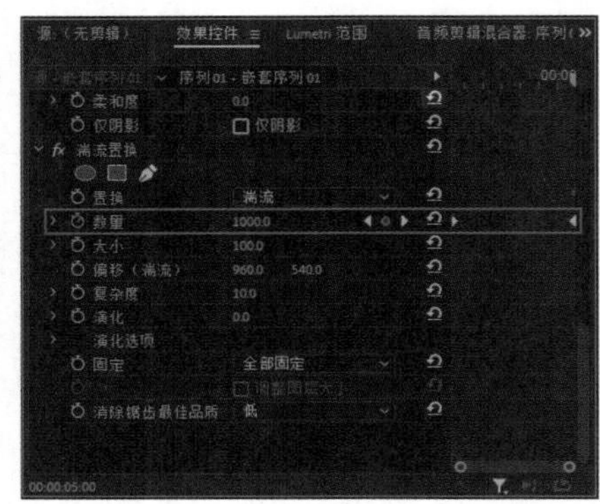

图4-49

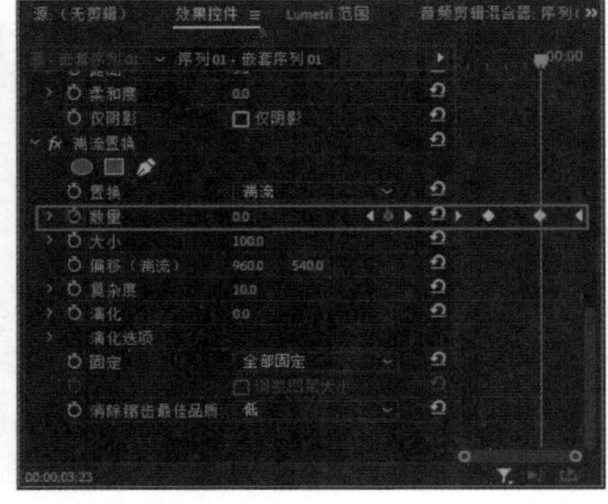

图4-50

4.6 冰块文字 雪景海报效果

在Premiere Pro 2023中，使用“水平翻转”“轨道遮罩键”“斜面Alpha”效果可以制作出漂亮、可爱的冰块文字。下面将介绍详细的制作方法，案例效果如图4-51所示。

图4-51

步骤 01 启动Premiere Pro 2023软件，在菜单栏中执行“文件→打开项目”命令，将路径文件夹中的“冰块文字.prproj”文件打开。

步骤 02 可以看到“时间轴”面板中添加了素材，如图 4-52 所示。

步骤 03 在“时间轴”面板中选择 V1 轨道的“雪人.mp4”视频素材，按住 Alt 键的同时按住鼠标左键向 V2 轨道拖曳，复制一份该视频素材，如图 4-53 所示。

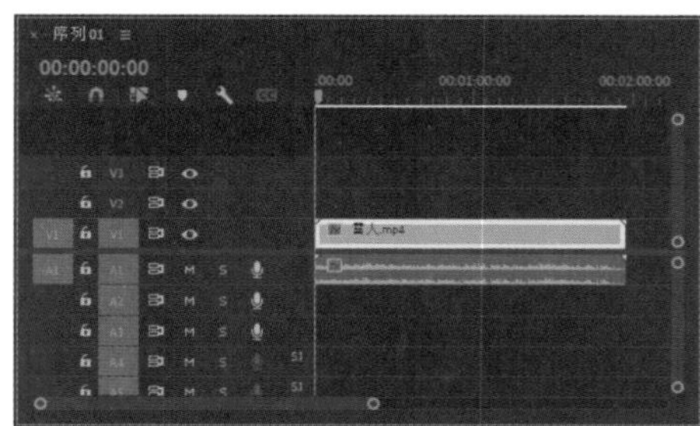

图 4-52

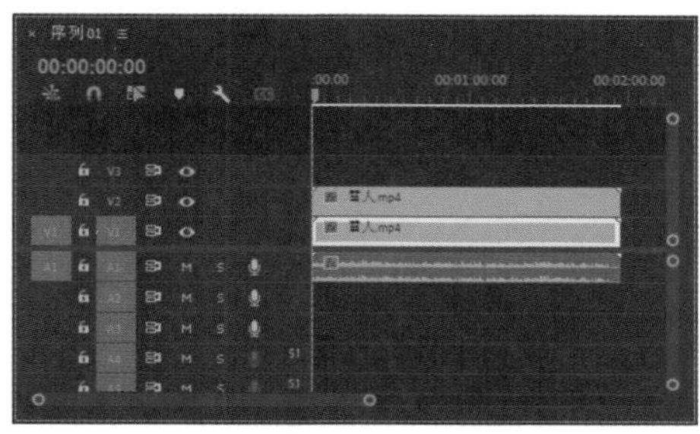

图 4-53

步骤 04 在“工具”面板中单击“文字工具”按钮，然后在“节目：序列 01”面板中输入“Winter Snowman”文字。在“基本图形”面板中设置“字体”为“方正字迹-新手书”，设置“填充”颜色为白色，设置“字体大小”参数为 117，设置“字距调整”参数为 76，如图 4-54 所示，字幕效果如图 4-55 所示。

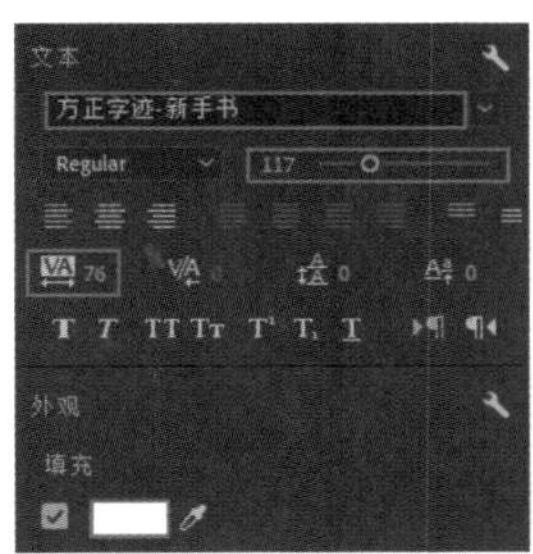

图 4-54

图 4-55

步骤 05 在“工具”面板中单击“选择工具”按钮，选择 V3 轨道的字幕，调整字幕的长度，使其与下方 V2 轨道的“雪人.mp4”视频素材同长，如图 4-56 所示。

步骤 06 在“效果”面板中分别搜索“轨道遮罩键”效果并将效果拖曳至 V2 轨道的“雪人.mp4”素材上，将字幕移动至画面左侧中间，效果如图 4-57 所示。

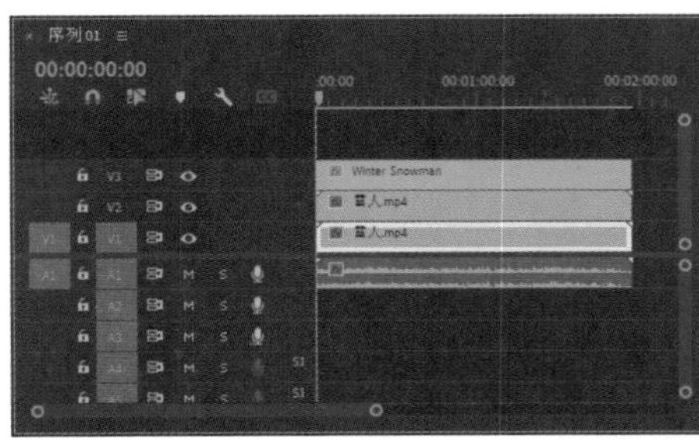

图 4-56

图 4-57

提示

只有文字显示为白色，才能通过Alpha通道将V2轨道上的图像映射到文字上。

步骤 07 在“效果控件”面板的“轨道遮罩键”卷展栏中设置“遮罩”为“视频3”，如图 4-58所示，将翻转的画面映射到文字区域，如图 4-59所示。

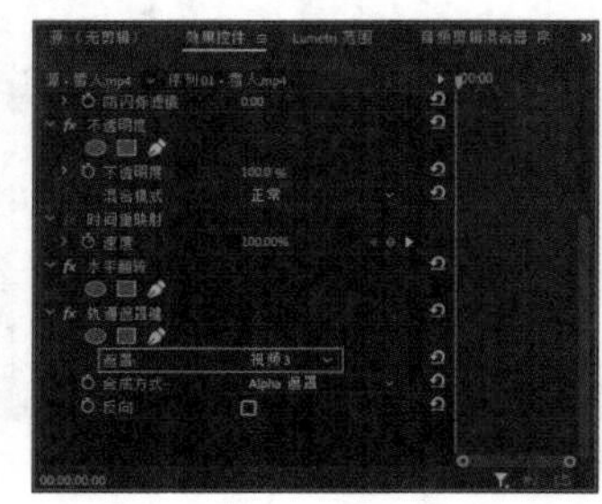

图4-58

图4-59

步骤 08 在“效果”面板中搜索“斜面Alpha”效果，将该效果拖曳至V2轨道的“雪人.mp4”素材上，设置“边缘厚度”参数为10.00，如图 4-60所示。字幕效果如图 4-61所示。

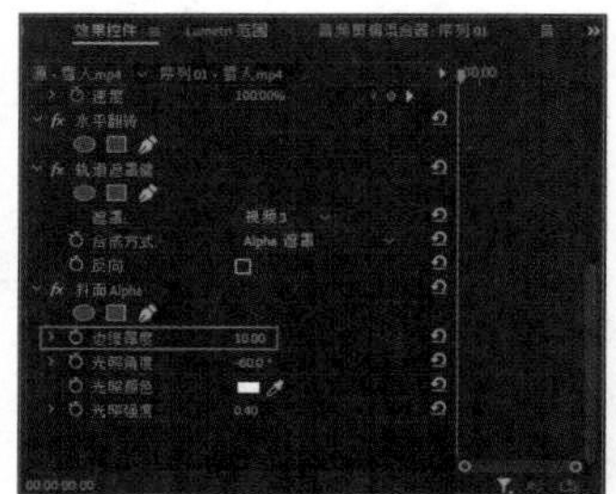

图4-60

图4-61

步骤 09 选择V3轨道的文字素材，在“效果控件”面板中单击“缩放”左侧的“切换动画”按钮，设置“缩放”参数为0.0，如图 4-62所示；将时间线移至00:00:05:00位置，设置“缩放”参数为100.0，如图 4-63所示。

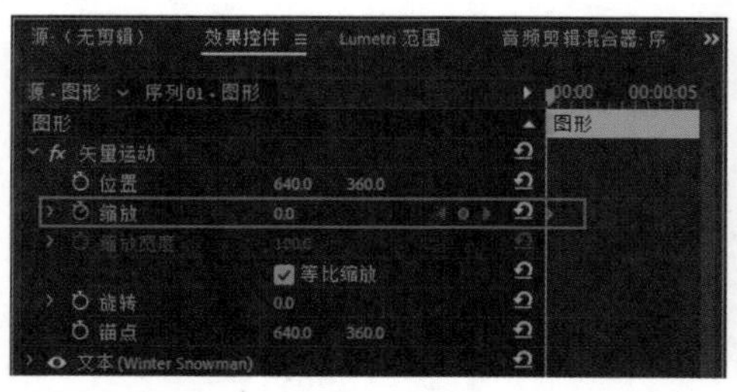

图4-62

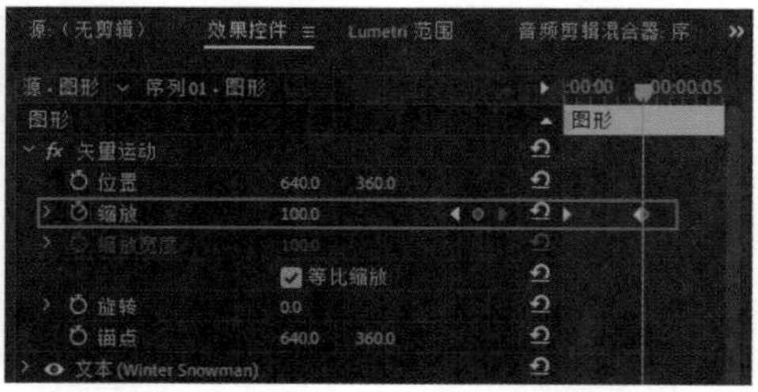

图4-63

步骤 10 将时间线移至00:01:49:23位置，在“效果”面板中搜索“粗糙边缘”效果，将该效果拖曳至V2轨道的“雪人.mp4”素材上。在“效果控件”面板中单击“边框”左侧的“切换动画”按钮，将时间线移至00:01:57:18位置，设置“边框”参数为100.00，如图4-64所示。

步骤 11 完成上述操作后，画面中的文字全部消失，如图4-65所示。

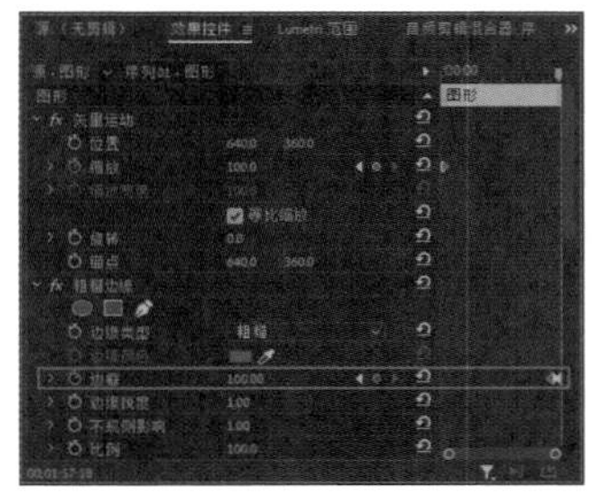

图4-64

图4-65

4.7 手写文字 春日出游Vlog

在Premiere Pro 2023中，使用“书写”效果可以制作出手写文字效果。下面将介绍具体的制作方法，案例效果如图4-66所示。

图4-66

步骤 01 启动Premiere Pro 2023软件，在菜单栏中执行“文件→打开项目”命令，将路径文件夹中的“手写.prproj”文件打开。

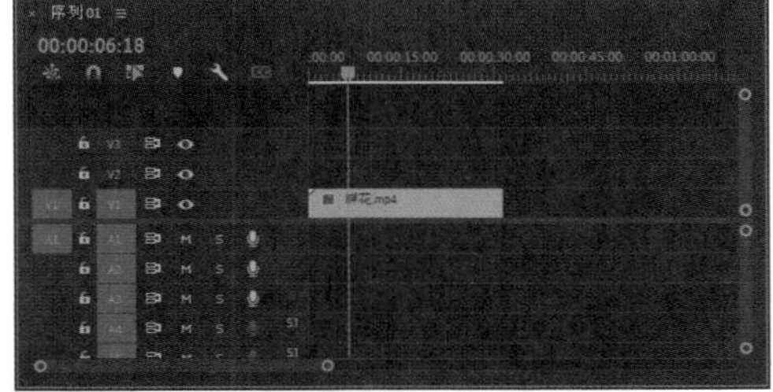

图4-67

步骤 02 可以看到“时间轴”面板中添加了素材，如图4-67所示。在“节目：序列01”面板中可以预览当前素材的效果，如图4-68所示。

步骤 03 在“工具”面板中单击“文字工具”按钮T，然后在“节目：序列01”面板中输入“Spring”文字。在“基本图形”面板中设置“字体”为“汉仪铸字童年体W”，设置“填充”颜色为白色，设置“字体大小”参数为232，设置“字距调整”参数为198，如图 4-69所示，字幕效果如图 4-70所示。

图4-68

图4-69

图4-70

步骤 04 在“工具”面板中单击“选择工具”按钮，选择V2轨道的字幕，调整字幕的长度，使其与下方V1轨道的“鲜花.mp4”视频素材同长，如图 4-71所示。在V2轨道中选中素材并右击，在弹出的快捷菜单中执行“嵌套”命令，效果如图 4-72所示。

图4-71

图4-72

步骤 05 在“效果”面板中搜索“书写”效果，将该效果拖曳至V2轨道的文本素材上，如图 4-73所示。

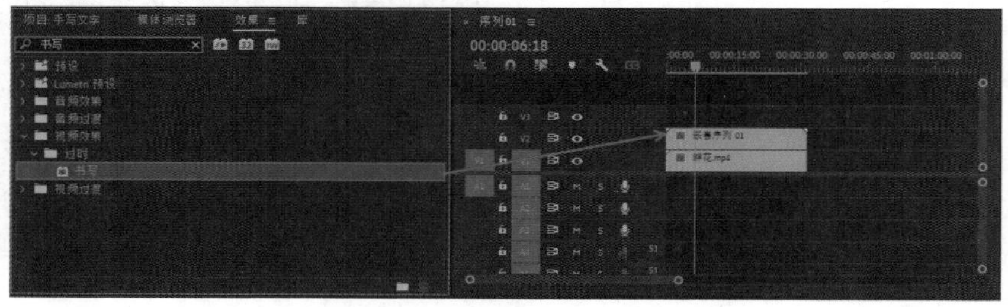

图4-73

提示

对文本素材执行“嵌套”命令，在嵌套序列上添加“书写”效果后再添加关键帧，可以避免卡顿。

步骤 06 在“效果控件”面板中展开“书写”卷展栏，设置“画笔位置”参数为725.0和405.0，单击“画笔位置”左侧的“切换动画”按钮，设置“画笔大小”参数为35.0，如图 4-74 所示。间隔两帧调整画笔的位置，将画笔沿着文本的轮廓移动，效果如图 4-75 所示。

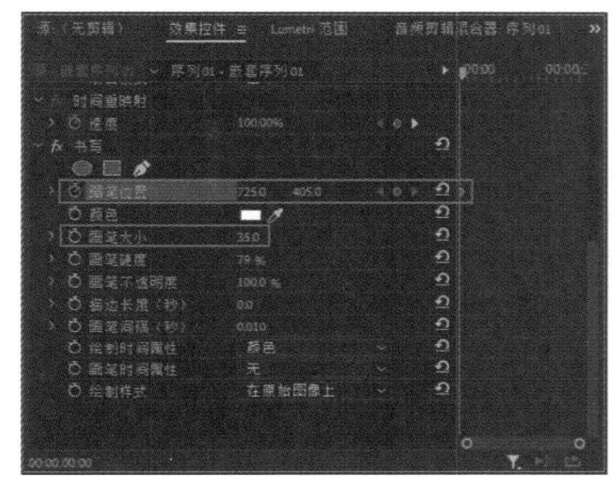

图 4-74

图 4-75

提示

设置“画笔大小”参数时，需注意画笔的宽度要比文本笔画的宽度大。

步骤 07 在“效果控件”面板中设置“绘制样式”为“显示原始图像”，如图 4-76 所示，效果如图 4-77 所示。

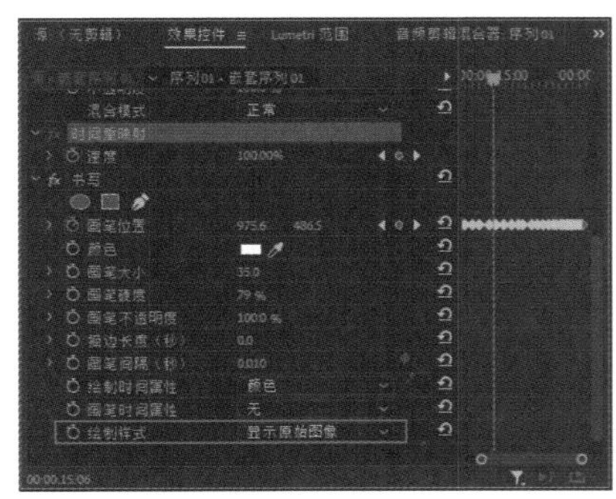
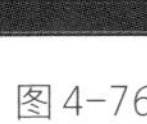

图 4-76

图 4-77

4.8 扫光文字 年会开场视频

在一些宣传片或年会视频中，经常可以看到十分炫酷的扫光文字。制作扫光文字，需要用蒙版建立路径关键帧。下面将详细介绍扫光文字的具体制作步骤，案例效果如图 4-78 所示。

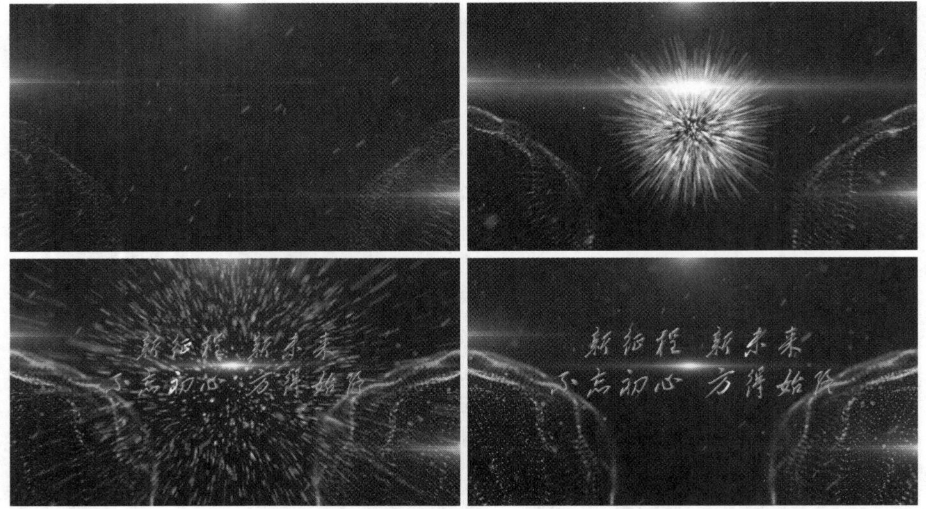

图 4-78

步骤 01 启动Premiere Pro 2023软件，在菜单栏中执行“文件→打开项目”命令，将路径文件夹中的“扫光文字.prproj”文件打开。

步骤 02 可以看到“时间轴”面板中添加了素材，如图4-79所示。

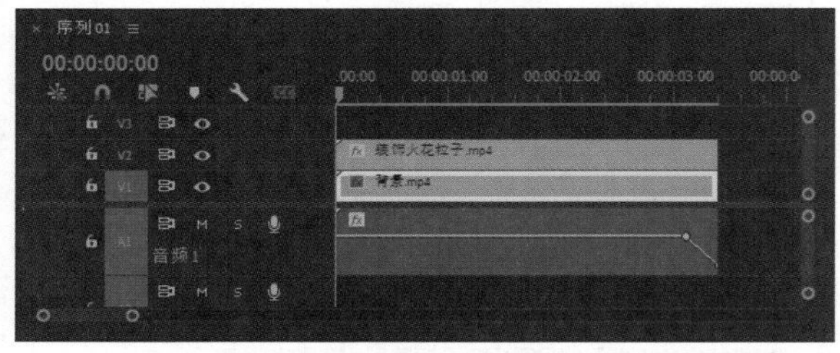

图 4-79

步骤 03 在“工具”面板中单击“文字工具”按钮T，然后在“节目：序列01”面板中输入“新征程 新未来”文字并按Enter键，接着输入“不忘初心 方得始终”文字。在“基本图形”面板中设置“字体”为“方正大草简体”，设置“字体大小”参数为148，设置“对齐方式”为“文本居中对齐”，设置“填充”颜色为橘色，如图 4-80所示。字幕效果如图 4-81所示。

图 4-80

图 4-81

步骤 04 将时间线移至00:00:03:10位置，在“工具”面板中单击“剃刀工具”按钮，在时间线处裁剪并删除多余的字幕片段，如图4-82所示。

步骤 05 在“时间轴”面板中选择V3轨道的文本素材，按住Alt键的同时按住鼠标左键向V4轨道拖曳，复制一份文本素材，如图4-83所示。

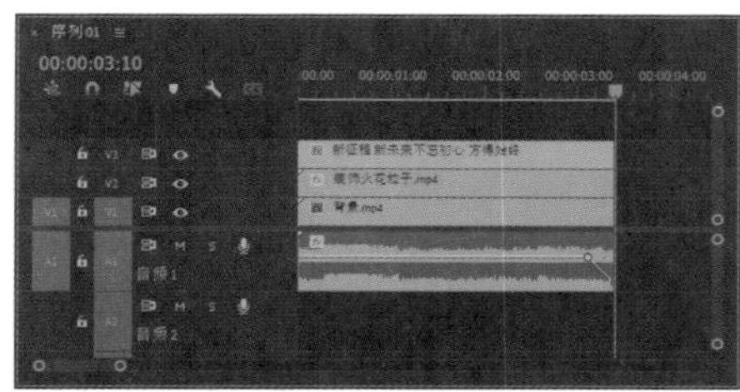
图4-82

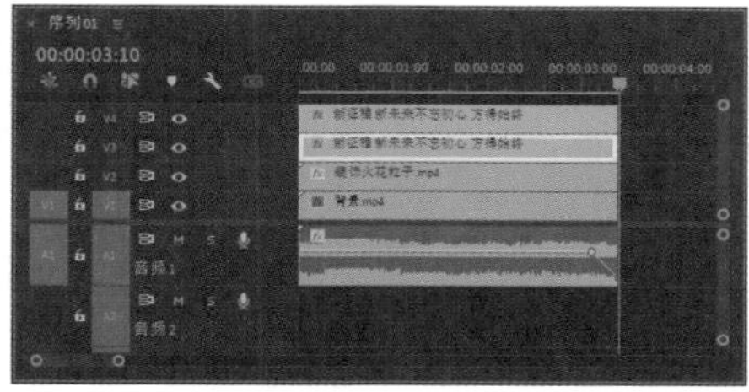
图4-83

步骤 06 选择V3轨道的文本素材，在“效果控件”面板中展开“文本（新征程 新未来 不忘初心 方得始终）”卷展栏，设置“填充”颜色为白色，如图4-84所示。字幕效果如图4-85所示。

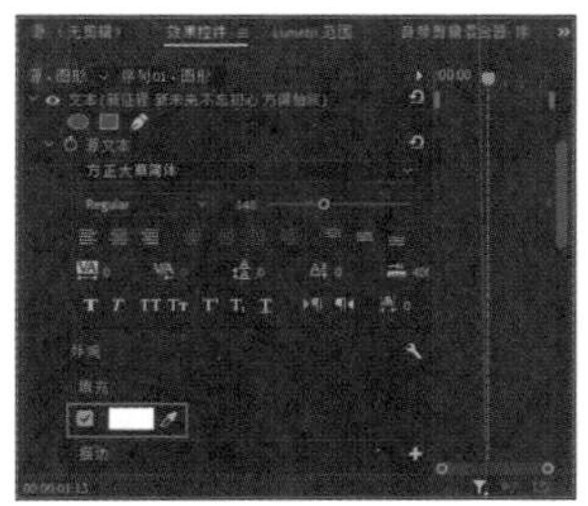
图4-84

图4-85

步骤 07 选择V4轨道的文本素材，在“效果控件”面板的“不透明度”卷展栏中，单击“自由绘制贝塞尔曲线”按钮，在“节目：序列01”面板中绘制蒙版形状，如图4-86所示。

步骤 08 移动时间线至00:00:00:00位置，在“效果控件”面板的“不透明度”卷展栏中，单击“蒙版路径”左侧的“切换动画”按钮，开启自动关键帧，如图4-87所示。

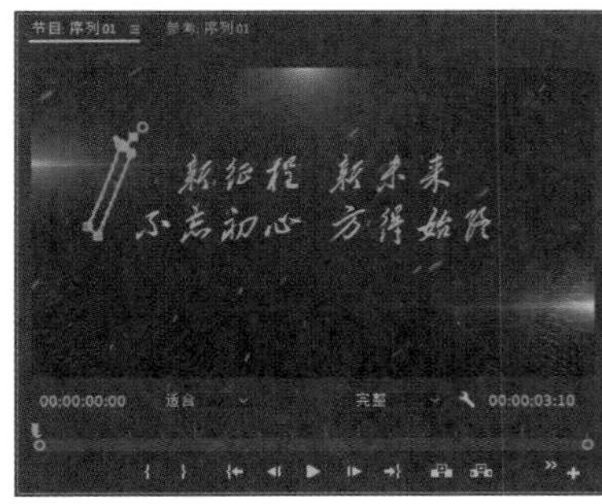
图4-86

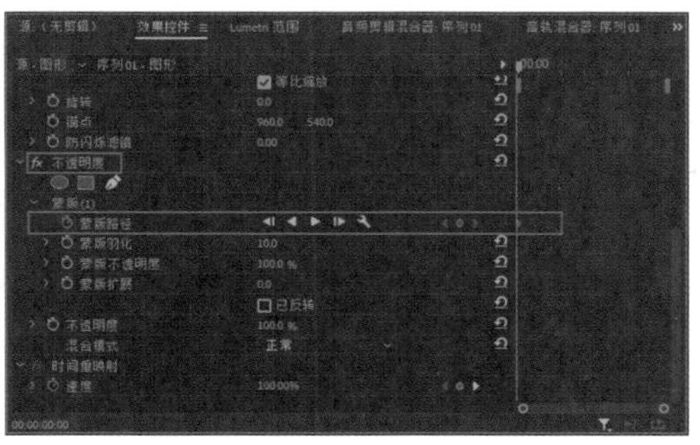
图4-87

步骤 09　将时间线移至00:00:03:10位置，将蒙版移动到文字右侧，如图 4-88所示。

步骤 10　按Space键预览效果，可以观察到白色的部分扫过文字，效果如图4-89所示。

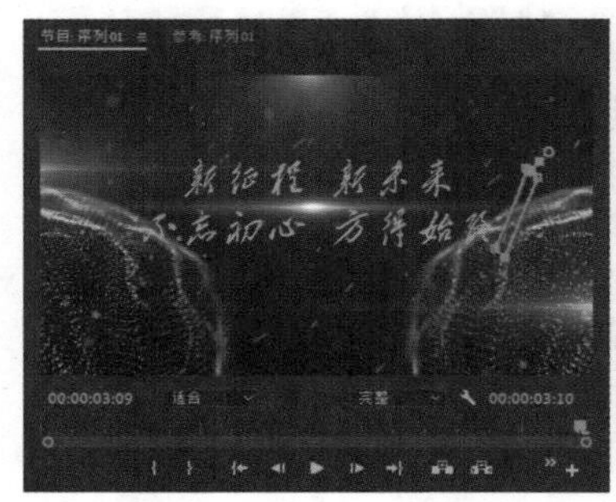

图4-88

图4-89

步骤 11　在“效果”面板中搜索“斜面Alpha”效果，将该效果拖曳至V3轨道的文本素材上，如图 4-90所示。

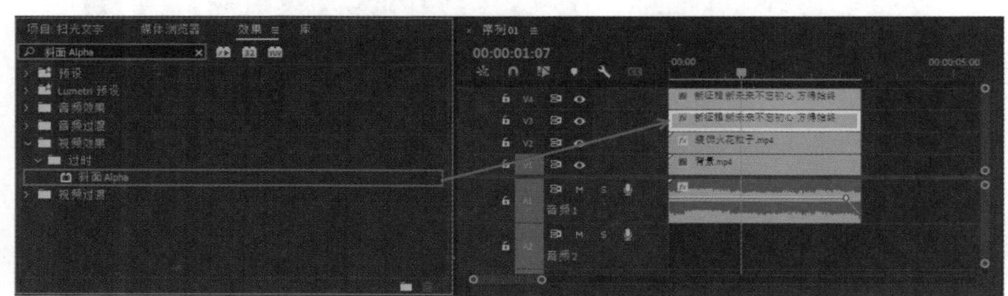

图4-90

步骤 12　在“效果控件”面板中，设置“边缘厚度”参数为7.00，如图 4-91所示。字幕效果如图 4-92所示。

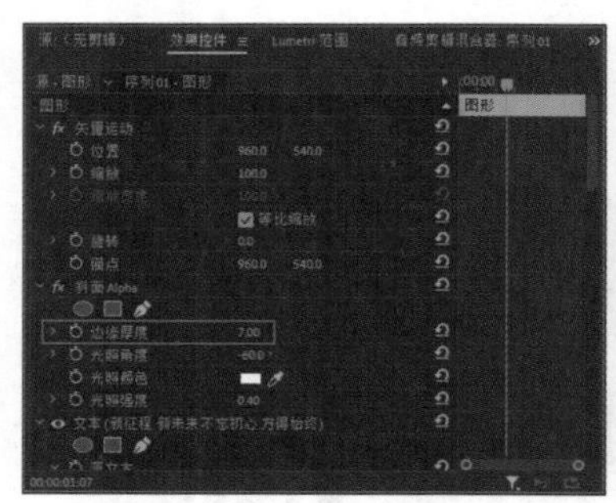

图4-91

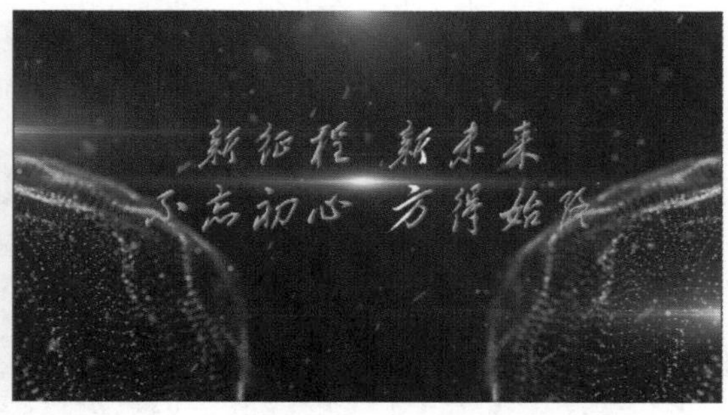

图4-92

步骤 13　选择V3和V4轨道上的文本素材并右击，在弹出的快捷菜单中执行“嵌套”命令，效果如图 4-93所示。

步骤 14 将时间线移至00:00:00:06位置，选择“嵌套序列01”，在“效果控件”面板中，设置“缩放”参数为0.0，并单击“缩放”左侧的“切换动画”按钮，生成关键帧；将时间线移至00:00:01:04位置，设置“缩放”参数为100.0，如图4-94所示。

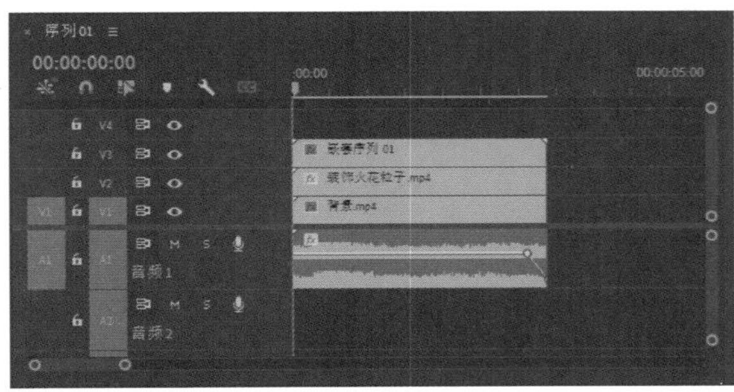

图4-93

图4-94

4.9 纹理字幕 游戏开场视频

在Premiere Pro 2023中，使用“轨道遮罩键”效果可以制作出纹理字幕。下面将介绍具体的操作方法，案例效果如图4-95所示。

图4-95

步骤 01 启动Premiere Pro 2023软件，在菜单栏中执行“文件→打开项目”命令，将路径文件夹中的“纹理字幕.prproj”文件打开。

步骤 02 可以看到“时间轴”面板中添加了素材，如图4-96所示。在“节目：序列01”面板中可以预览当前素材的效果，如图4-97所示。

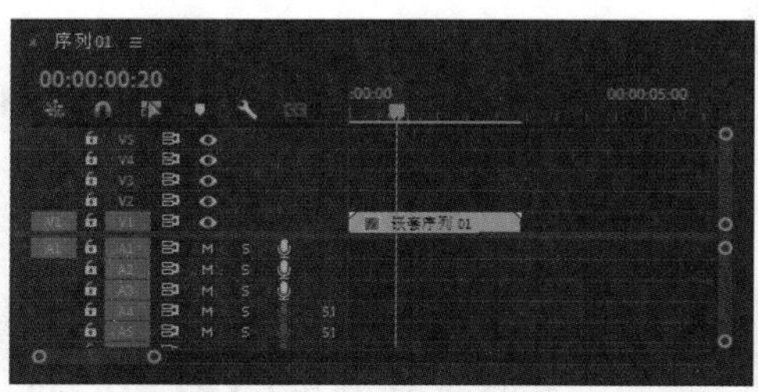

图 4-96

图 4-97

步骤 03 在“工具”面板中单击“文字工具”按钮T，然后在“节目：序列01”面板中输入“王者之战”文字并按Enter键，继续输入“WAR OF KINGS”文字。在“基本图形”面板中选择“王者之战”，设置“字体”为“汉仪菱心体简”，设置“字体大小”参数为293，单击“居中对齐文本”按钮，如图 4-98 所示。

步骤 04 选择“WAR OF KINGS”，设置“字体”为“方正粗倩_GBK”，设置“字体大小”参数为147，设置“字距调整”参数为200，如图 4-99 所示。

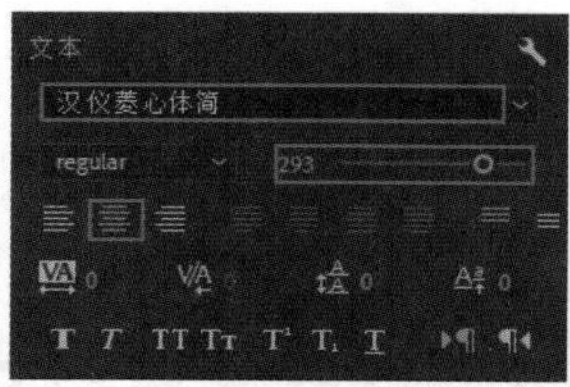

图 4-98

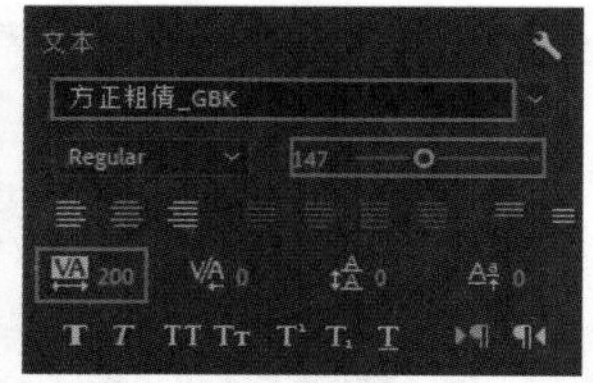

图 4-99

步骤 05 将V2轨道的字幕素材缩短，使之与下方V1轨道上的“嵌套序列01”长度一致，如图 4-100 所示。

步骤 06 在“项目：纹理字幕”面板中选择“字体纹理.jpg”图片素材，将其拖曳至V3轨道上，使之与下方V2轨道的字幕素材的长度一致，如图 4-101 所示。

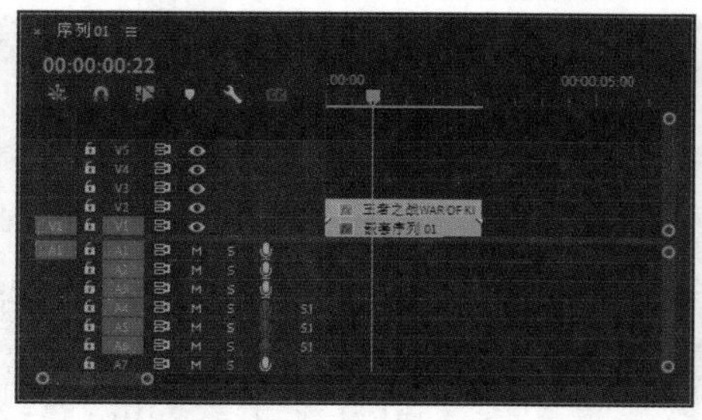

图 4-100

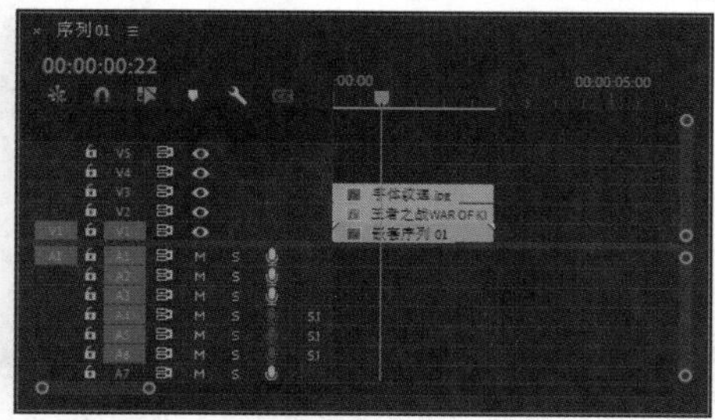

图 4-101

步骤 07 在“效果”面板中搜索“轨道遮罩键”效果，将该效果拖曳至V2轨道的字幕素材上，然后在“效果控件”面板中设置“遮罩”为“视频3”，设置“合成方式”为“亮度遮罩”，并勾选“反向”复选框，如图 4-102 所示，字幕效果如图 4-103 所示。

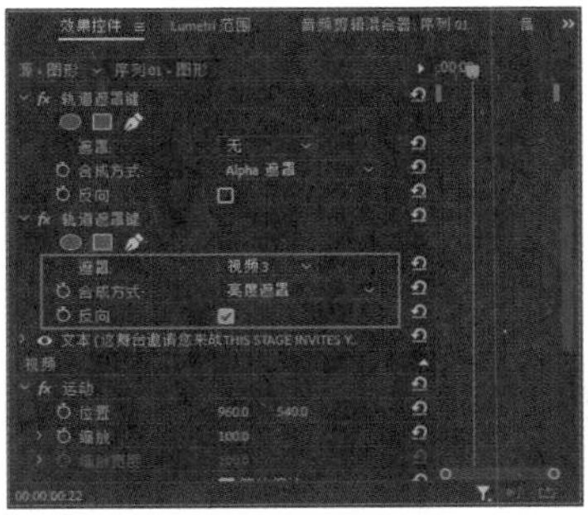

图 4-102

图 4-103

步骤 08 全选V2和V3轨道上的素材并右击，在弹出的快捷菜单中执行“嵌套”命令，效果如图 4-104所示。在“效果”面板中搜索“投影”效果，将该效果拖曳至V2轨道的“嵌套序列 02”上，然后在“效果控件”面板中设置“不透明度”参数为100%，设置“距离”参数为10.0，如图 4-105所示。

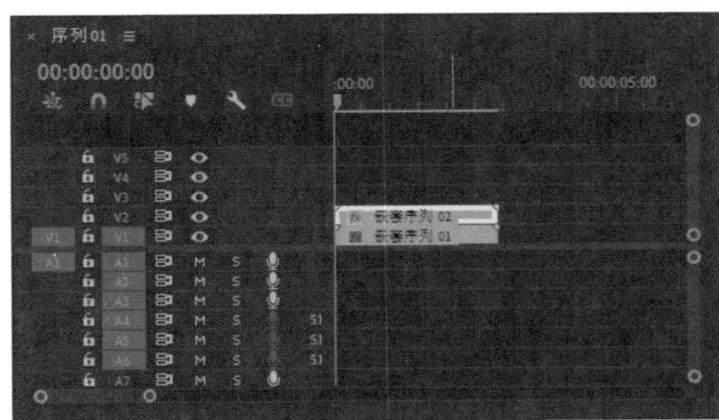

图 4-104

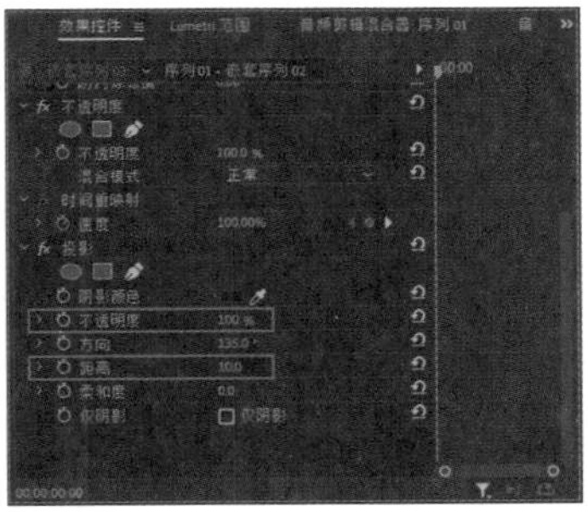

图 4-105

步骤 09 将时间线移至00:00:00:00位置，选择V2轨道的“嵌套序列 02”，然后在“效果控件”面板中单击“缩放”左侧的“切换动画”按钮，生成关键帧，设置“缩放”参数为4843.0；然后将时间线移至00:00:00:05位置，单击“重置参数”按钮，使之回到起始状态，如图 4-106所示，画面效果如图 4-107所示。

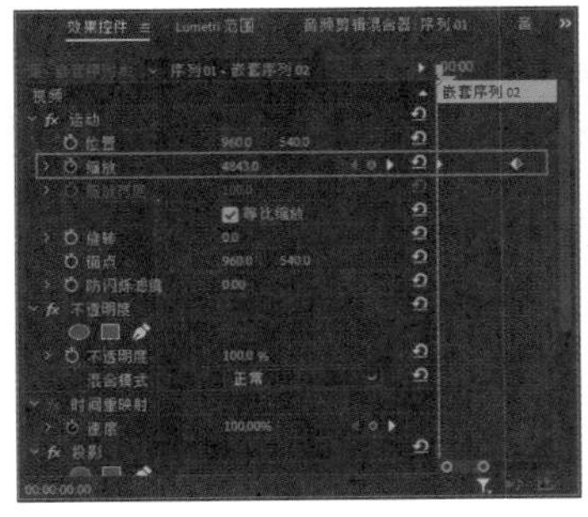

图 4-106

图 4-107

步骤 10 在“项目：纹理字幕”面板中选择“嵌套序列01”和“嵌套序列02”，按Ctrl+C组合键复制，然后按Ctrl+V组合键粘贴，并修改嵌套序列的名称，如图4-108所示。将“嵌套序列03”拖曳至V1轨道“嵌套序列01”的后面，然后将“嵌套序列04”拖曳至V2轨道“嵌套序列02”的后面，取消链接删除音频轨道的序列，如图4-109所示。

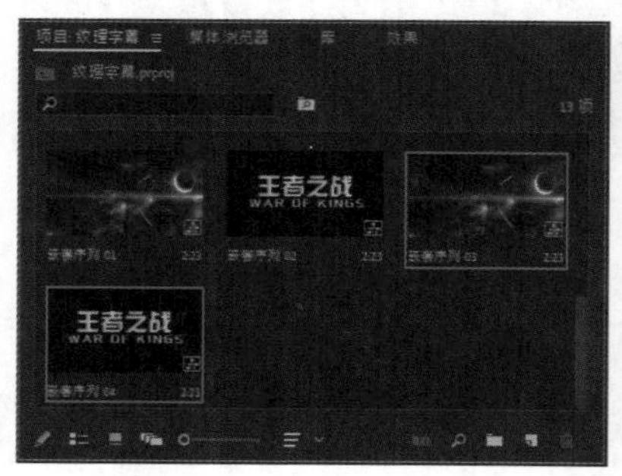

图4-108

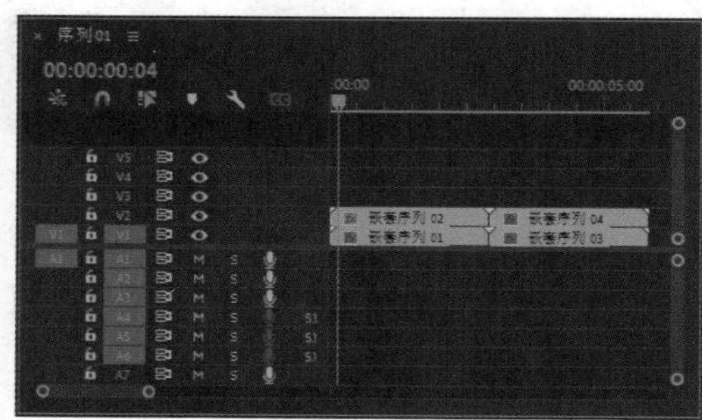

图4-109

提示

用户可以通过Alt键复制素材或嵌套序列。但采用这个方法存在一个问题，就是一旦修改复制得到的嵌套序列的内容，原有嵌套序列的内容会一同被修改。因此最好使用上述步骤中的方法进行复制。

步骤 11 双击“时间轴”面板中的V2轨道的“嵌套序列04”，单击“工具”面板中的“文字工具”按钮T，在“节目：嵌套序列04”面板中修改文字内容为“这舞台邀请您来战 THIS STAGE INVITES YOU TO FIGHT”，并调整字体大小与行距，调整后的字幕效果如图4-110所示。

步骤 12 在“时间轴”面板中选择V2轨道的“嵌套序列02”并右击，在弹出的快捷菜单中执行“复制”命令，如图4-111所示。

图4-110

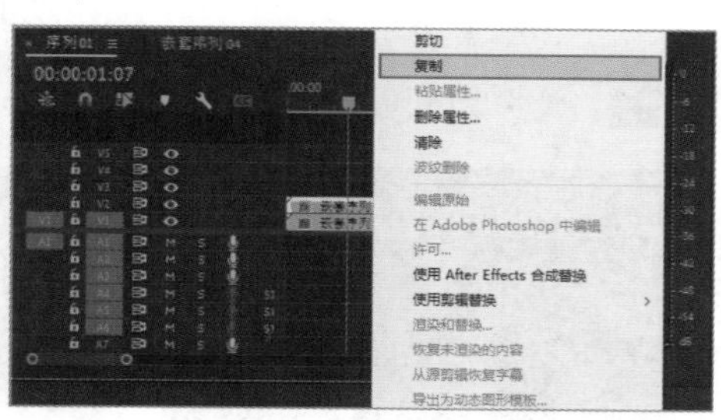

图4-111

步骤 13 在“时间轴”面板中选择V2轨道的“嵌套序列04”并右击，在弹出的快捷菜单中执行“粘贴属性”命令，如图4-112所示；在弹出的“粘贴属性”对话框，勾选“运动”“投影”复选框，然后单击“确定”按钮，如图4-113所示。“嵌套序列02”的“缩放”关键帧被复制给“嵌套序列04”。

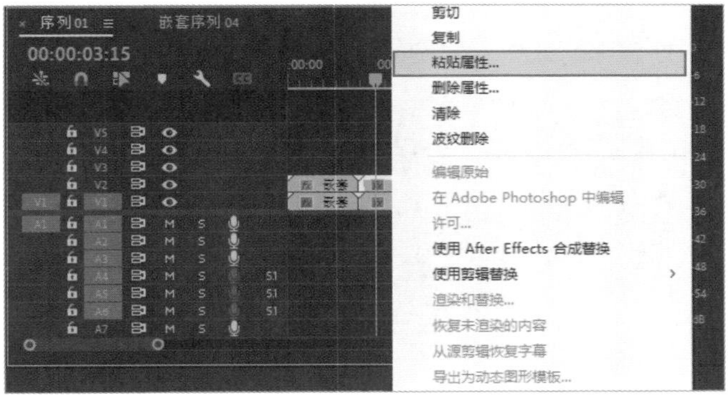

图4-112

图4-113

步骤 14　参照上述步骤的操作方法，为视频制作余下的字幕，如图 4-114 所示，字幕效果如图 4-115 所示。

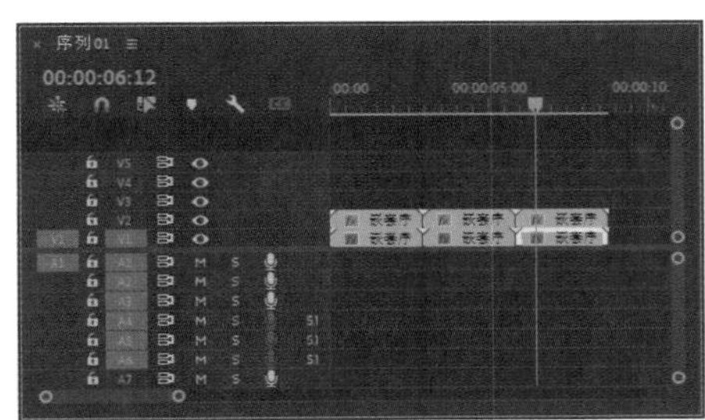

图4-114

图4-115

步骤 15　在“项目：纹理字幕”面板中，选择“音效.wav”素材并将其拖曳至A1轨道上，选择“音乐.mp3”素材并将其拖曳至A2轨道上，将素材裁剪成合适的长度，如图 4-116 所示。

步骤 16　全选音频轨道的素材并右击，在弹出的快捷菜单中执行“音频增益”命令，在弹出的“音频增益”对话框中设置“调整增益值”参数为–8dB，单击“确定”按钮，可看到音频波形明显降低，如图 4-117 所示。

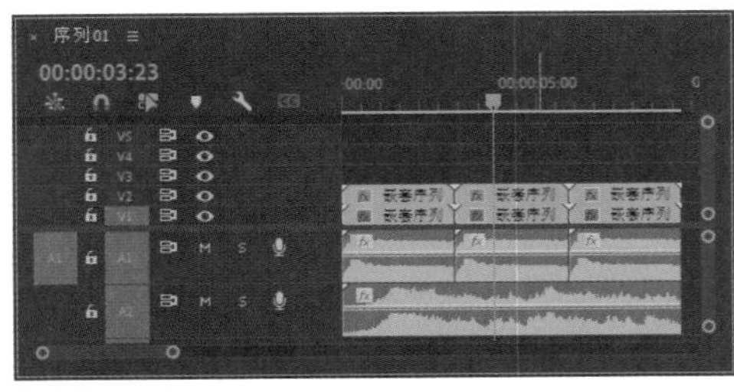

图4-116

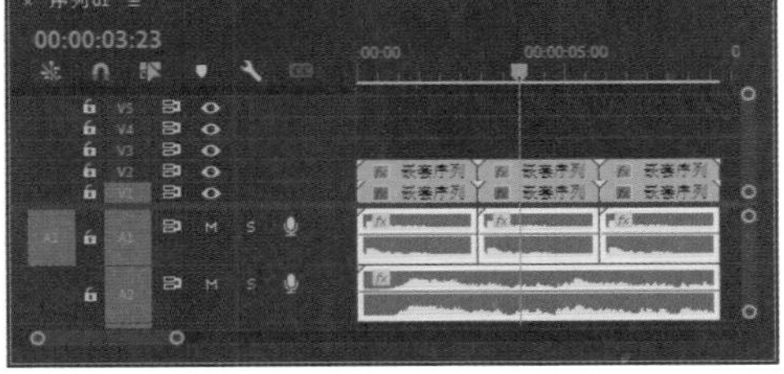

图4-117

4.10 钟摆文字 科普动画短片

本案例将制作一段有钟摆文字的动画视频，除了需要为钟摆添加“旋转”关键帧外，还需要为文字添加“线性擦除”效果，案例效果如图4-118所示。

图4-118

步骤01 启动Premiere Pro 2023软件，在菜单栏中执行“文件→打开项目”命令，将路径文件夹中的“钟摆文字.prproj”文件打开。

步骤02 可以看到“时间轴”面板中添加了素材，如图4-119所示。在“节目：序列01”面板中可以预览当前素材的效果，如图4-120所示。

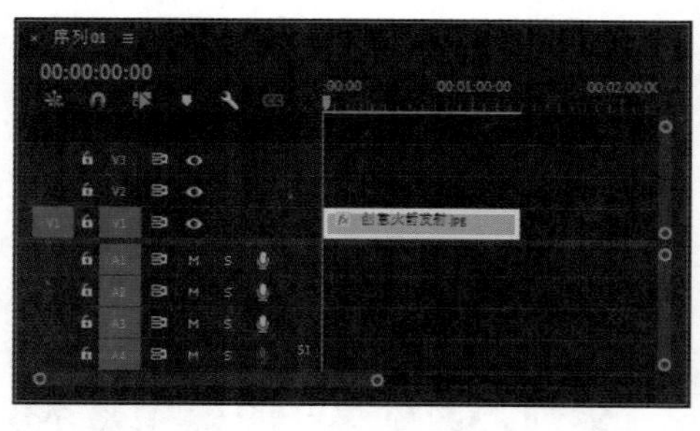

图4-119

图4-120

步骤03 鼠标左键按住“工具”面板中的“矩形工具”按钮■不放，选择“椭圆工具”，如图4-121所示。

步骤04 在“节目：序列01”面板左侧绘制一个矩形，在“效果控件”面板中展开“形状（形状01）”卷展栏，设置“填充”颜色为白色，如图4-122所示。

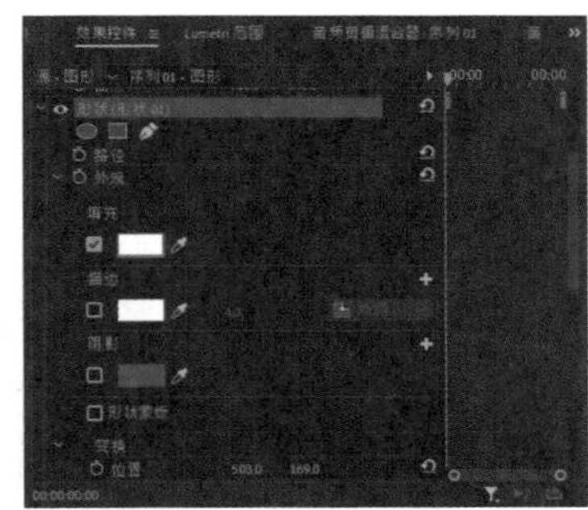

图 4-121　　图 4-122

步骤 05　按住Shift键，使用“椭圆工具”在矩形下方绘制一个白色的圆，如图4-123所示。然后在“效果控件”面板中设置“锚点”参数为501.8和0.0，如图4-124所示。

图 4-123

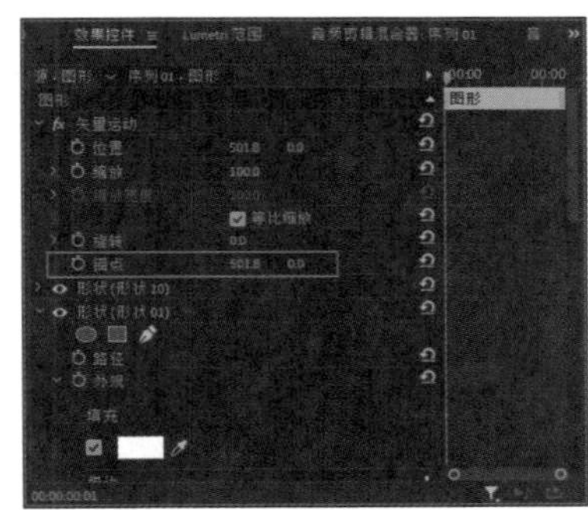

图 4-124

步骤 06　在“效果”面板中搜索“投影”效果，将该效果拖曳至V2轨道的“图形”素材上，效果如图4-125所示。

步骤 07　在“工具”面板中单击“文字工具”按钮T，在“节目：序列01”面板中输入“宇宙”文字，设置“字体”为“方正粗宋_GBK”，设置“字体大小”参数为155，接着需要旋转钟摆，确认文字能否被钟摆扫过，如图4-126所示。

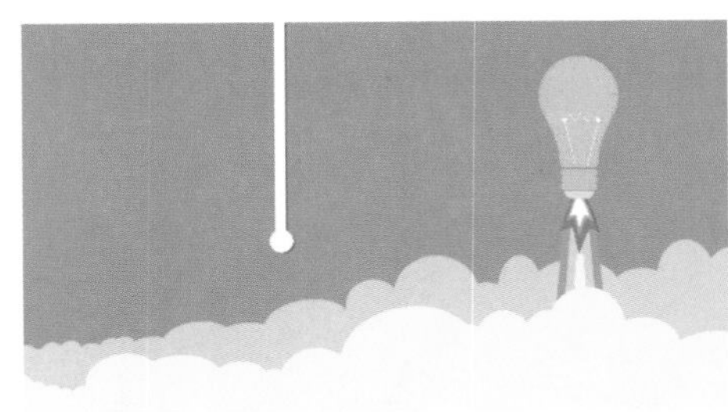

图 4-125

图 4-126

步骤 08　将时间线移至00:00:00:00位置，然后在“效果控件”面板中，单击“旋转”左侧的“切换动画”按钮，开启自动关键帧，设置“旋转”参数为46.0。右击已添加的自动关键帧，在弹出的快捷菜单中执行“贝塞尔曲线”命令，如图 4-127 所示。将时间线移至00:00:03:07位置，设置“旋转”参数为41.5°，调整曲线，使之呈现图 4-128 所示的效果。这样钟摆就能呈两端慢、中间快的运动效果。

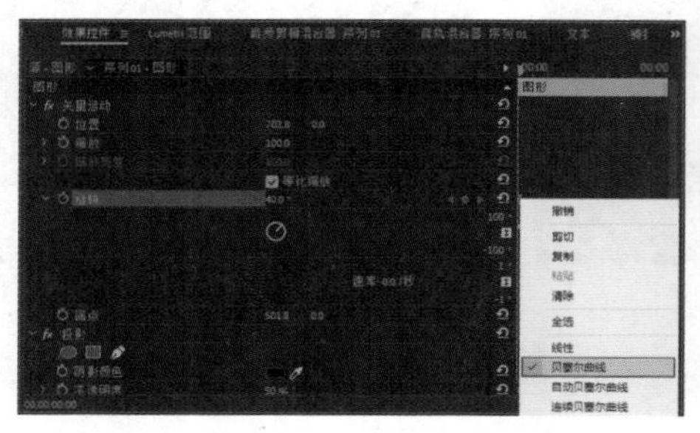

图 4-127

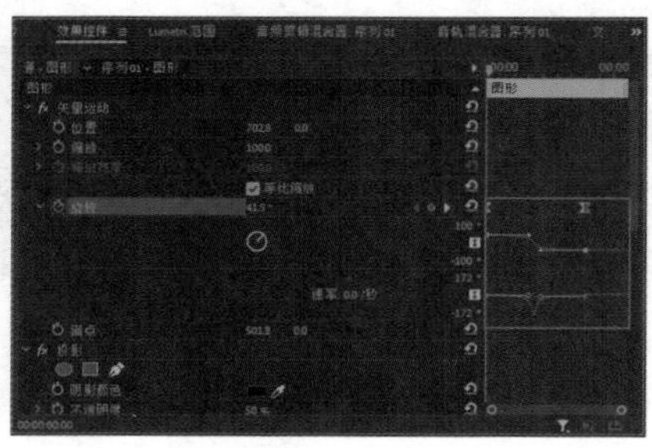

图 4-128

步骤 09 在“效果”面板中搜索“线性擦除”效果，将该效果拖曳至V3轨道的“宇宙”文字素材上，将时间线移至00:00:00:00位置。在“效果控件”面板中，单击“过渡完成”左侧的“切换动画”按钮，开启自动关键帧。将时间线移至00:00:02:03位置，设置“过渡完成”参数为0%；将时间线移至00:00:01:16位置，设置“过渡完成”参数为32%；将时间线移至00:00:02:23位置，设置“过渡完成”参数为100%，如图 4-129 所示。字幕效果如图 4-130 所示。

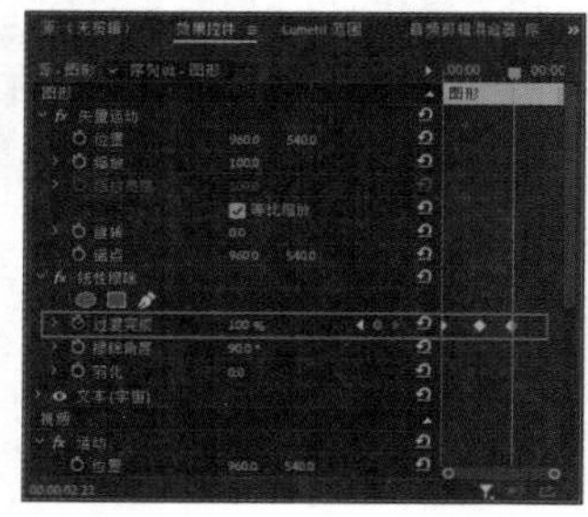

图 4-129

图 4-130

步骤 10 选择V3轨道的“宇宙”文字素材，按住Alt键，将文字素材向右拖曳，复制一份文字素材，然后将V2轨道的“图形”素材延长，将V1轨道的“创意火箭发射.jpg.png”图片素材缩短至与上方素材同长，如图 4-131 所示。

步骤 11 修改V3轨道的第二段文字内容为“奥秘”，如图 4-132 所示。

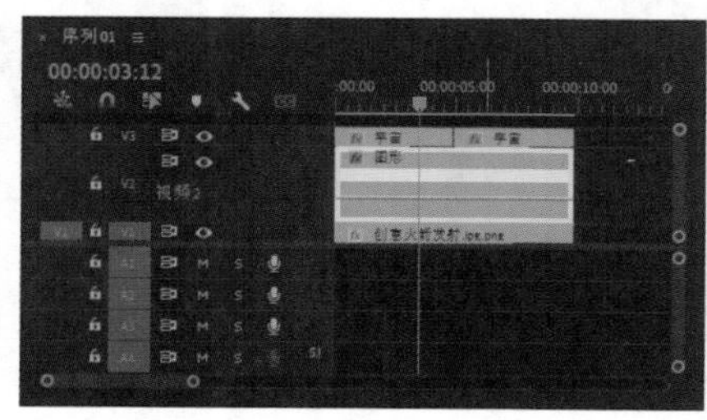

图 4-131

图 4-132

步骤 12 选择V2轨道的“图形”素材，在“效果控件”面板中，将钟摆的“旋转”关键帧向后反向复制，如图4-133所示，从而使钟摆从右至左划过画面。

步骤 13 选择V3轨道的第二段素材，在“效果控件”面板删除“过渡完成”关键帧，然后将时间线移至00:00:05:10位置，单击“过渡完成”右侧的“添加/移除关键帧”按钮，生成关键帧。将时间线移至00:00:07:21位置，设置“过渡完成”参数为30%；将时间线移至00:00:09:23位置，设置“过渡完成”参数为0%，如图4-134所示。

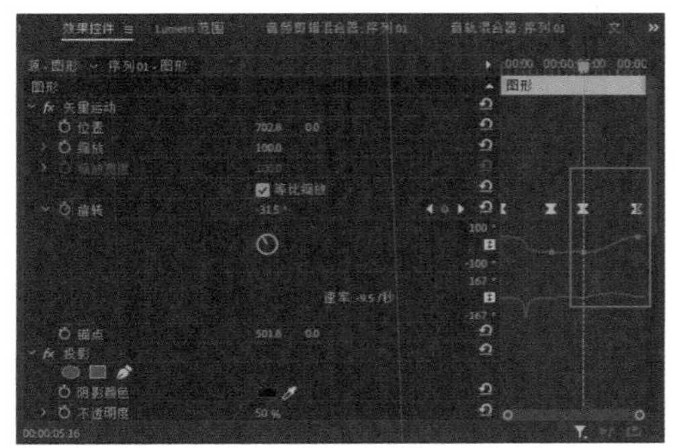

图4-133

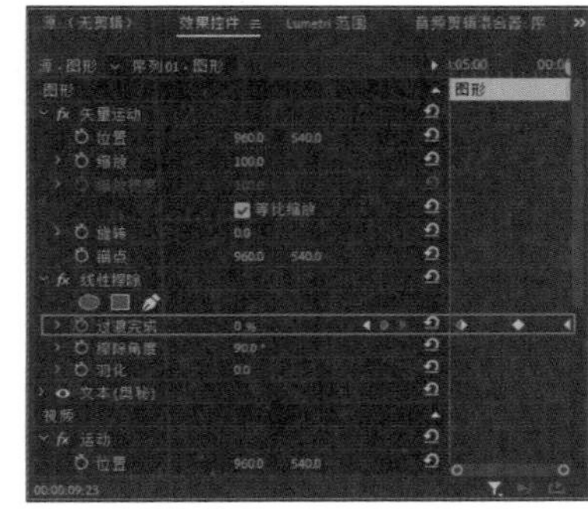

图4-134

4.11 打字机文字效果 古诗词的魅力

在观看视频时，可以看到很多视频的标题都是一个字一个字出现的，这种字幕是在模拟打字机效果。本案例将介绍打字机文字效果的具体制作方法，案例效果如图4-135所示。

图4-135

步骤 01 启动Premiere Pro 2023软件，在菜单栏中执行“文件→打开项目”命令，将路径文件夹中的“打字机文字效果.prproj”文件打开。

步骤 02 可以看到“时间轴”面板中添加了素材，如图 4-136所示。在“节目：序列01”面板中可以预览当前素材的效果，如图 4-137所示。

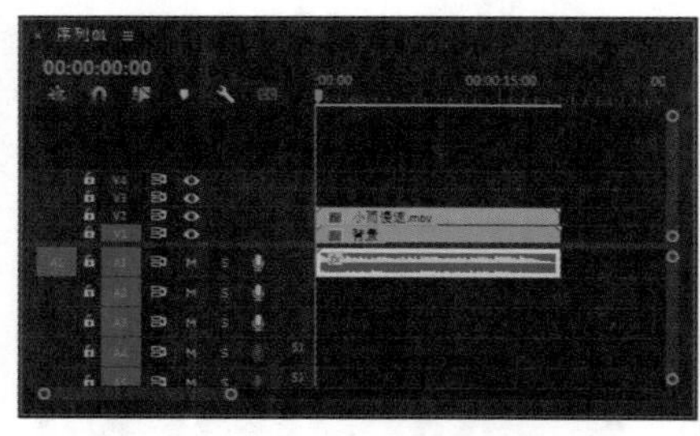

图4-136

图4-137

步骤 03 鼠标左键按住“工具”面板中的“文字工具”按钮T不放，选择“垂直文字工具”，如图 4-138所示。

步骤 04 在“节目：序列01”面板的画面上单击，出现输入框，如图 4-139所示。

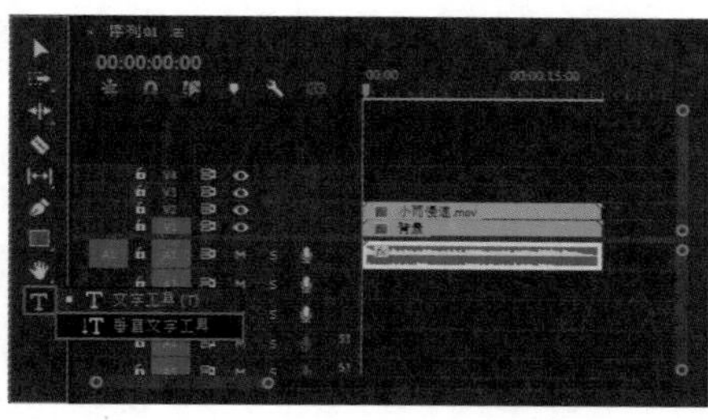

图4-138

图4-139

步骤 05 在“效果控件”面板中展开“文本”卷展栏，添加“源文本”关键帧，然后输入“茶”字，并设置“字体”为“方正字迹-吕建德字体”，设置“字体大小”参数为114，设置“填充”颜色为白色，如图 4-140所示。

步骤 06 按Shift+→组合键，向后移动5帧，输入“经”字，效果如图 4-141所示。新输入的文字会自动生成一个关键帧。

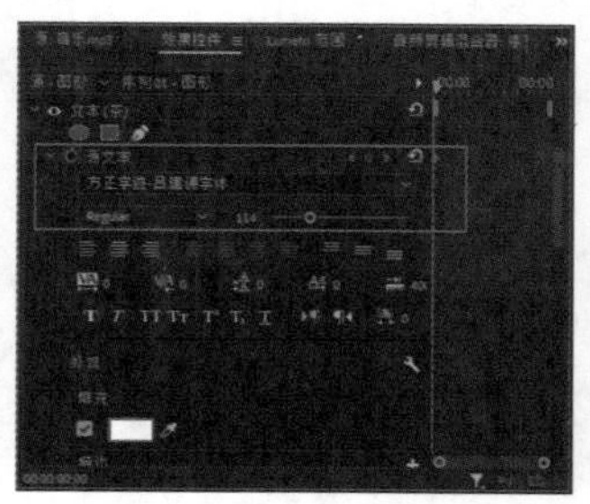

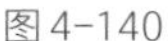
图4-140

图4-141

提示

输入完上一个文字后，要单击“效果控件”面板中的“源文本”并按Shift+→组合键，再输入下一个文字，才能自动添加关键帧。

步骤 07　按照上述步骤，依次输入“谷”“雨”“依”“稀”“绿”“ 花”“接”“清”“明”“次”“第”“开”文字，并调整文字至合适的位置，效果如图 4-142 所示。

步骤 08　选择V3轨道的文字素材，将文字素材的起始位置移动到00:00:02:05位置，如图 4-143 所示。

图 4-142

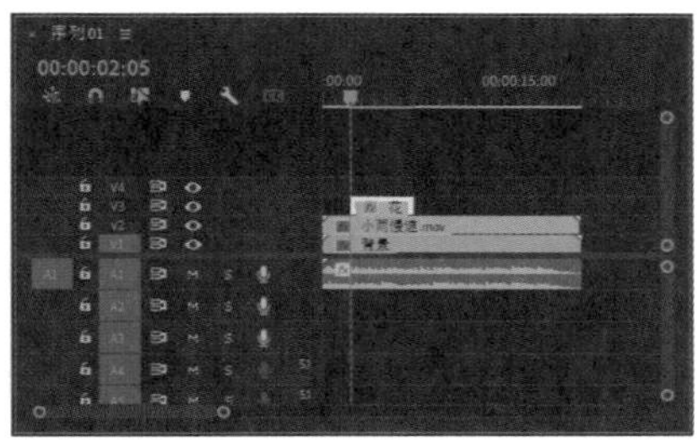

图 4-143

步骤 09　选择V3轨道的文字素材，将时间线移至00:00:03:15位置，在“效果控件”面板中展开“文本（花）”展卷栏，单击“不透明度”右侧的“添加/移除关键帧”按钮，生成关键帧，连续按←键两次，向前移动两帧，添加关键帧，设置“不透明度”参数为0.0%，如图 4-144 所示。

步骤 10　将V3轨道的文字素材延长，使其与V2轨道的“小雨慢速.mov”视频素材同长，如图 4-145 所示。

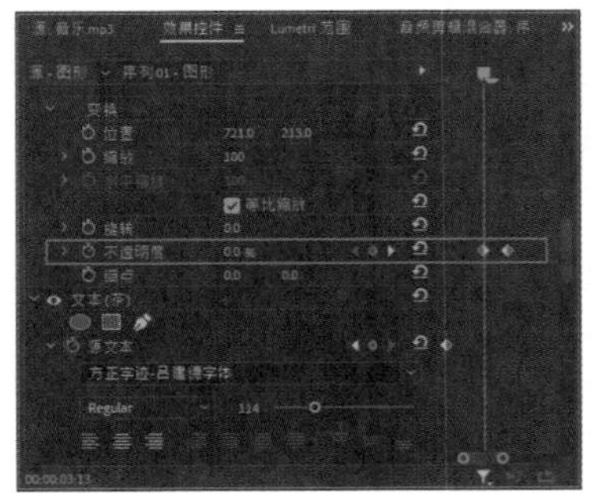

图 4-144

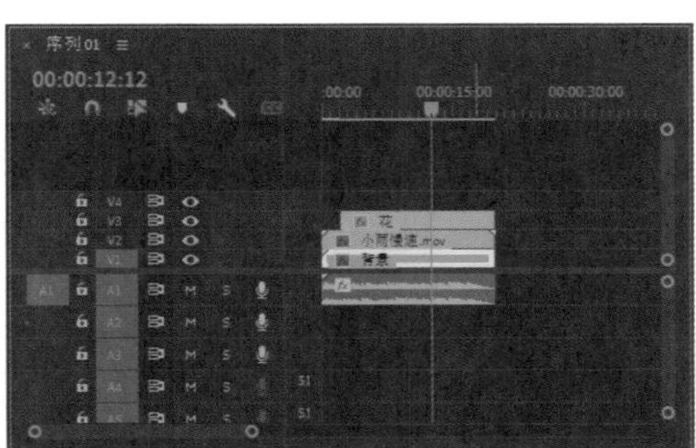

图 4-145

4.12　语音转字幕 电商带货视频

在为一些口播视频，或是一些包含大量文案的视频添加字幕时，如果根据音频去一句一句地添加字幕，会耗费大量时间。这时可以使用“转录”功能根据语音自动生成字幕，这样可以极大地提高工作效率，案例效果如图 4-146 所示。

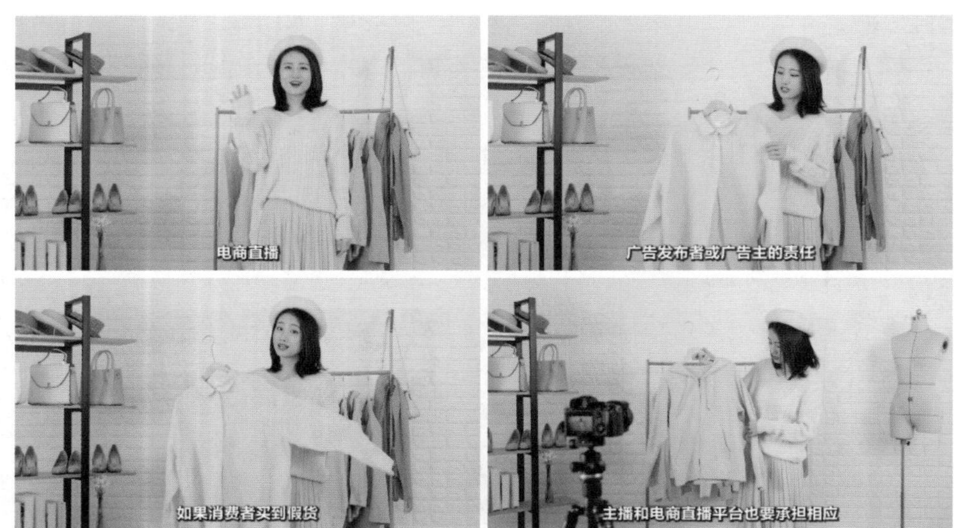

图 4-146

步骤 01 启动Premiere Pro 2023软件，在菜单栏中执行“文件→打开项目”命令，将路径文件夹中的“批量语音转字幕.prproj”文件打开。

步骤 02 可以看到“时间轴”面板中添加了素材，如图 4-147 所示。

步骤 03 将“项目：批量语音转字幕”面板中的“音频.mp3”素材拖曳至“时间轴”面板的A1轨道上，并将V1轨道的“电商直播.mp4”素材缩短，使其长度与下方“音频.mp3”素材的长度保持一致，如图 4-148 所示。

图 4-147

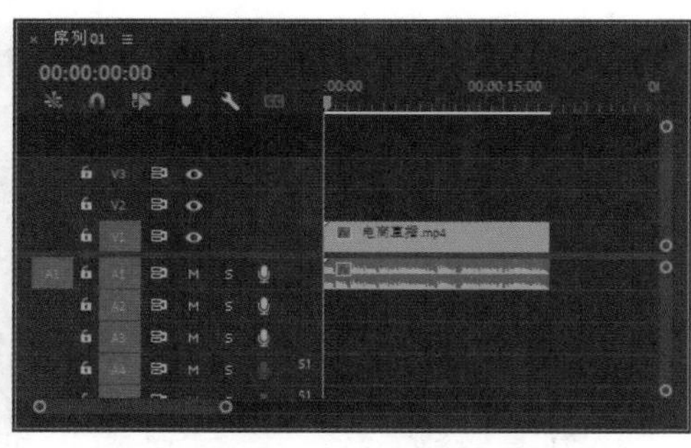

图 4-148

步骤 04 选择A1轨道的“音频.mp3”素材，在“文本”面板中单击“转录序列”按钮，如图 4-149 所示，在弹出的“创建转录文本”对话框中，选择“语言”下拉列表中的“简体中文”选项，单击“转录”按钮，如图 4-150 所示。

步骤 05 稍等片刻后，生成文本内容，如图 4-151 所示，单击“创建说明性字幕”按钮CC，在弹出的“创建字幕”对话框中，设置“最大长度以字符为单位”参数为20，选择“单行”选项，单击“创建”按钮，如图 4-152 所示。

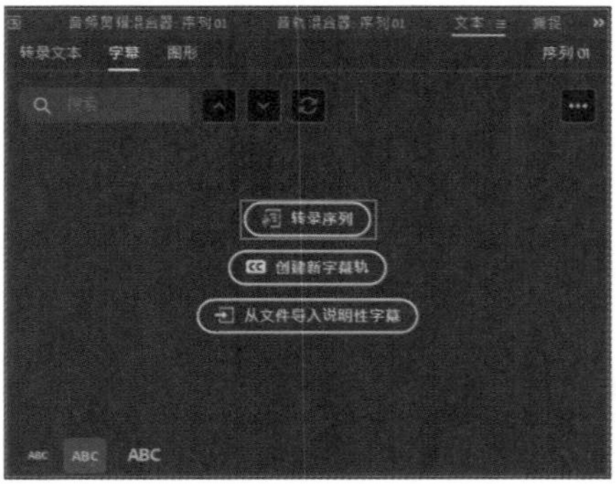

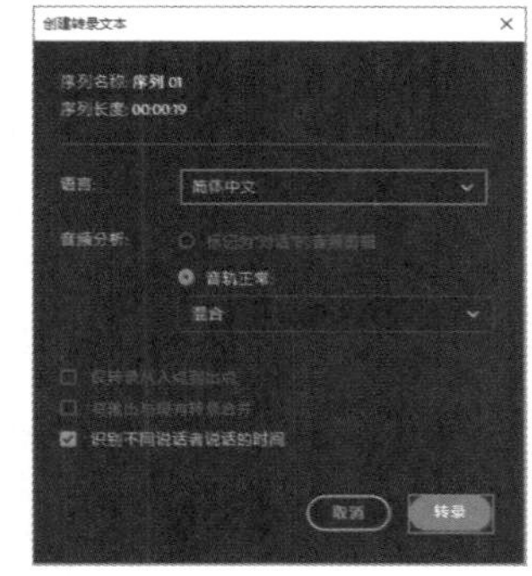

图 4-149　　图 4-150

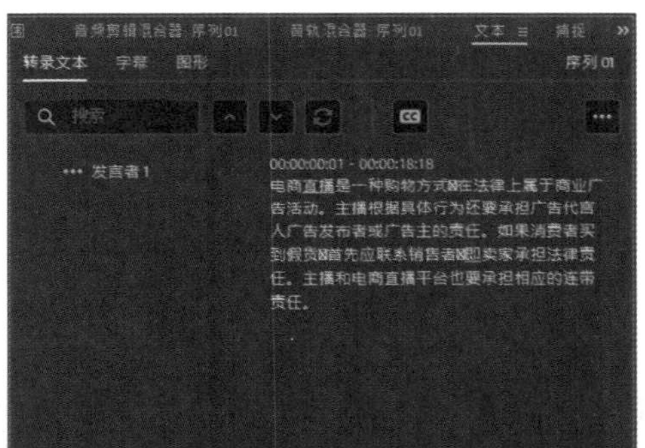

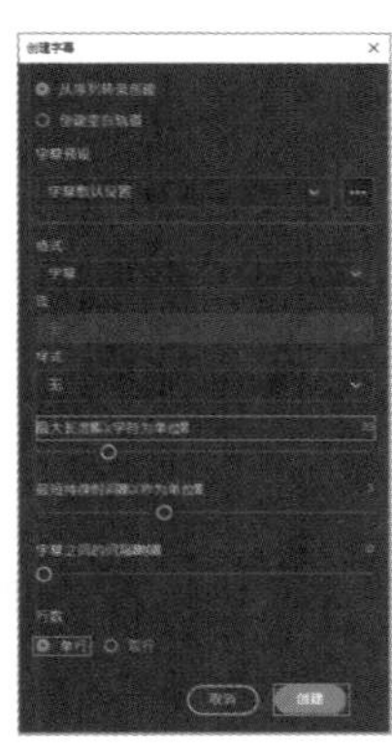

图 4-151　　图 4-152

步骤 06 文本字幕自动添加至“时间轴”面板的C1轨道上，如图 4-153 所示。在“文本”面板的“字幕”选项卡中双击文字，即可对文字进行修改，如图 4-154 所示。

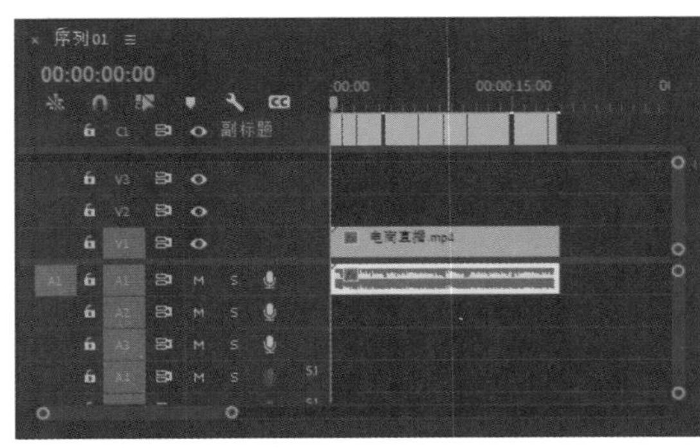

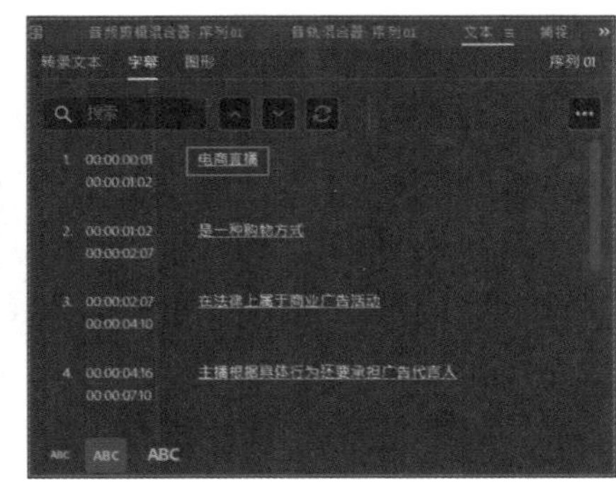

图 4-153　　图 4-154

步骤 07 全选C1轨道上的字幕素材，在“基本图形”面板中，设置“字体”为“方正兰亭粗黑_GBK”，设置“字体大小”参数为65，单击“居中对齐文本”按钮，然后勾选“填充”与“阴影”复选框，如图 4-155 所示，字幕效果如图 4-156 所示。

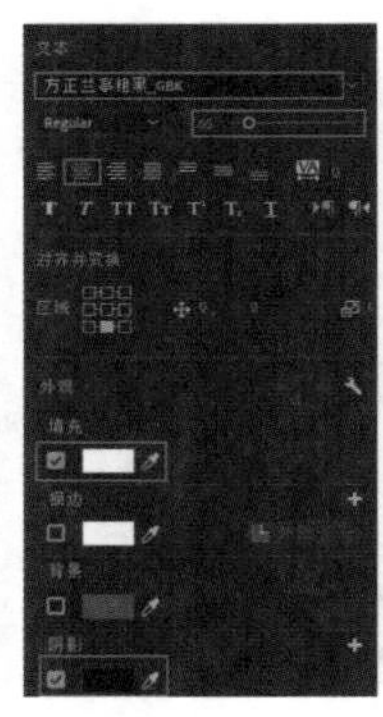

图4-155

图4-156

4.13 文字快速转换效果 跨年 Vlog 片头

很多短视频常常以快速转换的文字提示视频的主要内容，或提示时间节点。本案例将以跨年 Vlog 片头为例，讲解文字快速转换效果的制作方法，案例效果如图4-157所示。

图4-157

步骤 01 启动Premiere Pro 2023软件，在菜单栏中执行“文件→打开项目”命令，将路径文件夹中的“文字快速转换.prproj”文件打开。

步骤 02 可以看到“时间轴”面板中添加了素材，如图 4-158 所示。

步骤 03 根据音乐节奏按M键，在节奏点处添加标记，如图 4-159 所示。

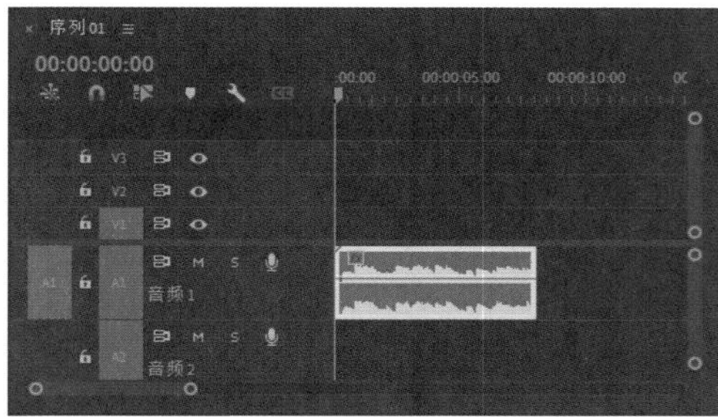
图 4-158

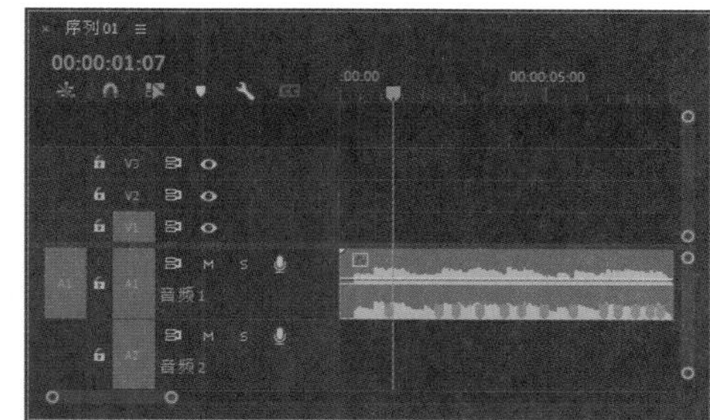
图 4-159

步骤 04 在“工具”面板中单击“文字工具”按钮T，然后在“节目：序列01”面板中输入文字内容，然后设置“字体”为“汉仪夏日体简”，设置“字体大小”参数为182，设置“填充”颜色为白色，字幕效果如图 4-160 所示。在“时间轴”面板中，对文字素材进行裁剪，使其末尾与第1个标记对齐，如图 4-161 所示。

图 4-160

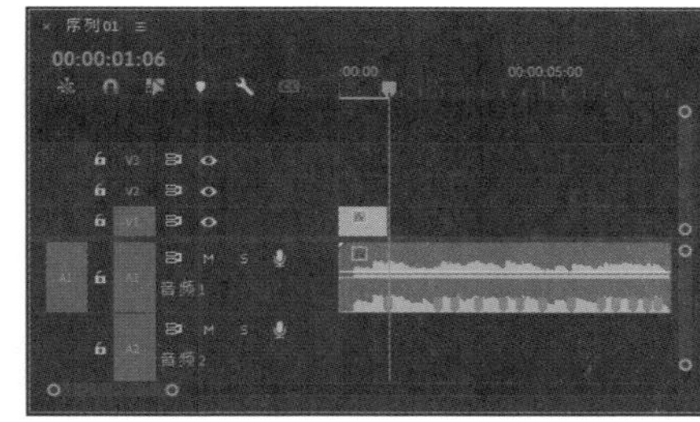
图 4-161

提示

文字内容仅供参考，读者可根据自己的喜好输入文字内容。

步骤 05 在“时间轴”面板选择“Oh”文字素材，按住Alt键，将其向右拖曳进行复制，使复制得到的文字素材的末尾与第2个标记对齐，如图 4-162 所示。

步骤 06 按照步骤05的操作方法继续制作后面的文字，如图 4-163 所示。

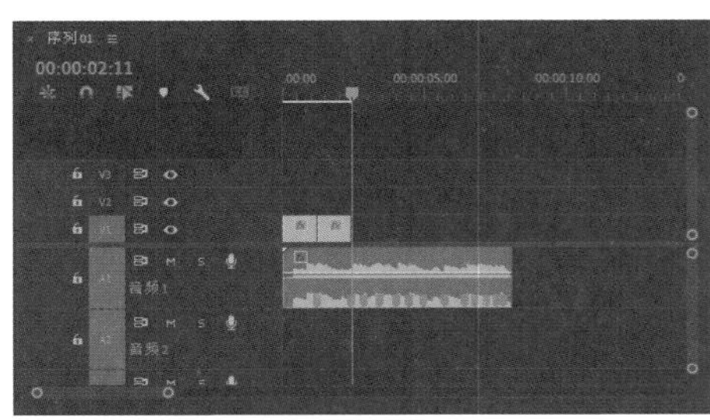
图 4-162

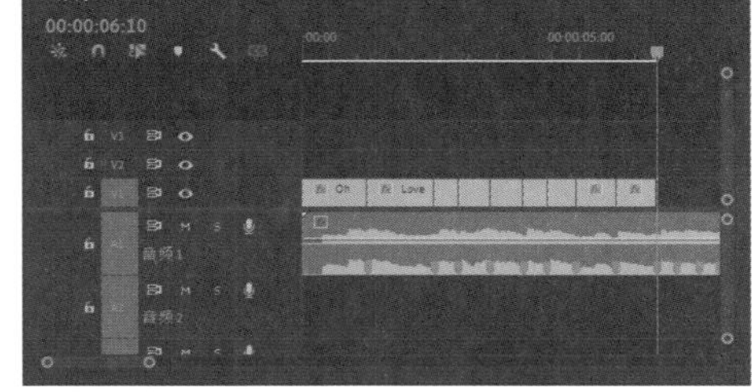
图 4-163

步骤 07 将时间线移至00:00:06:10位置，依次选择“项目：文字快速转换效果”面板的“1.jpg”~“4.jpg”图片素材并拖曳至时间线后面，使图片素材末尾与标记对齐，并调整图片素材大小，如图 4-164 所示，画面效果如图 4-165 所示。

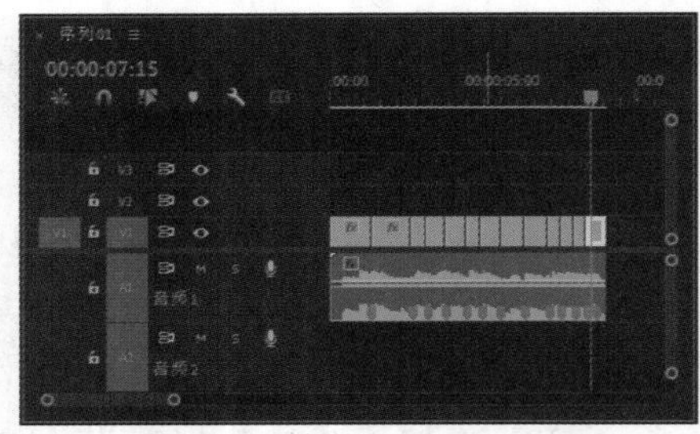

图 4-164

图 4-165

步骤 08 选择“时间轴”面板中00:00:00:00 ~ 00:00:06:09的文字素材，向上复制一份到V2轨道，如图 4-166所示。全选V2轨道的文字素材，在“效果控件”面板中设置“字体”为“汉仪菱心体简”，设置“字体大小”参数为314，制作出文字重影效果，如图 4-167所示。

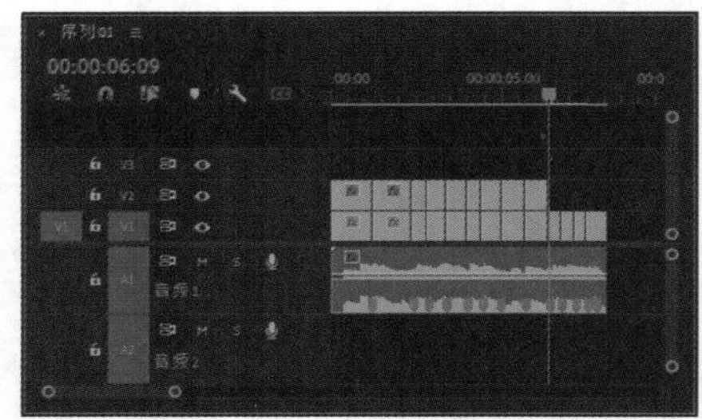

图 4-166

图 4-167

第 5 章

润色画面 增加视频美感

调色是后期处理的重要操作之一，作品的颜色能够在很大程度上影响观者的心理感受。调色技术不仅在摄影、平面设计中占有重要地位，而且在影视制作中是不可忽视的重要组成。通过调色，不仅能使画面的各个元素变得更加漂亮，更重要的是可以使元素融合到画面中，从而使元素不再显得突兀，使画面整体氛围更加统一。

5.1 基本校正 复古街景

基本校正可以帮助用户对素材进行色彩校正。通过校正色彩，可以为素材修正不合适的曝光和颜色，使素材整体风格保持一致。本案例将使用基本校正面板制作复古街景，案例效果如图 5-1 所示。

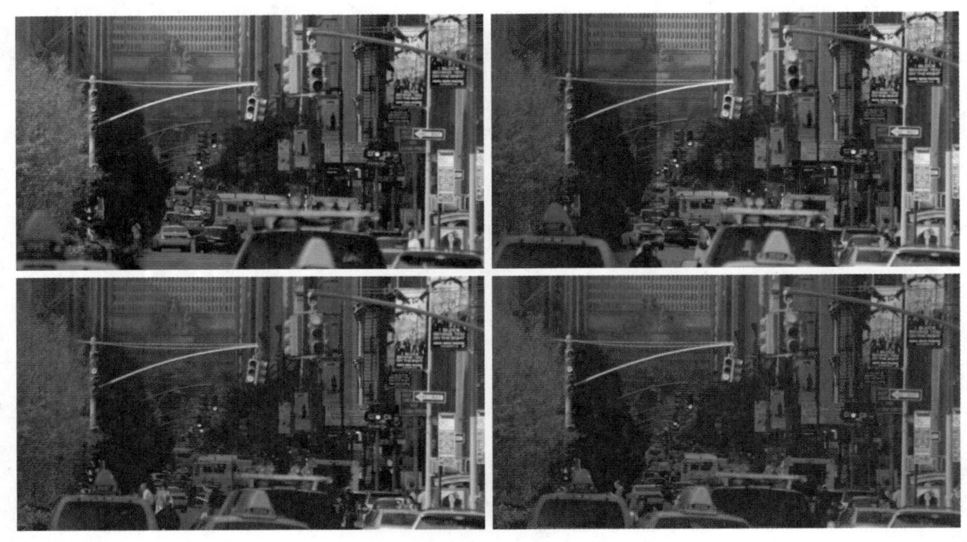

图 5-1

步骤 01 启动 Premiere Pro 2023 软件，在菜单栏中执行“文件→打开项目”命令，打开路径文件夹中的“基本校正面板.prproj”文件。

步骤 02 可以看到“时间轴”面板中添加了素材，如图 5-2 所示。在“节目：序列 01”面板中可以预览当前素材的效果，如图 5-3 所示。

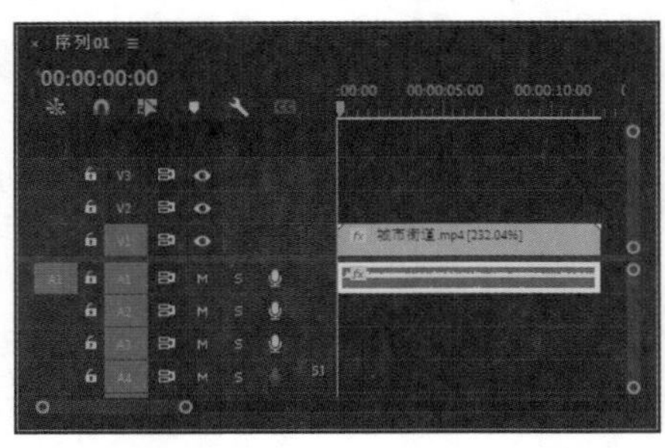

图 5-2

图 5-3

步骤 03 在“项目：基本校正面板”面板的空白区域右击，在弹出的快捷菜单中执行“新建项目→调整图层”命令，新建一个调整图层将调整图层拖曳至“时间轴”面板的 V2 轨道上。选择 V2 轨道的“调整图层”，在“Lumetri 颜色”面板中展开“基本校正”卷展栏，设置“曝光”参数为 –0.1、“对比度”参数为 –4.0、“高光”参数为 –37.0、“阴影”参数为 2.0、“白色”参数为 –41.0、“黑色”参数为 11.0，如图 5-4 所示，调整过后的效果如图 5-5 所示。

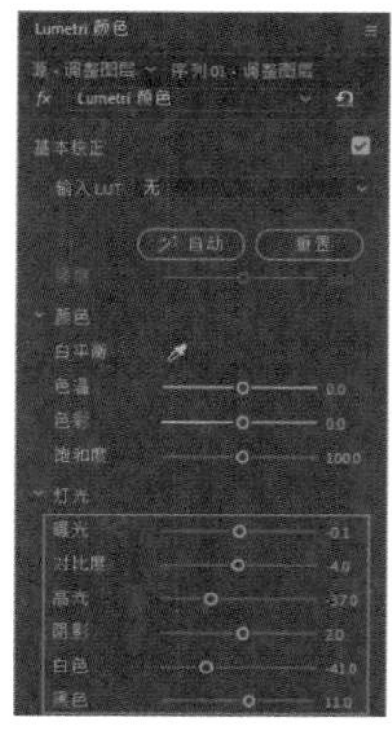

图 5-4

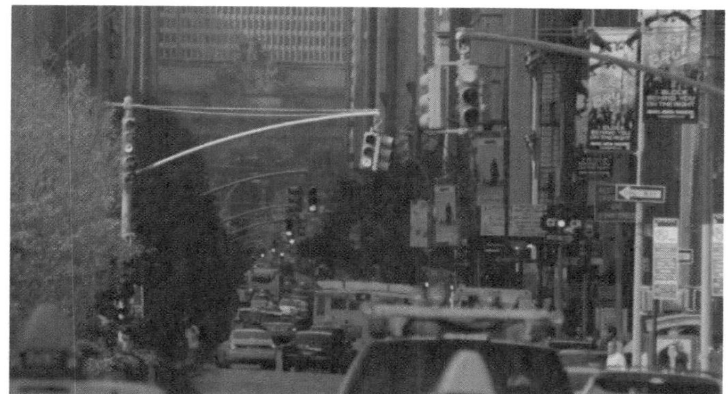

图 5-5

步骤 04 在“效果”面板中搜索“通道混合器”效果，并将该效果添加到 V2 轨道的“调整图层”上，如图 5-6 所示。在“效果控件”面板中展开“通道混合器”卷展栏，设置“红色 - 红色”参数为 60、“红色 - 绿色”参数为 40、“蓝色 - 绿色”参数为 80、“蓝色 - 蓝色”参数为 20，如图 5-7 所示。

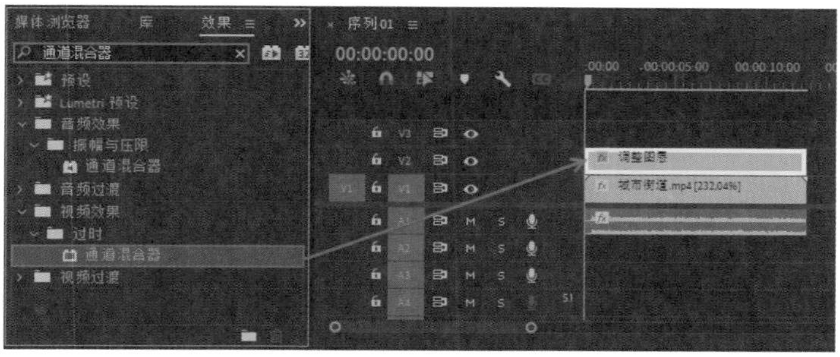

图 5-6

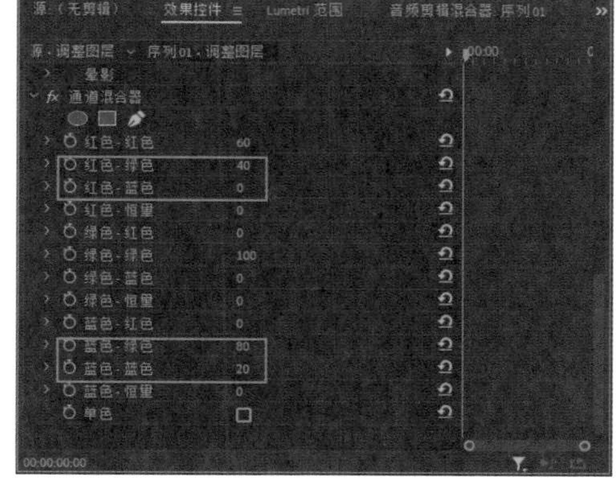

图 5-7

提示

每种颜色的通道混合量总和必须为 100，否则画面就会出现偏色问题。

步骤 05 在“Lumetri 范围”面板中观察“矢量示波器 HLS”，可以明显观察到画面中的颜色整体偏向“红色 - 青色”，与预想的“橙色 - 青色”有偏差，如图 5-8 所示。

步骤 06 在“效果”面板中搜索“快速颜色校正器”效果，并将该效果添加至 V2 轨道的“调整图层”上。在“效果控件”面板中展开“快速颜色校正器”卷展栏，设置“色相角度”参数为 –21.0°、“饱和度”参数为 155.00，如图 5-9 所示。

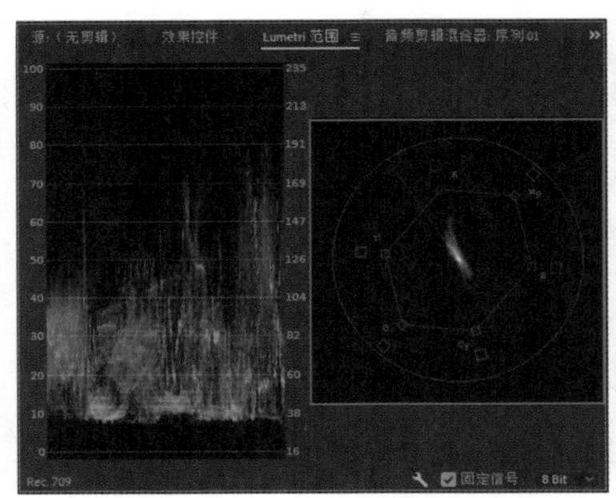

图 5-8

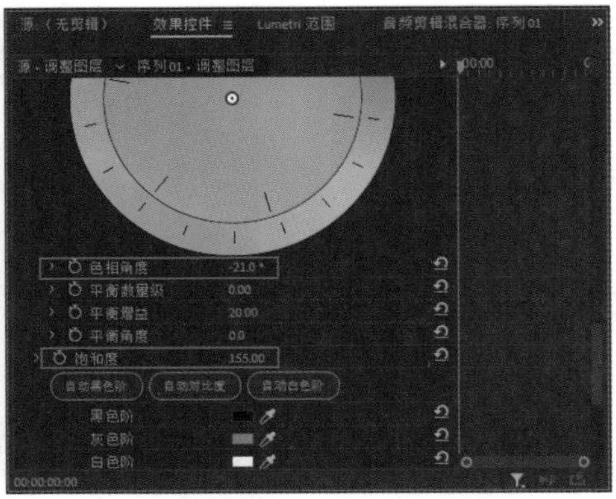

图 5-9

提示

在调整“色相角度”参数时，需要观察“矢量示波器 HLS”中所显示的波形角度，对比色轮，从而确定“色相角度”参数。

步骤 07 观察“矢量示波器 HLS”，如图 5-10 所示，黄色部分比较多，需要偏向橙色。在“效果”面板中搜索“更改颜色”效果，并将该效果拖曳至“时间轴”面板的 V2 轨道的“调整图层”上。在“效果控件”面板中，展开“更改颜色”卷展栏，单击“要更改的颜色”右侧的“吸管”按钮，然后吸取画面中的黄色，设置“色相变换”参数为 –19.0，“匹配容差”参数为 40.0%，如图 5-11 所示。

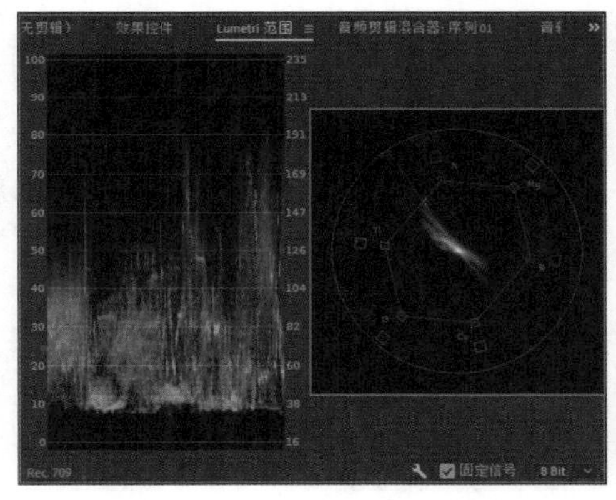

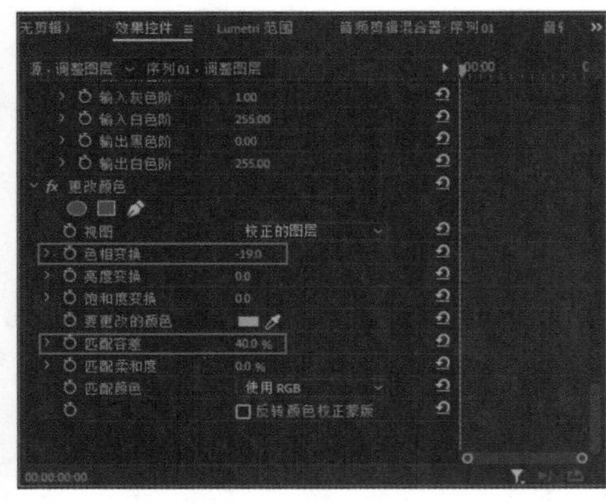

图 5-10

图 5-11

提示

在调整“色相变换”参数时，要观察“矢量示波器 HLS”中所显示的波形角度。

步骤 08 在“项目：基本校正面板”面板的空白区域右击，在弹出的快捷菜单中执行“新建项目→调整图层”命令，新建一个调整图层，将调整图层拖曳至“时间轴”面板的 V3 轨道上，如图 5-12 所示。

步骤 09 在“Lumetri 颜色”面板中展开“色轮和匹配”卷展栏，然后设置“阴影”为青色、“中间调”为橙色、“高光”为黄色，如图 5-13 所示。

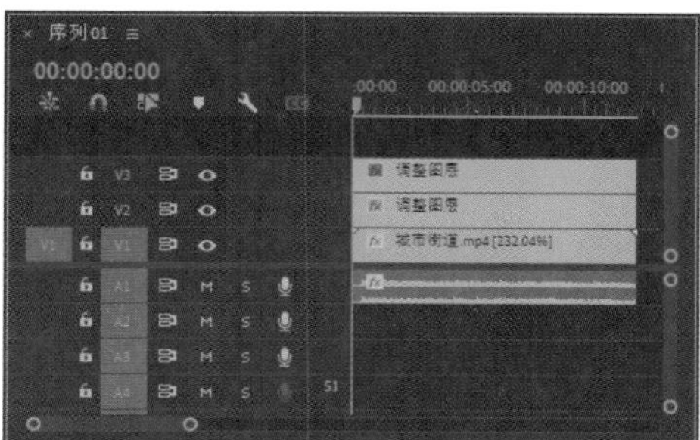

图5-12

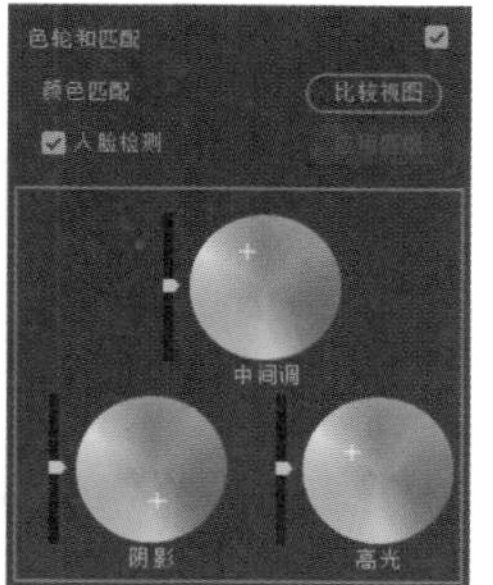

图5-13

步骤 10 展开"曲线"卷展栏，调整"色相与饱和度"中的曲线，提升橙色和青色的饱和度，如图 5-14 所示。

步骤 11 在"曲线"卷展栏的"RGB 曲线"中调整曲线的亮部和暗部，如图 5-15 所示，使画面产生胶片效果。

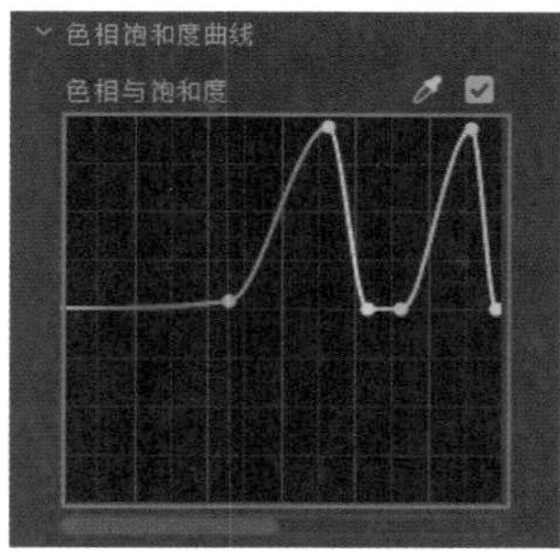

图5-14

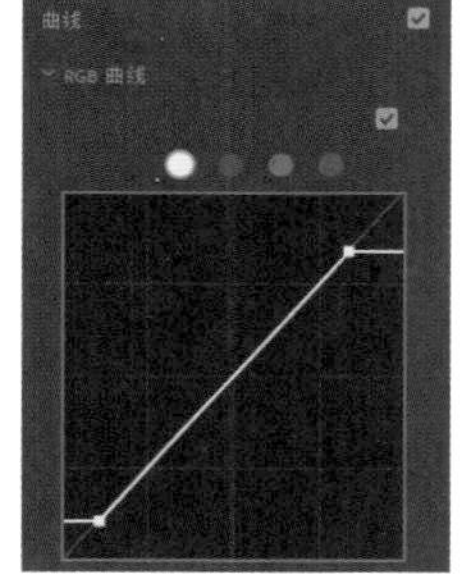

图5-15

步骤 12 将"项目：基本校正面板"面板中的"城市街道.mp4"素材拖曳至V4轨道上，在"工具"面板中单击"比率拉伸工具"按钮，将该素材缩短至与下方V1轨道的"城市街道.mp4"素材同长，如图 5-16 所示。

步骤 13 在"效果"面板中搜索"线性擦除"效果，将该效果拖曳至V4轨道的"城市街道.mp4"素材上，如图 5-17 所示。

图5-16

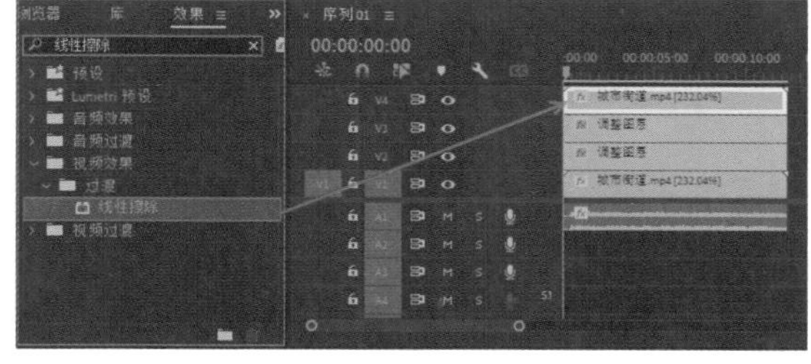

图5-17

步骤 14 在"效果控件"面板中展开"线性擦除"卷展栏，单击"过渡完成"左侧的"切换动画"按钮，生成关键帧，如图 5-18 所示。将时间线移至00:00:03:10位置，设置"过渡完成"参数为100%，如图 5-19 所示。

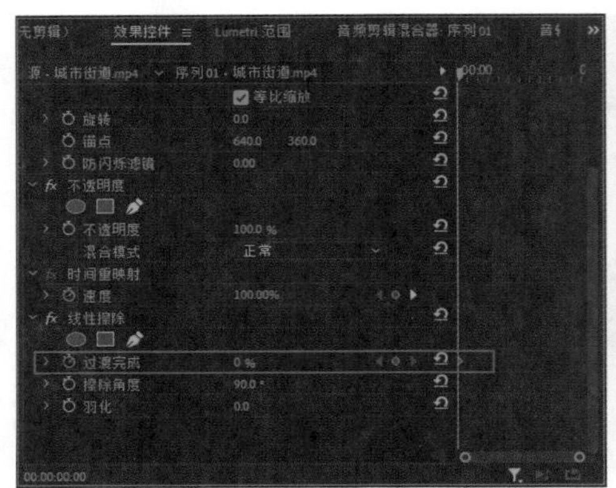

图 5-18

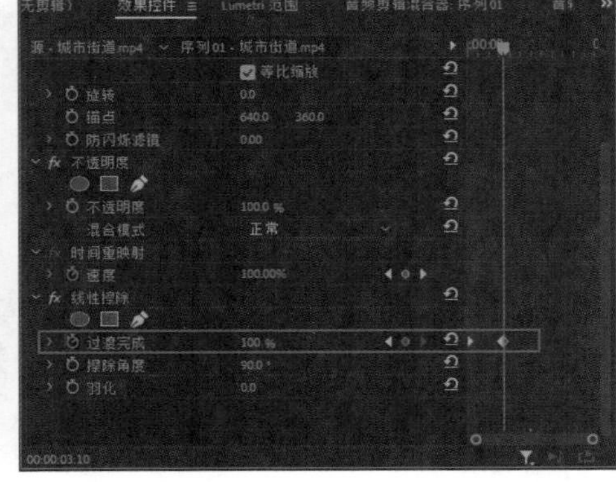

图 5-19

5.2 RGB 曲线 鲜艳花卉

RGB 曲线主要用于调整基本的三原色（红色、绿色、蓝色），以及它们的反向色，红色的反向色是青色，绿色的反向色是品红色，蓝色的反向色是黄色。下面使用 RGB 曲线，制作鲜艳花卉效果，案例效果如图 5-20 所示。

图 5-20

步骤 01 启动 Premiere Pro 2023 软件，在菜单栏中执行“文件→打开项目”命令，打开路径文件夹中的“RGB 曲线.prproj”文件。

步骤 02 可以看到“时间轴”面板中添加了素材，如图 5-21 所示。在“节目：序列 01”面板中可以预览当前素材的效果，如图 5-22 所示。

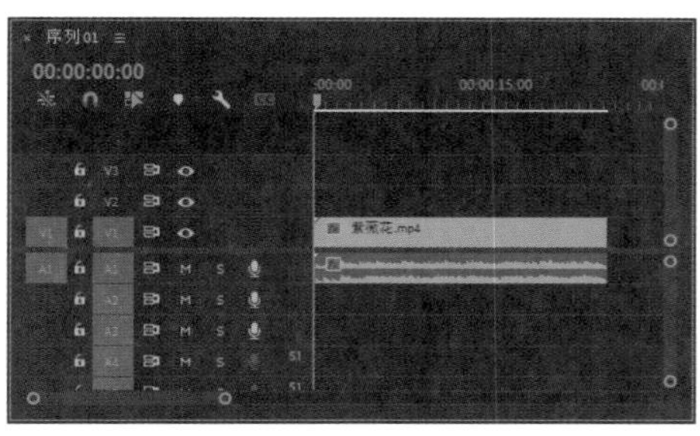

图5-21

图5-22

步骤03 在“时间轴”面板中选择V1轨道的“紫薇花.mp4”素材，按住Alt键向上拖曳该素材，复制一份到V2轨道上，如图 5-23 所示。

步骤04 将时间线移至00:00:02:17位置，将V2轨道的“紫薇花.mp4”素材向后移动到时间线所在的位置，如图 5-24 所示。

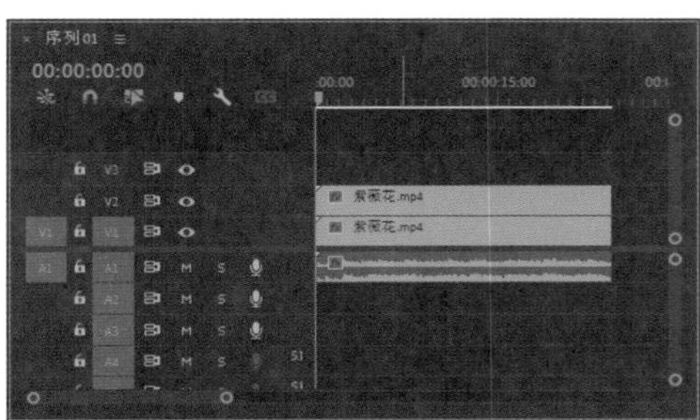

图5-23

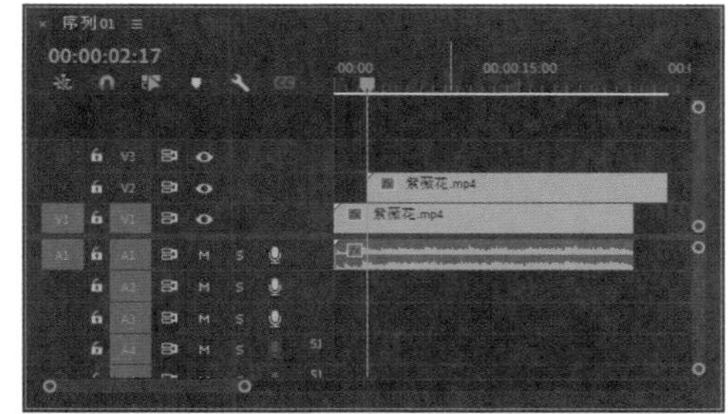

图5-24

步骤05 在“效果”面板中搜索“高斯模糊”效果，将该效果拖曳至V1轨道的“紫薇花.mp4”素材上。在“效果控件”面板中设置“模糊度”参数为80.0，勾选“重复边缘像素”复选框，如图 5-25 所示，效果如图 5-26 所示。

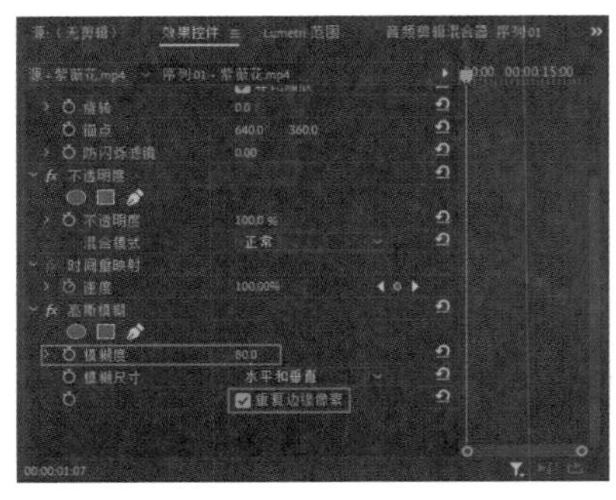

图5-25

图5-26

步骤06 在“效果”面板中搜索“亮度校正器”效果，将该效果拖曳至V1轨道的“紫薇花.mp4”素材上。将时间线移至00:00:02:17位置，单击“亮度”左侧的“切换动画”按钮，生成关键帧，向前移动3帧，设置“亮度”参数为100.00，如图 5-27 所示；继续向前移动3帧，设置“亮度”参数为0，调整后的效果如图 5-28 所示。

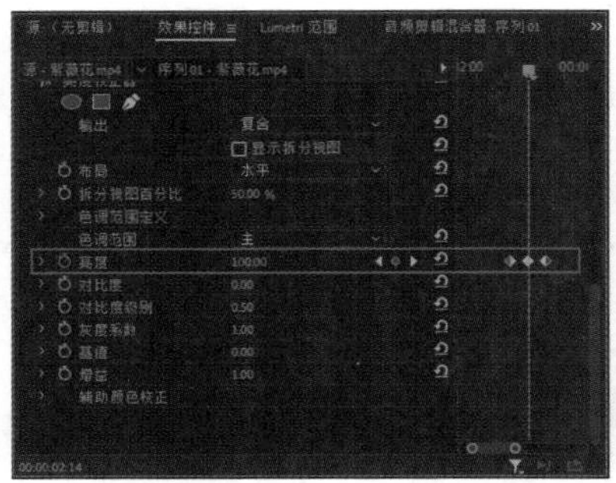

图5-27

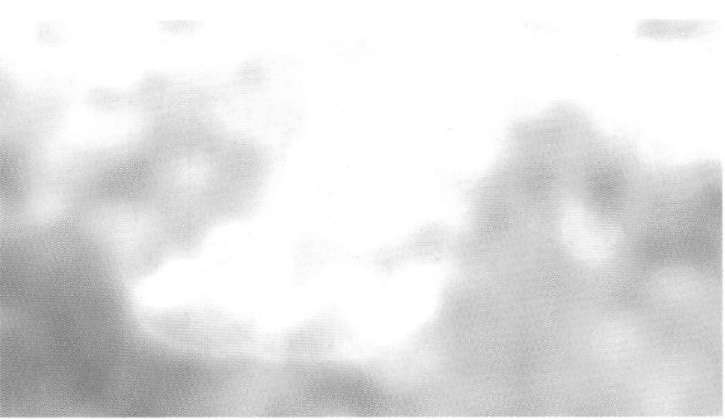

图5-28

步骤 07 选中前两个关键帧，按快捷键Ctrl+C复制。向前移动6帧，按快捷键Ctrl+V粘贴，如图 5-29所示。这样就能形成连续闪光的效果。

步骤 08 选择V1轨道上的“紫薇花.mp4”素材，在起始位置添加“缩放”关键帧，在结束位置设置“缩放”参数为145，如图 5-30所示。

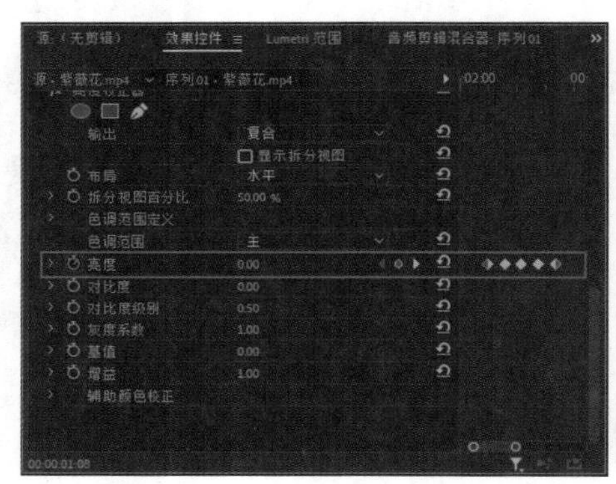

图5-29

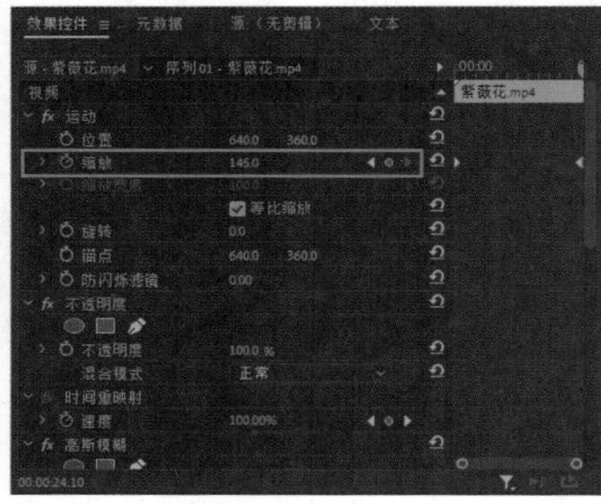

图5-30

提示

读者可根据具体情况为关键帧添加“缓入”和“缓出”效果。

步骤 09 选择V2轨道上的“紫薇花.mp4”素材，将其转换为“嵌套序列01”，使其结尾处与下方素材对齐，如图 5-31所示。

步骤 10 双击“嵌套序列01”，然后新建一个白色的“颜色遮罩”，并将其放在“紫薇花.mp4”素材的下方，如图 5-32所示。

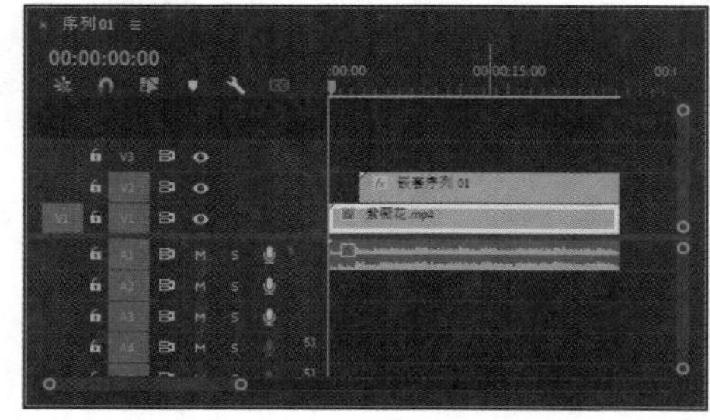

图5-31

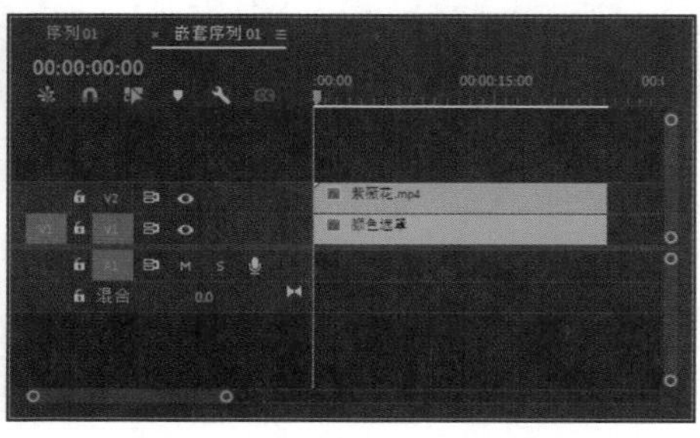

图5-32

步骤 11 选择V2轨道上的“紫薇花.mp4”素材，然后设置“缩放”参数为95，此时画面两侧会显示白色的遮罩，效果如图 5-33 所示。

步骤 12 在“Lumetri 颜色”面板中展开“曲线→“RGB 曲线”卷展栏并进行调整，如图 5-34 所示。

图 5-33

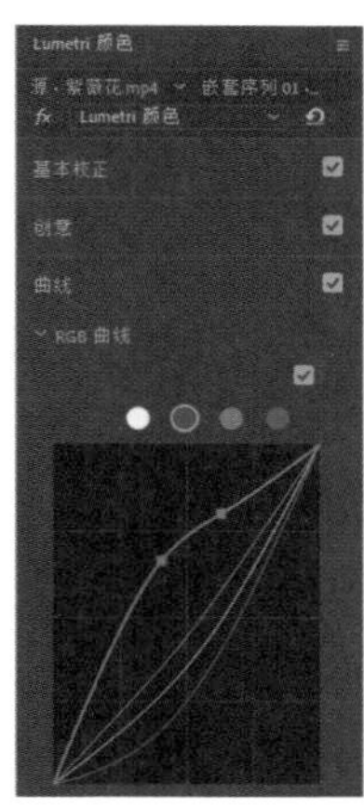

图 5-34

步骤 13 将时间线移至00:00:02:17位置，返回“序列 01”，选择“嵌套序列01”，添加“缩放”和“旋转”关键帧，如图 5-35 所示。将时间线移至00:00:03:23位置，设置“缩放”参数为77.0、“旋转”参数为5.0°，如图 5-36 所示。

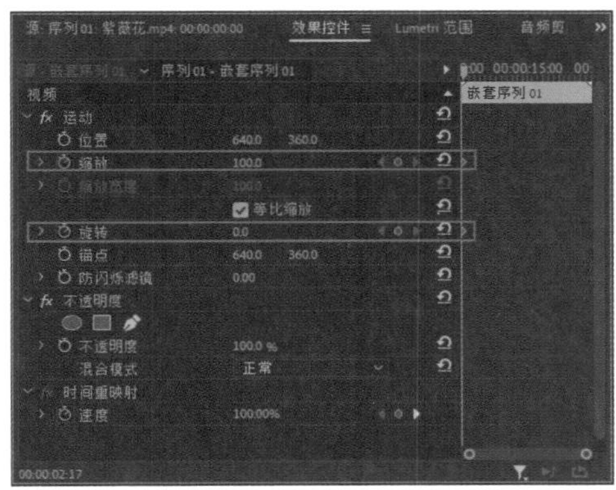

图 5-35

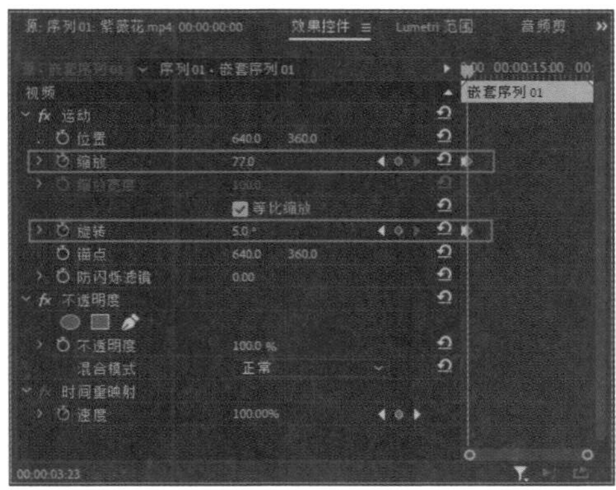

图 5-36

5.3 HSL 辅助 天空变色

HSL 辅助是一个分区的调整工具，可以对画面进行精细化调整。本案例将使用HSL辅助制作天空变色，案例效果如图 5-37 所示。

图 5-37

步骤 01 启动Premiere Pro 2023软件，在菜单栏中执行“文件→打开项目”命令，打开路径文件夹中的“HSL辅助.prproj”文件。

步骤 02 可以看到“时间轴”面板中添加了素材，如图 5-38所示。在“节目：序列01”面板中可以预览当前素材的效果，如图 5-39所示。

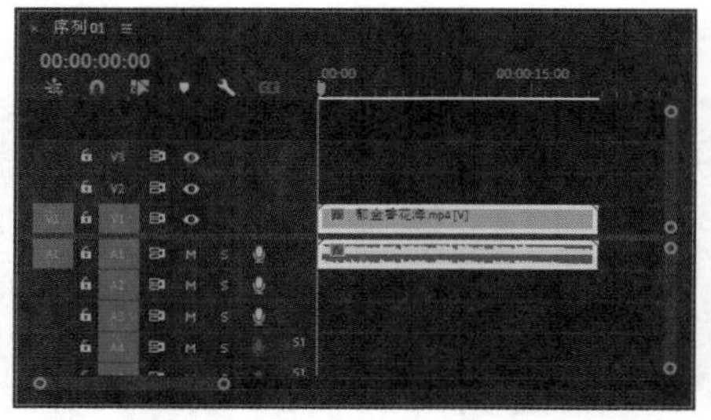

图 5-38

图 5-39

步骤 03 在“时间轴”面板中选择V1轨道的“郁金香花海.mp4”素材，按住Alt键向上拖曳该素材，复制一份，如图 5-40所示。

步骤 04 选择V2轨道的“郁金香花海.mp4”素材，在“Lumetri颜色”面板中展开“HSL辅助”卷展栏，如图 5-41所示。

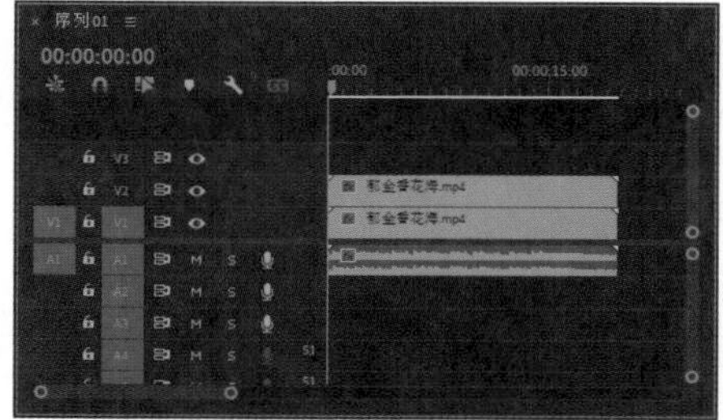

图 5-40

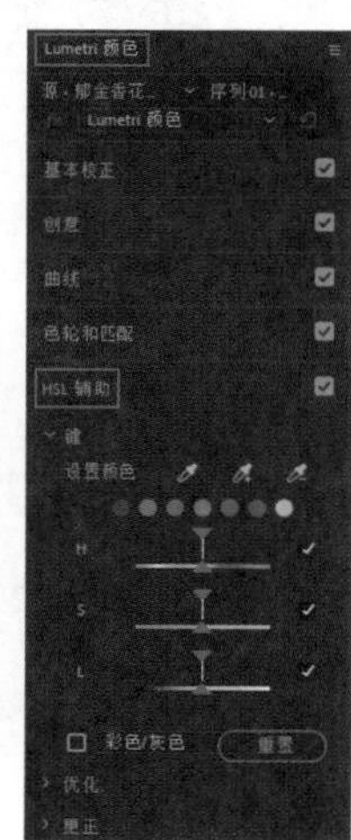

图 5-41

步骤 05 在“键”卷展栏中设置参数，勾选“彩色 / 灰色”复选框，如图 5-42 所示，执行操作后的画面效果如图 5-43 所示。

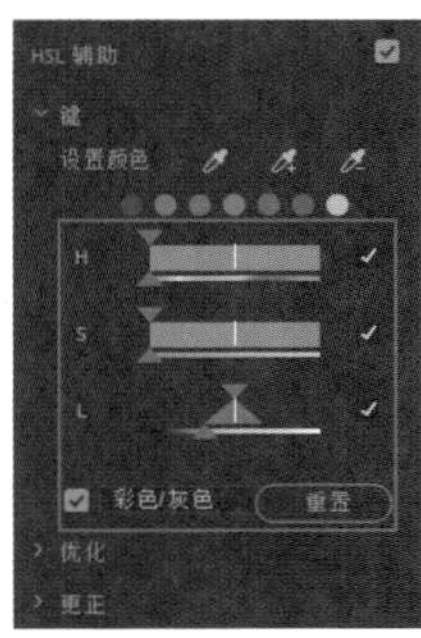

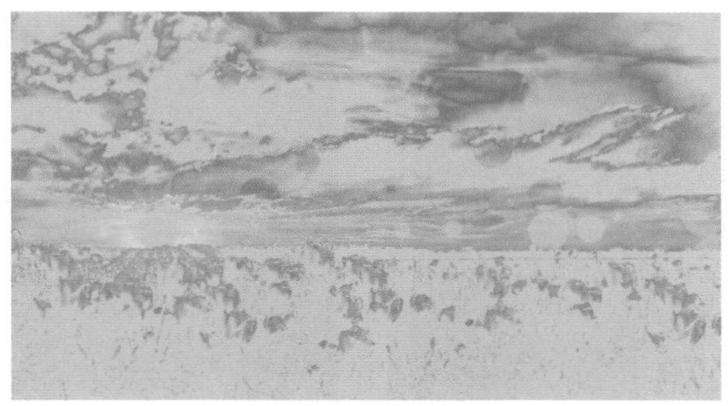

图 5-42　　图 5-43

步骤 06 单击“设置颜色”右侧的按钮，如图 5-44 所示，然后移动鼠标指针至“节目：序列 01”面板中，吸取郁金香的红色，如图 5-45 所示。

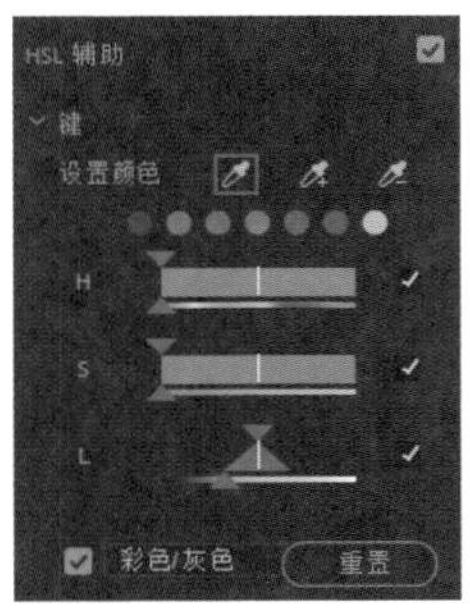

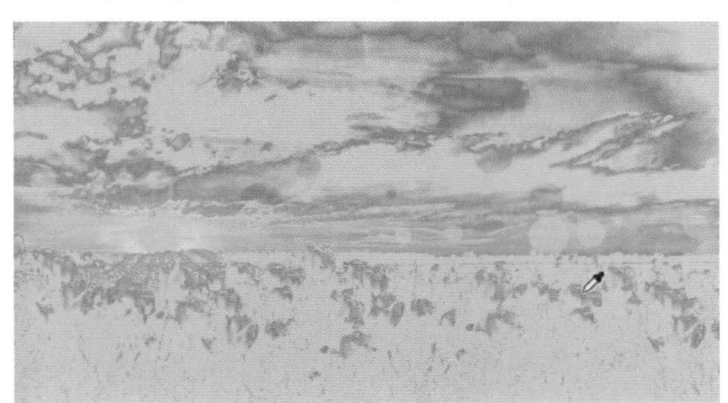

图 5-44　　图 5-45

步骤 07 拖动 HSL 参数滑块，如图 5-46 所示，使当前画面中仅保留红色，其余部分变成灰色，效果如图 5-47 所示。

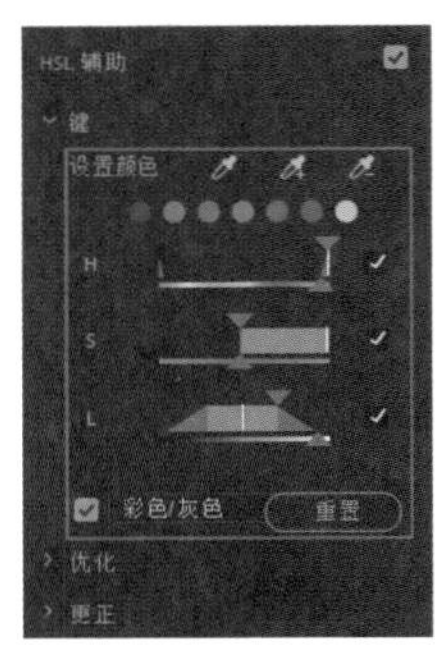

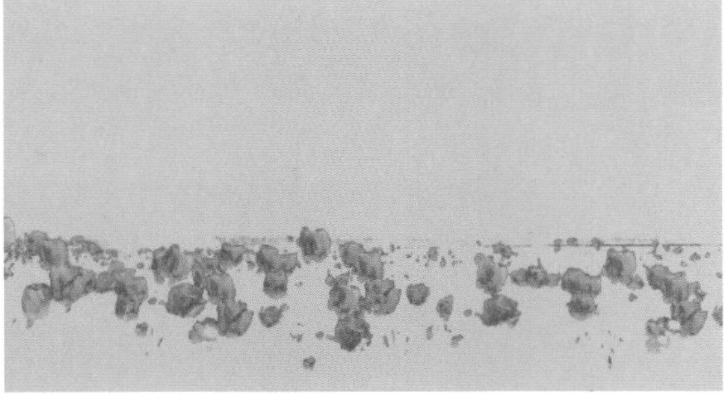

图 5-46　　图 5-47

步骤 08 展开“优化”卷展栏，调整“降噪”与“模糊”参数，如图 5-48 所示。

步骤 09 在“效果控件”面板中展开“HSL 辅助→键”卷展栏，勾选“反转蒙版”复选框，如图 5-49 所示。

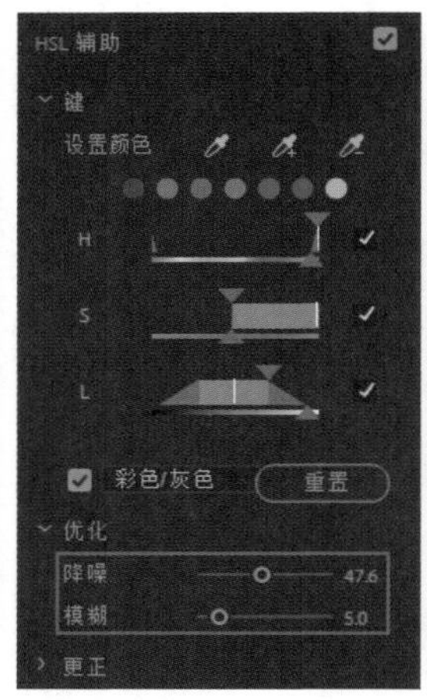

图 5-48

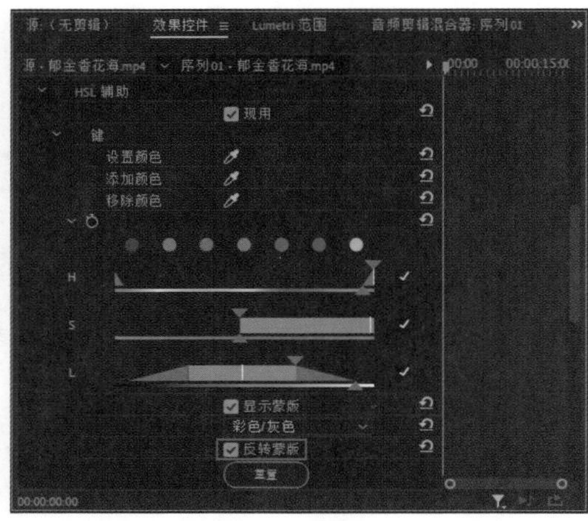

图 5-49

步骤 10 在“节目：序列 01”面板中预览画面，发现灰色区域发生反转，如图 5-50 所示。展开“更正”卷展栏，调整“饱和度”参数为 0.0，如图 5-51 所示。

图 5-50

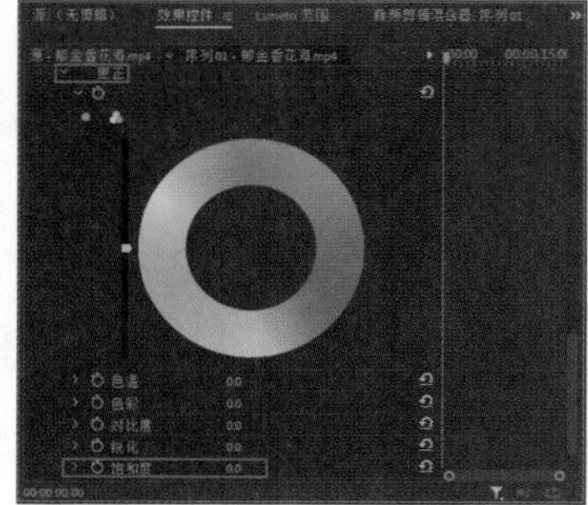

图 5-51

步骤 11 在“节目：序列 01”面板中预览画面，发现此时的画面处于黑白状态，如图 5-52 所示。

图 5-52

步骤 12　在“Lumetri 颜色”面板中取消勾选“彩色/灰色”复选框，如图 5-53 所示。

步骤 13　在“项目：HSL 辅助”面板中选择“郁金香花海.mp4”素材，并将其拖曳至 V3 轨道上，取消链接并删除音频素材，如图 5-54 所示。

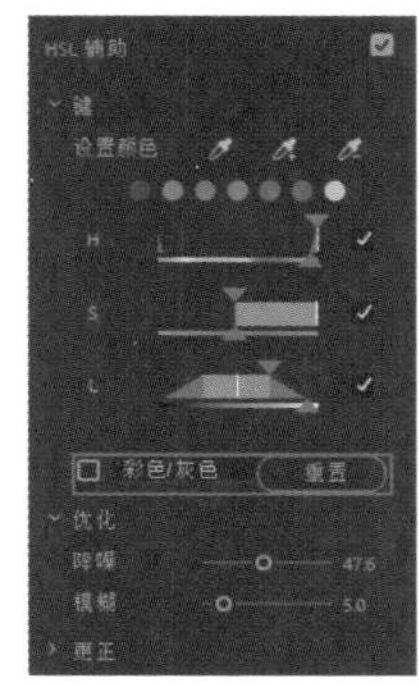

图 5-53

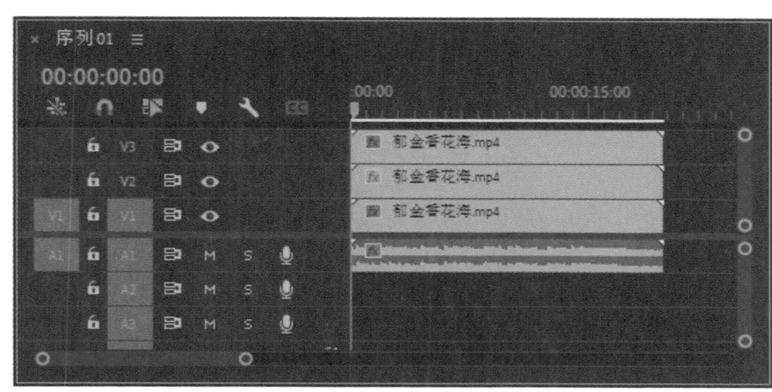

图 5-54

步骤 14　在“效果”面板中搜索“线性擦除”效果，将该效果拖曳至 V3 轨道的“郁金香花海.mp4”素材上，如图 5-55 所示。

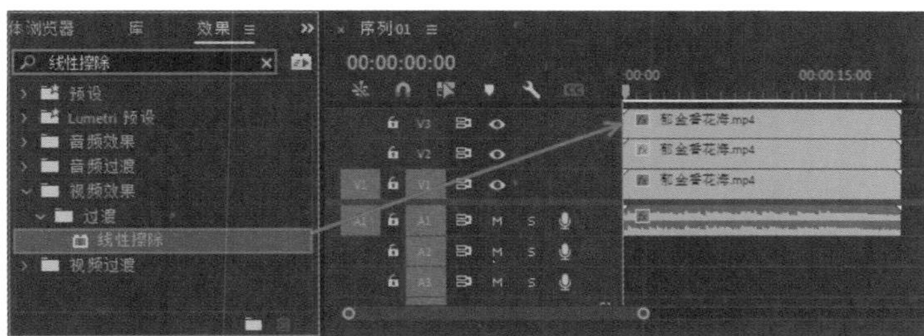

图 5-55

步骤 15　在“效果控件”面板中展开“线性擦除”卷展栏，单击“过渡完成”左侧的“切换动画”按钮，生成关键帧，如图 5-56 所示。将时间线移至 00:00:04:03 位置，设置“过渡完成”参数为 100%，如图 5-57 所示。

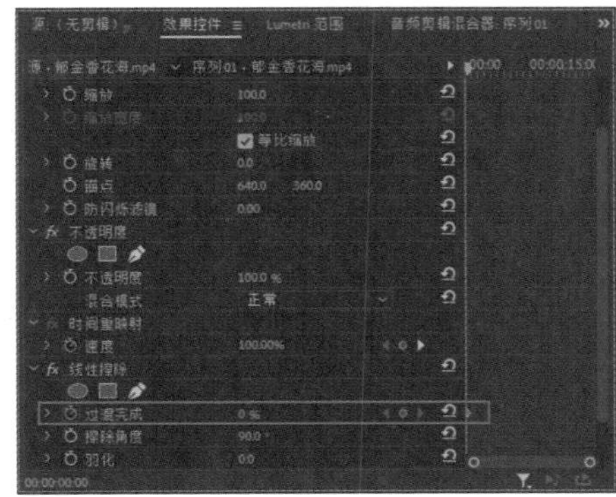

图 5-56

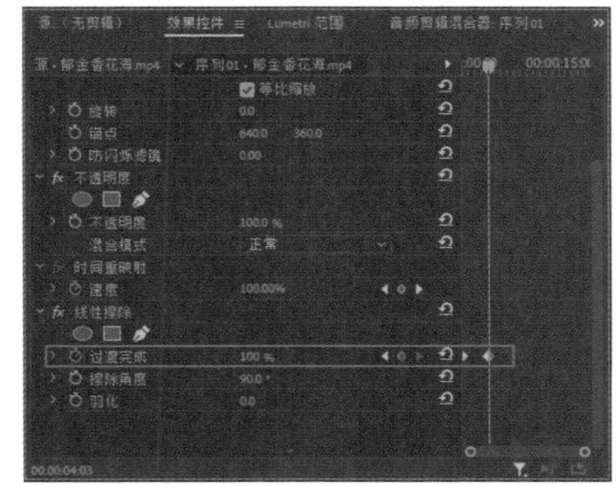

图 5-57

5.4 青橙色调 美丽草原

青橙色调是一种非常流行的色调，应用范围很广，适用于风光、建筑、街头等摄影题材。下面将详细介绍青橙色调的调色操作，案例效果如图 5-58 所示。

图 5-58

步骤 01 启动 Premiere Pro 2023 软件，在菜单栏中执行“文件→打开项目”命令，打开路径文件夹中的“青橙色调.prproj”文件。

步骤 02 可以看到“时间轴”面板中添加了素材，如图 5-59 所示。在“节目：序列 01”面板中可以预览当前素材的效果，如图 5-60 所示。

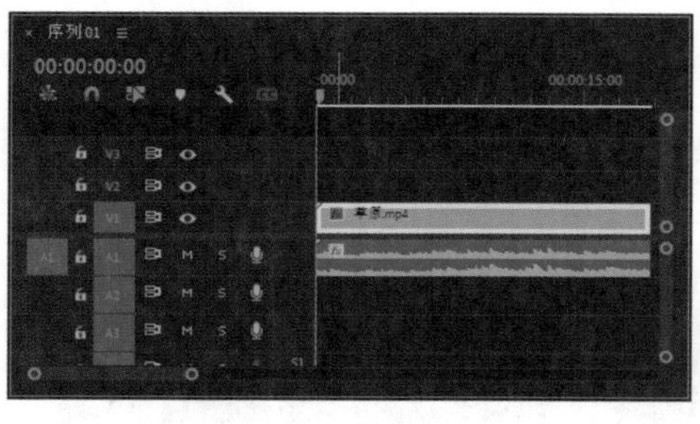

图 5-59

图 5-60

步骤 03 在“Lumetri 颜色”面板中展开“曲线”卷展栏，单击“色相与色相”左侧的“吸管”按钮，吸取天空的颜色，如图 5-61 所示。“色相与色相”中的曲线上会自动生成锚点，调整曲线与扩大颜色范围，如图 5-62 所示。

步骤 04 在“色相与色相”中添加锚点并调整曲线，使黄色和绿色转换为橙色，如图 5-63 所示，调整后的画面效果如图 5-64 所示。

图 5-61

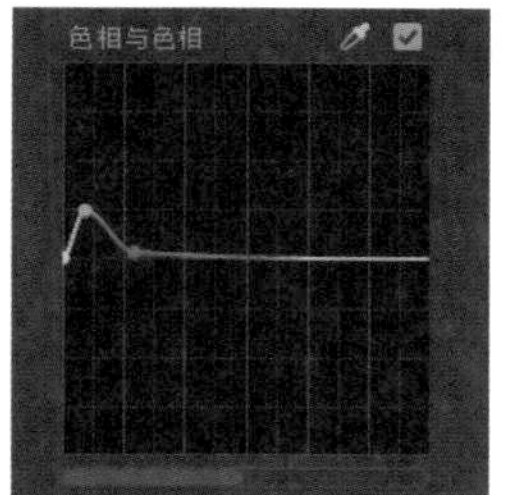

图 5-62

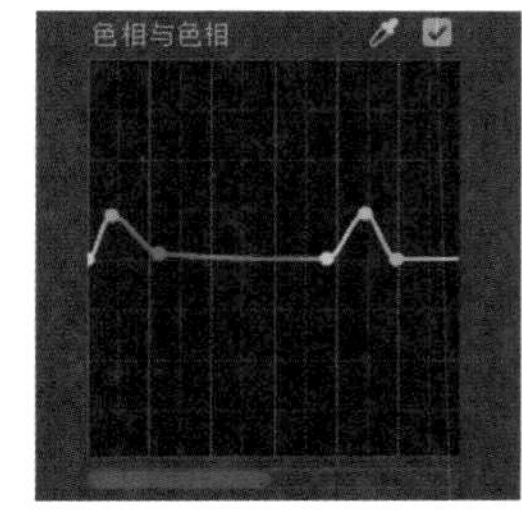

图 5-63

图 5-64

步骤 05 在“RGB 曲线”中的曲线上添加锚点并调整曲线，如图 5-65 所示，调整后的画面效果如图 5-66 所示。

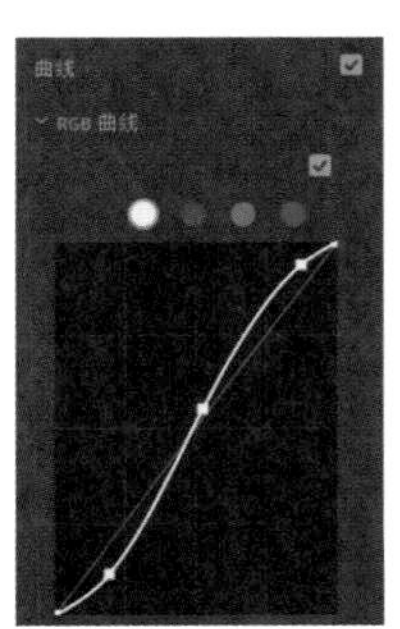

图 5-65

图 5-66

步骤 06 在“项目：青橙色调”面板中选择“草原.mp4”素材，并将其拖曳至 V2 轨道上，取消链接并删除音频素材，如图 5-67 所示。

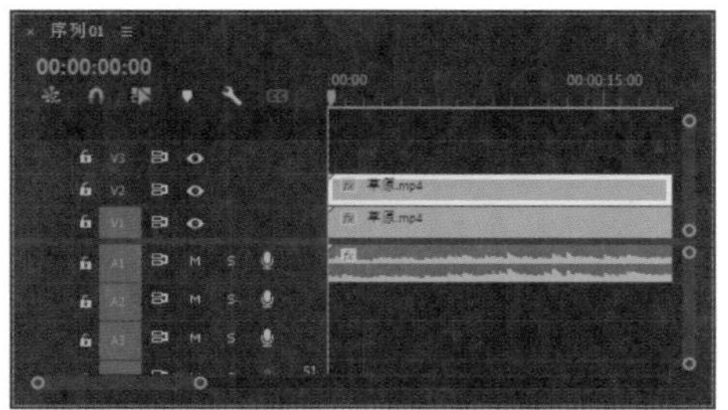

图 5-67

步骤 07 在“效果”面板中搜索“线性擦除”效果，将该效果拖曳至 V2 轨道的“草原.mp4”素材上，如图 5-68 所示。

步骤 08 在“效果控件”面板中展开“线性擦除”卷展栏，单击“过渡完成”左侧的“切换动画”按钮⏱，生成关键帧，如图 5-69 所示。将时间线移至00:00:03:00位置，设置“过渡完成”参数为100%，如图 5-70 所示。

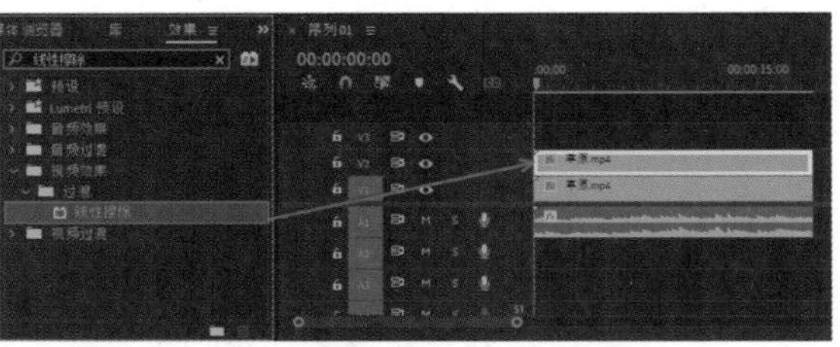

图5-68

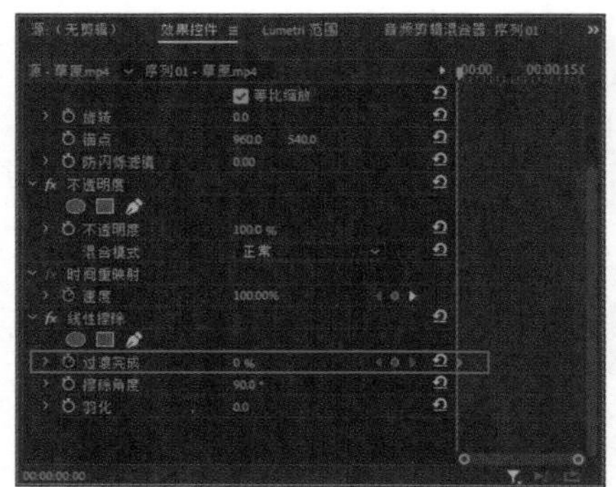

图5-69

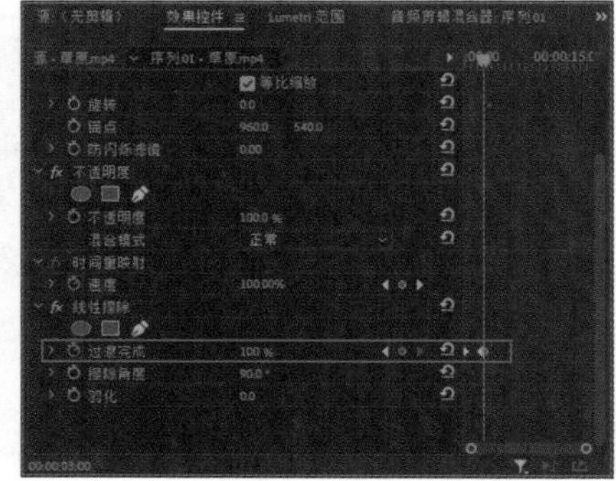

图5-70

5.5 赛博朋克 城市夜景

赛博朋克风格往往以蓝紫色的暗冷色调为主，搭配霓虹光感的对比色，用错位、拉伸、扭曲等故障感图形体现电子科技的未来感。下面将详细讲解赛博朋克的调色方法，案例效果如图 5-71 所示。

图5-71

步骤 01 启动Premiere Pro 2023软件，在菜单栏中执行“文件→打开项目”命令，打开路径文件夹中的“赛博朋克.prproj”文件。

步骤 02 可以看到“时间轴”面板中添加了素材，如图 5-72所示。在“节目：序列01”面板中可以预览当前素材的效果，如图 5-73所示。

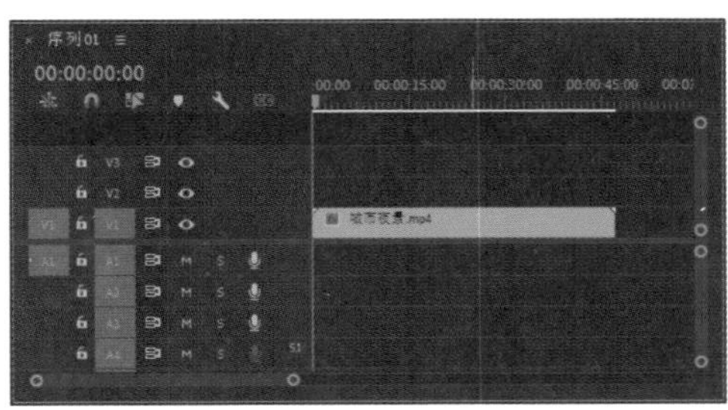

图5-72

图5-73

步骤 03 在“项目：赛博朋克”面板的空白区域右击，在弹出的快捷菜单中执行“新建项目→调整图层”命令，在弹出的“调整图层”对话框中单击“确定”按钮，如图 5-74所示，将新建的调整图层拖曳至“时间轴”面板的V2轨道上，如图 5-75所示。

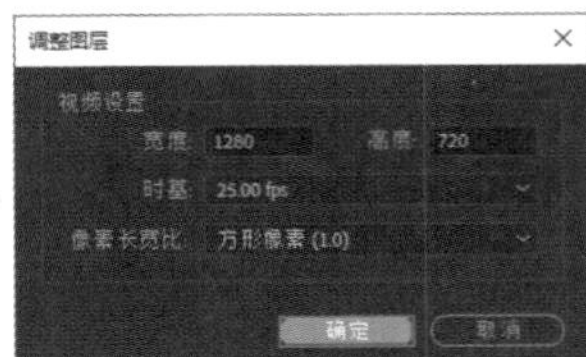

图5-74

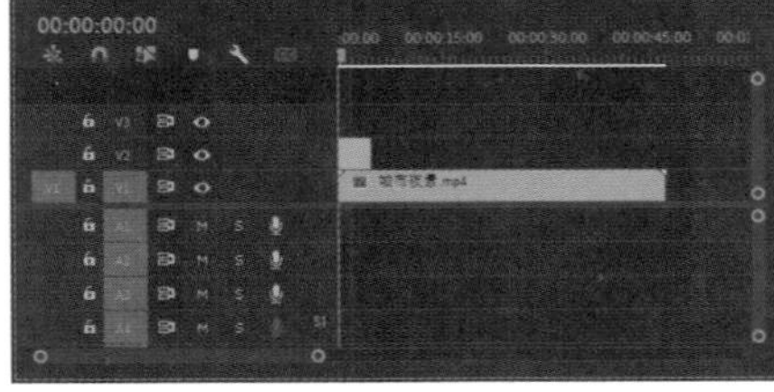

图5-75

步骤 04 在“Lumetri颜色”面板中展开“基本校正”卷展栏，展开“颜色”卷展栏，设置“色温”参数为–90.0、“色彩”参数为40.0，展开“灯光”卷展栏，设置“曝光”参数为1.6、“对比度”参数为60.0、“高光”参数为40.0、“阴影”参数为–20.0、“白色”参数为20.0，如图 5-76所示，调整后的画面效果如图 5-77所示。

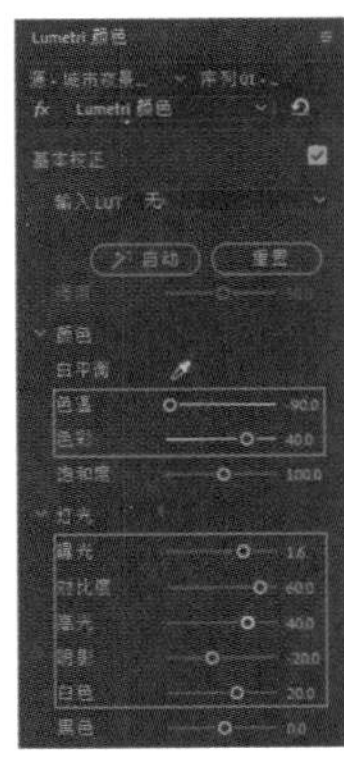

图5-76

图5-77

步骤 05 展开“曲线→RGB 曲线”卷展栏，在“RGB 曲线”中的曲线上添加锚点并调整曲线，如图 5-78 所示，调整后的效果如图 5-79 所示。

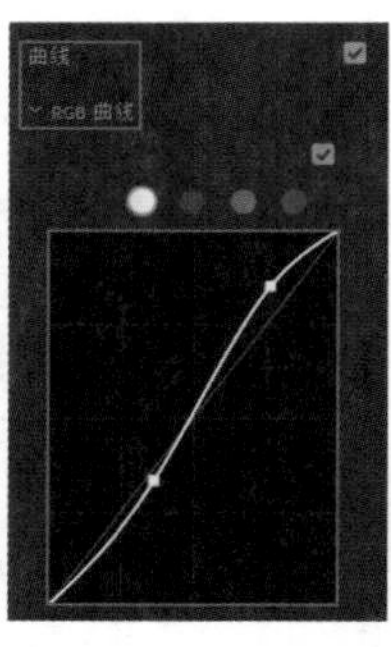

图 5-78

图 5-79

步骤 06 展开“色相饱和度曲线”卷展栏，单击“色相与饱和度”右侧的“吸管”按钮，吸取“节目：序列 01”面板画面中天空的蓝色，如图 5-80 所示；在“色相与饱和度”中将曲线中间的锚点适当向上拖曳，如图 5-81 所示。

图 5-80

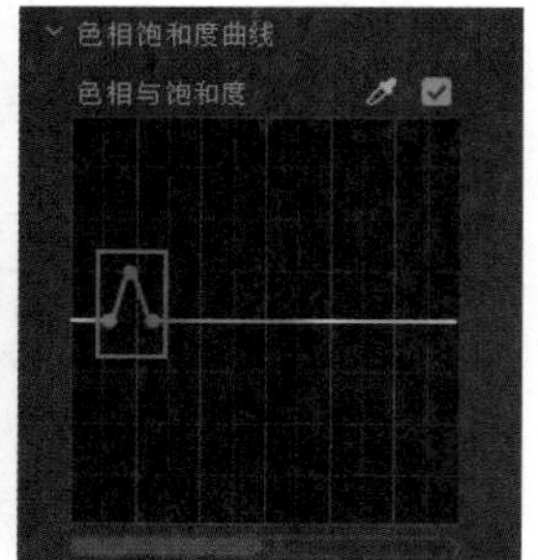

图 5-81

步骤 07 吸取“节目：序列 01”面板画面中道路的颜色，同样进行拖曳调整，如图 5-82 和图 5-83 所示。

图 5-82

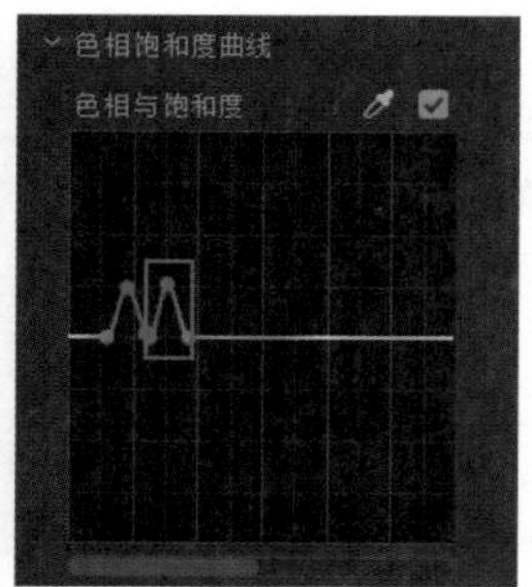

图 5-83

步骤 08 在“时间轴”面板中选择 V3 轨道的“调整图层”并右击，在弹出的快捷菜单中执行“速度/持续时间”命令，在打开的对话框中调整“持续时间”为 00:00:47:13，单击“确定”按钮如图 5-84 所示，效果如图 5-85 所示。

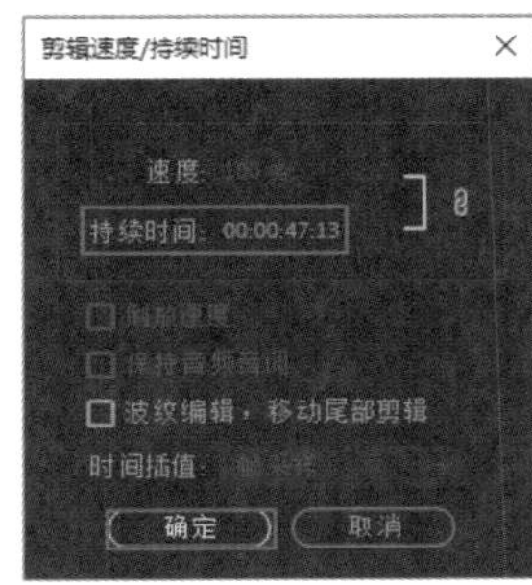

图 5-84

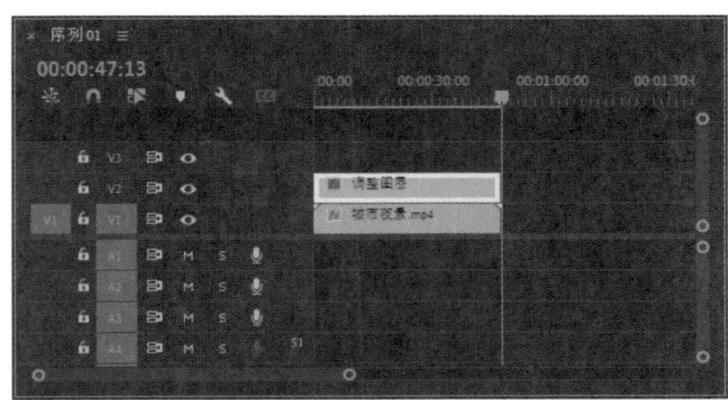

图 5-85

步骤 09 在“项目：赛博朋克”面板中选择“城市夜景.mp4”素材，并将其拖曳至V3轨道上，取消链接并删除音频素材，如图 5-86 所示。

步骤 10 在“效果”面板中搜索“线性擦除”效果，将该效果拖曳至V3轨道的“城市夜景.mp4”素材上，如图 5-87 所示。

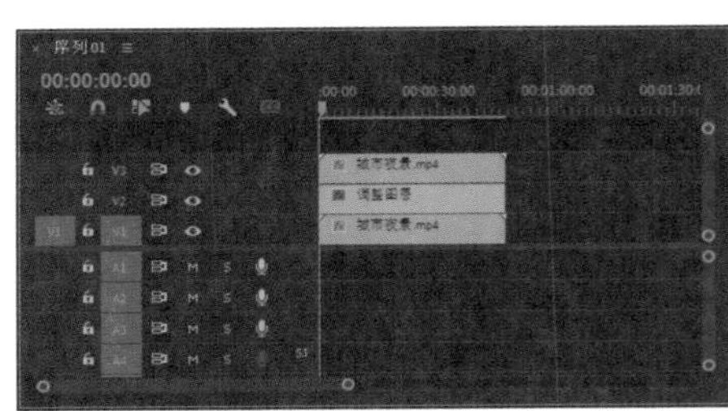

图 5-86

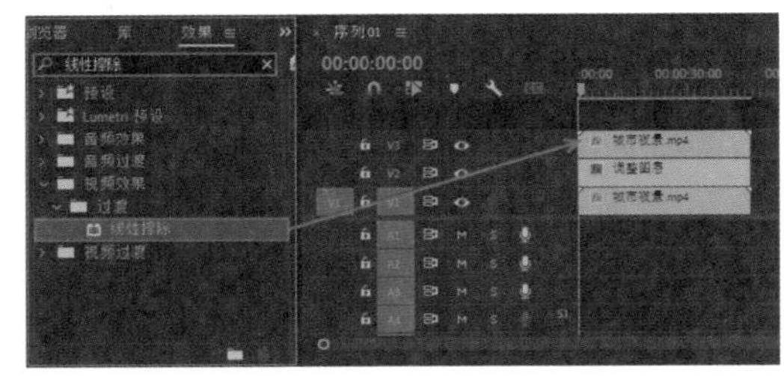

图 5-87

步骤 11 在“效果控件”面板中展开“线性擦除”卷展栏，单击“过渡完成”左侧的“切换动画”按钮，生成关键帧，如图 5-88 所示。将时间线移至00:00:22:19 位置，设置“过渡完成”参数为100%，如图 5-89 所示。

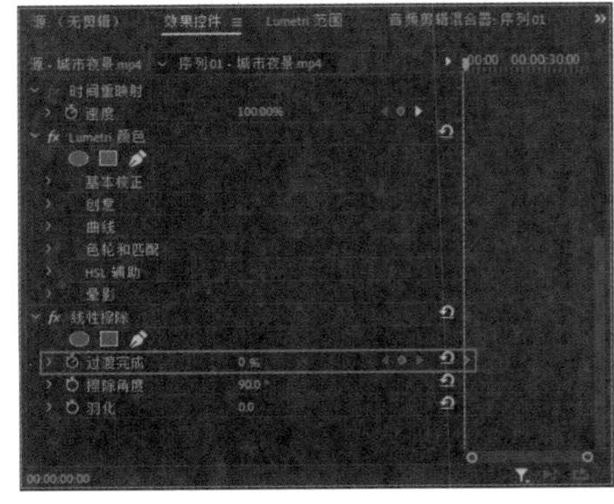

图 5-88

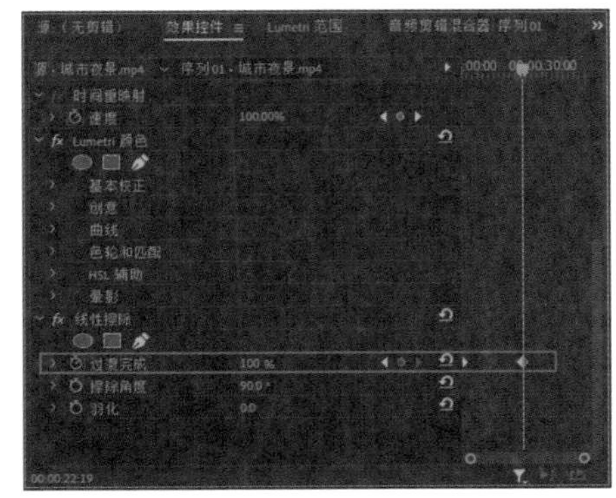

图 5-89

5.6 日系色调 清纯美女

日系清新风格的照片往往以偏蓝、偏青的冷色调为主（冷色调可传递出清凉、平静、安逸的视觉感受），又常常在局部融入橙色、黄色暖色调作为点缀（亮部偏青，暗部有暖色），形成对比和反差。下面将详细讲解日系色调的调色方法，案例效果如图 5-90 所示。

图 5-90

步骤 01 启动 Premiere Pro 2023 软件，在菜单栏中执行“文件→打开项目”命令，打开路径文件夹中的“日系色调.prproj”文件。

步骤 02 可以看到“时间轴”面板中添加了素材，如图 5-91 所示。在“节目：序列 01”面板中可以预览当前素材的效果，如图 5-92 所示。

图 5-91

图 5-92

步骤 03 在“项目：日系色调”面板的空白区域右击，在弹出的快捷菜单中执行“新建项目→调整图层”命令，新建一个调整图层，将调整图层拖曳至“时间轴”面板的 V2 轨道上，如图 5-93 所示。

步骤 04 选择 V2 轨道的“调整图层”，在“Lumetri 颜色”面板中展开“基本校正”卷展栏，设置“色温”参数为 –13.0、“色彩”参数为 –7.0、“曝光”参数为 0.8、“对比度”参数为 –30.0、“高光”参数为 30.0、“阴影”参数为 –40.0、“白色”参数为 7.0，如图 5-94 所示。

步骤 05 展开“创意”卷展栏，设置“淡化胶片”参数为40.0、“自然饱和度”参数为–10.0、“饱和度”参数为80.0，如图 5-95所示，调整后的画面效果如图 5-96所示。

步骤 06 在“项目：日系色调”面板中选择“清纯美女.mp4”素材，并将其拖曳至V3轨道上，取消链接并删除音频素材，如图 5-97所示。

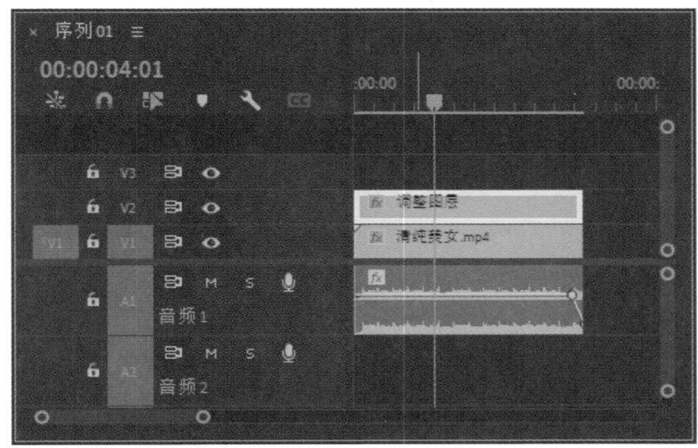

图 5–93

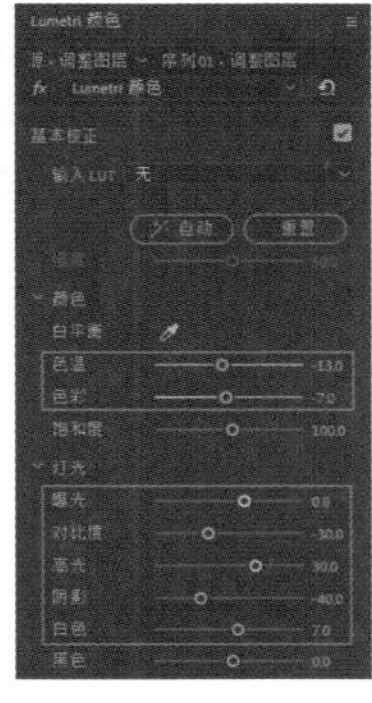

图 5–94

图 5–95

图 5–96

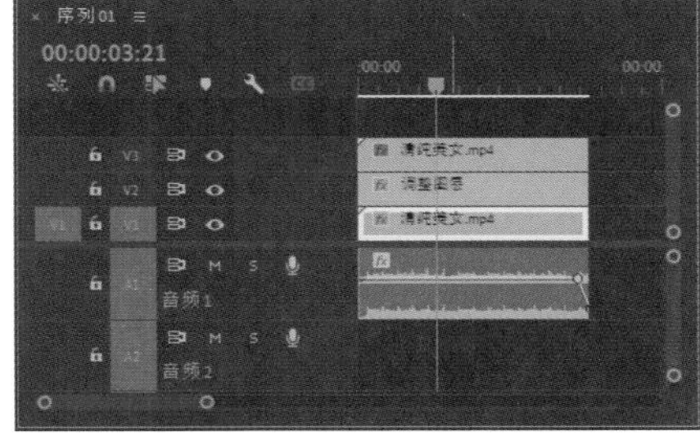

图 5–97

步骤 07 在“效果”面板中搜索“线性擦除”效果，将该效果拖曳至V3轨道的“清纯美女.mp4”素材上，如图 5-98所示。

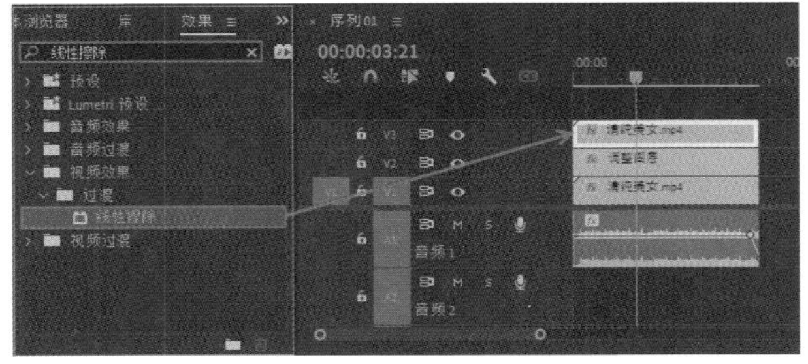

图 5–98

步骤 08 将时间线移至00:00:00:00位置，在“效果控件”面板中展开“线性擦除”卷展栏，单击“过渡完成”左侧的“切换动画”按钮，生成关键帧，如图 5-99所示。将时间线移至00:00:03:00位置，设置“过渡完成”参数为100%，如图 5-100所示。

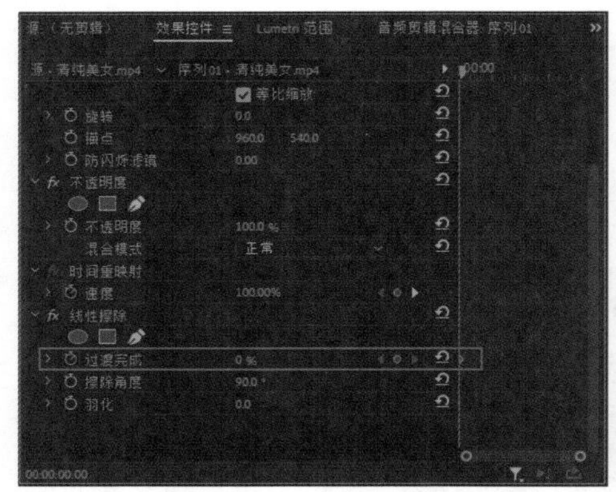

图 5-99

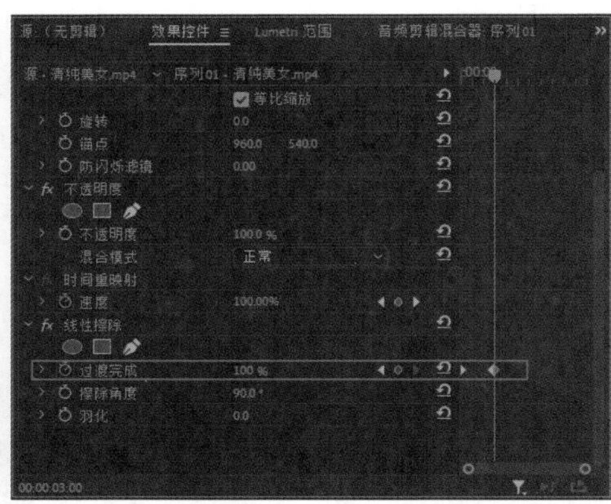

图 5-100

5.7　港风色调 港风美女

复古港风的画面一般都带有泛黄旧照片的感觉，光晕柔和，饱和度高，一般呈现出暗红、橘黄、蓝绿色调，有胶片感。下面介绍港风色调的调色方法，案例效果如图 5-101 所示。

图 5-101

步骤 01　启动 Premiere Pro 2023 软件，在菜单栏中执行“文件→打开项目”命令，打开路径文件夹中的“港风美女.prproj”文件。

步骤 02　可以看到“时间轴”面板中添加了素材，如图 5-102 所示。在“节目：序列 01”面板中可以预览当前素材的效果，如图 5-103 所示。

图5-102　　图5-103

步骤 03 在“项目：港风色调”面板的空白区域右击，在弹出的快捷菜单中执行“新建项目→调整图层”命令，新建一个调整图层，将调整图层拖曳至“时间轴”面板的V2轨道上并调整长度，如图5-104所示。

图5-104

步骤 04 选择“时间轴”面板的V2轨道上的“调整图层”，在“Lumetri颜色”面板中展开“基本校正”卷展栏，设置“色温”参数为–9.2、“色彩”参数为12.1、“曝光”参数为0.3、“对比度”参数为25.6、“高光”参数为–9.2、阴影参数为18.8、“白色”参数为–2.4、“黑色”参数为–3.4，如图5-105所示。

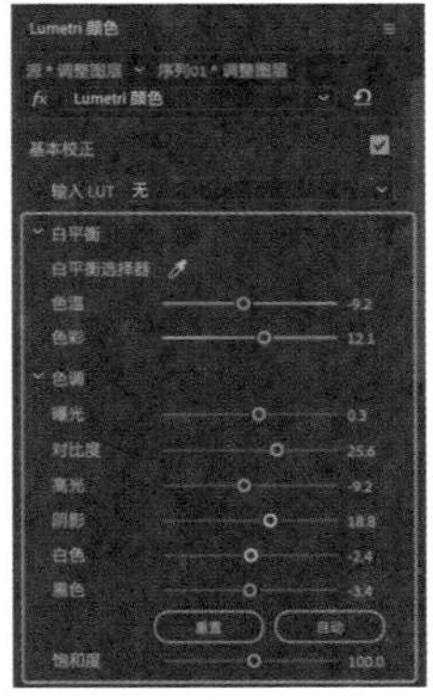

图5-105

步骤 05 展开“曲线”卷展栏，在“色相与饱和度”中增加绿色的饱和度，在“色相与色相”中将蓝色往青色偏移，如图5-106所示，画面效果如图5-107所示。

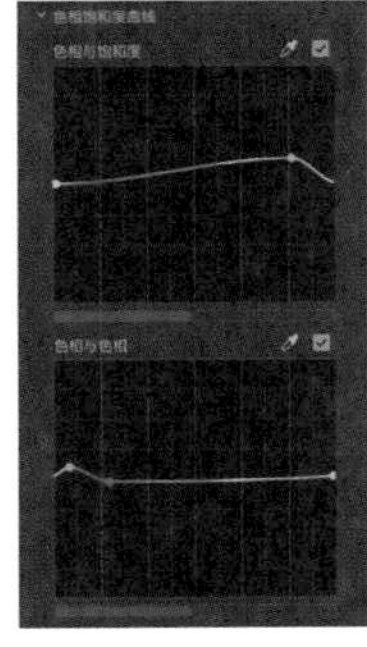

图5-106

图5-107

步骤 06 在“RGB 曲线”中调整画面的曲线，提高对比度，并调整高光和阴影部分，如图 5-108 所示，制作出胶片的色调，画面效果如图 5-109 所示。

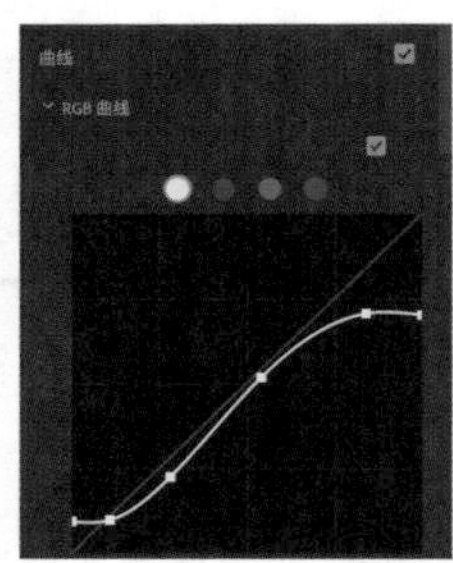

图 5-108

图 5-109

步骤 07 展开“色轮和匹配”卷展栏，设置“阴影”为偏青蓝色、“高光”为偏橙黄色，如图 5-110 所示，使人像的皮肤变得更加白皙，效果如图 5-111 所示。

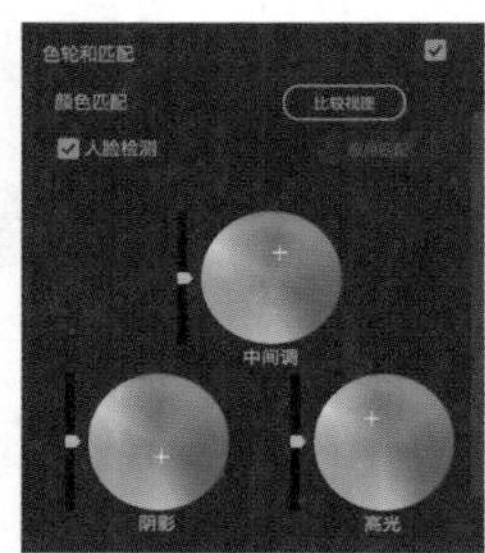

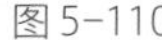

图 5-110

图 5-111

步骤 08 展开“晕影”卷展栏，设置“数量”参数为 –3.0、“中点”参数为 35.0、“圆度”参数为 30.0、“羽化”参数为 45.0，如图 5-112 所示。调整后的画面效果如图 5-113 所示。

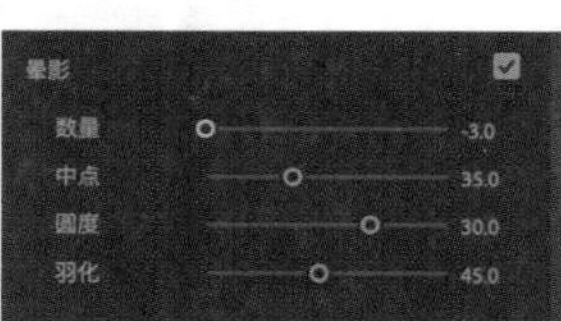

图 5-112

图 5-113

步骤 09 在“项目：港风色调”面板中选择“港风美女 .mp4”素材，并将其拖曳至 V3 轨道上，如图 5-114 所示。

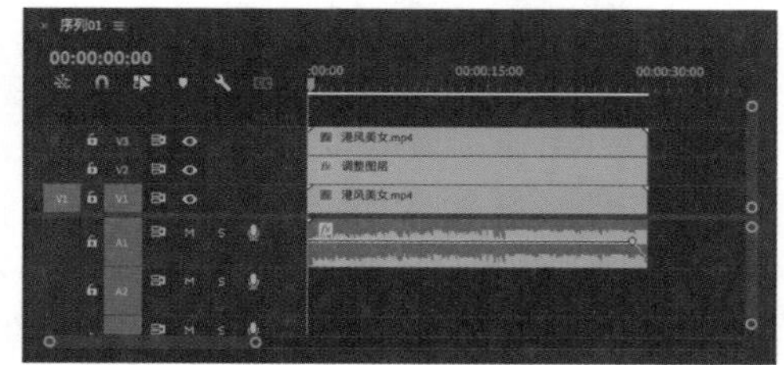

图 5-114

步骤 10 在“效果”面板中搜索“线性擦除”效果，将该效果拖曳至V3轨道的“港风美女.mp4”素材上，如图 5-115 所示。

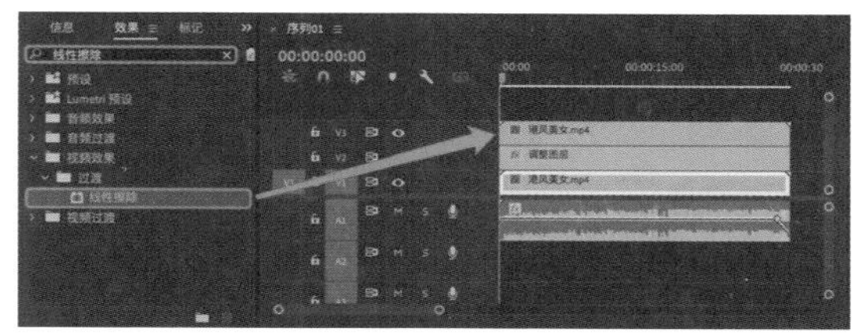

图 5-115

步骤 11 将时间线移至00:00:00:00位置，在“效果控件”面板中展开“线性擦除”卷展栏，单击“过渡完成”左侧的“切换动画”按钮，生成关键帧，如图 5-116 所示。将时间线移至00:00:03:10位置，设置“过渡完成”参数为100%，如图 5-117 所示。

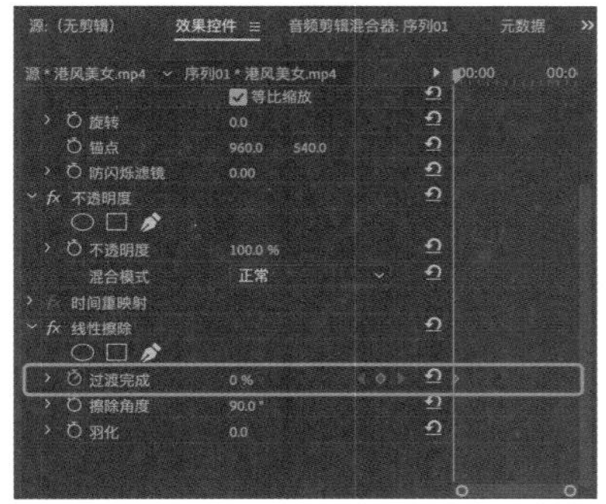

图 5-116

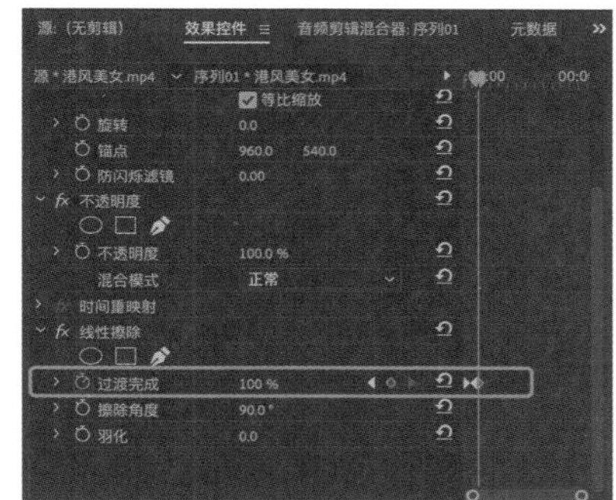

图 5-117

5.8 治愈蓝色调 水上雅丹

蓝色给人一种清新、宁静的感觉。下面将详细讲解蓝色调的调色方法，案例效果如图 5-118 所示。

图 5-118

步骤 01　启动Premiere Pro 2023软件，在菜单栏中执行“文件→打开项目”命令，打开路径文件夹中的“治愈蓝色调.prproj”文件。

步骤 02　可以看到“时间轴”面板中添加了素材，如图 5-119 所示。在“节目：序列 01”面板中可以预览当前素材的效果，如图 5-120 所示。

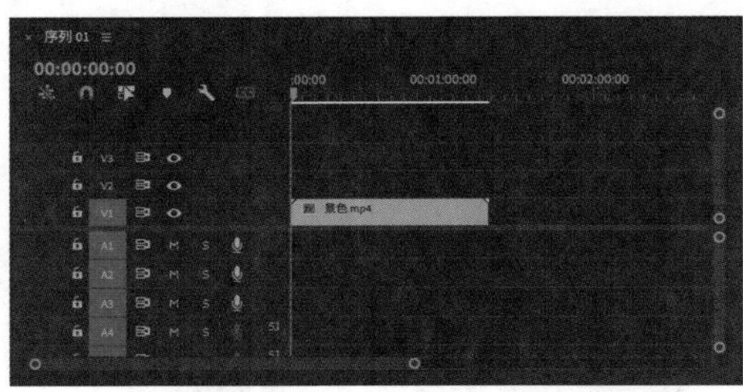

图 5-119

图 5-120

步骤 03　在“效果”面板中搜索“通道混合器”效果，将该效果拖曳至V1轨道上，如图 5-121 所示，添加效果后的画面如图 5-122 所示。

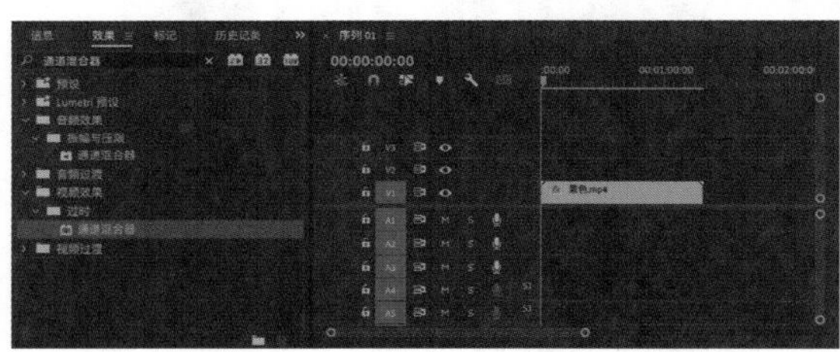

图 5-121

图 5-122

步骤 04　在“项目：治愈蓝色调”面板中选择“景色.mp4”素材，并将其拖曳至V2轨道上，如图 5-123 所示。

步骤 05　在“效果”面板中搜索“线性擦除”效果，将该效果拖曳至V2轨道的“景色.mp4”素材上，如图 5-124 所示。

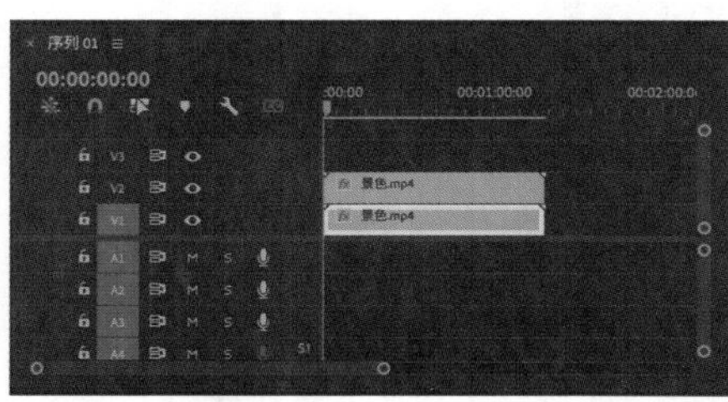

图 5-123

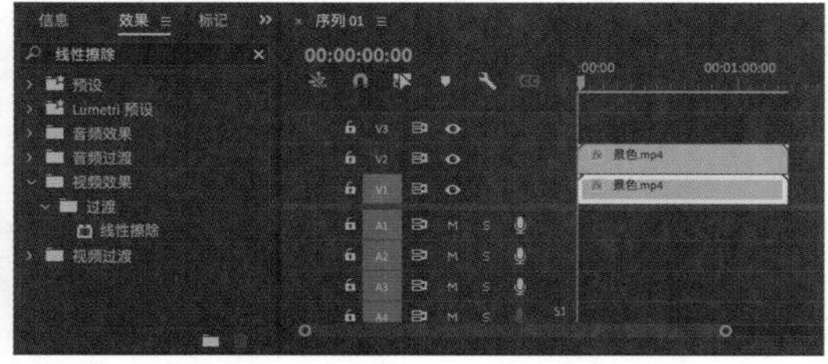

图 5-124

步骤 06　将时间线移至00:00:00:00位置，在“效果控件”面板中展开“线性擦除”卷展栏，单击“过渡完成”左侧的“切换动画”按钮，生成关键帧，如图 5-125 所示。将时间线移至00:00:08:00位置，设置“过渡完成”参数为100%，如图 5-126 所示。

图 5-125

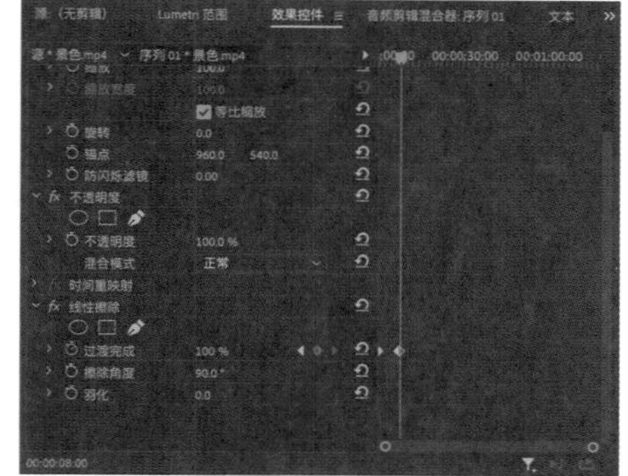
源:（无剪辑）
Lumetri 范围
效果控件
音频剪辑混合器: 序列 01
文本
源 * 景色.mp4
序列 01 * 景色.mp4
00:00:30:00
00:01:00:00
缩放宽度
等比缩放
旋转
0.0
锚点
960.0
540.0
防闪烁滤镜
0.00
不透明度
不透明度
100.0 %
混合模式
正常
时间重映射
线性擦除
过渡完成
100 %
擦除角度
90.0 °
羽化
0.0
00:00:08:00
图 5-126

第 6 章

使用视频效果打造创意画面

视频效果是Premiere Pro 2023中非常重要的内容。视频效果的种类非常多，使用这些效果可以制作出各种风格、质感的视频。视频效果深受广大视频制作者的喜爱，被广泛应用于短视频、电影、广告等领域。添加视频效果可以使镜头转换更加流畅、自然，使画面更具艺术性。本章将介绍如何应用视频效果来丰富画面，提升视频的观赏性。

6.1 变化类 画面切割效果

在Premiere Pro 2023中，使用“裁剪”效果可以制作出画面切割效果。下面将介绍具体的操作方法，案例效果如图 6-1 所示。

图 6-1

步骤 01 启动Premiere Pro 2023软件，在菜单栏中执行“文件→打开项目”命令，打开路径文件夹中的“变化类.prproj”文件。

步骤 02 可以看到“时间轴”面板中添加了素材，如图 6-2 所示。在“节目：序列 01”面板中可以预览当前素材的效果，如图 6-3 所示。

图 6-2

图 6-3

步骤 03 在“效果”面板中搜索“色彩”效果，将该效果拖曳到“时间轴”面板的V1轨道的“黑龙潭公园.mp4”素材上，画面将变成黑白效果，如图 6-4 所示。

步骤 04 在“效果”面板中搜索“裁剪”效果，将该效果拖曳至“时间轴”面板的V1轨道的“黑龙潭公园.mp4”素材上，如图 6-5 所示。

图6-4

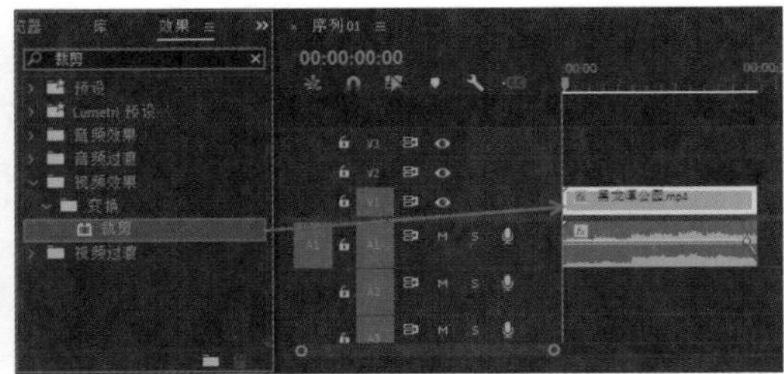

图6-5

步骤 05 在“效果控件”面板中，展开“裁剪”卷展栏，单击“左侧”和“右侧”左侧的“切换动画”按钮，开启自动关键帧，两个参数都设置为50.0%，如图 6-6所示。

步骤 06 将时间线移至00:00:00:18位置，设置“左侧”和“右侧”参数都为0.0%，如图 6-7所示。

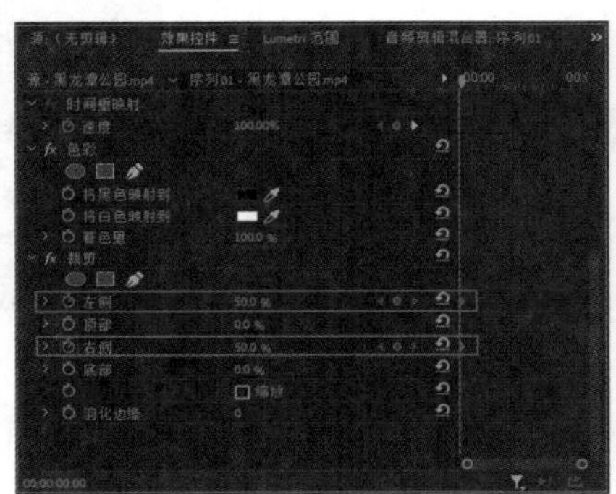

图6-6

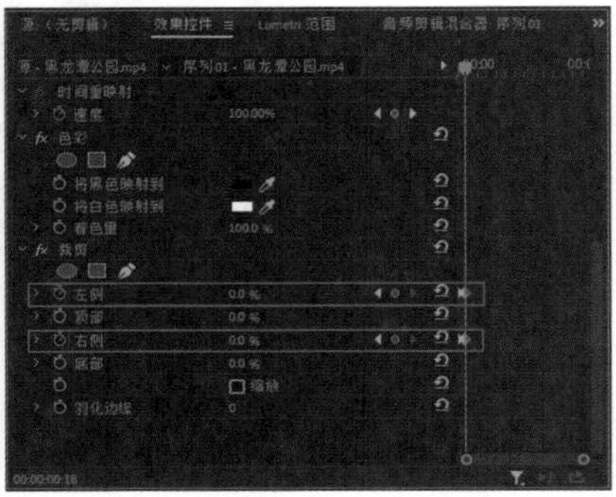

图6-7

步骤 07 在“项目：变换类”面板中选择“黑龙潭公园.mp4”素材，并将其拖曳到“时间轴”面板的V2轨道上，使其与下方V1轨道的“黑龙潭公园.mp4”素材长度一致，然后添加“裁剪”效果，设置“左侧”和“右侧”参数都为50.0%，如图 6-8所示。

步骤 08 选择V2轨道的“黑龙潭公园.mp4”素材，将时间线移至00:00:00:18位置，设置“左侧”和“右侧”参数都为50.0%，如图 6-9所示。

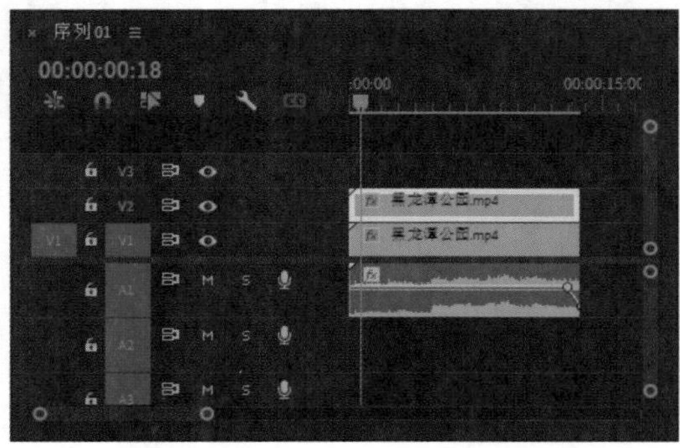

图6-8

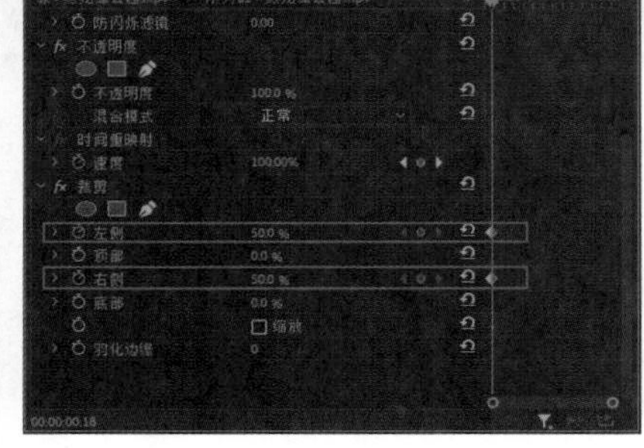

图6-9

步骤 09 移动时间线至00:00:01:20位置，设置“左侧”和“右侧”参数都为0.0%，如图6-10所示。

步骤 10 移动时间线至00:00:00:00位置，在“工具”面板中单击“文字工具”按钮T，在“节目：序列01”面板中输入“黑龙潭公园”文字，然后在“效果控件”面板中设置“字体”为“方正字迹-刘鑫标犷简体”，设置“字体大小”参数为123、“填充”颜色为白色，效果如图6-11所示。

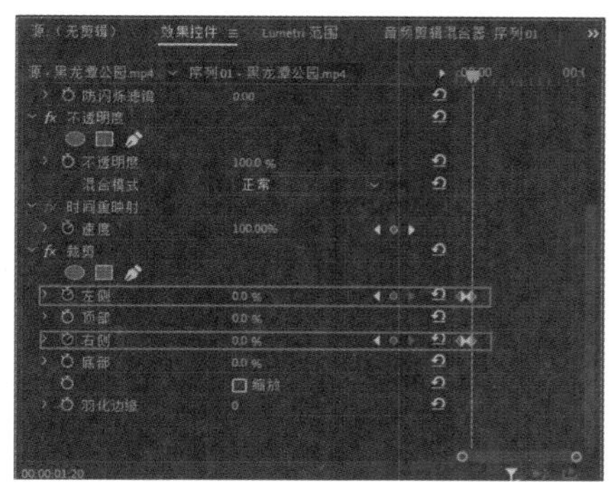

图6-10

图6-11

步骤 11 在“效果”面板中搜索“裁剪”效果，将该效果添加至V3轨道的“黑龙潭公园”字幕素材上，然后在00:00:00:20位置设置“顶部”参数为90.8%，单击“顶部”左侧的“切换动画”按钮，生成关键帧，如图6-12所示。

步骤 12 移动时间线至00:00:01:11位置，设置“顶部”参数为72.9%，如图6-13所示。

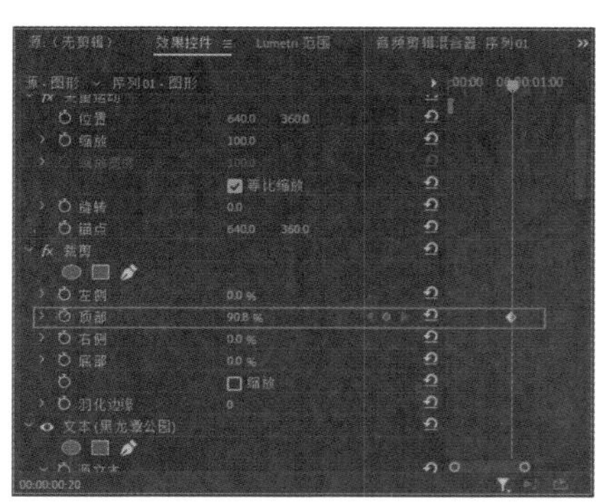

图6-12

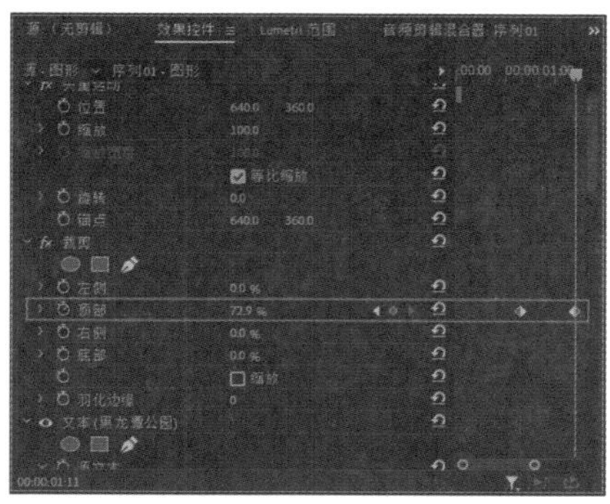

图6-13

6.2 扭曲类 大头人物效果

在很多趣味视频中，经常可以看到很有意思的大头人物效果，这种效果可以使用Premiere Pro 2023中的“放大”效果来实现。下面将介绍制作大头人物效果的具体操作方法，案例效果如图6-14所示。

图6-14

步骤 01 启动Premiere Pro 2023软件，在菜单栏中执行“文件→打开项目”命令，打开路径文件夹中的“扭曲类.prproj”文件。

步骤 02 可以看到“时间轴”面板中添加了素材，如图 6-15所示。在“节目：序列01”面板中可以预览当前素材的效果，如图 6-16所示。

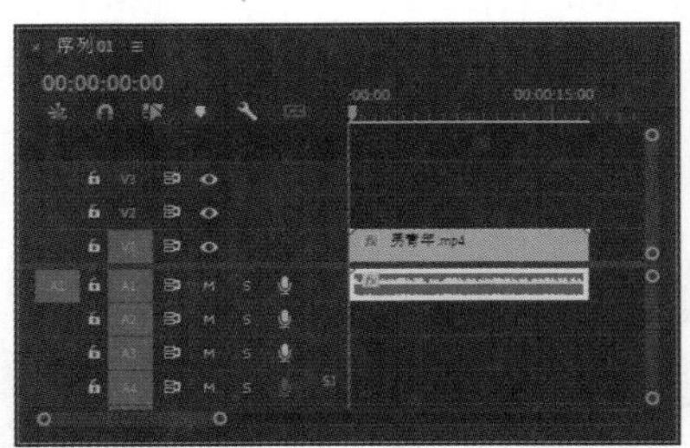

图6-15

图6-16

步骤 03 在“效果”面板中搜索“放大”效果，将该效果拖曳到“时间轴”面板的V1轨道的“男青年.mp4”素材上，如图 6-17所示，此时画面中会生成一个圆形区域，如图 6-18所示。

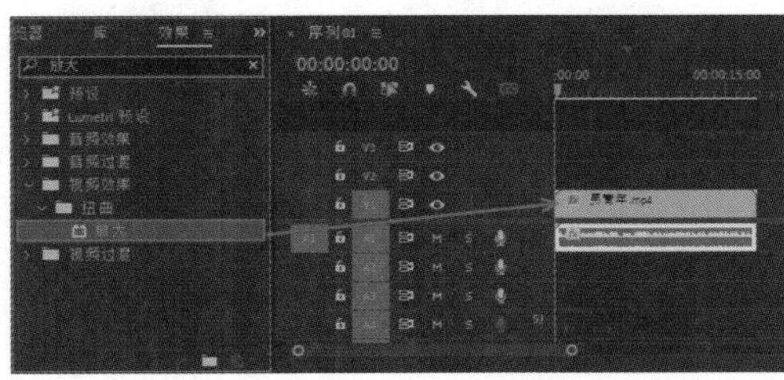

图6-17

图6-18

步骤 04 将时间线移至00:00:03:19位置，此时画面中的人物在做抓头发的动作，如图 6-19所示。

步骤 05 在“效果控件”面板中设置“中央”参数为960.0和316.0、“放大率”参数为130.0，单击“中央”和“放大率”左侧的“切换动画”按钮，生成关键帧；然后设置“大小”参数为293.0、“羽化”参数为20，如图 6-20所示，人物的头部将出现放大的效果。

图6-19

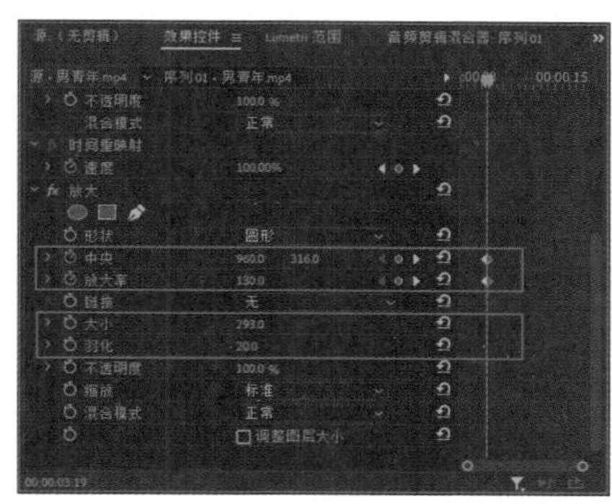

图6-20

步骤 06 移动时间线至00:00:15:02位置，添加相同的“中央”和“放大率”关键帧，如图 6-21所示。此时人物保持大头效果，如图 6-22所示。

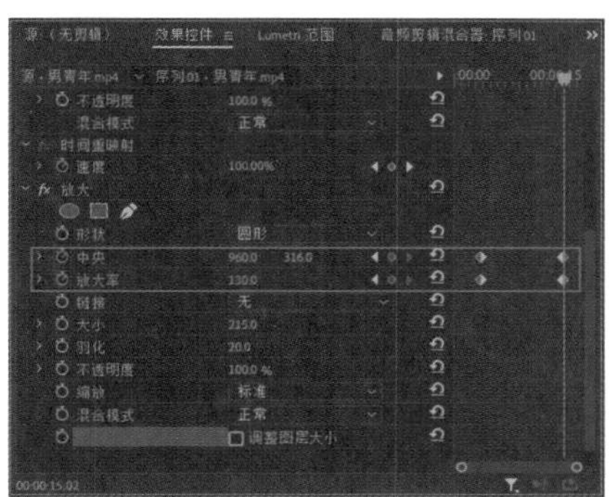

图6-21

图6-22

步骤 07 分别在00:00:02:17和00:00:15:22位置设置“放大率”参数为100.0，如图 6-23所示，大头效果被取消，如图 6-24所示。

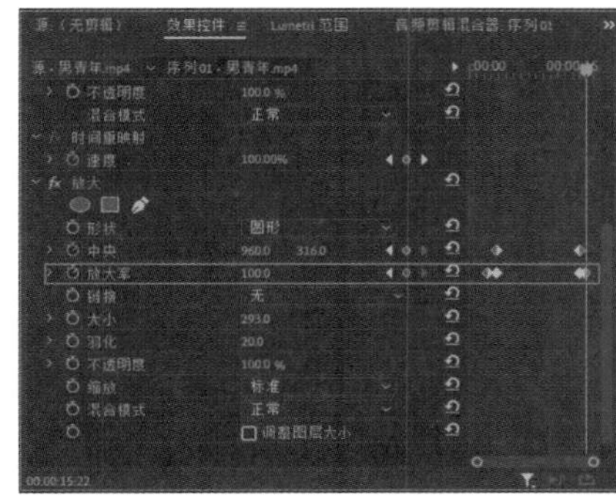

图6-23

图6-24

6.3 时间类 动作残影效果

在Premiere Pro 2023中，使用“残影”效果可以制作出动作残影特效。下面将介绍具体的操作方法，案例效果如图 6-25 所示。

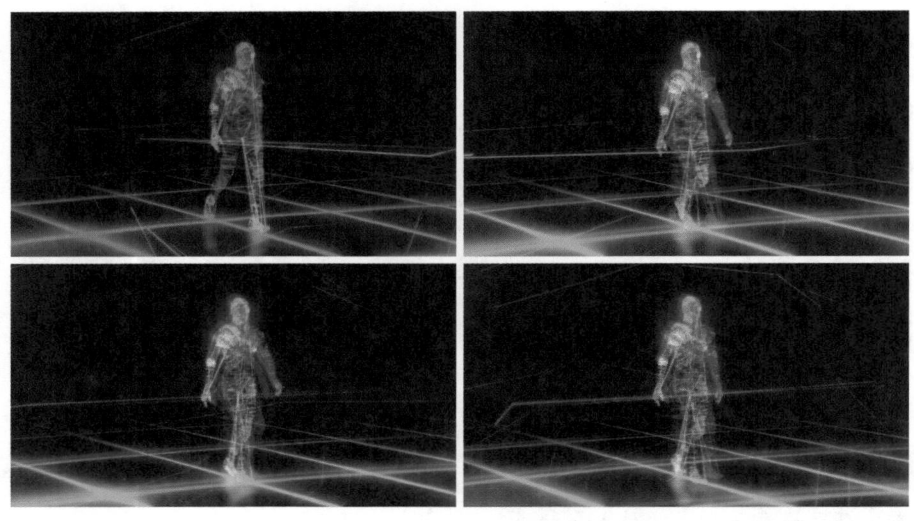

图 6-25

步骤 01 启动Premiere Pro 2023软件，在菜单栏中执行“文件→打开项目”命令，打开路径文件夹中的“时间类.prproj”文件。

步骤 02 可以看到“时间轴”面板中添加了素材，如图 6-26所示。在“节目：序列01”面板中可以预览当前素材的效果，如图 6-27所示。

图 6-26

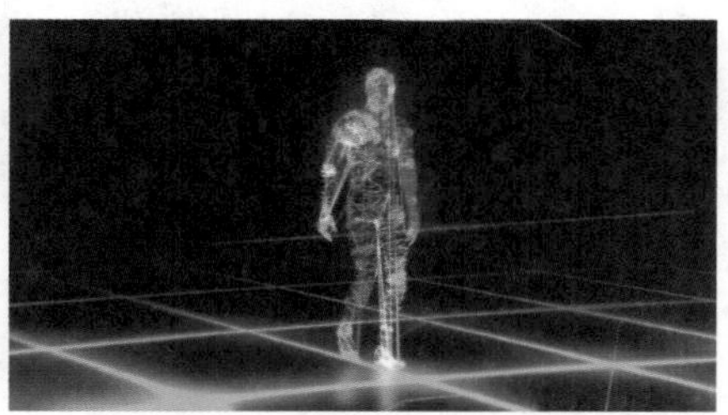

图 6-27

步骤 03 选择“时间轴”面板中的“科幻光影.mp4”素材并向上拖曳，复制一份素材到V2轨道，如图 6-28所示。

步骤 04 在“效果”面板中搜索“残影”效果，将该效果拖曳到V2轨道的“科幻光影.mp4”素材上，如图 6-29所示。

图 6-28

步骤 05 在“效果控件”面板中设置“不透明度”参数为30.0%、“残影时间（秒）”参数为–1.250、“残影数量”参数为3，“残影运算符”为“从后至前组合”，如图6-30所示。画面效果如图6-31所示。

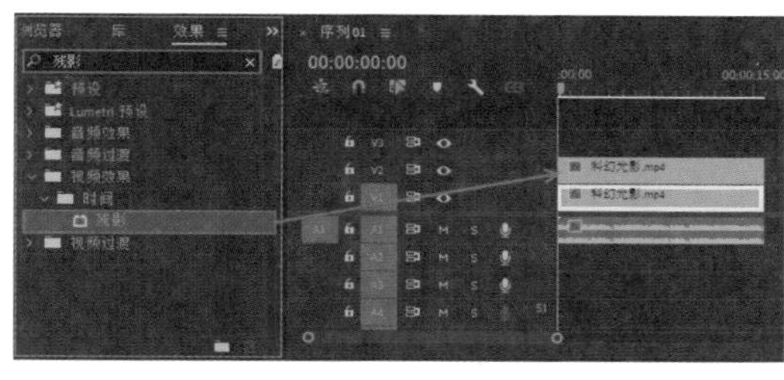

图6-29

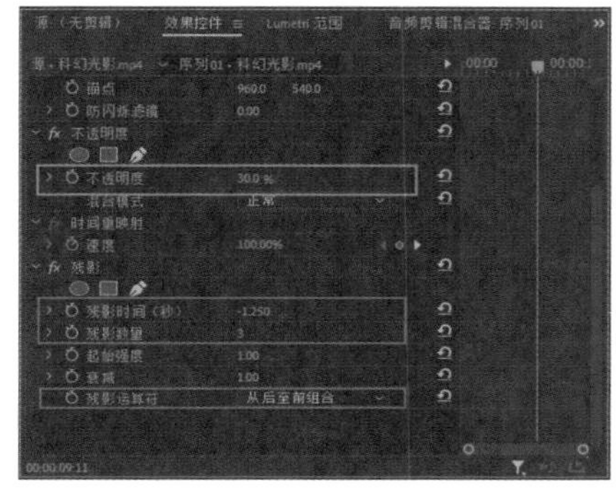

图6-30

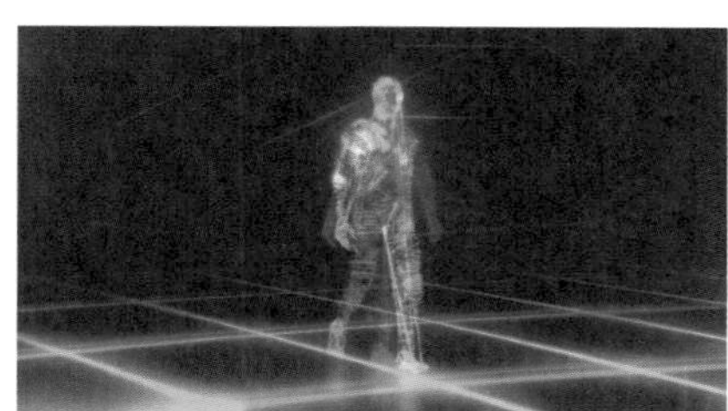

图6-31

提示

当“残影时间（秒）”参数是负值时，重复之前的动作；当“残影时间（秒）”参数是正值时，重复之后的动作。

6.4 生成类 天空中的闪电

在Premiere Pro 2023中，使用“闪电”效果可以制作出闪电特效。下面将介绍具体的操作方法，案例效果如图6-32所示。

图6-32

步骤 01 启动Premiere Pro 2023软件，在菜单栏中执行“文件→打开项目”命令，打开路径文件夹中的“生成类.prproj”文件。

步骤 02 可以看到“时间轴”面板中添加了素材，如图 6-33所示。在“节目：序列01”面板中可以预览当前素材的效果，如图 6-34所示。

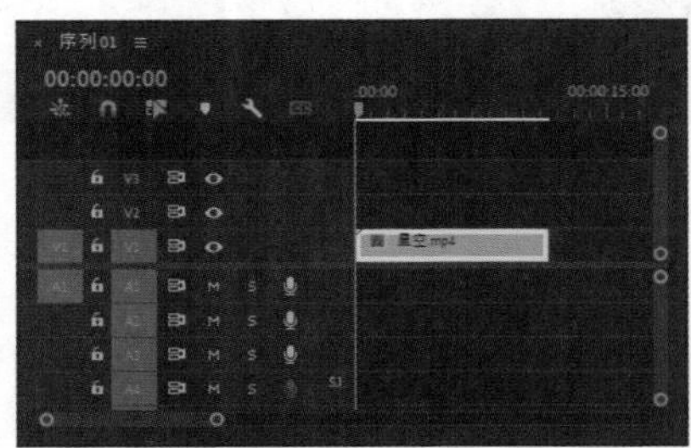

图6-33

图6-34

步骤 03 在“效果”面板中搜索“闪电”效果，将该效果拖曳到“时间轴”面板的V1轨道的“星空.mp4”素材上，如图 6-35所示，画面效果如图 6-36所示。

图6-35

图6-36

步骤 04 在“效果控件”面板中设置“起始点”参数为–9.0和228.0、“结束点”参数为642.0和170.0、“细节级别”参数为8，如图 6-37所示，画面效果如图 6-38所示。

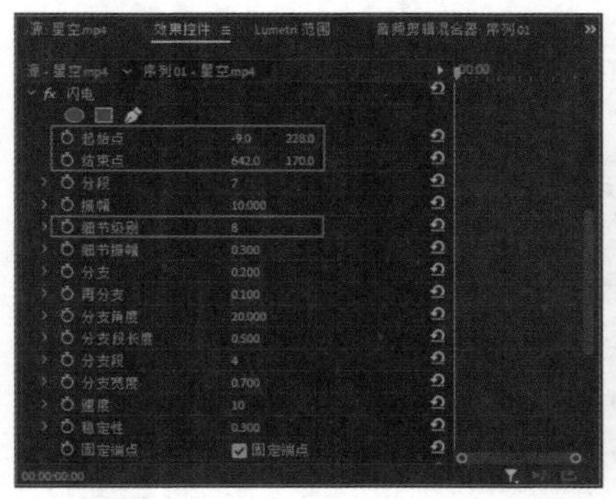

图6-37

图6-38

步骤 05 在“效果”面板中搜索“闪电”效果，将该效果拖曳到“时间轴”面板的V1轨道的“星空.mp4”素材上，然后在“效果控件”面板中设置“起始点”

参数为818.0和354.0、“结束点”参数为1288.0和360.0、“细节级别”参数为8，如图6-39所示，画面效果如图6-40所示。

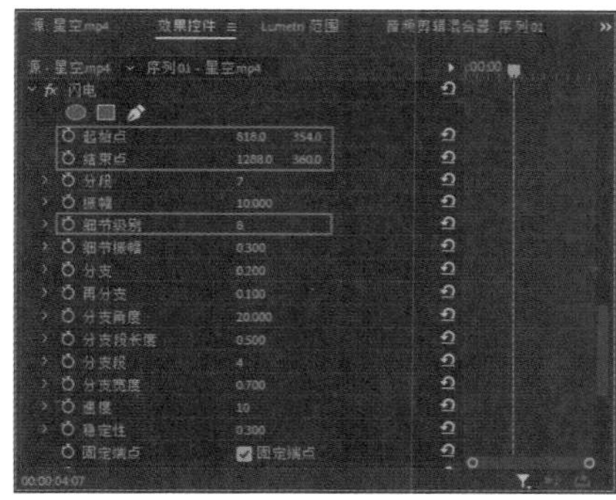
图6-39

图6-40

步骤06 在“效果控件”面板中单击“结束点”左侧的“切换动画”按钮，生成关键帧，将时间线移至00:00:03:11位置，设置“结束点”参数为491.0和170.0，如图6-41所示。

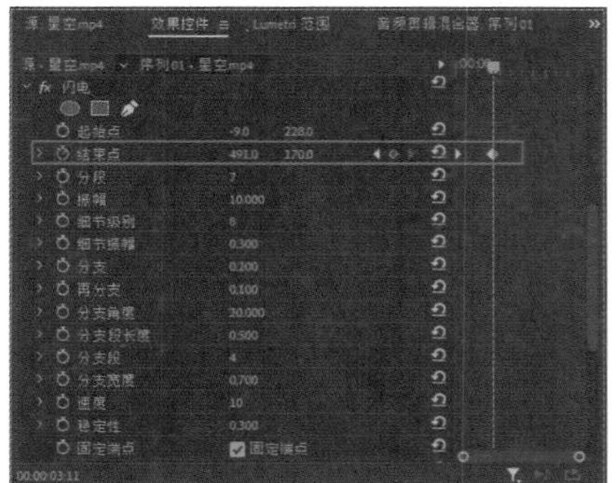
图6-41

步骤07 在“项目：生成类”面板中，选择“下雨.mov”素材，将其拖曳至“时间轴”面板的V2轨道上，使之与下方V1轨道的“星空.mp4”素材同长，如图6-42所示。

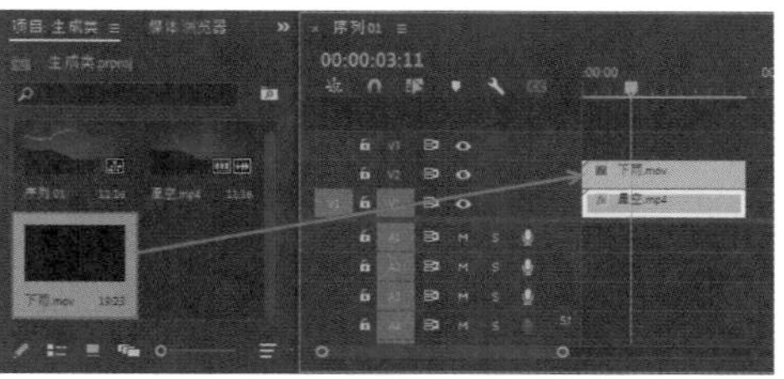
图6-42

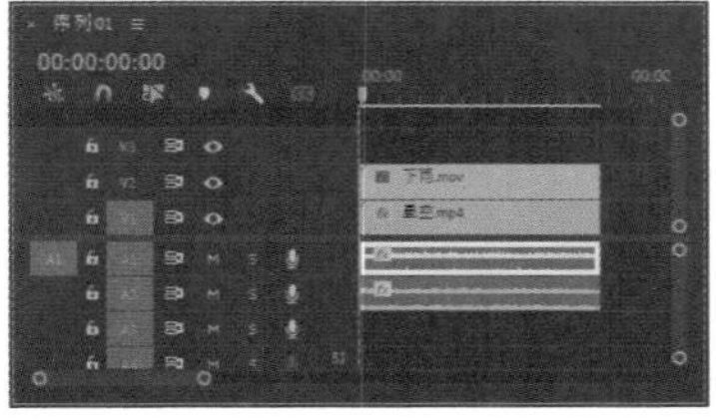
图6-43

步骤08 在“项目：生成类”面板中，将“下雨音效.wav”素材拖曳至“时间轴”面板的A1轨道，将“打雷音效.wav”素材拖曳至“时间轴”面板的A2轨道，如图6-43所示。裁剪音频，使其长度和视频素材一致，并降低音量，如图6-44所示。

图6-44

6.5 风格化类 人物素描效果

在Premiere Pro 2023中，使用“查找边缘”和“色彩”效果可以制作出人物素描效果。下面将介绍具体的操作方法，案例效果如图 6-45所示。

图 6-45

步骤 01 启动Premiere Pro 2023软件，在菜单栏中执行“文件→打开项目”命令，打开路径文件夹中的“风格化类.prproj”文件。

步骤 02 可以看到“时间轴”面板中添加了素材，如图 6-46所示。在“节目：序列01”面板中可以预览当前素材的效果，如图 6-47所示。

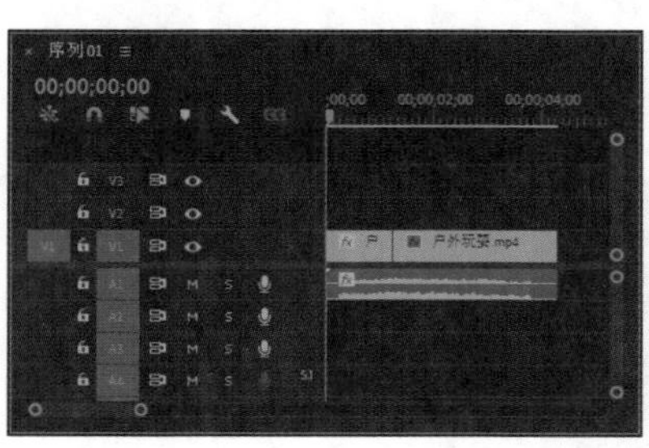

图 6-46

图 6-47

步骤 03 在“效果”面板中搜索“查找边缘”效果，将该效果拖曳到“时间轴”面板的V1轨道的第一段素材上，如图 6-48所示。画面转换为线条效果，如图 6-49所示。

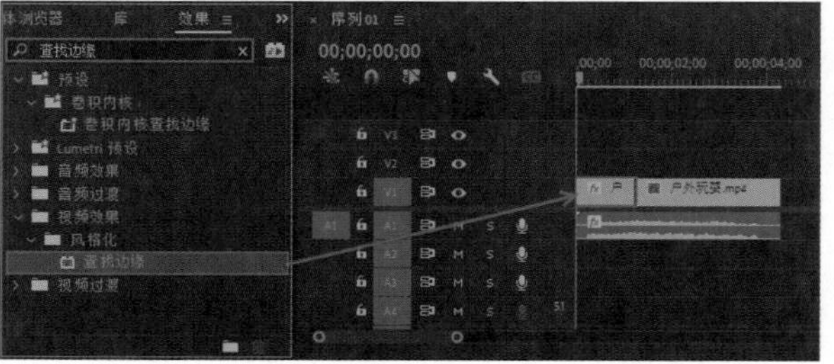

图 6-48

图6-49

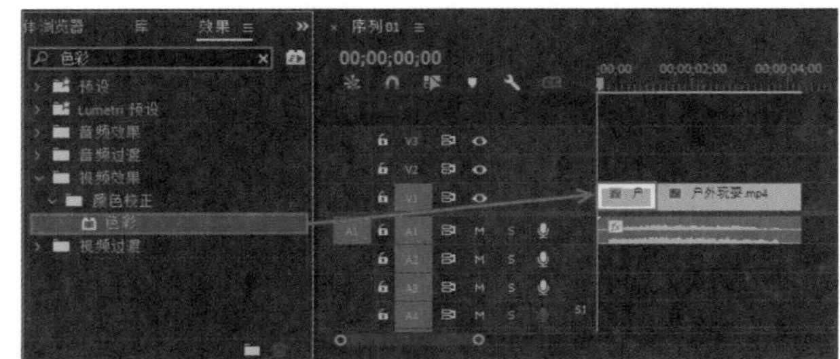

图6-50

步骤 04 在“效果”面板中搜索“色彩”效果，将该效果拖曳到“时间轴”面板的V1轨道的第一段素材上，如图 6-50 所示。画面中的线条全部转换为黑色，如图 6-51 所示。

图6-51

步骤 05 在“效果控件”面板中单击“与原始图像混合”左侧的“切换动画”按钮，生成关键帧，将时间线移至00:00:01:07位置，设置“与原始图像混合”参数为100%，如图 6-52 所示，画面转变为黑白色，如图 6-53 所示。

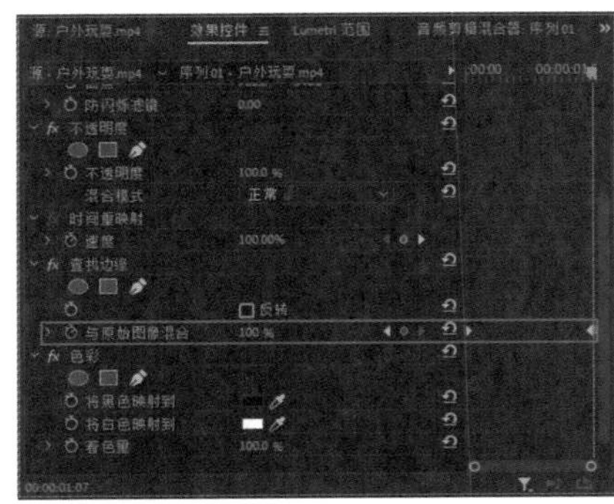

图6-52

图6-53

步骤 06 在“效果控件”面板中单击“着色量”左侧的“切换动画”按钮，生成关键帧，将时间线移至00:00:01:07位置，设置“着色量”参数为0.0%，如图 6-54 所示，画面恢复为原始色彩，如图 6-55 所示。

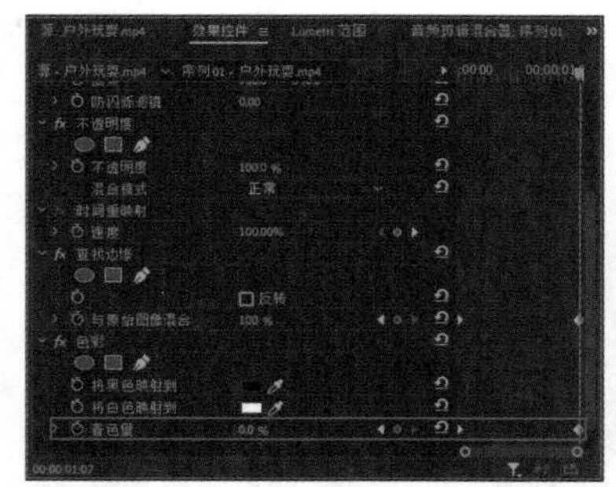

图 6-54

图 6-55

6.6 模糊与锐化 朦胧画面效果

在 Premiere Pro 2023 中，使用“方向模糊”和“Camera Blur”效果可以制作出朦胧画面效果。下面将介绍具体的操作方法，案例效果如图 6-56 所示。

图 6-56

步骤 01 启动 Premiere Pro 2023 软件，在菜单栏中执行“文件→打开项目”命令，打开路径文件夹中的“模糊与锐化.prproj”文件。

步骤 02 可以看到“时间轴”面板中添加了素材，图 6-57 所示。在“节目：序列 01”面板中可以预览当前素材的效果，如图 6-58 所示。

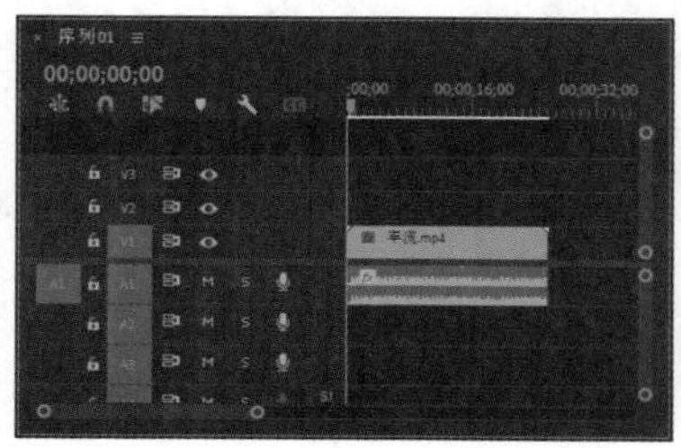

图 6-57

图 6-58

步骤 03 在“效果”面板中搜索“方向模糊”效果，将该效果拖曳至“时间轴”面板的V1轨道的“车流.mp4”素材上，如图6-59所示。

步骤 04 在“效果控件”面板中设置“方向”参数为24.0°、“模糊长度”参数为23.0，单击“模糊长度”左侧的“切换动画”按钮，生成关键帧；将时间线移至00:00:08:21位置，设置“模糊长度”参数为0.0，如图6-60所示。

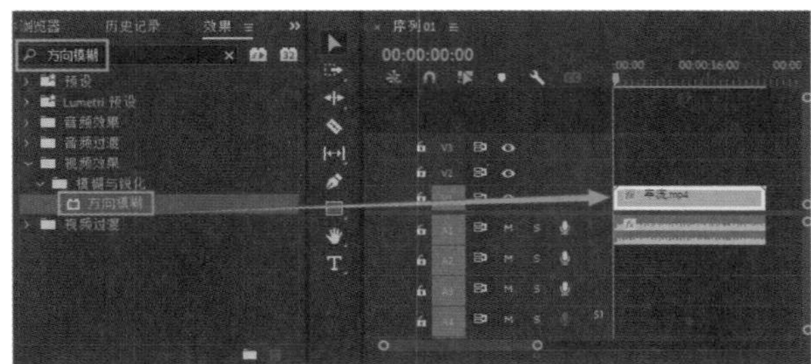

图6-59

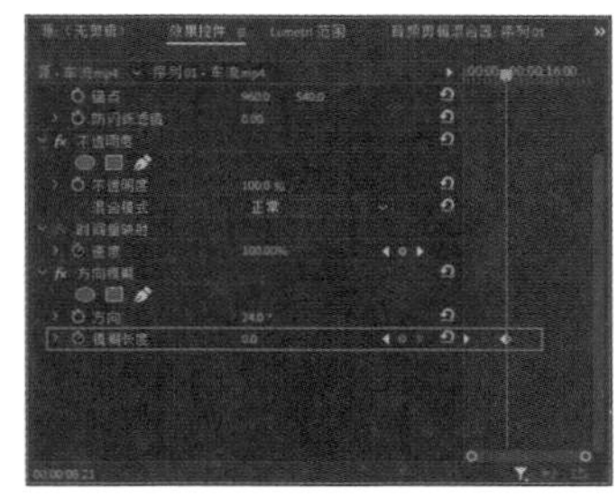

图6-60

步骤 05 在“效果”面板中搜索“Camera Blur”效果，将该效果拖曳至“时间轴”面板的V1轨道的“车流.mp4”素材上，如图6-61所示。画面效果如图6-62所示。

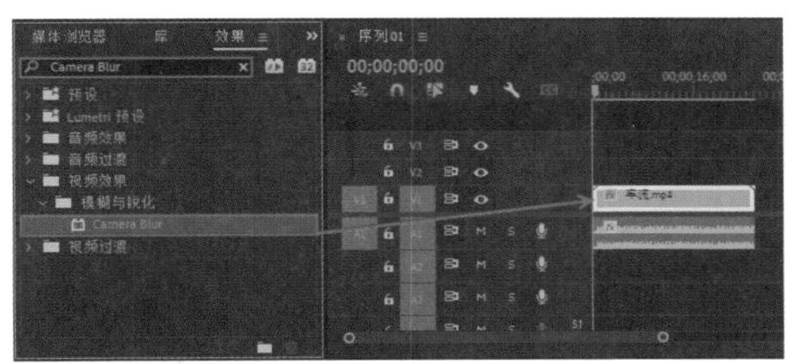

图6-61

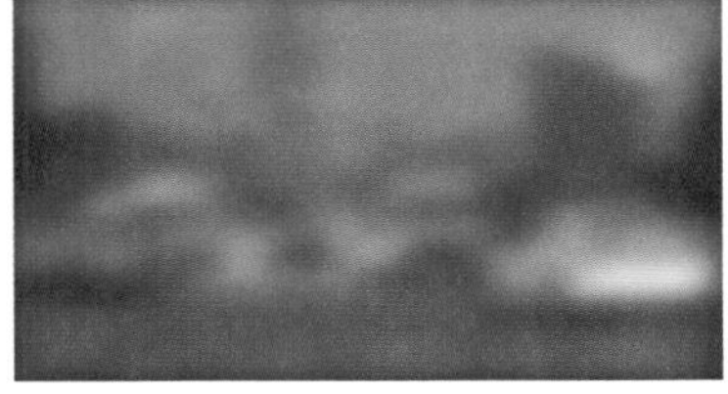

图6-62

步骤 06 将时间线移至00:00:02:14位置，设置“Percent Blur”参数为0，并单击“Percent Blur”左侧的“切换动画”按钮，生成关键帧，如图6-63所示。

步骤 07 将时间线移至00:00:04:13位置，设置“Percent Blur”参数为25；将时间线移至00:00:06:01位置，设置“Percent Blur”参数为0，如图6-64所示。

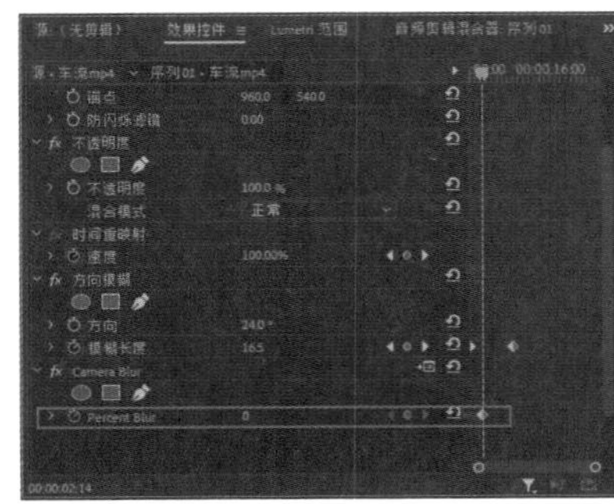

图6-63

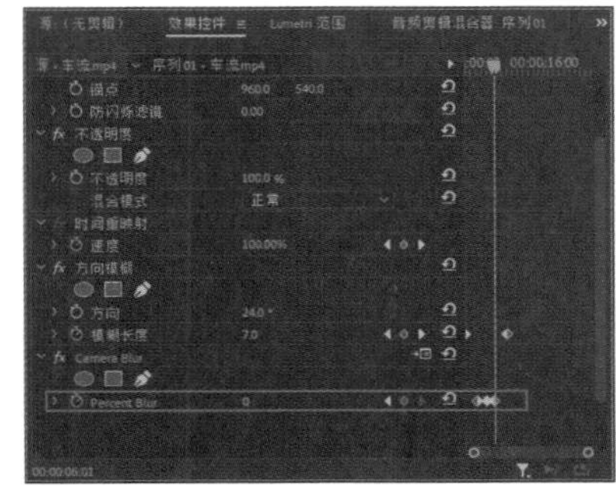

图6-64

第 7 章

使用转场效果
让视频过渡更自然

视频的转场效果又称为镜头切换效果，主要用于在影片中从一个场景过渡到另一个场景。使用转场效果可以极大地增强影片的艺术感染力，也可以改变视角，推动故事的进行，还可以避免镜头间的跳动。

7.1　内滑类过渡效果 房产宣传视频

“内滑”过渡效果组的效果主要是以滑动的形式来实现场景的切换。本案例将讲解使用“内滑”过渡效果组的效果制作房产宣传视频的操作方法，案例效果如图 7-1 所示。

图 7-1

步骤 01　启动 Premiere Pro 2023 软件，在菜单栏中执行“文件→打开项目”命令，打开路径文件夹中的“内滑类过渡效果.prproj”文件。

步骤 02　可以看到“时间轴”面板中添加了素材，如图 7-2 所示。在“节目：序列 01”面板中可以预览当前素材的效果，如图 7-3 所示。

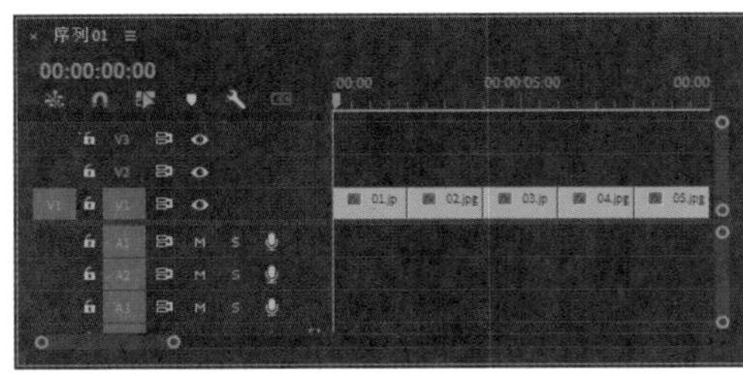

图 7-2

图 7-3

步骤 03　在“效果”面板中展开“视频过渡”卷展栏，在“内滑”过渡效果组中选中“中心拆分”效果，将该效果拖曳到“时间轴”面板的 V1 轨道中“01.jpg”

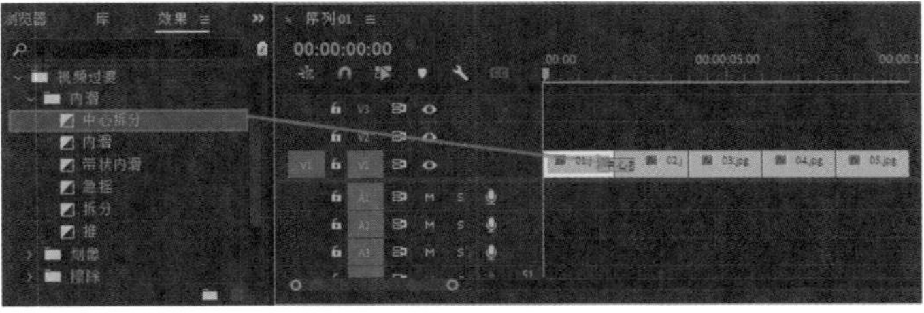

图 7-4

和“02.jpg”素材相接的位置，如图7-4所示，两个素材之间生成过渡剪辑，如图7-5所示。

提示

双击过渡剪辑，可在弹出的对话框中修改“持续时间”参数。

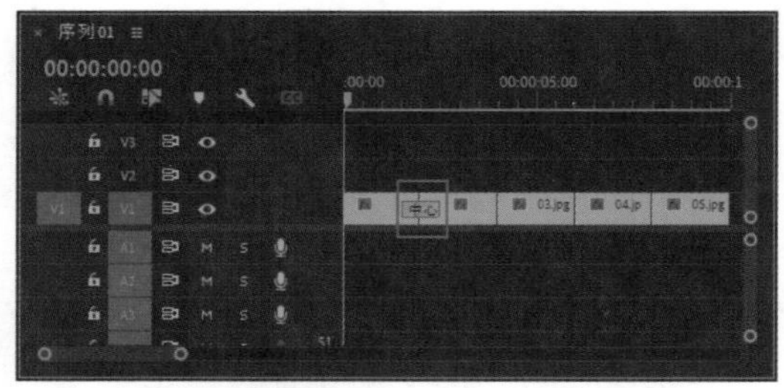

图7-5

步骤04 在“内滑”过渡效果组中选中“内滑”效果，将其拖曳到“02.jpg”和“03.jpg”素材相接处，生成过渡剪辑，如图7-6所示。

步骤05 在“内滑”过渡效果组中选中“推”效果，将其拖曳到“03.jpg”和“04.jpg”素材相接处，生成过渡剪辑，如图7-7所示。

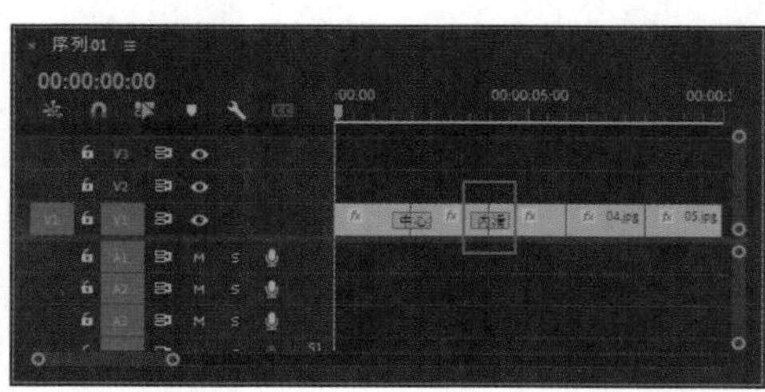

图7-6

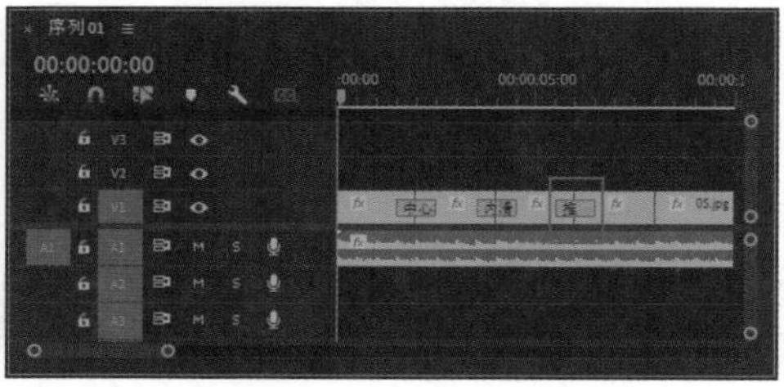

图7-7

步骤06 在“内滑”过渡效果组中选中“拆分”效果，将其拖曳到“03.jpg”和“04.jpg”素材相接处，生成过渡剪辑，如图7-8所示。

步骤07 在“项目：内滑类过渡效果”面板中选择“音乐.wav”素材，并将其拖曳至A1轨道上，用“剃刀工具”裁剪并删除多余的音频，使其与上方素材长度一致，如图7-9所示。

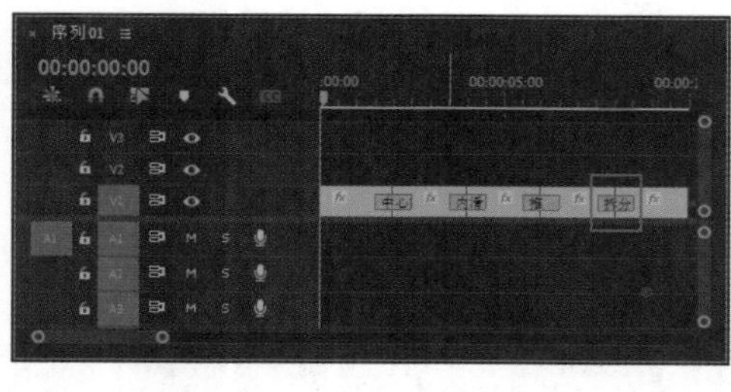

图7-8

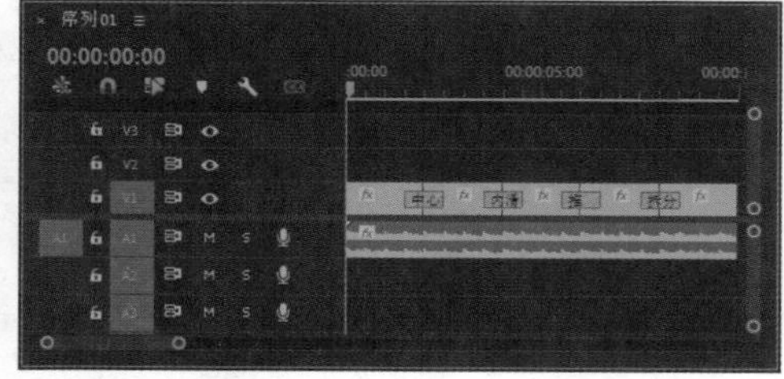

图7-9

提示

若对添加的视频过渡效果不满意，可对效果进行删除操作。删除效果的具体方法是，在“时间轴”面板中选中需要删除的效果，按Delete键或Backspace键。此外，也可以右击过渡效果，在弹出的快捷菜单中执行“清除”命令。

7.2 划像类过渡效果 欢乐新年记录

“划像”过渡效果组的效果可以对一个场景进行伸展，并逐渐切换到另一个场景。本案例将详细讲解使用“划像”过渡效果组的效果制作欢乐新年记录视频的操作方法，案例效果如图 7-10 所示。

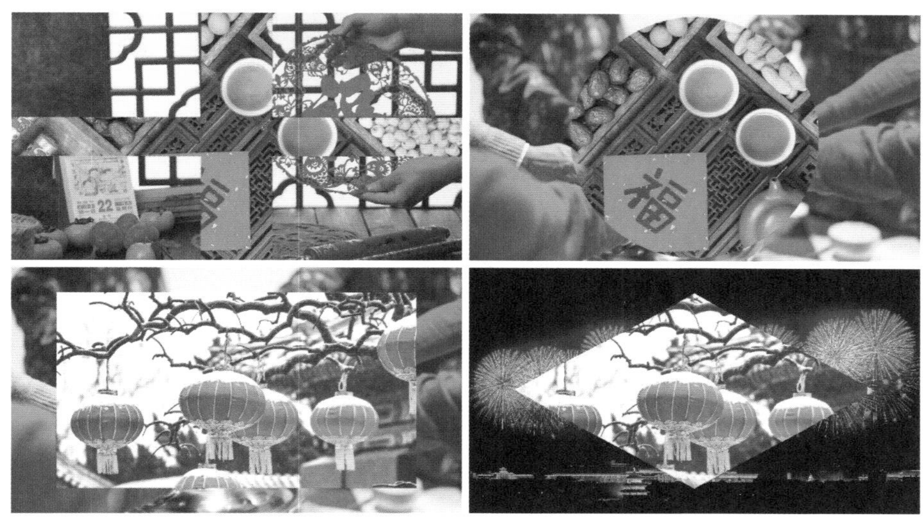

图 7-10

步骤 01 启动 Premiere Pro 2023 软件，在菜单栏中执行“文件→打开项目”命令，打开路径文件夹中的“内滑类过渡效果.prproj”文件。

步骤 02 在“项目：划像类过渡效果”面板中选中“01.jpg”素材并将其拖曳至“时间轴”面板的 V1 轨道上，并缩放至合适的大小，效果如图 7-11 所示。

步骤 03 选择“01.jpg”素材，将“持续时间”设置为 00:00:02:00，如图 7-12 所示。

图 7-11

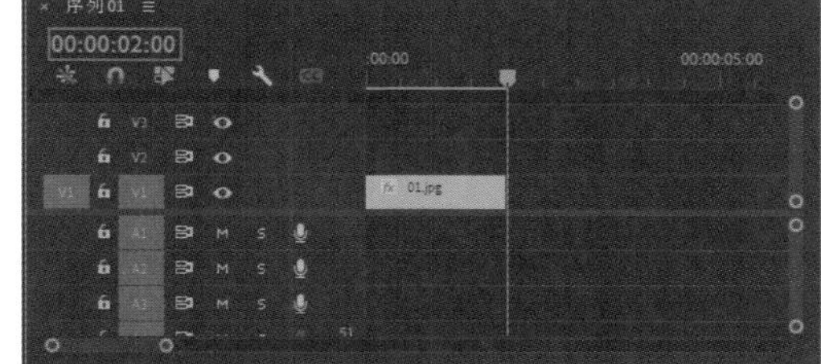

图 7-12

步骤 04 在“项目：划像类过渡效果”面板中将“02.jpg”“03.jpg”“04.jpg”和“05.jpg”素材文件依次放置到“时间轴”面板的 V1 轨道上，如图 7-13 所示，将素材的“持续时间”均设置为 00:00:02:00，并缩放至合适大小，效果如图 7-14 所示。

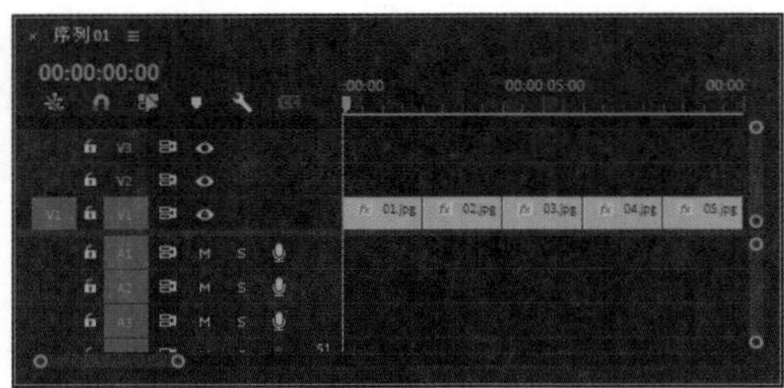

图7-13

图7-14

步骤05 在“效果”面板中展开“视频过渡”卷展栏，然后在“划像”过渡效果组中选择“交叉划像”效果，如图 7-15 所示。

提示

读者可以在“效果”面板中直接输入“交叉划像”进行搜索，从而快速选中该效果，如图 7-16 所示。

图7-15

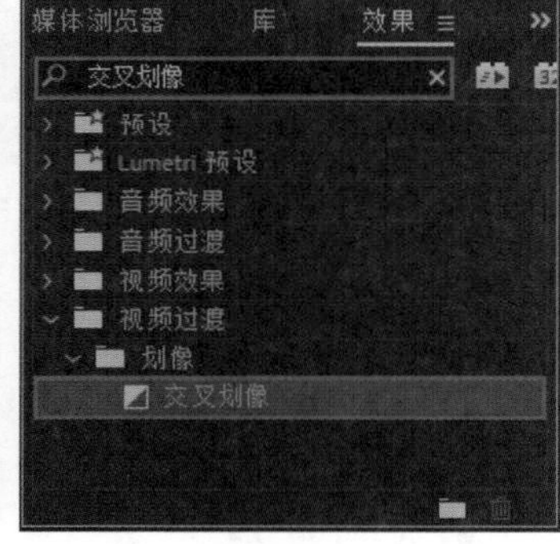

图7-16

步骤06 将“交叉划像”效果拖曳到“01.jpg”和“02.jpg”素材的相接位置，生成过渡剪辑，如图 7-17 所示。

步骤07 在“划像”过渡效果组中选中“圆划像”效果，将其拖曳到“02.jpg”和“03.jpg”素材的相接位置，生成过渡剪辑，如图 7-18 所示。

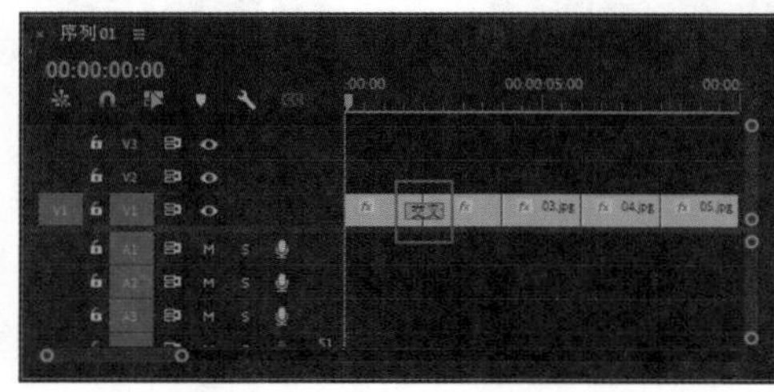

图7-17

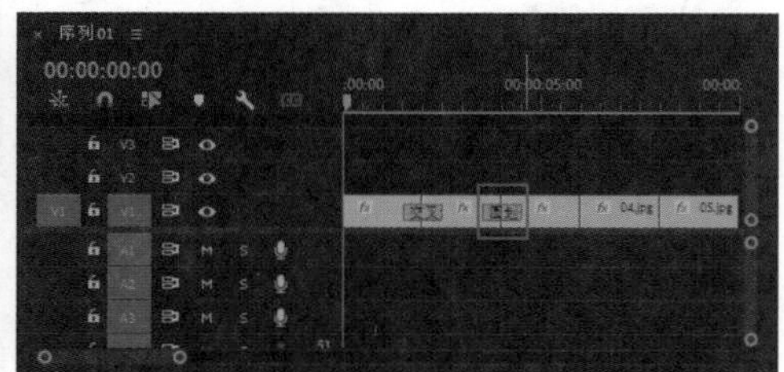

图7-18

步骤 08 选中“圆划像”效果，在“效果控件”面板中勾选“反向”复选框，如图 7-19 所示。这样“03.jpg”素材会包裹住“02.jpg”素材，效果如图 7-20 所示。

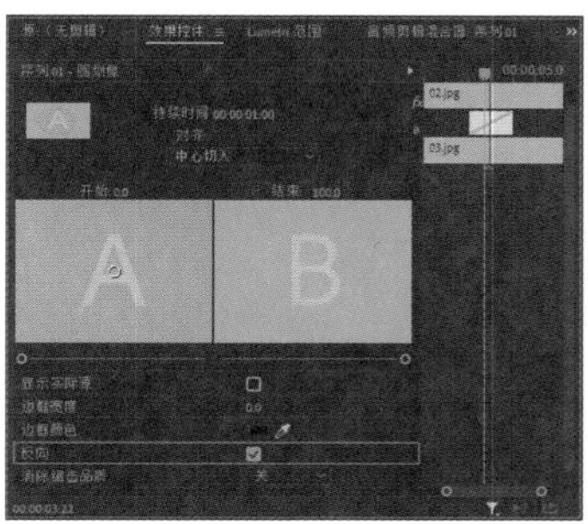

图 7-19

图 7-20

步骤 09 在“划像”过渡效果组中选中“盒形划像”效果，然后将其拖曳到“03.jpg”和“04.jpg”素材的相接位置，生成过渡剪辑，如图 7-21 所示。

步骤 10 在“划像”过渡效果组中选中“菱形划像”效果，然后将其拖曳到“04.jpg”和“05.jpg”素材的相接位置，生成过渡剪辑，如图 7-22 所示。

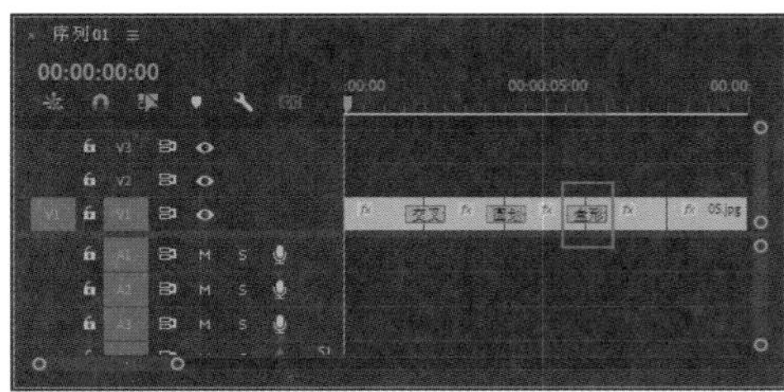

图 7-21

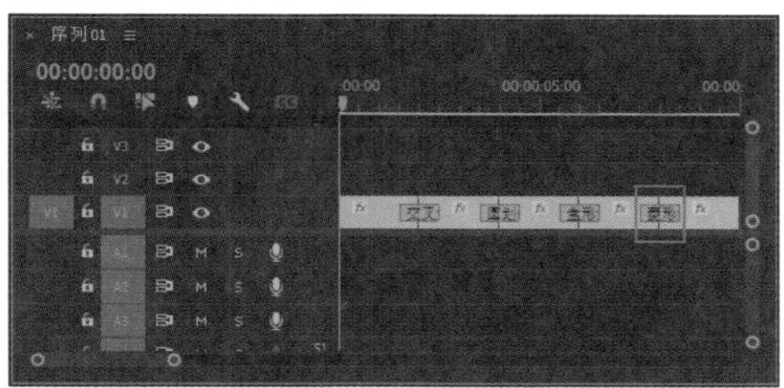

图 7-22

步骤 11 选中“04.jpg”和“05.jpg”素材相接外的“菱形划像”效果，在“效果控件”面板中勾选“反向”复选框，效果如图 7-23 所示。

步骤 12 在“项目：划像类过渡效果”面板中选择“音乐.wav”素材，并将其拖曳至A1轨道上，用“剃刀工具”裁剪并删除多余的音频，使其与上方素材长度一致，如图 7-24 所示。

图 7-23

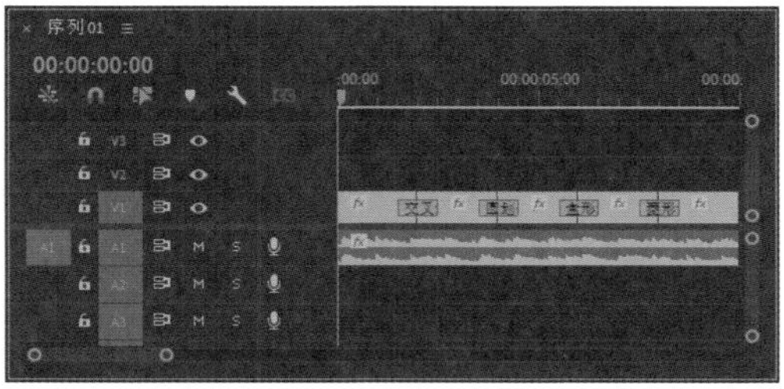

图 7-24

7.3 擦除类过渡效果 动态毕业相册

“擦除”过渡效果组的效果主要是通过两个场景的相互擦除来实现场景的转换。本案例将详细讲解使用“擦除”过渡效果组的效果制作动态毕业相册的操作方法，案例效果如图 7-25 所示。

图 7-25

步骤 01 启动 Premiere Pro 2023 软件，在菜单栏中执行“文件→打开项目”命令，打开路径文件夹中的“擦除类过渡效果 .prproj”文件。

步骤 02 在“项目：擦除类过渡效果”面板中选中“01.jpg”素材并将其拖曳至“时间轴”面板的 V1 轨道上，缩放至合适的大小，效果如图 7-26 所示。

步骤 03 选择“01.jpg”素材，将“持续时间”设置为 00:00:01:00，如图 7-27 所示。

图 7-26

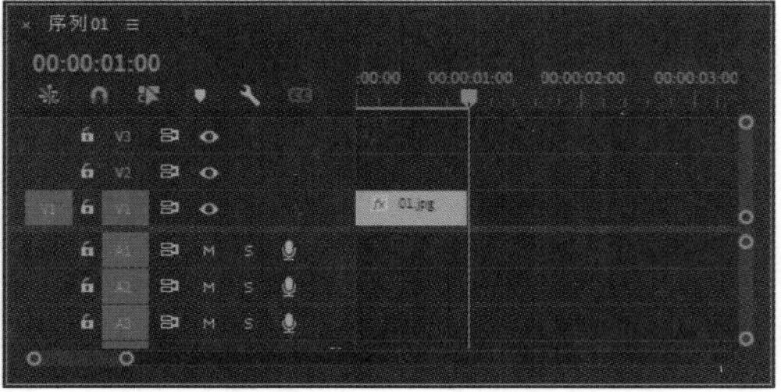

图 7-27

步骤 04 依次将“项目：擦除类过渡效果”面板中的“02.jpg”“03.jpg”“04.jpg”“05.jpg”素材文件拖曳到“时间轴”面板的 V1 轨道上，并缩放至合适大小。将素材的“持续时间”均设置为 00:00:01:00，如图 7-28 所示。画面效果如图 7-29 所示。

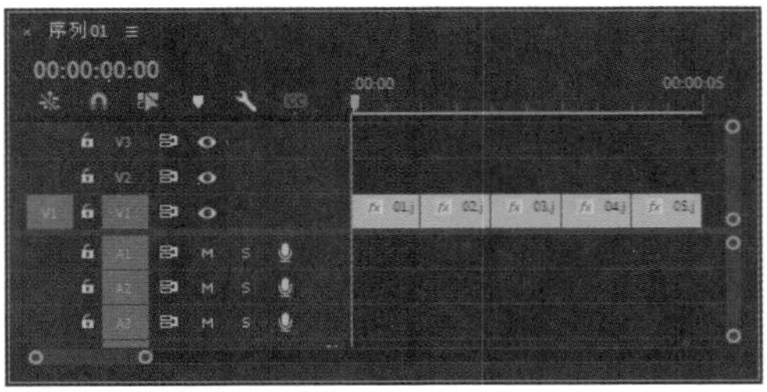

图 7-28

图 7-29

步骤 05 在“效果”面板中展开“视频过渡”卷展栏，然后在“擦除”过渡效果组中选中“划出”效果，将其拖曳到“01.jpg”和“02.jpg”素材的相接处，如图 7-30 所示。

提示

可以选中“时间轴”面板V1轨道的“划出”效果，在“效果控件”面板中调整划出的方向，如图 7-31 所示。

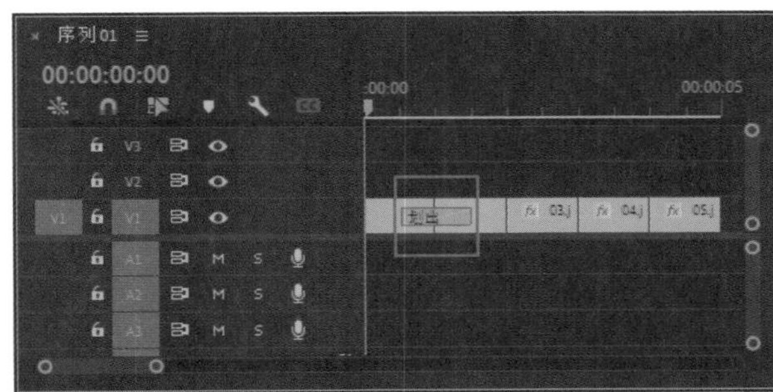

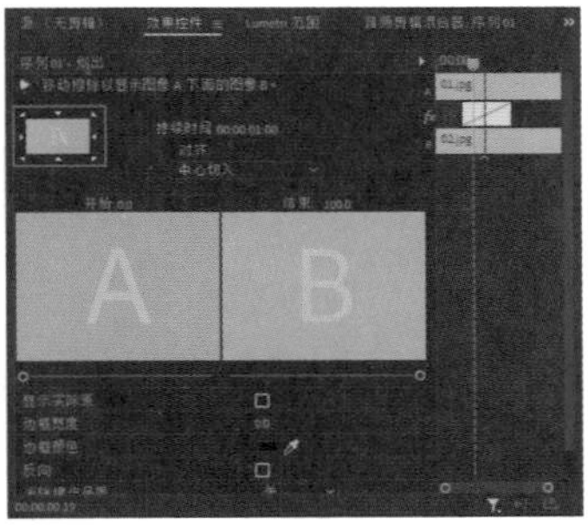

图 7-30

图 7-31

步骤 06 选中“划出”效果，在“效果控件”面板中设置“持续时间”为00:00:00:15，如图 7-32 所示。

步骤 07 在“擦除”过渡效果组中选中“径向擦除”效果，将其拖曳到“02.jpg”和“03.jpg”素材的相接处，如图 7-33 所示。

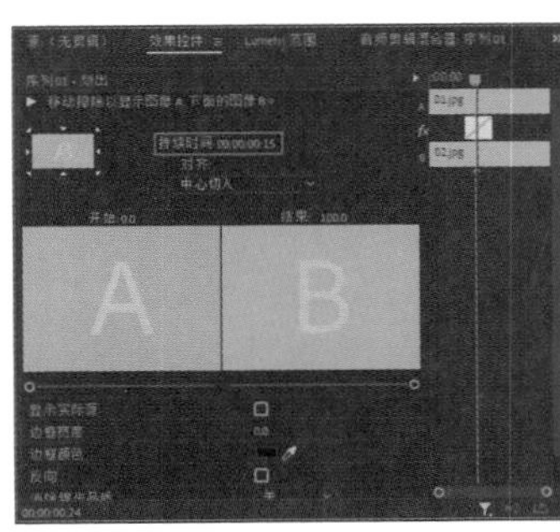

图 7-32

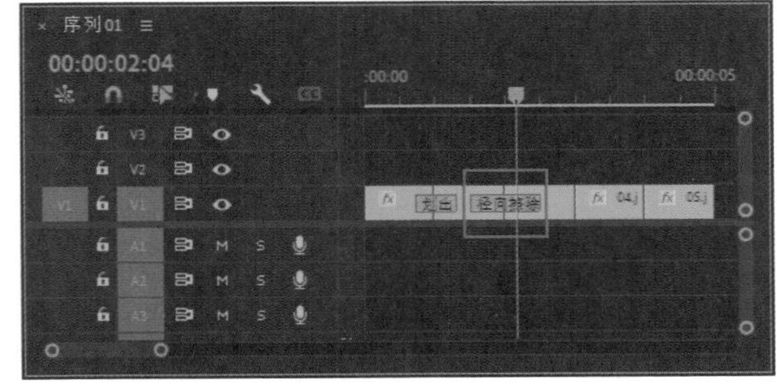

图 7-33

步骤 08 选中“径向擦除”效果，在“效果控件”面板中设置过渡方向为“自东北向西南”，设置“持续时间”为00:00:00:15，如图 7-34 所示。得到的画面效果如图 7-35 所示。

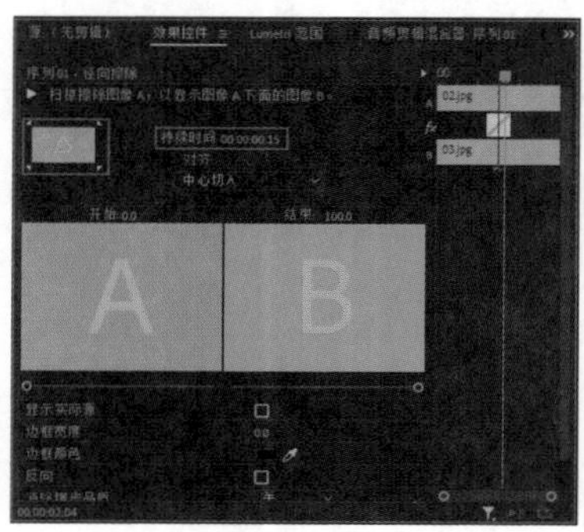

图 7-34

图 7-35

步骤 09 在“擦除”过渡效果组中选中“插入”效果，将其拖曳到“03.jpg”和“04.jpg”素材的相接处，如图 7-36 所示。

步骤 10 选中“插入”效果，在“效果控件”面板中设置过渡方向为“自东南向西北”，设置“持续时间”为 00:00:00:15，然后勾选“反向”复选框，如图 7-37 所示。

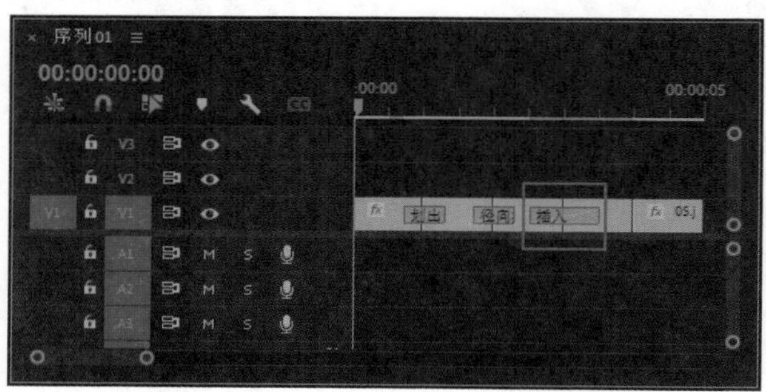

图 7-36

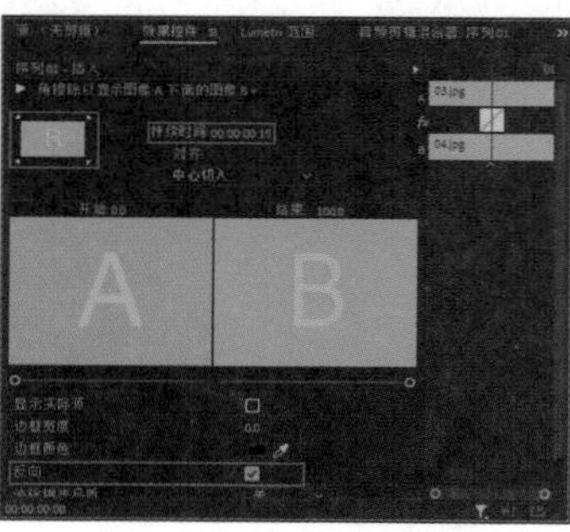

图 7-37

步骤 11 在“擦除”过渡效果组中选中“百叶窗”效果，将其拖曳到“04.jpg”和“05.jpg”素材的相接处，如图 7-38 所示。

步骤 12 选中“百叶窗”效果，在“效果控件”面板中单击“自定义”按钮，如图 7-39 所示。

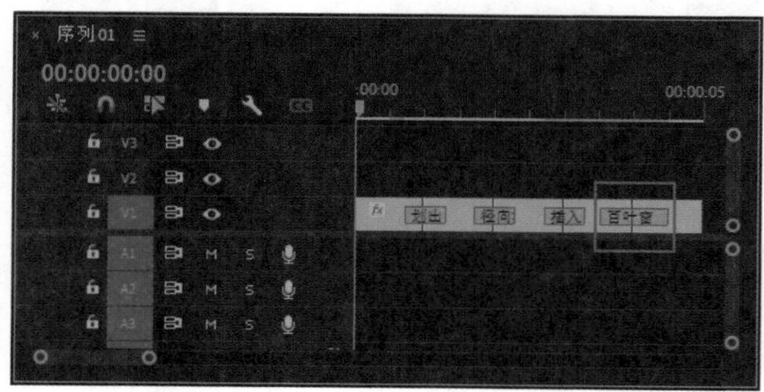

图 7-38

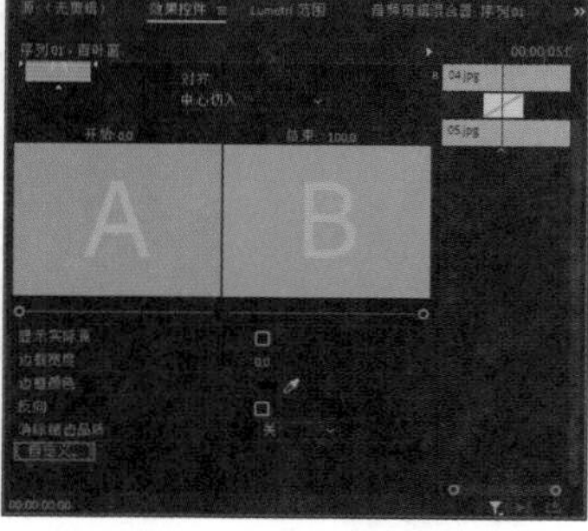

图 7-39

步骤13 在弹出的“百叶窗设置”对话框中设置“带数量”参数为5，然后单击“确定”按钮，如图7-40所示。

步骤14 在“项目：擦除类过渡效果”面板中选择“音乐.wav”素材，并将其拖曳至A1轨道上，用“剃刀工具”裁剪并删除多余的音频，使其与上方素材长度一致，如图7-41所示。

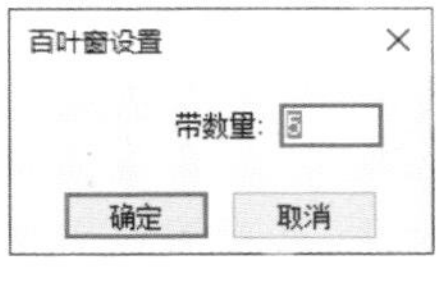

图7-40

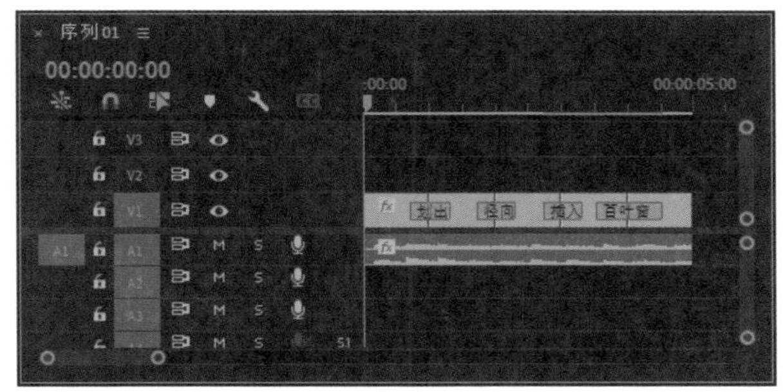

图7-41

提示

默认情况下，“百叶窗设置”对话框中的“带数量”参数为8，读者可按照实际情况设置该参数。

7.4 溶解类过渡效果 城市航拍视频

“溶解”过渡效果组的效果是编辑视频时常用的效果，可以较好地表现事物之间的缓慢过渡及变化。本案例将详细讲解使用“溶解”过渡效果组的效果制作城市航拍视频的操作方法，案例效果如图7-42所示。

图7-42

步骤 01 启动Premiere Pro 2023软件，在菜单栏中执行“文件→打开项目”命令，打开路径文件夹中的“溶解类过渡效果.prproj”文件。

步骤 02 可以看到“时间轴”面板中添加了素材，如图 7-43所示。在“节目：序列01”面板中可以预览当前素材的效果，如图 7-44所示。

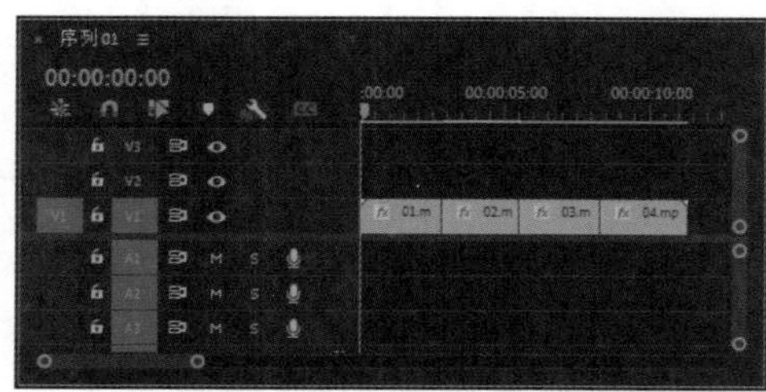

图7-43

图7-44

步骤 03 在“效果”面板中展开“视频过渡”卷展栏，然后在“溶解”过渡效果组中选中“胶片溶解”效果，将其拖曳到“01.mp4”素材的起始位置，如图 7-45所示。

步骤 04 在“溶解”过渡效果组中选中“黑场过渡”效果，将其拖曳到“04.mp4”素材的末尾，如图 7-46所示。

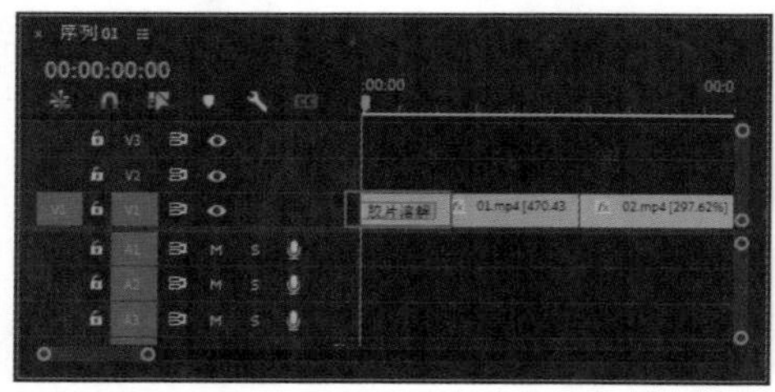

图7-45

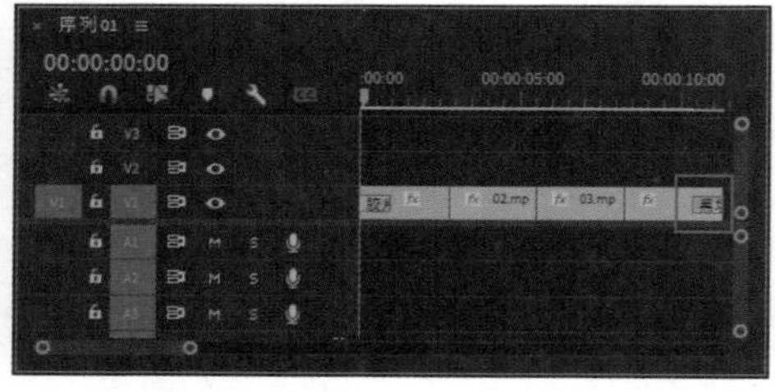

图7-46

步骤 05 在“溶解”过渡效果组中选中“交叉溶解”效果，将其拖曳到“01.mp4”和“02.mp4”素材的相接处；选中“非叠加溶解”效果，将其拖曳到“02.mp4”和“03.mp4”素材的相接处；选中“叠加溶解”效果，将其拖曳到“03.mp4”和“04.mp4”素材的相接处，如图 7-47所示。

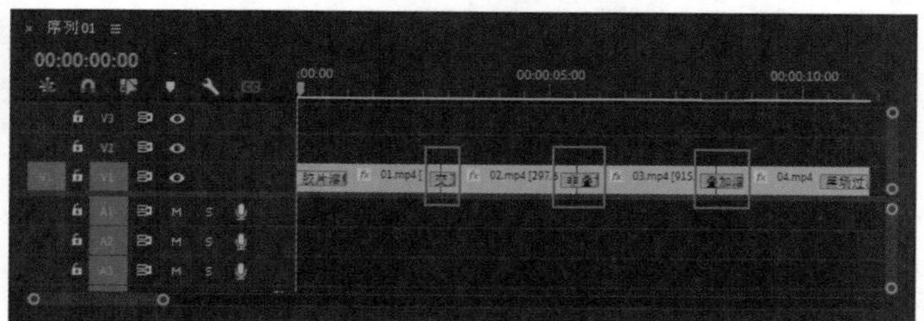

图7-47

步骤 06 在“项目：溶解类过渡效果”面板中选择“音乐.wav”素材，并将其拖曳至A1轨道上，用“剃刀工具”裁剪并删除多余的音频，使其与上方素材长度相等，如图 7-48所示。

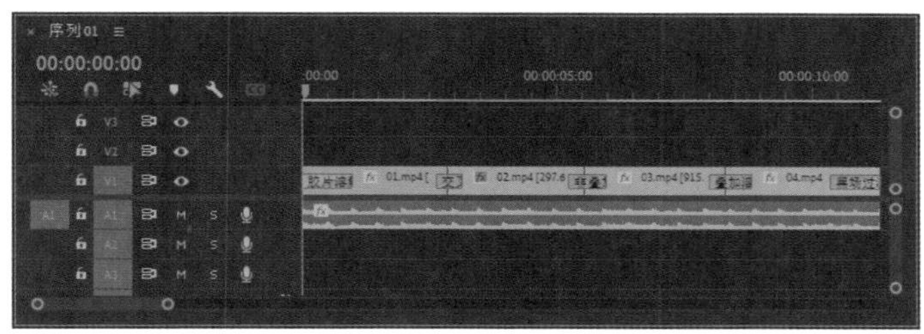

图 7-48

7.5 页面剥落类过渡效果 四季交替视频

“页面剥落”过渡效果组的效果会模仿翻开书页的形式来实现场景画面的切换。本案例将详细讲解使用“页面剥落”过渡效果组的效果制作四季交替视频的操作方法，案例效果如图 7-49 所示。

图 7-49

步骤 01 启动 Premiere Pro 2023 软件，在菜单栏中执行“文件→打开项目”命令，打开路径文件夹中的“页面剥落类过渡效果.prproj”文件。

步骤 02 选中“时间轴”面板的 V1 轨道的“四季交替.mp4”素材并右击，在弹出的快捷菜单中执行“取消链接”命令，如图 7-50 所示。选择 A1 轨道中的音频素材，按 Delete 键将其删除。在“节目：序列 01”面

图 7-50

板中可以预览当前素材的效果，如图7-51所示。

图7-51

步骤 03 将时间线移至00:00:06:00位置，使用“剃刀工具”沿时间线所在位置进行分割操作，如图7-52所示。

步骤 04 将时间线移至00:00:12:15位置，使用“剃刀工具”沿时间线所在位置进行分割操作，如图7-53所示。

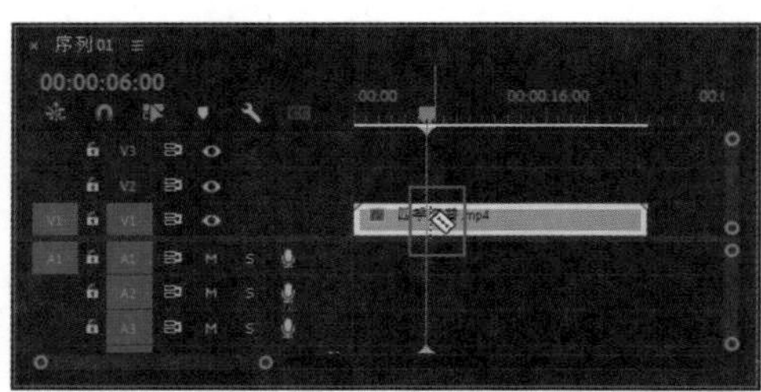

图7-52

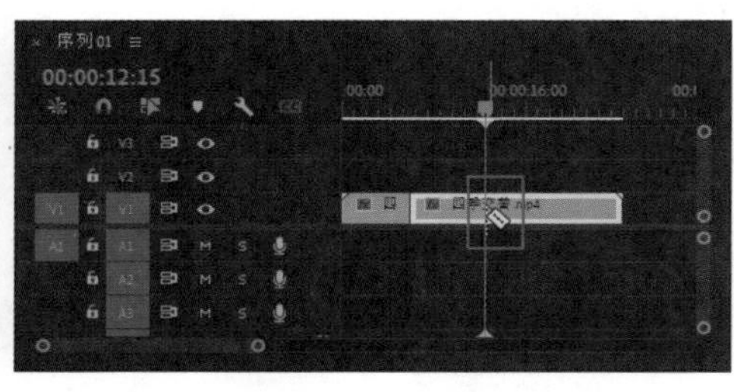

图7-53

步骤 05 将时间线移至00:00:18:09位置，使用“剃刀工具”沿时间线所在位置进行分割操作，如图7-54所示。

步骤 06 在“时间轴”面板中，拖动分割后的视频片段，使其呈阶梯状摆放，如图7-55所示。

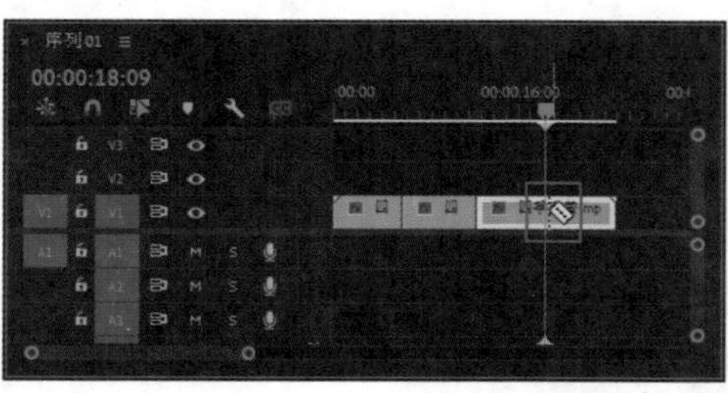

图7-54

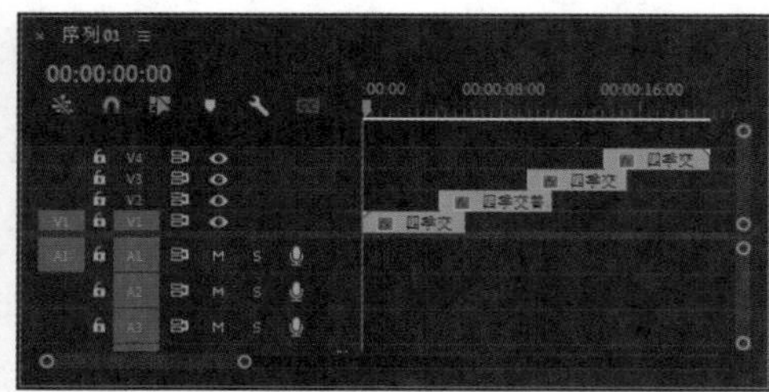

图7-55

步骤 07 在“效果”面板中展开“视频过渡”卷展栏，在“页面剥落”过渡效果组选中“翻页”效果，将其拖曳至V2轨道的“四季交替.mp4”素材的起始位置；选中“页面剥落”效果，将其拖曳至V3轨道的“四季交替.mp4”素材的起始位置；选中“翻页”效果，将其拖曳至V4轨道的“四季交替.mp4”素材的起始位置，如图7-56所示。

步骤 08 在“项目：页面剥落类过渡效果”面板中选择“音乐.wav”素材，并将其拖曳至A1轨道上，用“剃刀工具”裁剪并删除多余的音频，使其末尾与V4轨道的素材的末尾对齐，如图7-57所示。

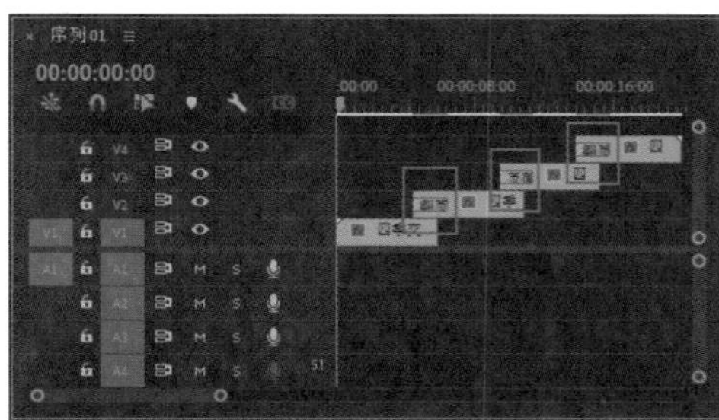

图7-56

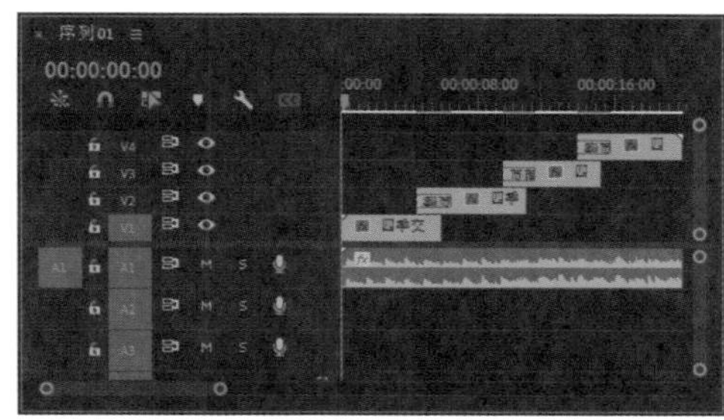

图7-57

7.6 通道类过渡效果 健身日记

本案例将详细讲解使用通道类过渡效果制作健身日记视频的操作方法，案例效果如图7-58所示。

图7-58

步骤 01 启动Premiere Pro 2023软件，在菜单栏中执行“文件→打开项目”命令，打开路径文件夹中的“通道类过渡效果.prproj”文件。

步骤 02 可以看到“时间轴”面板中添加了素材，如图7-59所示。在“节目：序列01”面板中可以预览当前素材的效果，如图7-60所示。

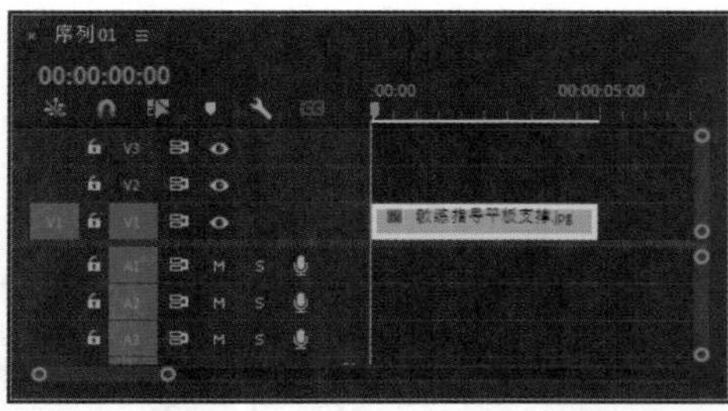

图 7-59

图 7-60

步骤 03　在 V2 轨道上添加“Scene 01.mov”素材，将时间线移至 00:00:02:00 位置，单击“剃刀工具”按钮，在时间线处进行分割，并删除时间线后方的“Scene 01.mov”素材，如图 7-61 所示。

步骤 04　移动时间线，可以观察到“Scene 01.mov”素材本身没有 Alpha 通道，无法在绿色部分显示下方的画面内容，如图 7-62 所示。

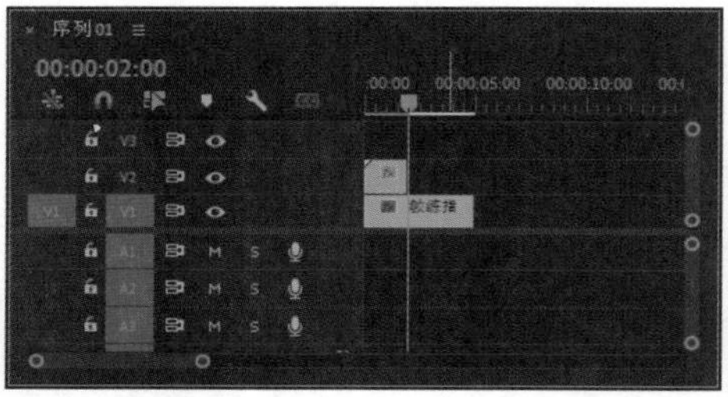

图 7-61

图 7-62

步骤 05　在“效果”面板中搜索“超级键”效果，将该效果拖曳至“Scene 01.mov”素材上。在“效果控件”面板中单击“主要颜色”右侧的“吸管”按钮，吸取“节目：序列 01”面板中的绿色，如图 7-63 所示。素材绿色部分被抠掉，显示出下方图片的内容，效果如图 7-64 所示。

图 7-63

图 7-64

步骤 06　在“项目：通道类过渡效果”面板中选择“健身房踩单车男生.jpg”素材并将其拖曳至“教练指导平板支撑.jpg”素材的后面，如图 7-65 所示。

步骤 07　移动时间线至 00:00:03:19 位置，在 V2 轨道上添加“Scene 02.mov”素材，将时间线移至 00:00:06:06 位置，单击“剃刀工具”按钮，在时间线处进行分割，并删除时间线后方的“Scene 02.mov”素材，如图 7-66 所示。

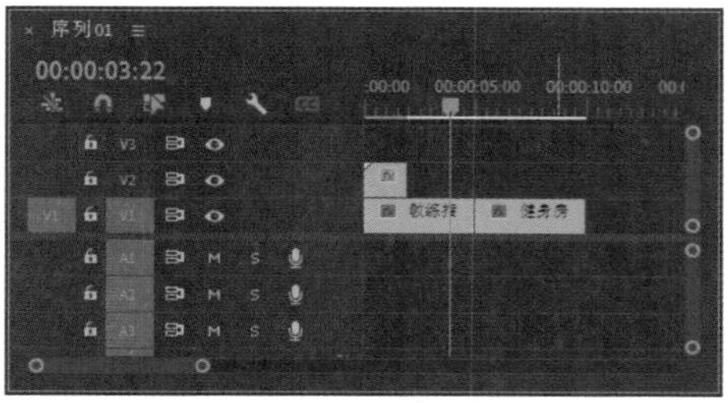

图7-65

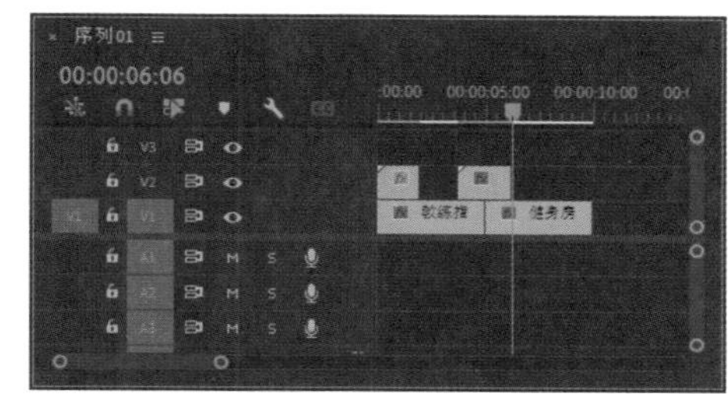

图7-66

步骤 08　在“效果”面板中搜索“超级键”效果，将该效果拖曳至“Scene 02.mov”素材上。在“效果控件”面板中单击“主要颜色”右侧的“吸管”按钮，吸取“节目：序列01”面板中的绿色，此时素材中的绿色部分被抠掉，显示出下方图片的内容，效果如图7-67所示。

步骤 09　在“项目：通道类过渡效果”面板中选择“跑步机运动健身.jpg”素材并将其拖曳至“健身房踩单车男生.jpg”素材的后面，如图7-68所示。

图7-67

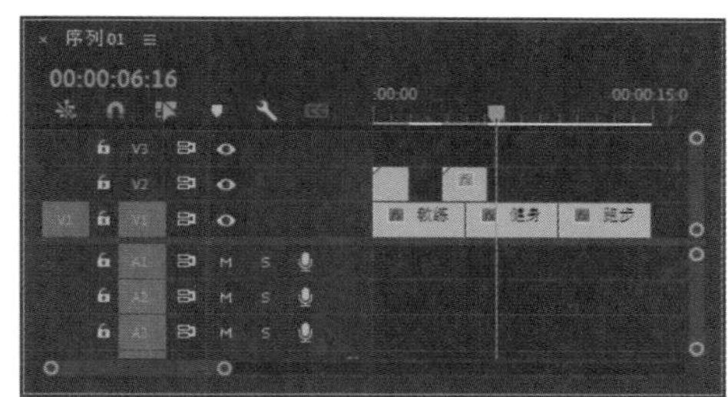

图7-68

步骤 10　移动时间线至00:00:08:18位置，在V2轨道上添加“Scene 03.mov”素材，将时间线移至00:00:11:11位置，单击“剃刀工具”按钮，在时间线处进行分割，并删除时间线后方的“Scene 03.mov”素材，如图7-69所示。

步骤 11　在“效果”面板中搜索“超级键”效果，将该效果拖曳至“Scene 03.mov”素材上。在“效果控件”面板中单击“主要颜色”右侧的“吸管”按钮，吸取“节目：序列01”面板中的绿色，此时素材中的绿色被抠掉，显示出下方图片的内容，效果如图7-70所示。

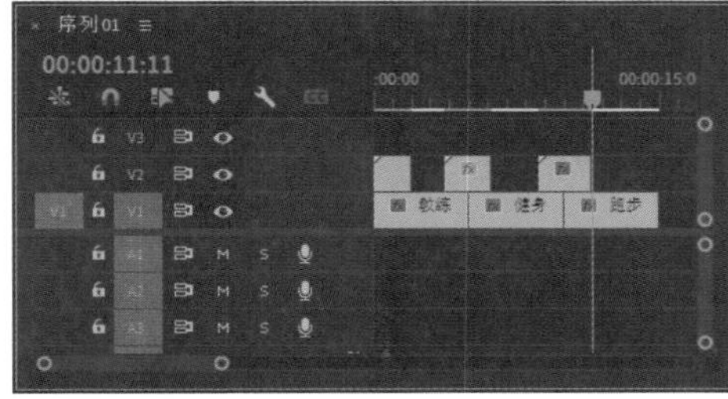

图7-69

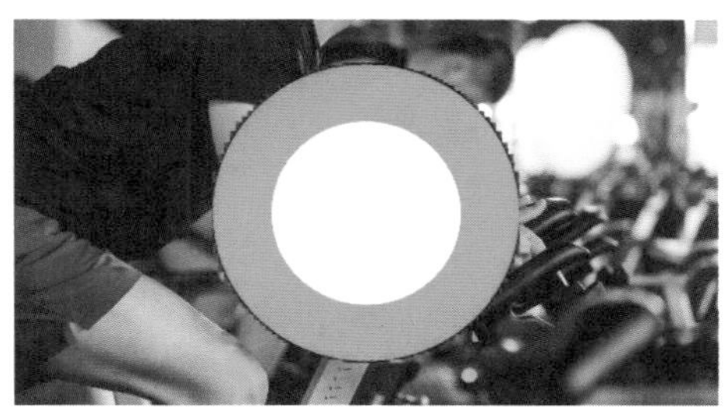

图7-70

步骤 12 在“效果”面板中搜索“交叉溶解”效果，将该效果依次添加至V2轨道的3段素材的尾部，如图 7-71 所示。

步骤 13 在“项目：通道类过渡效果”面板中选择“音乐.wav”素材，将其拖曳至“时间轴”面板的A1轨道，并裁剪成与上方视频轨道的素材长度一致，如图7-72所示。

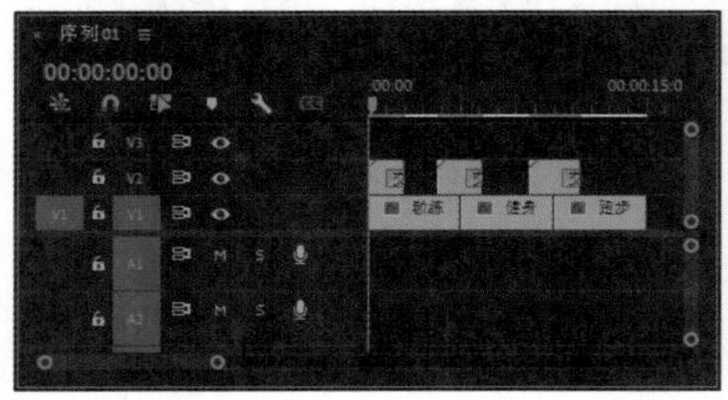

图 7-71

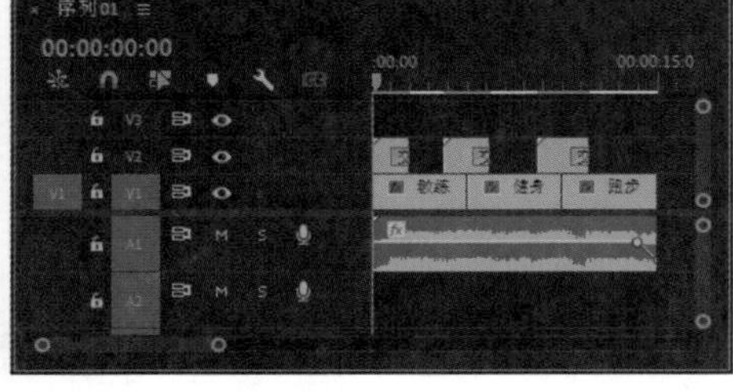

图 7-72

7.7 素材叠加类过渡效果 唯美粒子转场

本案例将详细讲解使用素材叠加类过渡效果制作唯美粒子转场效果的具体操作方法，案例效果如图 7-73 所示。

图 7-73

步骤 01 启动Premiere Pro 2023软件，在菜单栏中执行“文件→打开项目”命令，打开路径文件夹中的“素材叠加类过渡.prproj”文件。

步骤 02 可以看到“时间轴”面板中添加了素材，如图 7-74 所示。

步骤 03 在“效果”面板中搜索“白场过渡”效果，将该效果拖曳到“01.mp4”素材的起始位置，如图 7-75 所示。

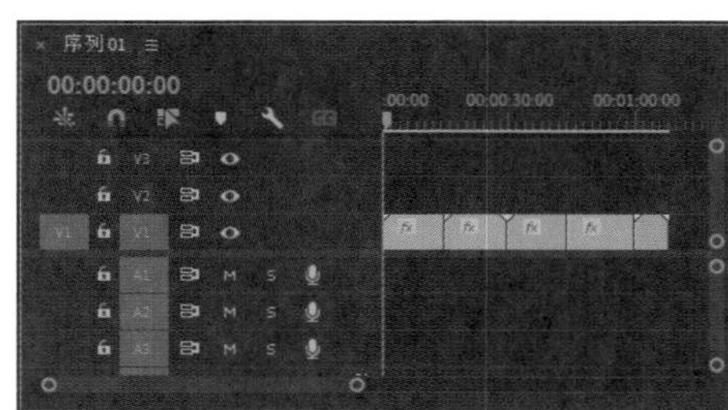

图 7-74

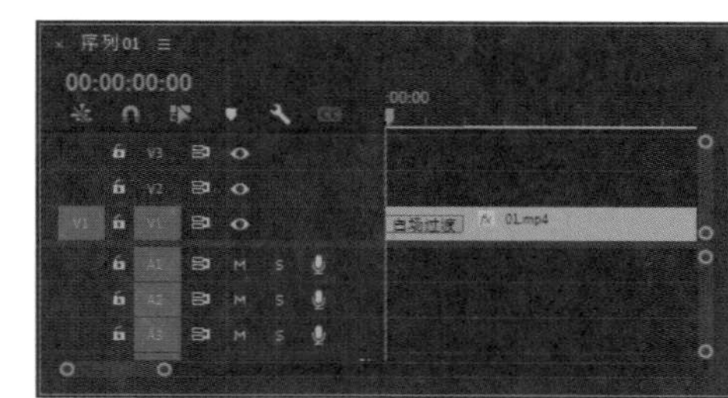

图 7-75

步骤 04 选择“白场过渡”效果，在“效果控件”面板中设置“持续时间”为 00:00:00:15，如图 7-76 所示。画面效果如图 7-77 所示。

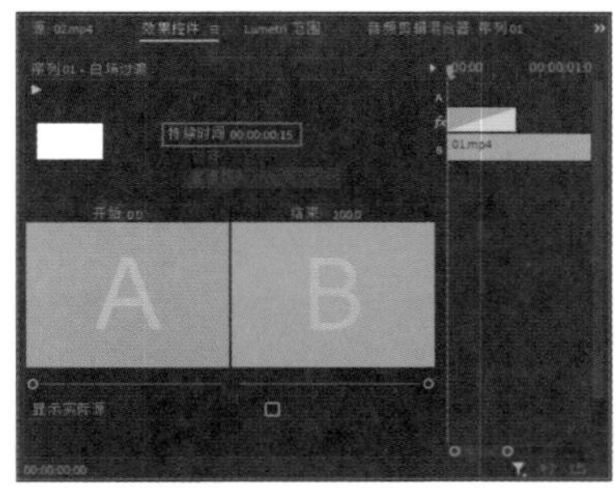

图 7-76

图 7-77

步骤 05 将时间线移至00:00:13:00位置，在“项目：素材叠加过渡”面板中选择“粒子光线转场.mp4”素材并将其拖曳至V2轨道上，使其起始位置与时间线对齐，取消链接，删除音频，如图 7-78 所示。

步骤 06 选择“时间轴”面板中V2轨道的“粒子光线转场.mp4”素材，在“效果控件”面板中设置“缩放”参数为50.0、“混合模式”为“滤色”，如图 7-79 所示。

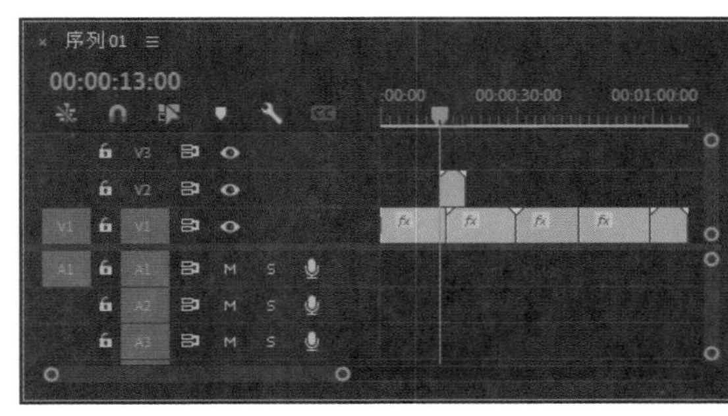

图 7-78

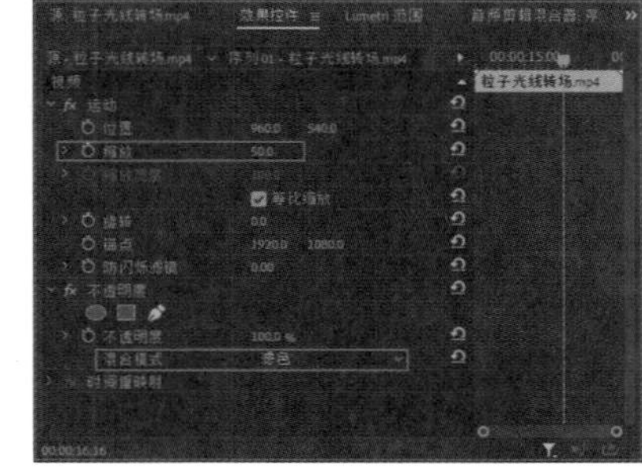

图 7-79

步骤 07 参考上述操作步骤，在“时间轴”面板的V2轨道的00:00:28:06、00:00:42:05、00:00:57:13位置添加“粒子光线转场.mp4”素材，如图 7-80 所示。

步骤 08　在“项目：素材叠加过渡”面板中选择“音乐.wav”素材并将其拖曳至A1轨道上，用“剃刀工具”裁剪并删除多余的音频，使其与V1轨道的素材长度相等，如图7-81所示。

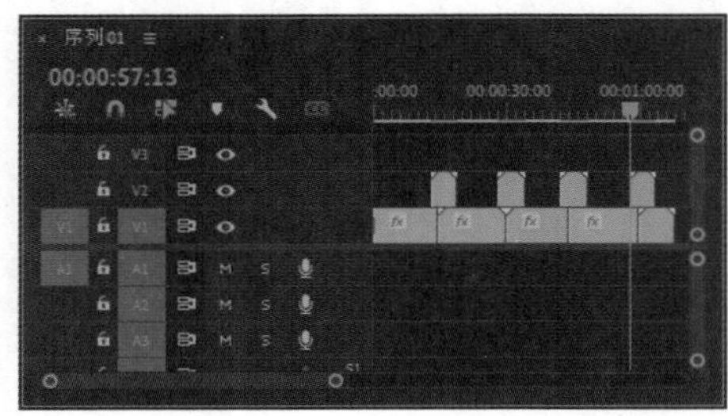

图7-80

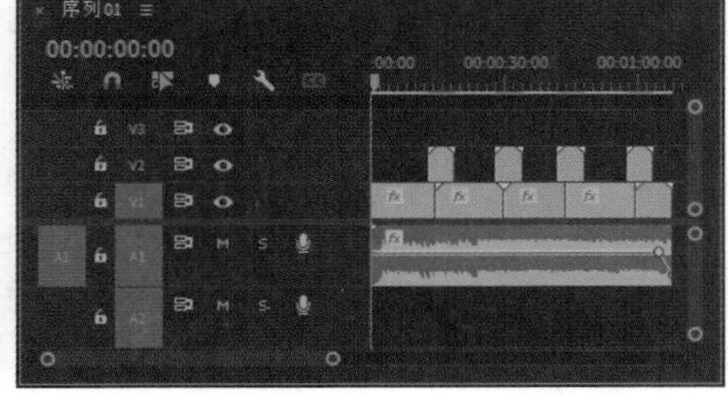

图7-81

7.8 瞳孔转场效果 温馨童年回忆

本案例将详细讲解使用蒙版工具制作瞳孔转场效果的操作方法，案例效果如图7-82所示。

图7-82

步骤 01　启动Premiere Pro 2023软件，在菜单栏中执行“文件→打开项目”命令，打开路径文件夹中的“瞳孔转场效果.prproj”文件。

步骤 02　可以看到“时间轴”面板中添加了素材，如图7-83所示。

步骤 03　选中V1轨道的“眼睛.mp4”素材，将时间线移至00:00:01:15位置，右击并在弹出的快捷菜单中执行“添加帧定格”命令，效果如图7-84所示。

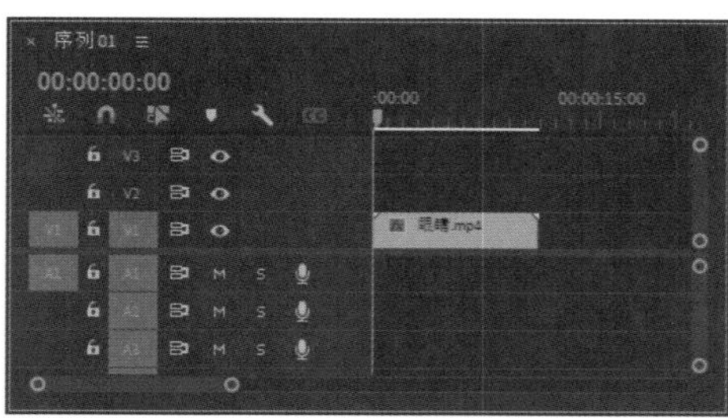

图7-83

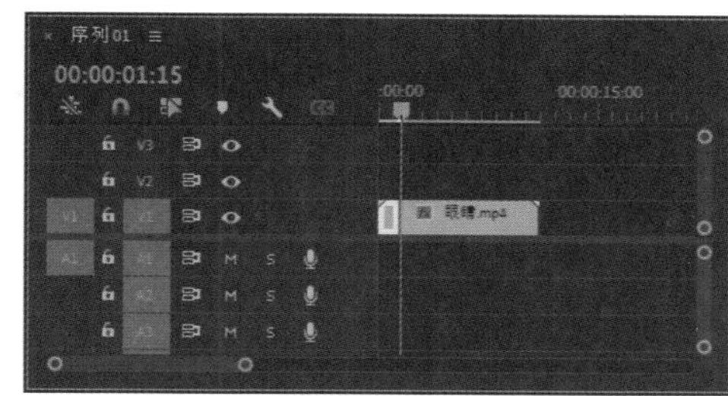

图7-84

步骤 04 选中时间线后面的素材，在“效果控件”面板中单击“创建椭圆形蒙版”按钮，“节目：序列01”面板中的效果如图7-85所示。

步骤 05 在“节目：序列01”面板中单击下方的“设置”按钮，在弹出的菜单中执行“透明网格”命令，效果如图7-86所示。

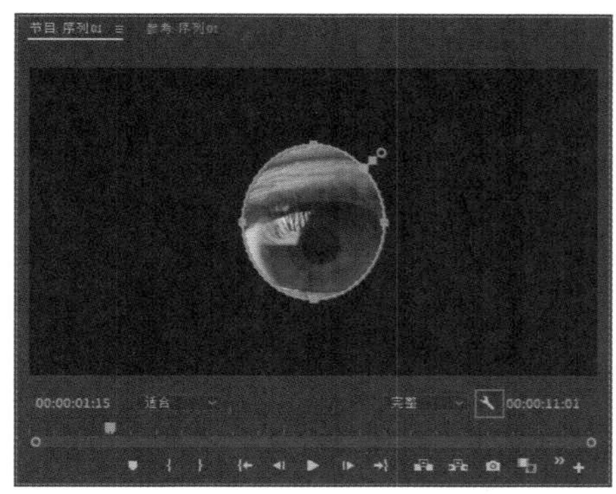

图7-85

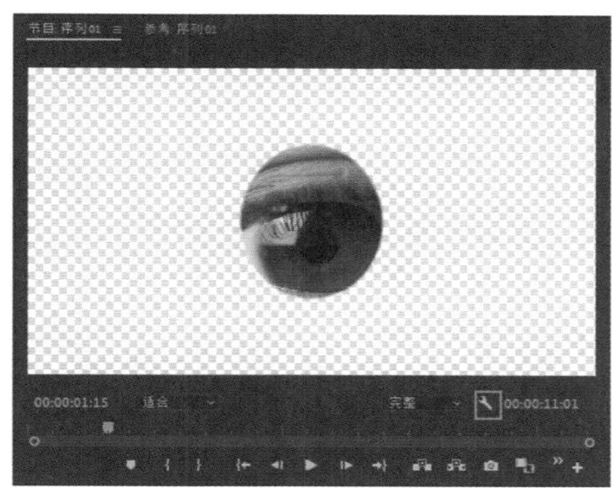

图7-86

步骤 06 在“节目：序列01”面板中调整蒙版路径，在“效果控件”面板中设置“蒙版羽化”参数为60.0、“蒙版扩展”参数为15.0，勾选“已反转”复选框，如图7-87所示。执行操作后，画面效果如图7-88所示。

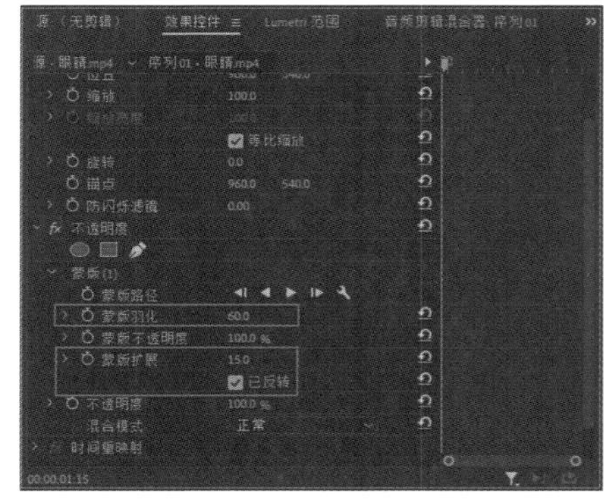

图7-87

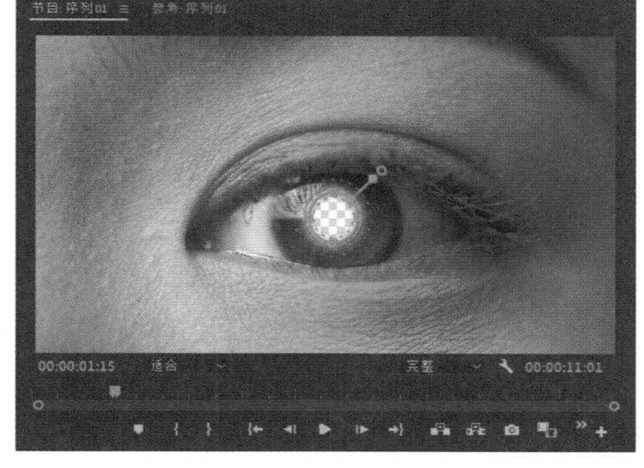

图7-88

步骤 07 在“效果控件”面板中调整“位置”参数，将“节目：序列01”面板中的锚点移至瞳孔中心，如图7-89所示。

步骤 08　在“节目：序列01”面板中单击下方的“设置”按钮🔧，在弹出的菜单中执行“透明网格”命令，效果如图 7-90 所示。

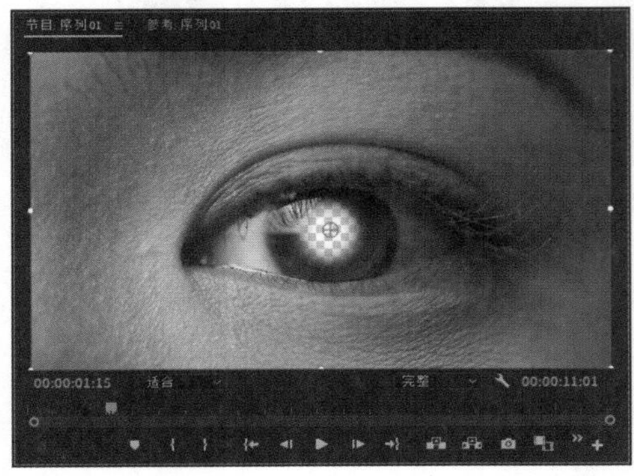
图 7-89

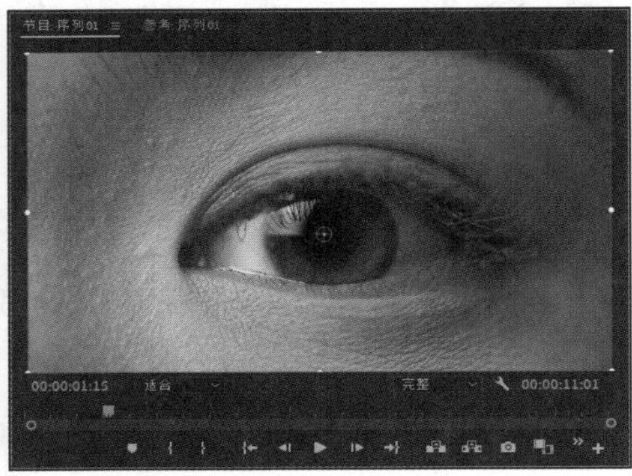
图 7-90

步骤 09　将时间线移至00:00:01:15位置，选中V1轨道的第二段素材，在“效果控件”面板中单击“缩放”左侧的“切换动画”按钮⏱，生成关键帧。将时间线移至00:00:04:08位置，设置“缩放”参数为1797.0，如图 7-91 所示。

步骤 10　选中第一个关键帧，右击并在弹出的快捷菜单中执行“缓入”命令，如图 7-92 所示；选中第二个关键帧，右击并在弹出的快捷菜单中执行“缓出”命令。

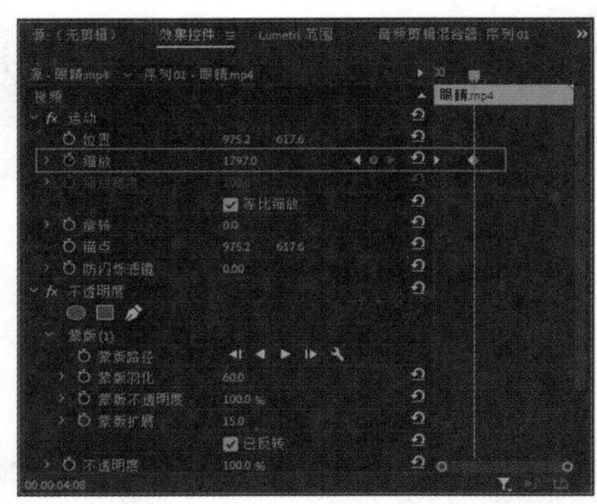
图 7-91

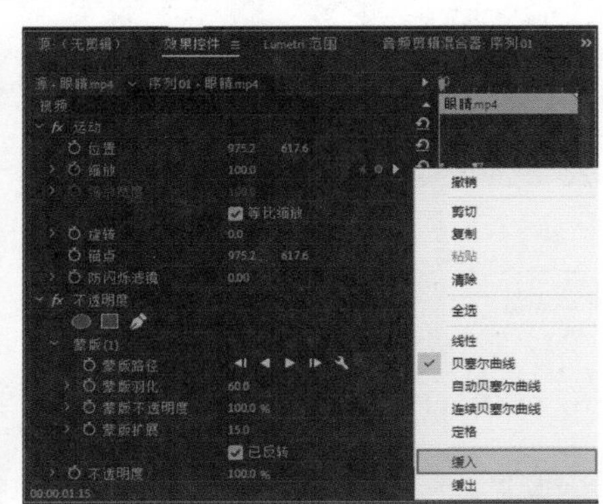
图 7-92

步骤 11　选中V1轨道的所有素材，向上拖曳至V2轨道，如图 7-93 所示。

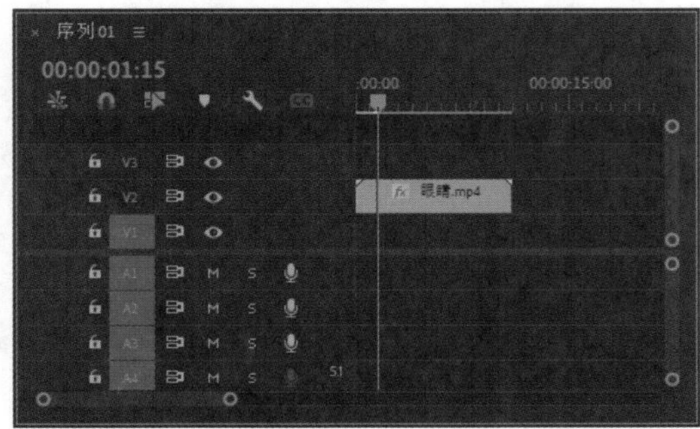
图 7-93

步骤 12 在“项目：瞳孔转场效果”面板中选中“童年.mp4”素材，将其拖曳到V1轨道上，右击并在弹出的快捷菜单中执行“取消链接”命令，选择A1轨道中的音频素材，按Delete键将其删除，如图7-94所示。

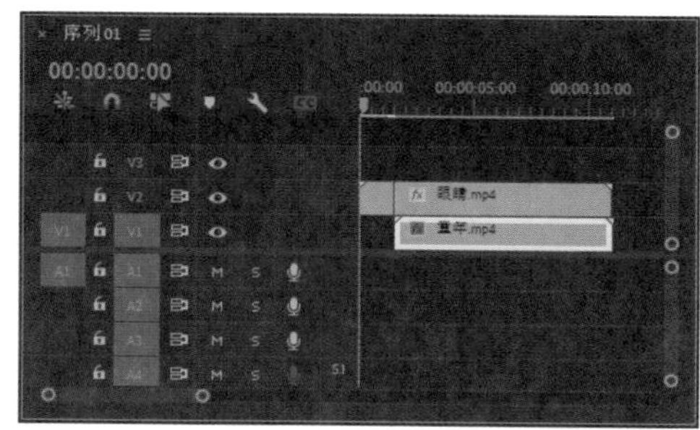

图7-94

步骤 13 在“效果”面板中搜索“交叉溶解”效果，将该效果拖曳至V1轨道的素材的起始位置，如图7-95所示。

步骤 14 在“项目：瞳孔转场效果”面板中，将“音乐.wav”素材拖曳至A1轨道上，将“音效.wav”素材拖曳到A2轨道上，如图7-96所示。

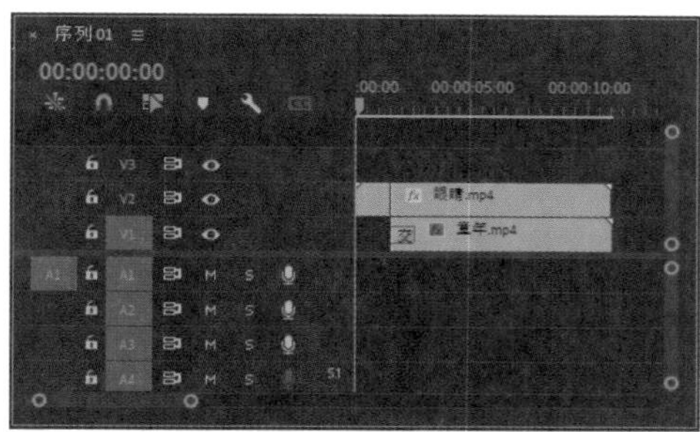

图7-95

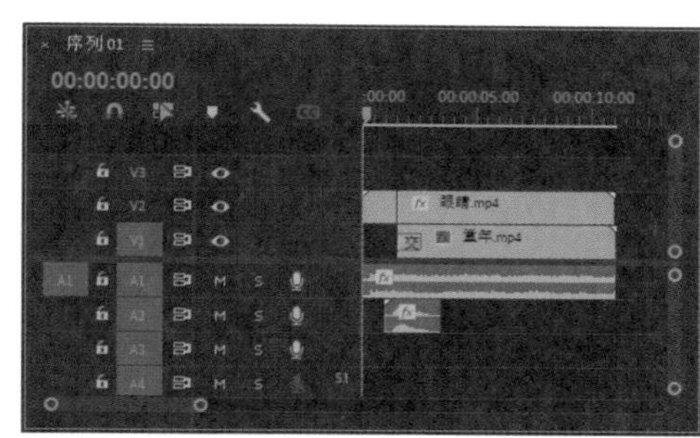

图7-96

第 8 章

添加关键帧 让画面动起来

关键帧的作用主要是在视频的不同时间点设置不同的效果，从而使视频具有动感。其原理是通过改变物体在不同时间点的属性（如位置、大小、角度等）来让物体运动起来。关键帧可分为普通关键帧和动作脚本关键帧，只有用两个及以上的关键帧才能够制作出动画效果。

8.1 画中画动画 新闻采访视频

本案例将通过制作一个新闻采访视频，讲解通过添加“顶部”“底部”关键帧制作画中画效果的操作方法，案例效果如图 8-1 所示。

图 8-1

步骤 01 启动 Premiere Pro 2023 软件，在菜单栏中执行“文件→打开项目”命令，打开路径文件夹中的“画中画动画.prproj”文件。

步骤 02 选中“时间轴”面板的 V1 轨道的“背景.mp4”素材，右击并在弹出的快捷菜单中执行“取消链接”命令，如图 8-2 所示。选择 A1 轨道中的音频素材，按 Delete 键将其删除。在“节目：序列 01”面板中可以预览当前素材的效果，如图 8-3 所示。

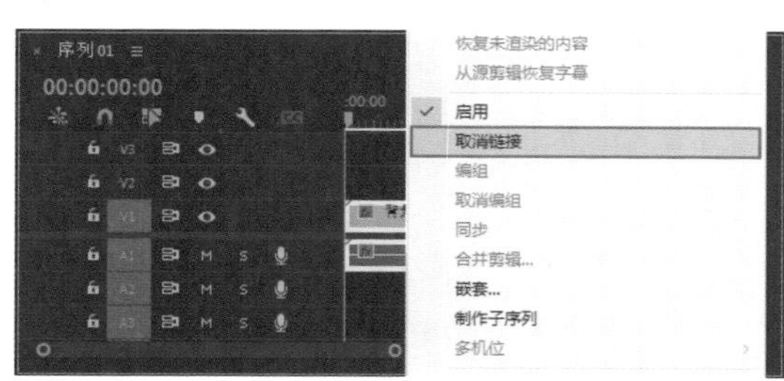

图 8-2

图 8-3

步骤 03 在“项目：画中画动画”面板中选中“元素.mov”素材，将其拖曳到“时间轴”面板的 V2 轨道上；选中“办公.mp4”素材，将其拖曳到“时间轴”面板的 V3 轨道上。选择音频轨道中的音频素材，按 Delete 键将其删除，如图 8-4 所示。

步骤 04 将时间线移至 00:00:15:00 位置，切换到“剃刀工具”，按 Ctrl+Shift+C 组合键，沿时间线位置进行分割操作，然后在“工具”面板中单击“选择工具”按钮，全选时间线后面的素材，按 Delete 键将其删除，如图 8-5 所示。

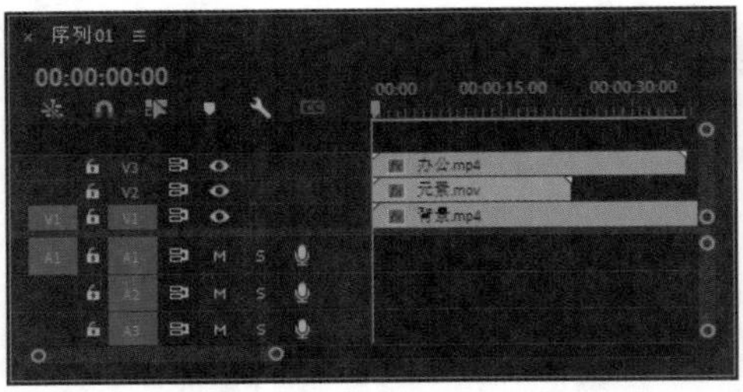

图 8-4

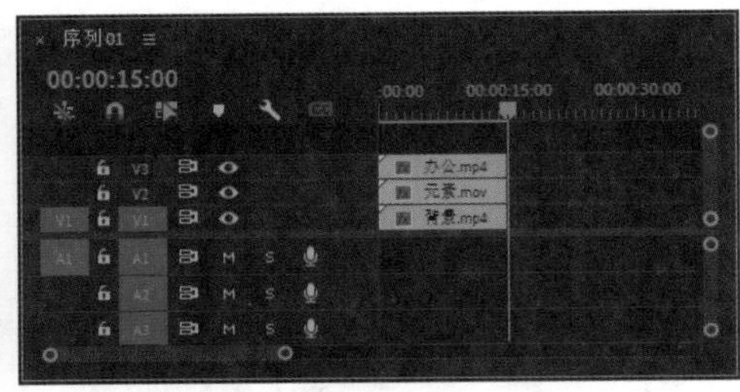

图 8-5

提示

读者也可以向前拖曳素材的末尾，对素材进行裁剪，使其尾端与时间线对齐。

步骤 05 将时间线移至00:00:01:10位置，在“工具”面板中单击“矩形工具”按钮，在“节目：序列01”面板中绘制一个矩形，矩形应比“办公.mp4”素材稍大一些，如图 8-6 所示。

步骤 06 在“效果控件”面板中，展开“形状（形状01）”卷展栏，取消勾选“填充”复选框，勾选“描边”复选框，将“描边”颜色设置为黄色，设置“描边宽度”参数为20.0、“描边方式”为“内侧”，如图 8-7 所示。

图 8-6

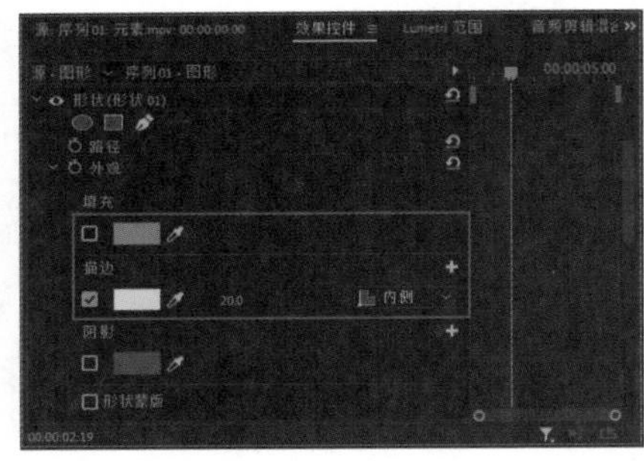

图 8-7

提示

读者可根据实际情况设置“描边宽度”参数，不做硬性要求。

步骤 07 选中V4轨道的“图形”素材，使其与下方“办公.mp4”素材同长，如图 8-8 所示。然后全选V3轨道和V4轨道上的素材，将其转换为嵌套序列，如图 8-9 所示。

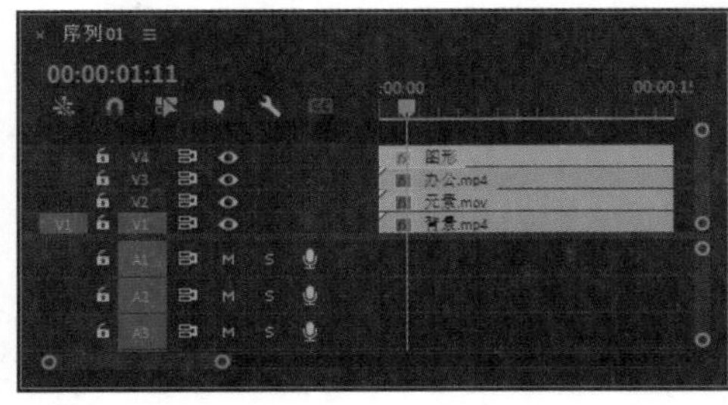

图 8-8

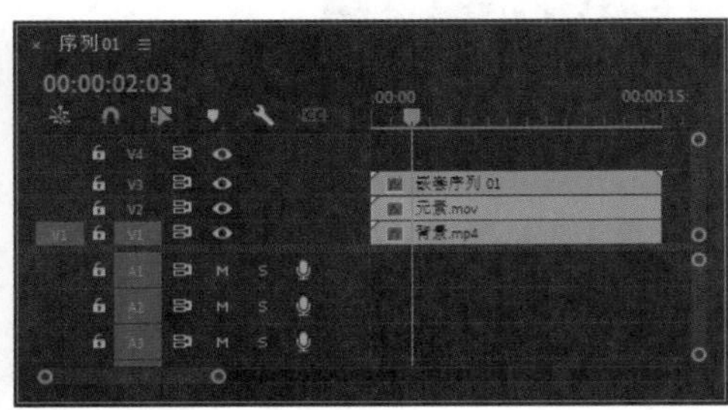

图 8-9

步骤 08　在“效果”面板中搜索“裁剪”效果，将该效果添加到“嵌套序列01”上，将时间线移至00:00:01:00位置，在“效果控件”面板中，单击“顶部”和“底部”左侧的“切换动画”按钮，生成关键帧，如图8-10所示。画面效果如图8-11所示。

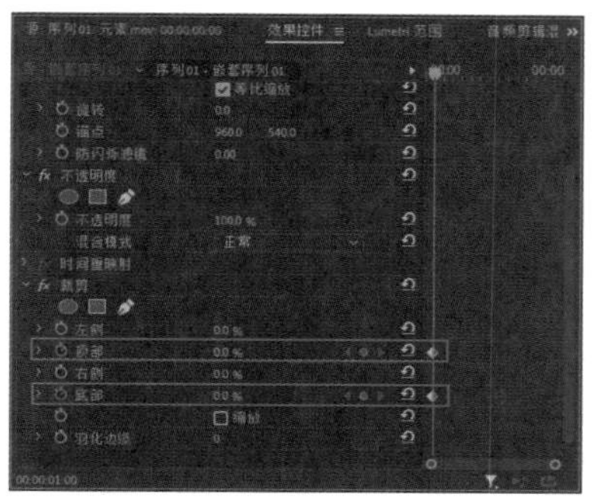

图8-10

图8-11

步骤 09　将时间线移至00:00:00:17位置，设置“顶部”和“底部”参数均为50.0%，如图8-12所示。画面效果如图8-13所示。

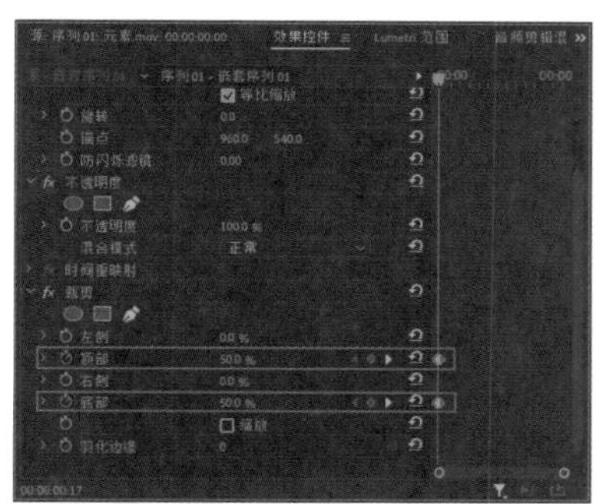

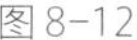

图8-12

图8-13

步骤 10　移动时间线至00:00:00:23位置，在“工具”面板中单击“矩形工具”按钮，在“节目：序列01”面板中办公素材的右下角绘制一个矩形，设置“填充”颜色为淡蓝色、“描边”颜色为黄色，如图8-14所示。

步骤 11　单击“文字工具”按钮，在上一步绘制的矩形中输入“新闻采访”文字，调整文字的字体、字号和颜色，如图8-15所示。

图8-14

图8-15

步骤 12 将V4轨道的"新闻采访"素材延长，使其与下方素材同长。在"效果"面板中搜索"交叉溶解"效果，将该效果拖曳至V4轨道的"新闻采访"素材的起始位置，如图 8-16 所示。

步骤 13 在"项目：画中画动画"面板中选择"音乐.wav"素材并将其拖曳至A1轨道上，用"剃刀工具"裁剪并删除多余的音频，使其与上方素材长度一致，如图 8-17 所示。

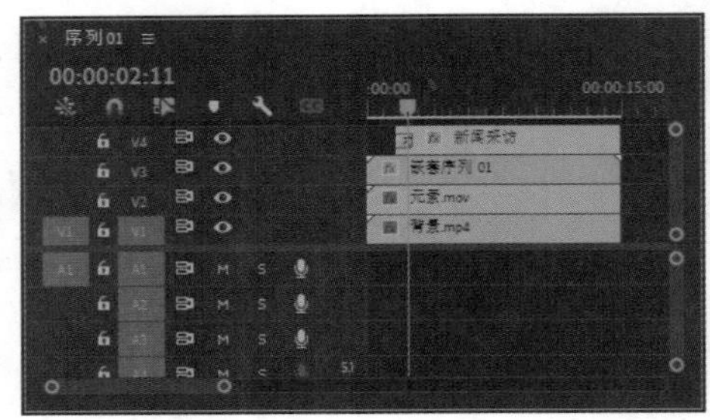

图8-16

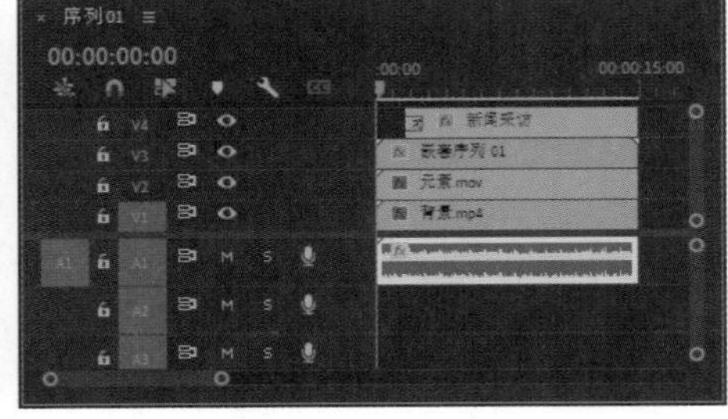

图8-17

8.2 制作缩放动画 美食视频

本案例将详细讲解通过添加"缩放""旋转""不透明度"关键帧，制作美食视频的操作方法，案例效果如图 8-18 所示。

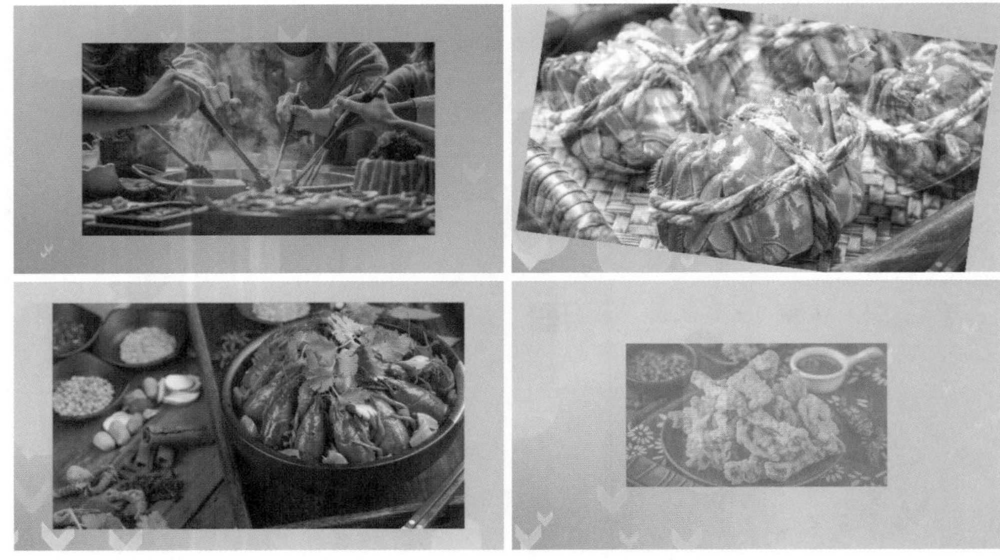

图8-18

步骤 01 启动Premiere Pro 2023软件，在菜单栏中执行"文件→打开项目"命令，打开路径文件夹中的"制作缩放动画.prproj"文件。

步骤 02 可以看到“时间轴”面板中添加了素材，如图 8-19 所示。在“节目：序列 01”面板中可以预览当前素材的效果，如图 8-20 所示。

图 8-19

图 8-20

步骤 03 选中 V2 轨道的“火锅.jpg”素材，在“效果控件”面板中，单击“缩放”左侧的“切换动画”按钮，生成关键帧，如图 8-21 所示。将时间线移至 00:00:03:00 位置，设置“缩放”参数为 0.0，如图 8-22 所示。

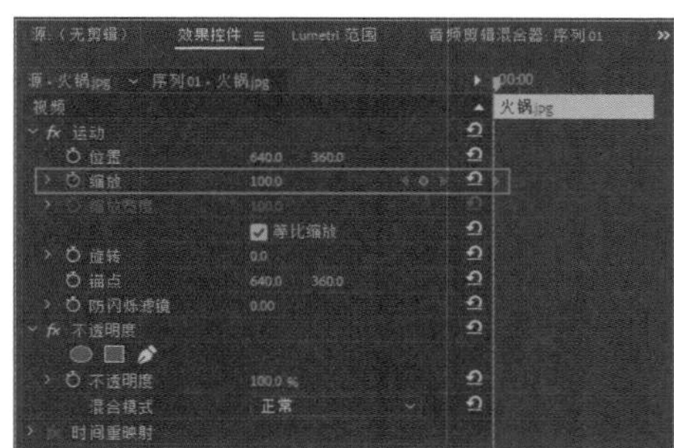

图 8-21

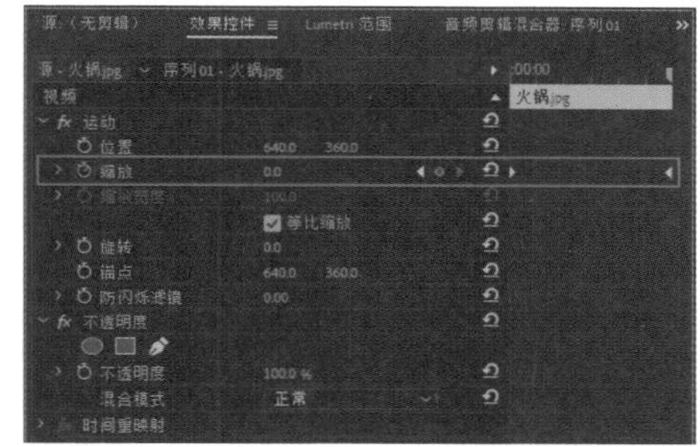

图 8-22

步骤 04 选中 V2 轨道的“小龙虾.jpg”素材单击“缩放”左侧的“切换动画”按钮，生成关键帧，在素材起始位置设置“缩放”参数为 0.0，如图 8-23 所示。

步骤 05 移动时间线至“小龙虾.jpg”素材的末尾，设置“缩放”参数为 100.0，如图 8-24 所示。

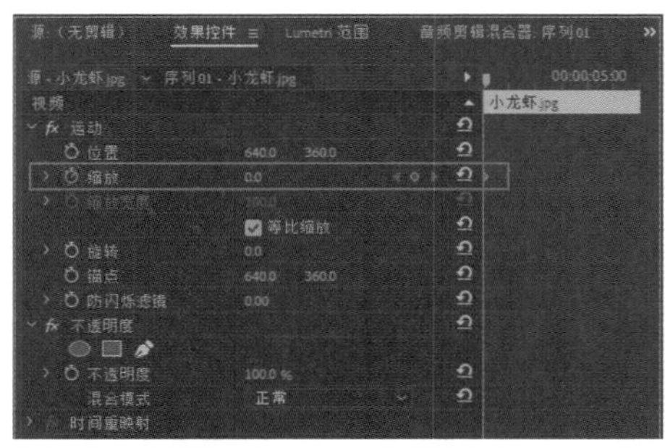

图 8-23

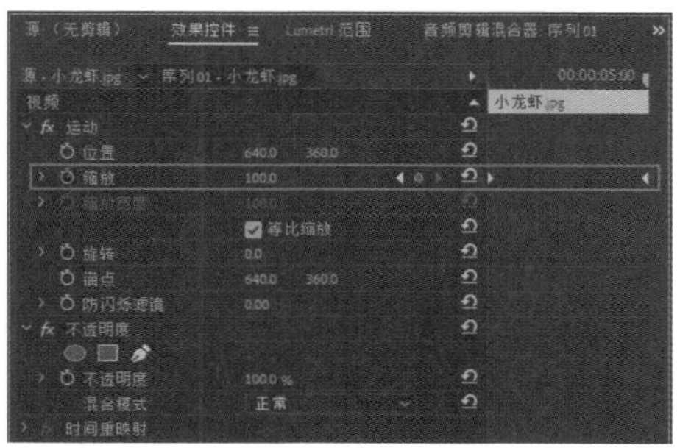

图 8-24

步骤 06 将时间线移至 V2 轨道的“大闸蟹.jpg”素材的起始位置，选中此素材，单击“缩放”和“旋转”左侧的“切换动画”按钮，生成关键帧，如图 8-25 所示。

步骤 07 将时间线移至V2轨道的“大闸蟹.jpg”素材的末尾，选中此素材，设置“缩放”参数为0.0、“旋转”参数为100.0°，如图8-26所示。

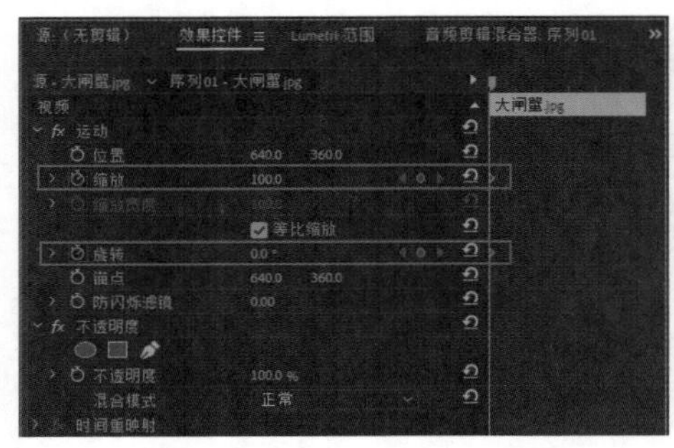

图8-25

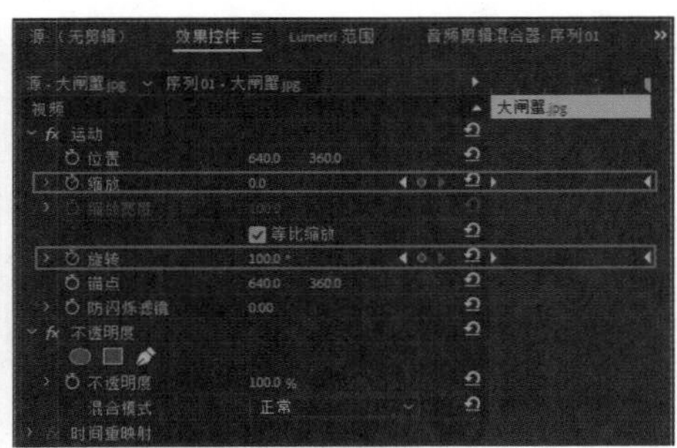

图8-26

步骤 08 将时间线移至V2轨道的“炸酥肉.jpg”素材的起始位置，选中此素材，单击“缩放”和“不透明度”左侧的“切换动画”按钮，生成关键帧，如图8-27所示。

步骤 09 将时间线移至V2轨道的“炸酥肉.jpg”素材的末尾，选中此素材，设置“缩放”参数为0.0、“不透明度”参数为0.0%，如图8-28所示。

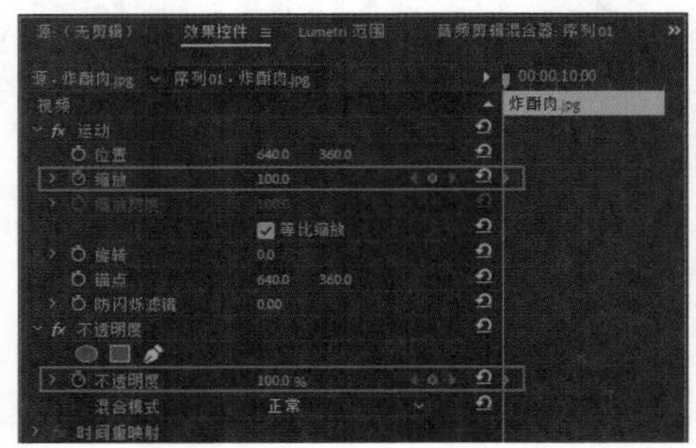

图8-27

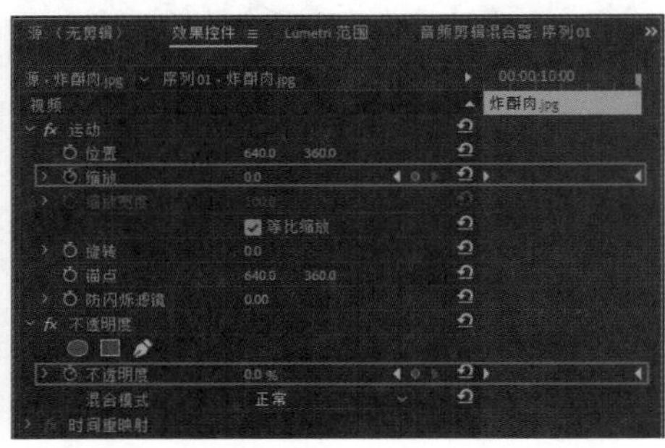

图8-28

198

步骤 10 在“效果”面板中搜索“叠加溶解”效果，将该效果依次拖曳至素材相接的位置，如图8-29所示。

步骤 11 选中“时间轴”面板中的所有素材，将其转换为嵌套序列，如图8-30所示。

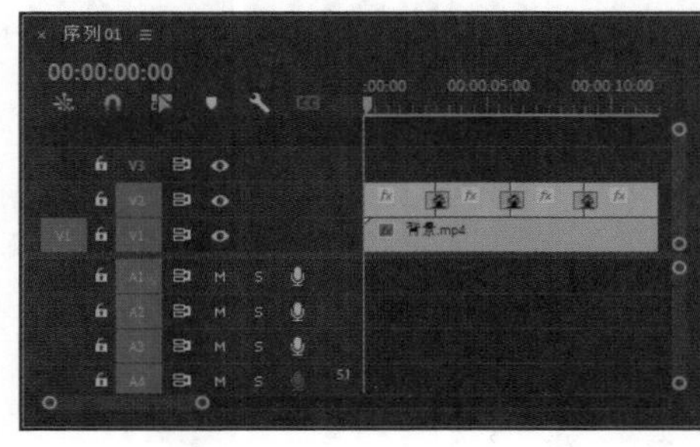

图8-29

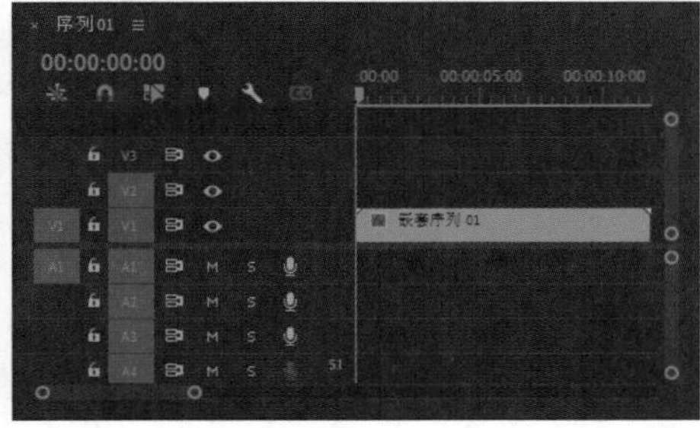

图8-30

步骤 12 在“效果”面板中搜索“交叉溶解”效果并将该效果拖曳至“嵌套序列 01”的首部，搜索“黑场过渡”效果并将该效果拖曳至“嵌套序列 01”的尾部，如图 8-31 所示。

步骤 13 在“项目：制作缩放动画”面板中选择“音乐.wav”素材并将其拖曳至 A1 轨道上，用“剃刀工具”裁剪并删除多余的音频，使其与上方素材长度一致，如图 8-32 所示。

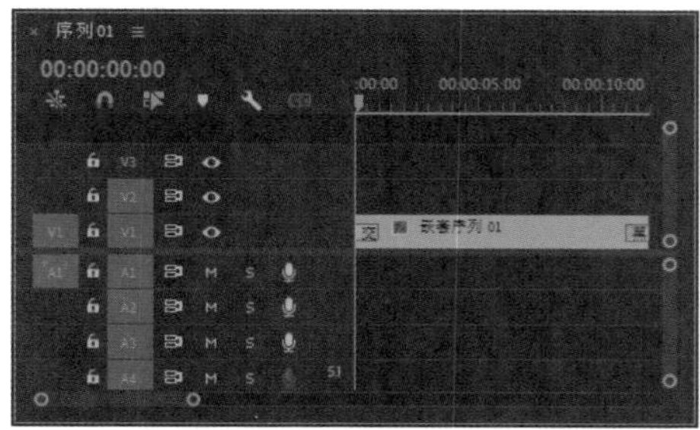

图 8-31

图 8-32

8.3 位置旋转动画 旅游电子相册

本案例将详细讲解通过添加“缩放”“旋转”“位置”关键帧，制作旅游电子相册的操作方法，案例效果如图 8-33 所示。

图 8-33

步骤 01 启动 Premiere Pro 2023 软件，在菜单栏中执行“文件→打开项目”命令，打开路径文件夹中的“位置旋转动画.prproj”文件。

步骤 02 可以看到“时间轴”面板中添加了素材，如图 8-34 所示。

步骤 03 选择V1轨道的“1.jpg”素材，在“效果控件”面板中单击“缩放”左侧的“切换动画”按钮，设置“缩放”参数为145.0；移动时间线至00:00:01:00位置，设置“缩放”参数为100.0，如图8-35所示。

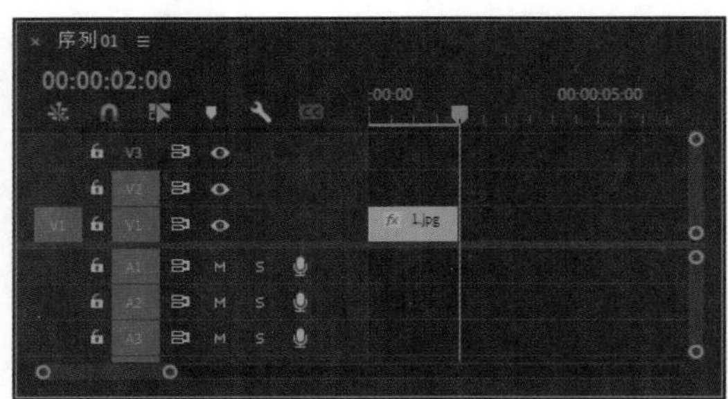

图8-34

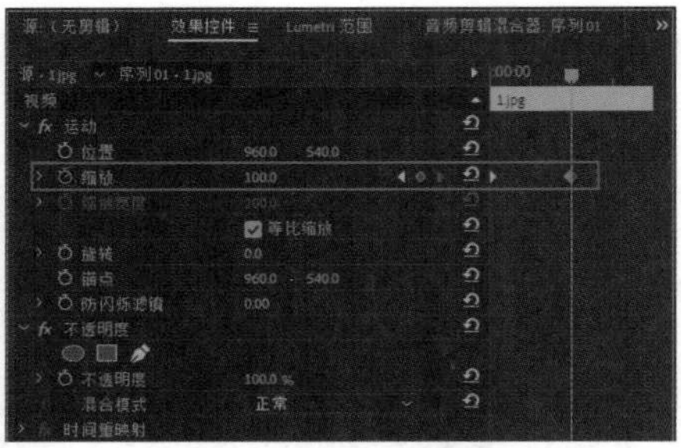

图8-35

步骤 04 按Space键预览动画效果，可以观察到图片处于匀速缩放状态。在“效果控件”面板上选中所有关键帧，右击并在弹出的快捷菜单中执行“缓入”命令，如图8-36所示。

步骤 05 按Space键预览动画效果，可以观察到图片处于减速缩放状态，但速度减慢的效果不是很明显。单击“缩放”左侧的按钮，可以观察到关键帧间的曲线，如图8-37所示。

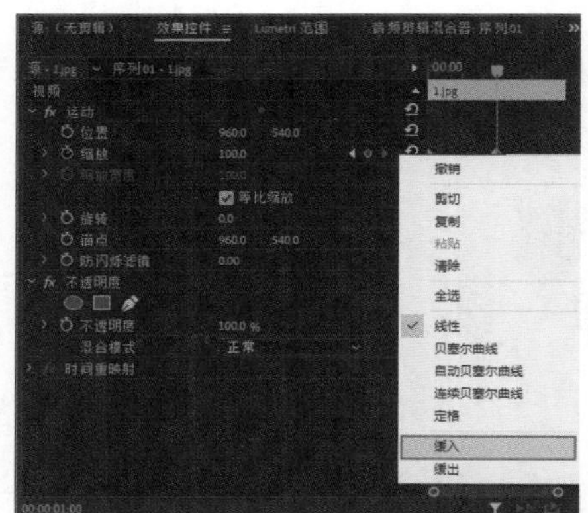

图8-36

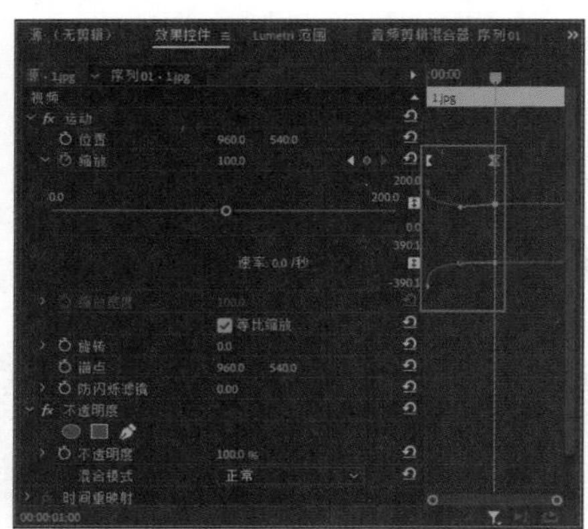

图8-37

步骤 06 在“效果控件”面板中调整曲线的弧度，改变缩放的速度，如图8-38所示。

步骤 07 移动时间线至00:00:01:15位置，单击“位置”左侧的“切换动画”按钮，生成关键帧，如图8-39所示。

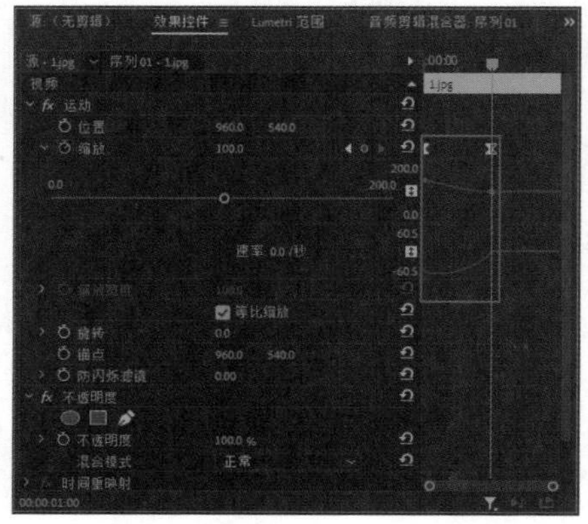

图8-38

步骤 08 移动时间线至“1.jpg”素材的末尾，设置“位置”参数为2882.0和540.0，如图 8-40所示。图片素材向右移出画面，效果如图 8-41所示。

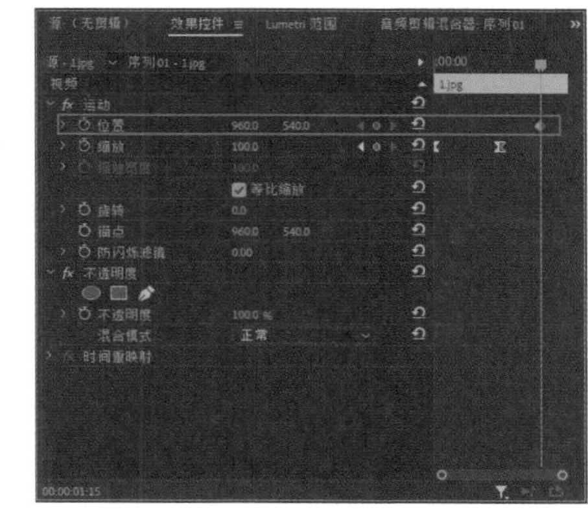

图8-39

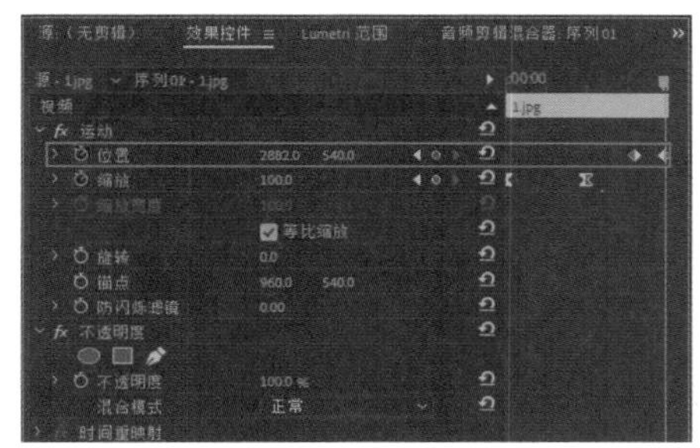

图8-40

图8-41

步骤 09 在“效果控件”面板中调整“位置”关键帧的曲线，使素材加速运动，如图 8-42所示。

步骤 10 将V1轨道的“1.jpg”素材移动到V2轨道上，移动时间线至00:00:01:15位置，如图 8-43所示。

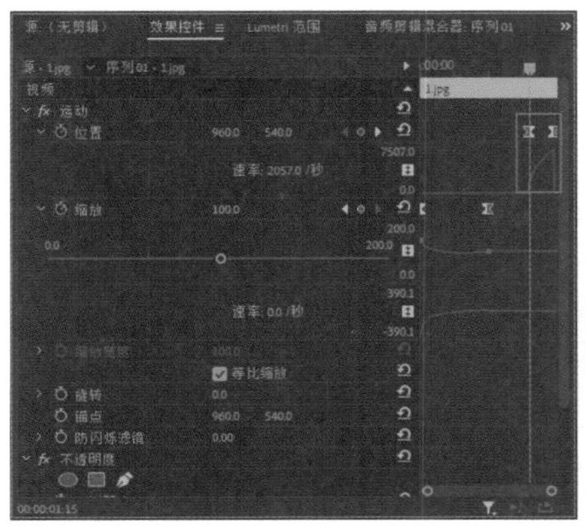

图8-42

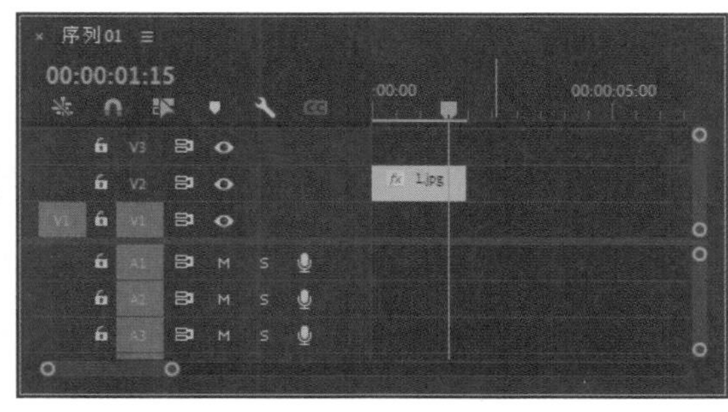

图8-43

步骤 11 在“项目：位置旋转动画”面板中选中“2.jpg”素材文件，将其拖曳到V1轨道上，并使该素材的起始位置与时间线对齐，如图 8-44所示，将“2.jpg”素材的时长缩短至2秒，如图 8-45所示。

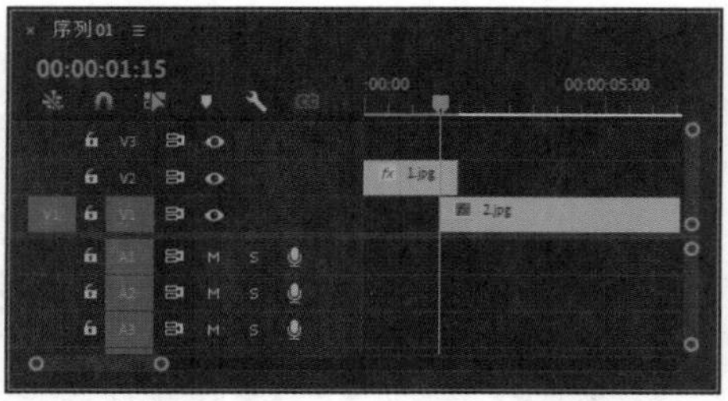

图 8-44

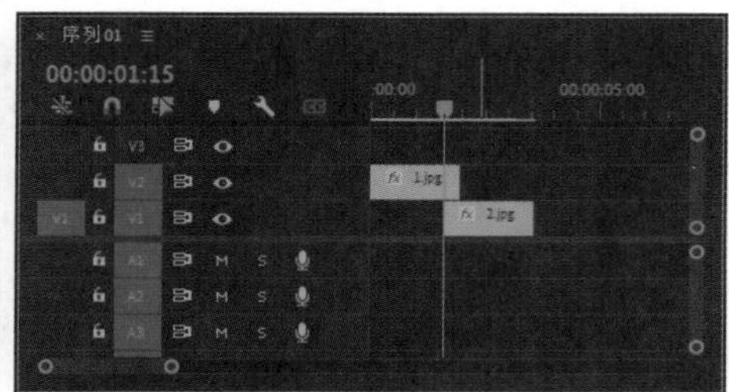

图 8-45

步骤 12 选中“2.jpg”素材，在“效果控件”面板中，单击“缩放”左侧的“切换动画”按钮，设置“缩放”参数为120.0，生成关键帧；将时间线移动至00:00:02:15位置，设置“缩放”参数为220.0，如图 8-46 所示。

步骤 13 选中“缩放”关键帧，右击并在弹出的快捷菜单中执行“缓出”命令，调整曲线，效果如图 8-47 所示。

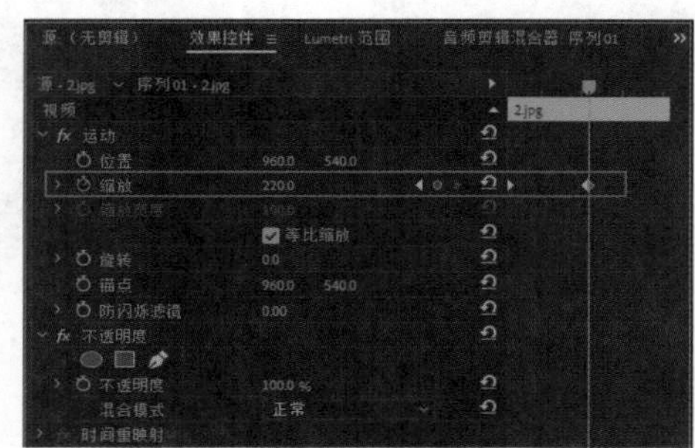

图 8-46

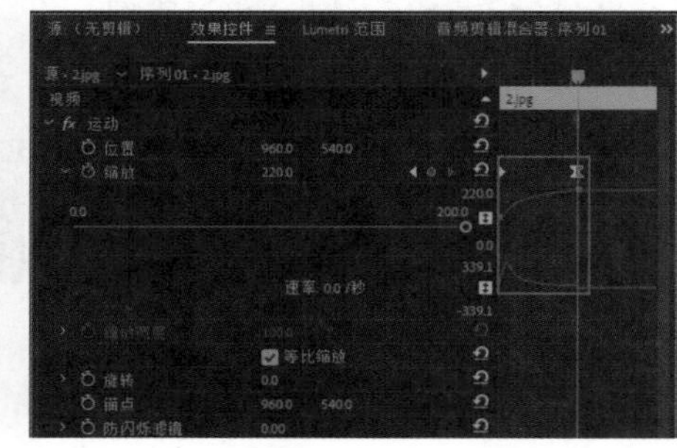

图 8-47

步骤 14 移动时间线至00:00:03:05位置，在“效果控件”面板中单击“位置”和“旋转”左侧的“切换动画”按钮，生成关键帧；移动时间线至00:00:03:14位置，设置“位置”参数为960.0和1177.0，如图 8-48 所示。

步骤 15 选中“位置”关键帧，设置其曲线为加速曲线，如图 8-49 所示。

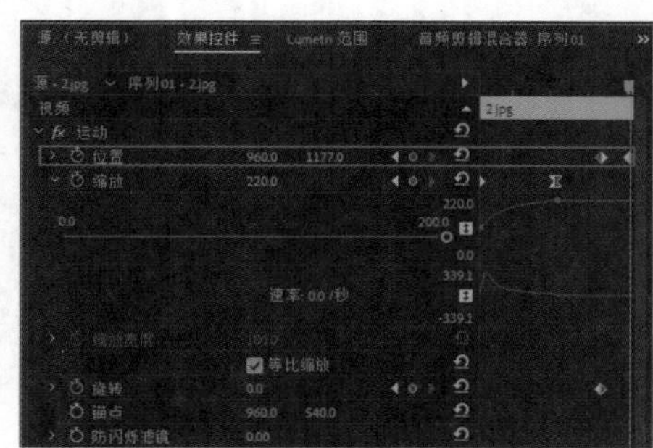

图 8-48

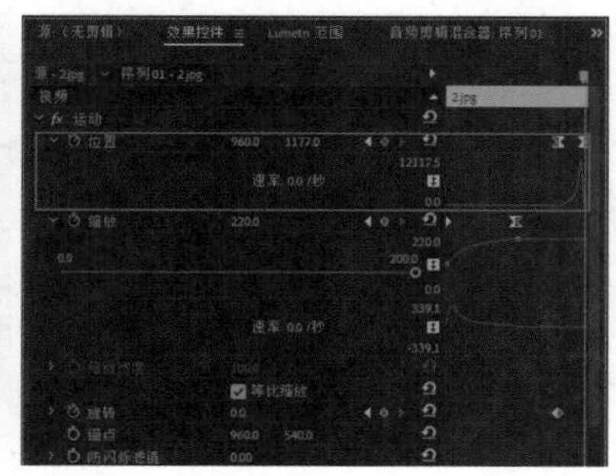

图 8-49

步骤 16 移动时间线至00:00:03:05位置，在“项目：位置旋转动画”面板中选择“3.jpg”素材，将其拖曳至V2轨道上，使该素材的起始位置与时间线对齐，并设置“3.jpg”素材的“持续时间”为00:00:02:00，如图 8-50所示。

步骤 17 在“效果控件”面板中，单击“位置”左侧的“切换动画”按钮，设置“位置”参数为960.0和–543.0；移动时间线至00:00:03:15位置，设置“位置”参数为960.0和540.0，如图 8-51所示。

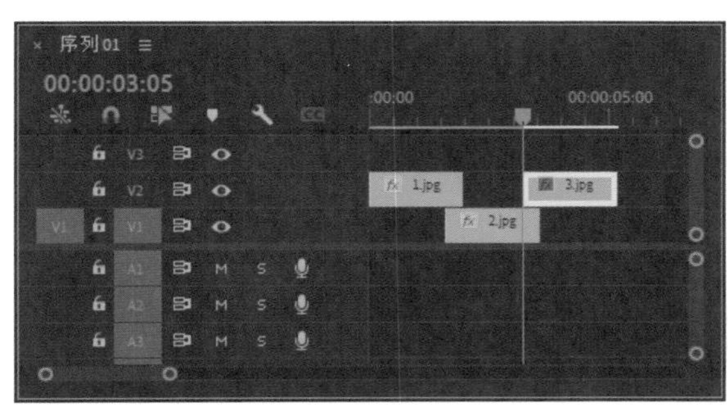

图8-50

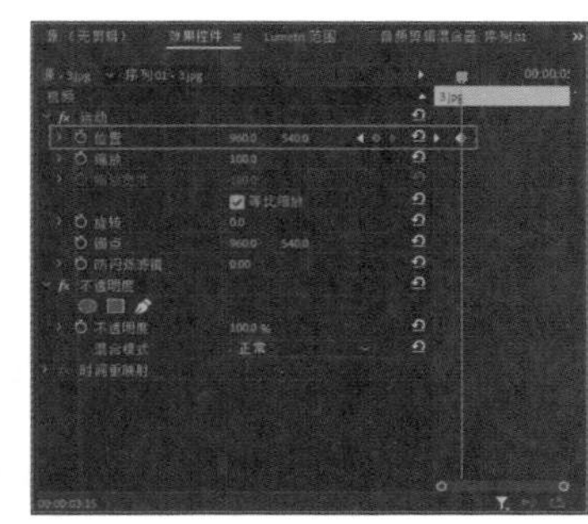

图8-51

步骤 18 选中“位置”关键帧，设置曲线为加速曲线，如图 8-52所示。

步骤 19 移动时间线至00:00:04:15位置，单击“缩放”左侧的“切换动画”按钮，生成关键帧；移动时间线至00:00:05:04位置，设置“缩放”参数为274.0，并设置曲线为加速曲线，如图 8-53所示。

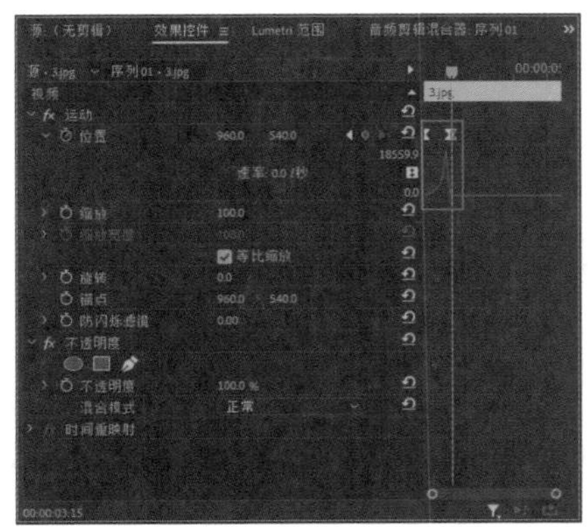

图8-52

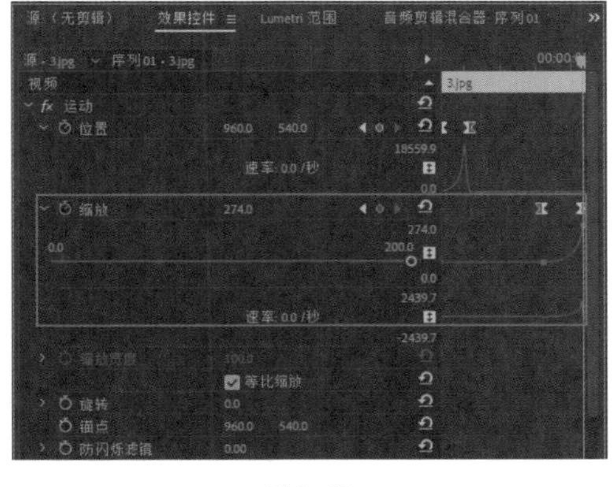

图8-53

步骤 20 在“项目：位置缩放动画”面板中选中“4.jpg”素材文件，将其拖曳至“3.jpg”素材的后面，并设置“4.jpg”素材的“持续时间”为00:00:02:00，如图 8-54所示。

步骤 21 将时间线移至00:00:05:05位置，在“效果控件”面板中单击“缩放”左侧的“切换动画”按钮，设置“缩放”参数为200.0；将时间线移至00:00:05:20位置，设置“缩放”参数为100.0，如图 8-55所示。

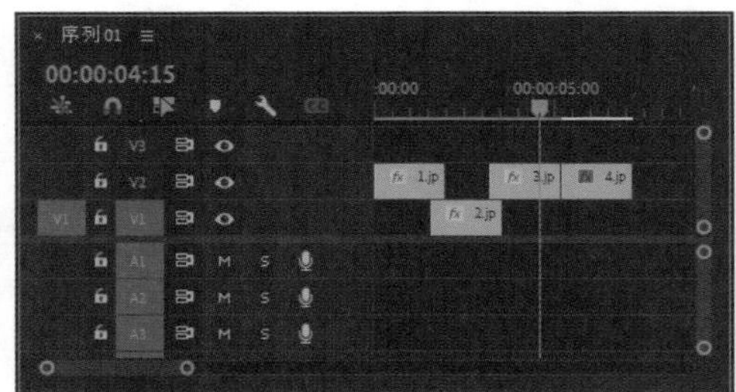

图 8-54

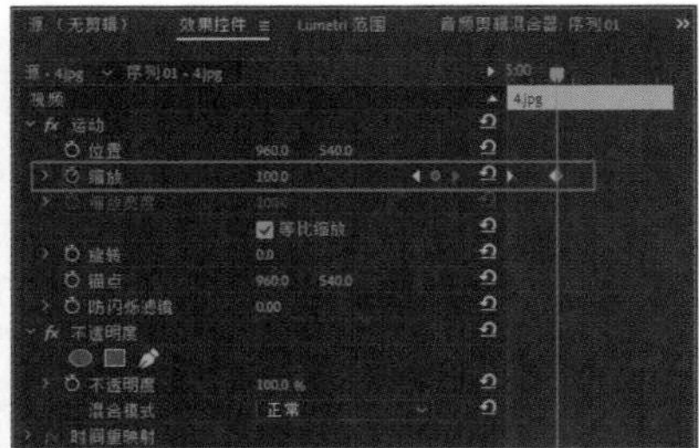

图 8-55

步骤 22 保持时间线不动，在“效果控件”面板中单击“旋转”左侧的“切换动画”按钮⏱，生成关键帧，如图 8-56 所示；将时间线移至 00:00:05:05 位置，设置“旋转”参数为 1×0.0°，如图 8-57 所示。

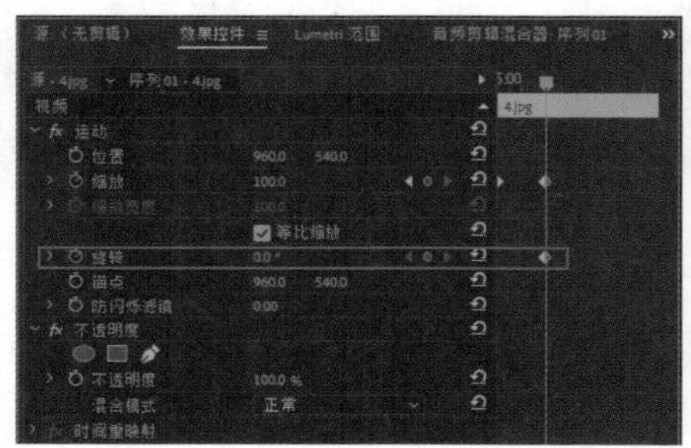

图 8-56

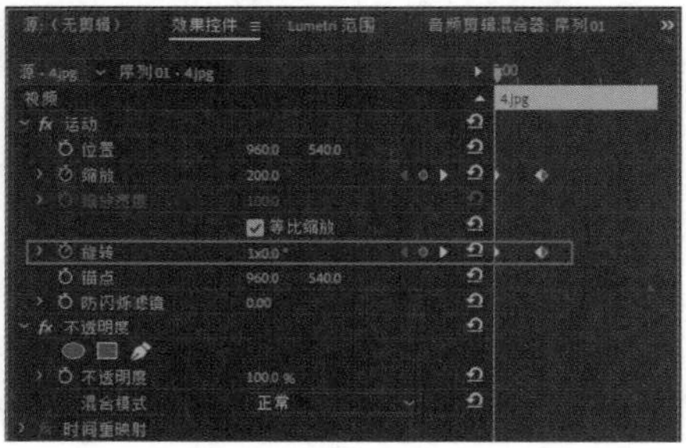

图 8-57

步骤 23 移动时间线观察效果，发现在素材缩小并旋转的时候，画面中会出现黑色背景，如图 8-58 所示。

步骤 24 选中“4.jpg”素材文件并将其向上移动到 V3 轨道，然后延长“3.jpg”素材的尾端到 00:00:05:20 位置，如图 8-59 所示。

图 8-58

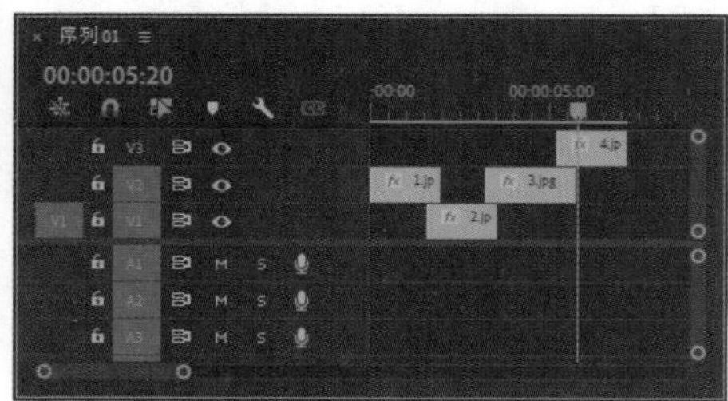

图 8-59

步骤 25 用“3.jpg”素材进行填补，画面中将不再出现黑色背景，如图 8-60 所示。

图 8-60

步骤 26 单击“旋转”左侧的 按钮，设置曲线为减速曲线，如图 8-61 所示。

步骤 27 移动时间线至00:00:06:20位置，在“效果控件”面板中单击“缩放”左侧的“切换动画”按钮，生成关键帧；将时间线移至00:00:07:04位置，设置“缩放”参数为120.0，如图 8-62 所示。

步骤 28 在“项目：位置旋转动画”面板中选择“音乐.wav”素材并将其拖曳至A1轨道上，用“剃刀工具”裁剪并删除多余的音频，使其尾部与V3轨道的素材尾部对齐，如图 8-63 所示。

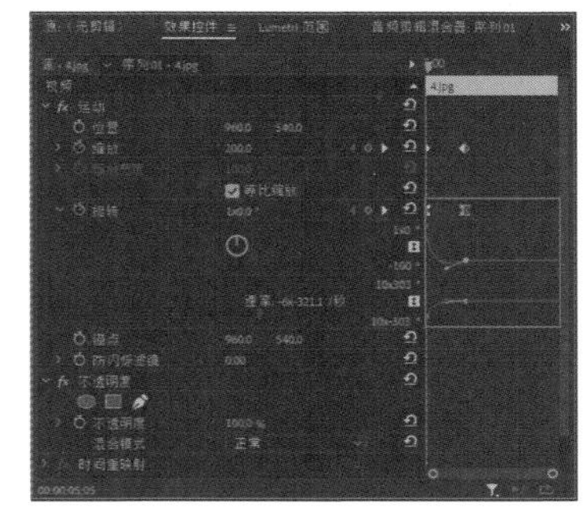

图 8-61

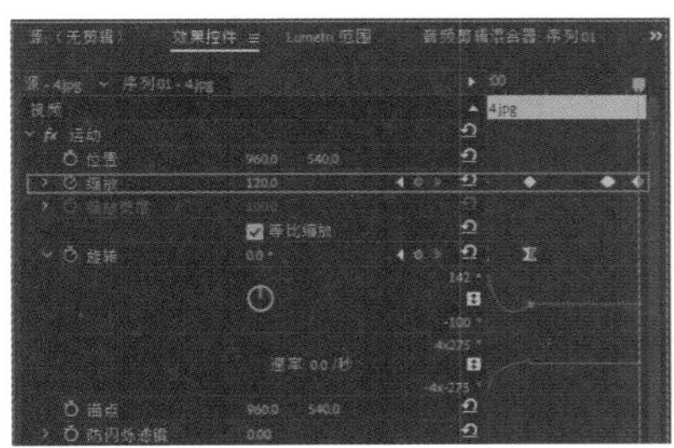

图 8-62

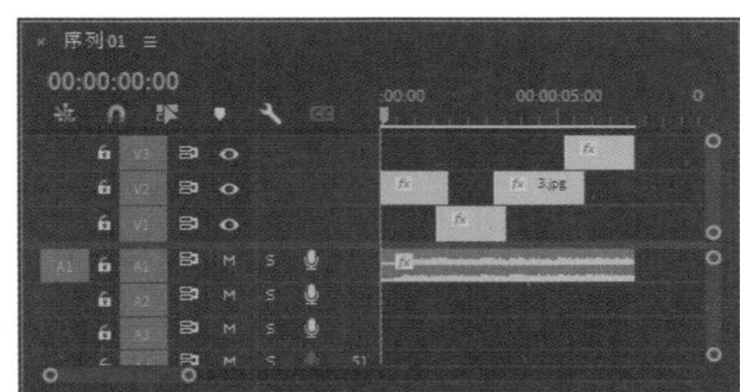

图 8-63

8.4 色彩渐变动画 夏天变成秋天

本案例将详细讲解通过添加“左侧”关键帧，制作色彩渐变动画的具体操作方法，案例效果如图 8-64 所示。

图 8-64

步骤 01 启动 Premiere Pro 2023 软件，在菜单栏中执行“文件→打开项目”命令，打开路径文件夹中的“色彩渐变动画.prproj”文件。

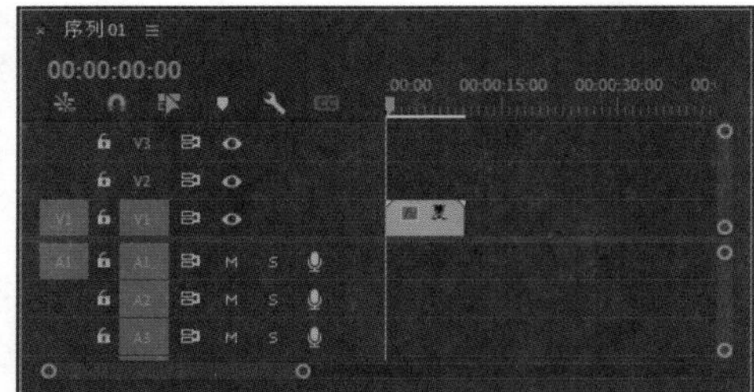

图 8-65

步骤 02 可以看到“时间轴”面板中添加了素材，如图 8-65 所示。

步骤 03 在“项目：色彩渐变动画”面板下方单击“新建项”按钮，在弹出的菜单中执行“调整图层”命令，将新建的“调整图层”拖曳到 V2 轨道上，使其与下方“夏天.mp4”素材的长度一致，如图 8-66 所示。

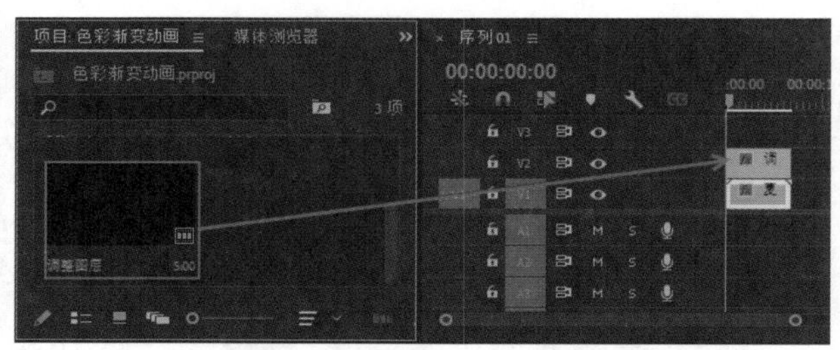

图 8-66

步骤 04 在“效果”面板中搜索“通道混合器”效果并将该效果拖曳到“调整图层”上，在“效果控件”面板中设置“红色 - 红色”参数为 0、“红色 - 绿色”参数为 200、“红色 - 蓝色”参数为 –100，如图 8-67 所示。

步骤 05 选中 V1 轨道的“夏天.mp4”素材，按住 Alt 键，向上拖曳该素材，复制一份到 V3 轨道，如图 8-68 所示。

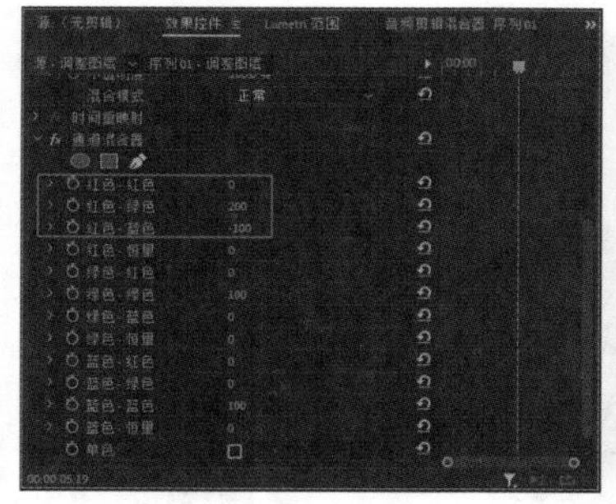
图 8-67

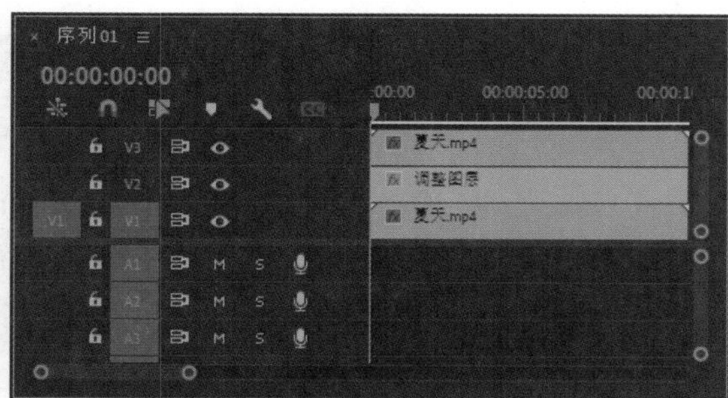

图 8-68

步骤 06 在“效果”面板中搜索“裁剪”效果并将该效果拖曳到 V3 轨道的“夏天.mp4”素材上，在“效果控件”面板中单击“左侧”左侧的“切换动画”按钮，生成关键帧，如图 8-69 所示。

步骤 07 将时间线移至00:00:10:10位置，设置“左侧”参数为100.0%，如图8-70所示。

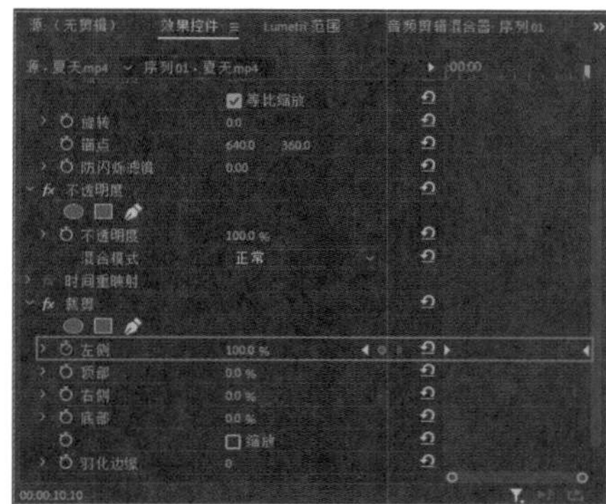

图 8-69

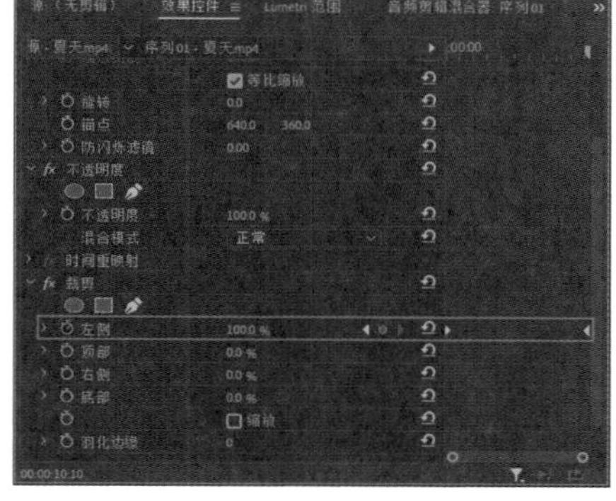

图 8-70

第 9 章

抠像合成
秒变技术流

抠像通常指的是使用像素的颜色或亮度来定义像素的透明度。透明区域将会显示出下方轨道的素材。将两个或多个素材组合在一起的操作叫作合成，包括混合、组合、抠像、蒙版、裁剪等。合成是非线性编辑中极具创意的部分，在前期拍摄时，就应该带着要进行后期合成的想法去实施，事先规划可以大大提升后期合成的质量。

9.1 Alpha 通道 抠取绿幕视频

Alpha通道也叫透明度通道，用来记录图像中一个像素的透明程度。本案例将详细讲解使用“超级键”效果来抠取绿幕视频的操作方法，案例效果如图 9-1 所示。

图 9-1

步骤 01 启动Premiere Pro 2023软件，在菜单栏中执行“文件→打开项目”命令，打开路径文件夹中的“Alpha通道.prproj”文件。

步骤 02 可以看到“时间轴”面板中添加了素材，如图 9-2 所示。在“节目：序列 01”面板中可以预览当前素材的效果，如图 9-3 所示。

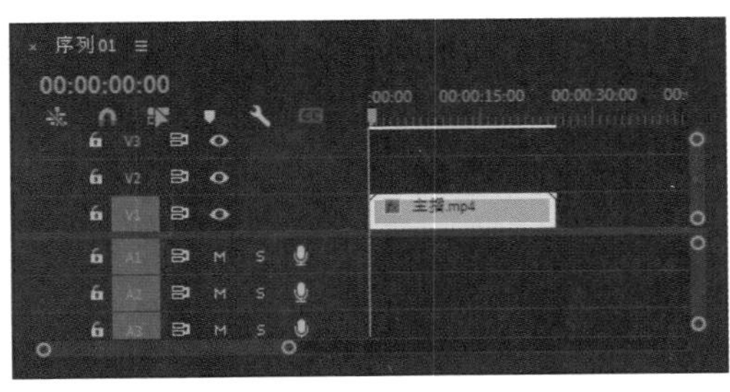

图 9-2

图 9-3

步骤 03 在“效果”面板中搜索“超级键”效果，将该效果拖曳至“时间轴”面板的V1轨道的“主播.mp4”素材上，然后在“效果控件”面板中单击“主要颜色”右侧的“吸管”按钮，如图 9-4 所示，吸取“节目：序列 01”面板中的绿色，效果如图 9-5 所示。

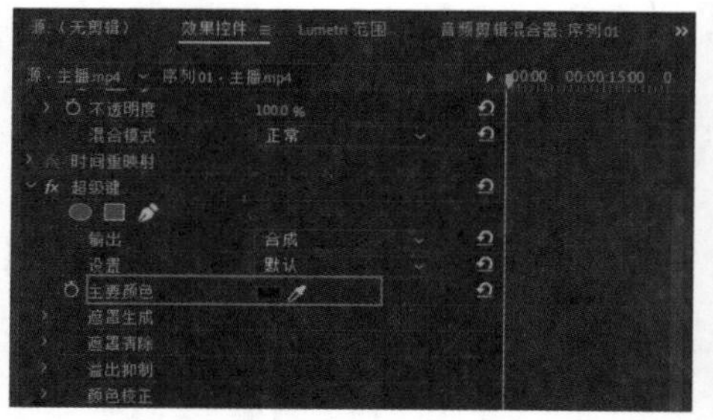

图 9-4

图 9-5

提示

素材下方没有其他显示的元素，因此抠掉的背景会显示为纯黑色。

步骤 04　在“效果控件”面板中切换合成的模式为“Alpha 通道”，如图 9-6 所示，此时画面中就会显示 Alpha 通道效果，人像为白色部分，背景为黑色部分，效果如图 9-7 所示。

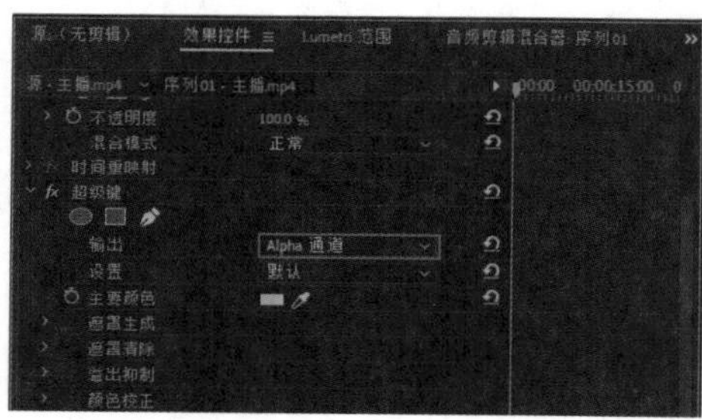

图 9-6

图 9-7

步骤 05　在“效果控件”面板中切换“Alpha 通道”的混合模式为“合成”，放大画面，可以观察到人像头发部位还残留了一些白色印记，如图 9-8 所示。展开“遮罩生成”卷展栏，设置“基值”参数为 80，消除头发周围的白色印记，效果如图 9-9 所示。

图 9-8

图 9-9

步骤 06　人像的边缘有一些锯齿，展开“遮罩清除”卷展栏，设置“柔化”参数为 30.0，如图 9-10 所示，画面效果如图 9-11 所示。

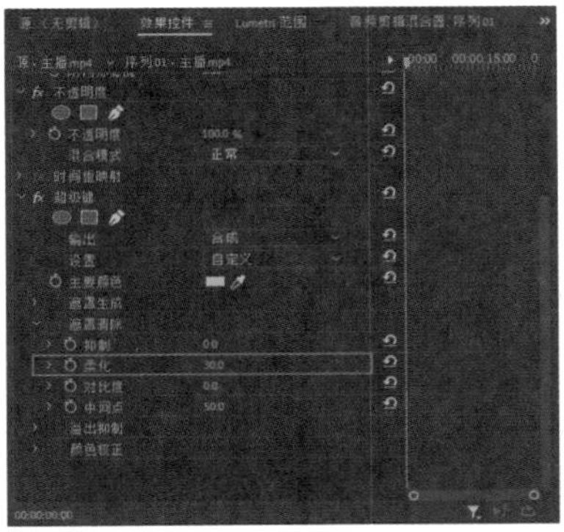

图 9-10

图 9-11

步骤 07 展开“溢出抑制”卷展栏，设置“范围”参数为55.0、“溢出”参数为70.0，如图 9-12 所示，将人脸阴影处反射了绿幕的部分修整为正常肤色，效果如图 9-13 所示。

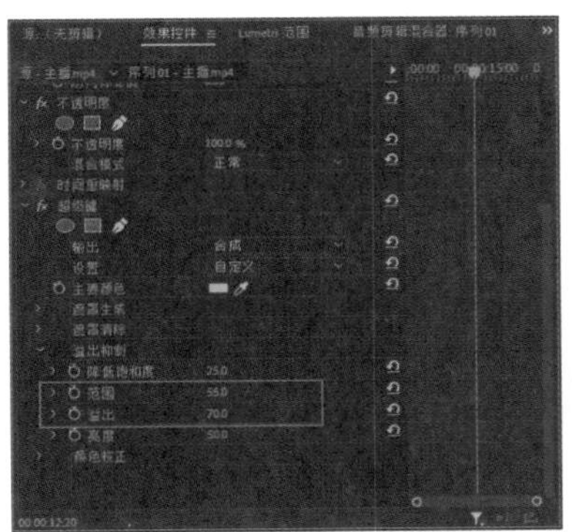

图 9-12

图 9-13

步骤 08 选中V1轨道的“主播.mp4”素材，将其向上拖曳至V2轨道。在“项目：Alpha通道”面板中选中“简约背景.mp4”素材，将其拖曳至V1轨道上，并使其与上方素材长度一样，如图 9-14 所示。

步骤 09 在“项目：Alpha通道”面板中选择“音乐.wav”素材并将其拖曳至A1轨道上，用“剃刀工具”裁剪并删除多余的音频，使其与上方素材长度一致，如图 9-15 所示。

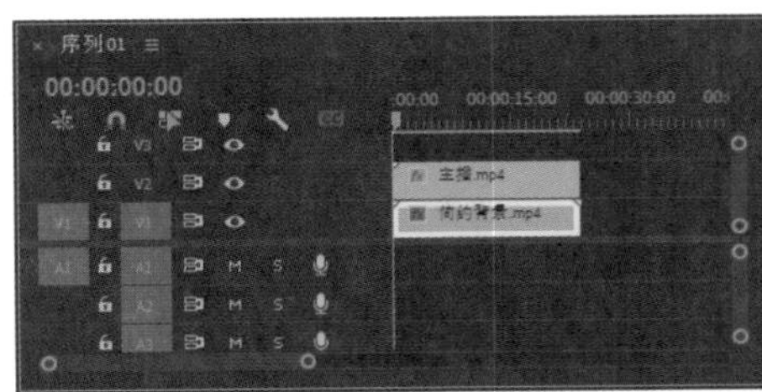

图 9-14

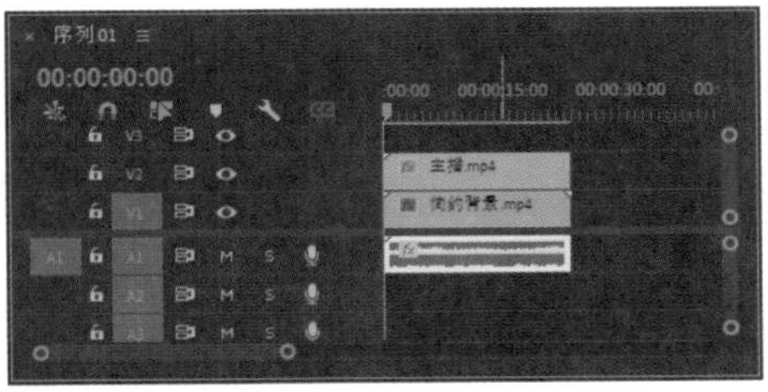

图 9-15

提示

在Alpha通道中，白色部分是不透明的，而黑色部分是透明的，可以显示下层的画面内容。

9.2 制作遮罩效果 古风水墨大片

本案例将详细讲解使用“轨道遮罩键”效果并配合水墨素材制作古风水墨大片的具体操作方法，案例效果如图 9-16 所示。

图 9-16

步骤 01 启动Premiere Pro 2023软件，在菜单栏中执行“文件→打开项目”命令，打开路径文件夹中的“古风水墨大片.prproj”文件。

步骤 02 可以看到“时间轴”面板中添加了素材，如图 9-17所示。在“节目：序列01”面板中可以预览当前素材的效果，如图 9-18所示。

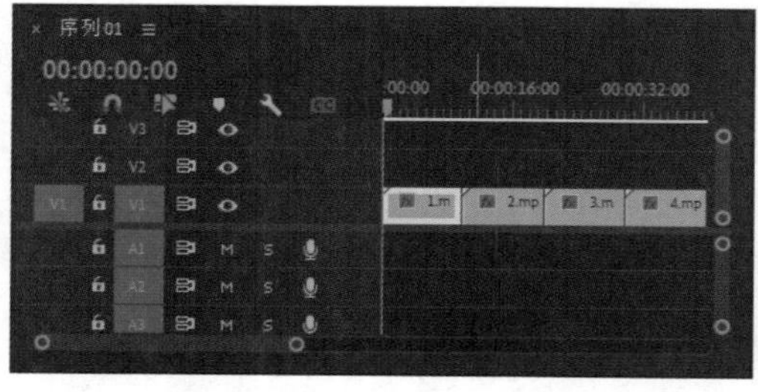

图 9-17

图 9-18

步骤 03 在“项目：制作遮罩效果”面板中选择“1.mov”素材，将其拖曳至V2轨道上，并设置“持续时间”为00:00:10:00，如图 9-19所示，画面效果如图 9-20所示。

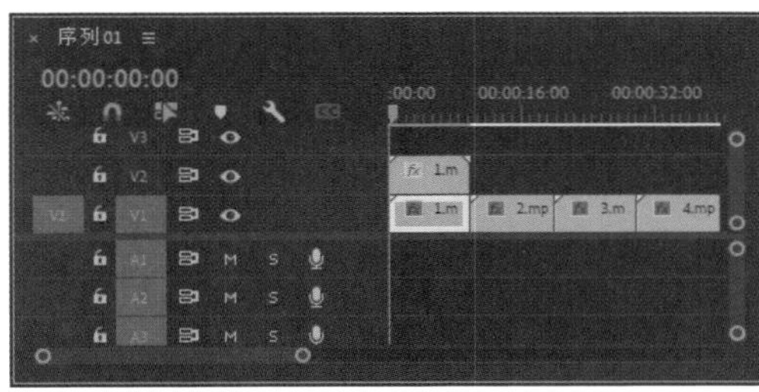

图 9-19

图 9-20

步骤 04 在“效果”面板中搜索“轨道遮罩键”效果，依次将该效果拖曳到V1轨道的4个素材上，如图 9-21 所示。

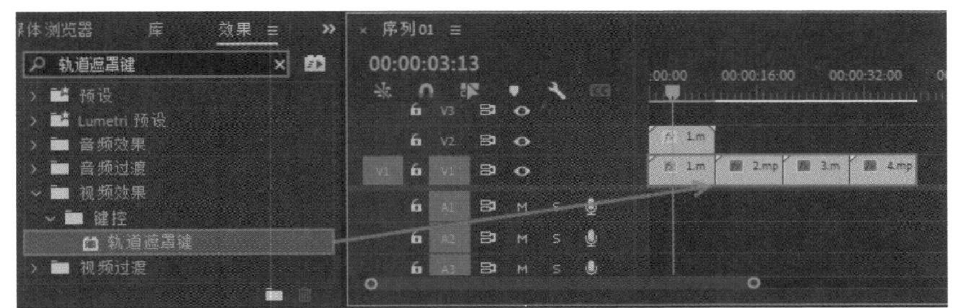

图 9-21

步骤 05 选中V1轨道的“1.mp4”素材，然后在“效果控件”面板中设置“遮罩”为“视频2”，设置“合成方式”为“亮度遮罩”，勾选“反向”复选框，如图 9-22 所示。画面中V2轨道上的素材会遮挡V1轨道上的素材，效果如图 9-23 所示。

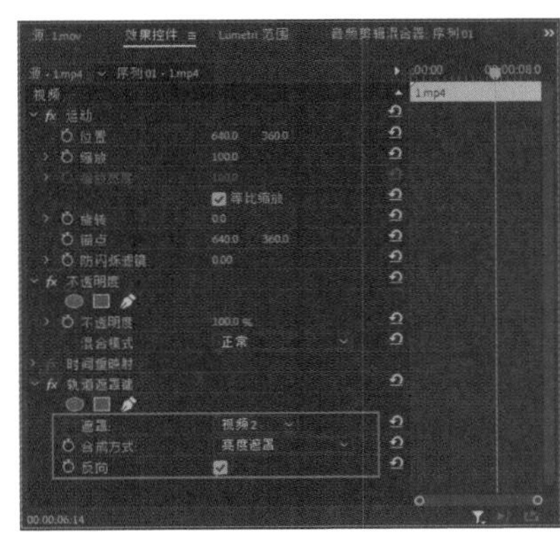

图 9-22

图 9-23

步骤 06 参照上述操作方法为余下素材制作水墨遮罩效果，在“项目：制作遮罩效果”面板中，依次将“2.mov”“3.mov”“4.mov”拖曳到V2轨道上，并设置“持续时间”为00:00:10:00，如图 9-24 所示。

步骤 07 在“项目：制作遮罩效果”面板中选择“音乐.wav”素材并将其拖曳至A1轨道上，用“剃刀工具”裁剪并删除多余的音频，使其与上方素材长度一致，如图 9-25 所示。

图 9-24

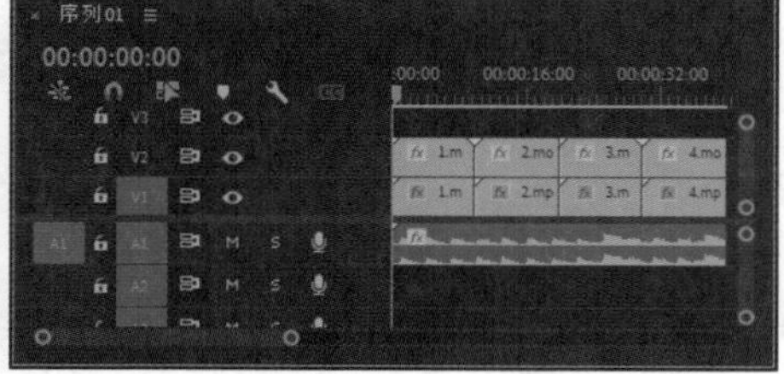

图 9-25

9.3 抠图转场效果 旅游宣传视频

本案例将详细讲解使用“自由绘制贝塞尔曲线”工具制作旅游宣传视频的具体操作方法，案例效果如图 9-26 所示。

图 9-26

步骤 01 启动 Premiere Pro 2023 软件，在菜单栏中执行“文件→打开项目”命令，打开路径文件夹中的“抠图转场效果.prproj”文件。

步骤 02 可以看到“时间轴”面板中添加了素材，如图 9-27 所示。在“节目：序列 01”面板中可以预览当前素材的效果，如图 9-28 所示。

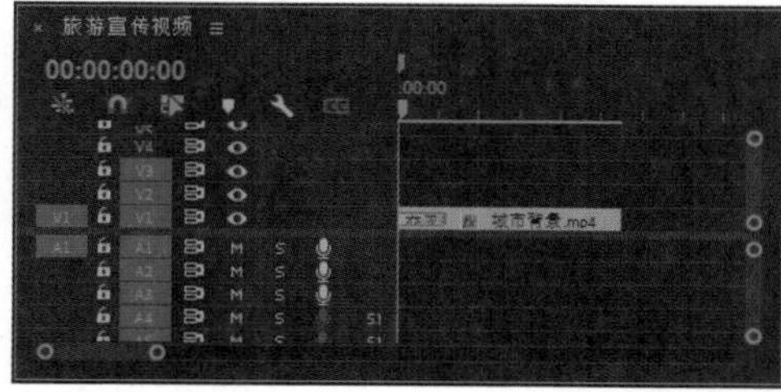

图 9-27

图 9-28

步骤 03 将时间线移至00:00:01:00位置，在“项目：抠图转场效果”面板中选中“北京.mp4”素材，并将其拖曳至V2轨道上，使该素材的起始位置与时间线对齐，如图 9-29 所示。

步骤 04 选中V2轨道的“北京.mp4”素材，在素材的起始位置右击，在弹出的快捷菜单中执行“添加帧定格”命令，使素材成为静帧效果；缩短素材，使其尾部与下方的“城市背景.mp4”素材尾部对齐；取消链接，删除V1轨道的音频素材，如图9-30所示。

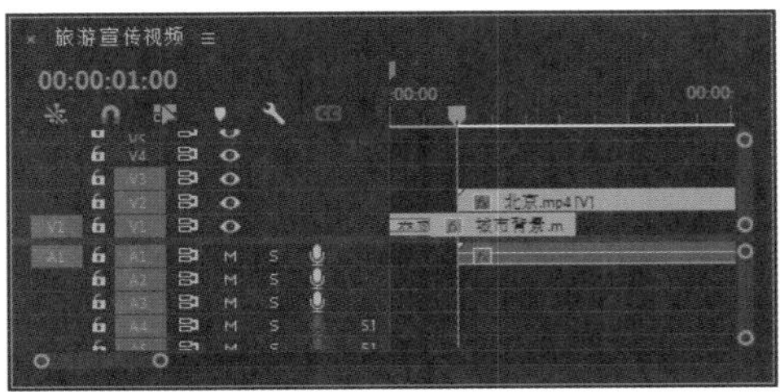

图9-29

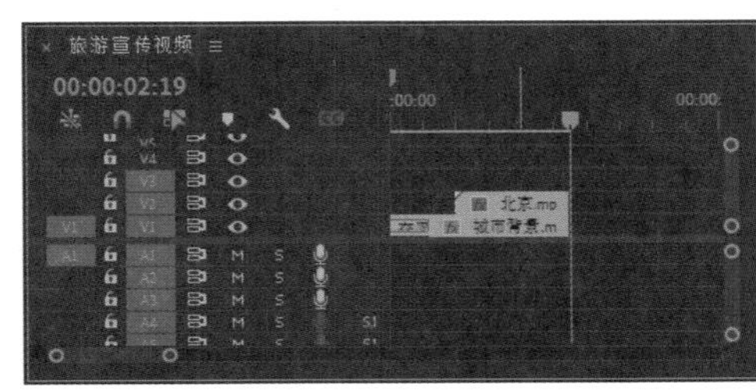

图9-30

步骤 05 将时间线移至00:00:01:05位置，按住Alt键向上拖曳V2轨道的“北京.mp4”素材，复制一份，使复制得到的素材的起始位置与时间线对齐，尾部与V2轨道的“北京.mp4”素材尾部对齐，如图 9-31 所示。

步骤 06 选中V2轨道的“北京.mp4”素材，在“效果控件”面板中单击“不透明度”卷展栏中的“自由绘制贝塞尔曲线”按钮，在画面中沿着天坛公园的轮廓进行绘制，如图 9-32 所示。

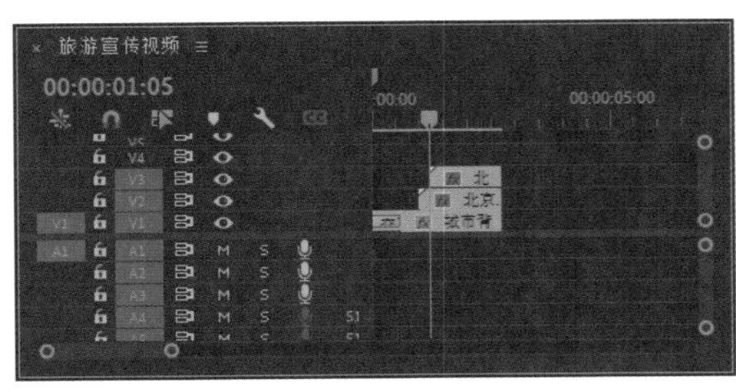

图9-31

图9-32

步骤 07 将时间线移至00:00:01:00位置，在“效果控件”面板中，单击“位置”左侧的“切换动画”按钮，设置“位置”参数为960.0和–324.0，生成关键帧；将时间线移至00:00:01:05位置，设置“位置”参数为960.0和540.0，如图 9-33 所示。

步骤 08 选中V2轨道的“北京.mp4”素材，在“效果控件”面板中单击“不透明度”卷展栏中的“自由绘制贝塞尔曲线”按钮，在画面中沿着地面的轮廓进行绘制，如图 9-34 所示。

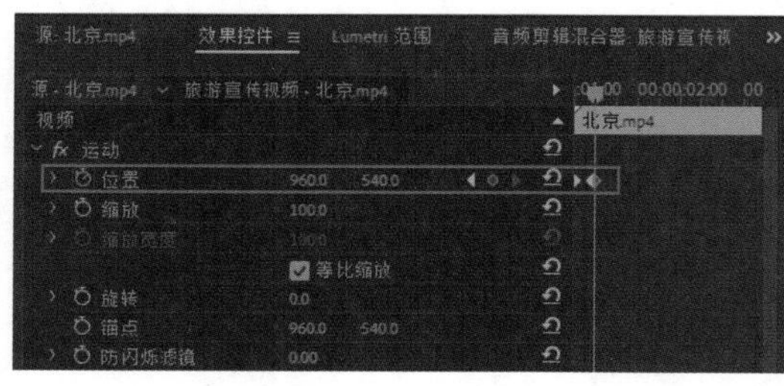

图9-33

图9-34

步骤 09 将时间线移至00:00:01:05位置，在“效果控件”面板中，单击“位置”左侧的“切换动画”按钮，设置“位置”参数为960.0和825.0，生成关键帧；将时间线移00:00:01:10位置，设置“位置”参数为960.0和540.0，如图 9-35所示。

步骤 10 将时间线移至00:00:01:10位置，将“项目：抠图转场效果”面板中的“北京.mp4”素材拖曳至V4轨道上，使其起始位置与时间线对齐，将“速度”参数设置为350%，在起始位置添加“交叉溶解”效果，如图 9-36所示。

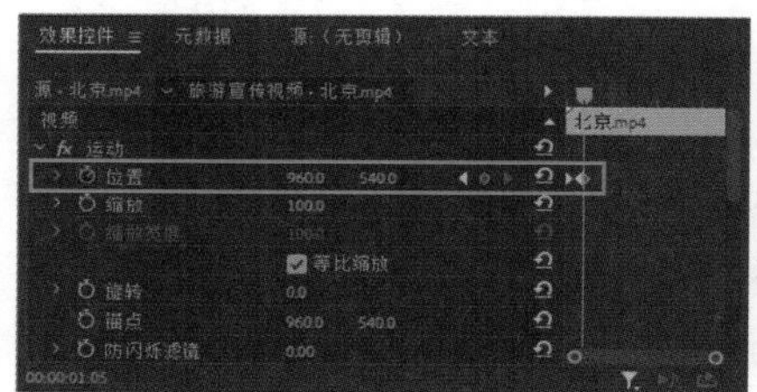

图9-35

图9-36

步骤 11 在“项目：抠图转场效果”面板中双击“长沙.mp4”素材，在“源：长沙.mp4”面板中查看素材文件，然后在素材的起始位置添加入点，在00:00:10:15位置添加出点，如图 9-37所示。

步骤 12 将时间线移至00:00:03:00位置，在“源：长沙.mp4”面板中，按住“仅拖动视频”按钮不放，将其拖曳至V5轨道，使其起始位置与时间线对齐，如图9-38所示。

图9-37

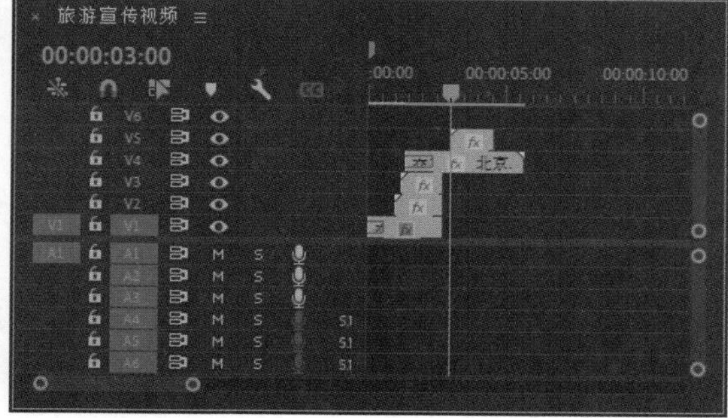

图9-38

步骤 13 选中V5轨道的“长沙.mp4”素材，在“效果控件”面板中单击“不透明度”卷展栏中的“自由绘制贝塞尔曲线”按钮，在画面中沿着雕塑的轮廓进行绘制，如图 9-39 所示。

步骤 14 将时间线移至00:00:03:00位置，在“效果控件”面板中，单击“位置”左侧的“切换动画”按钮，设置“位置”参数为960.0和–497.0，生成关键帧；将时间线移至00:00:03:10位置，设置“位置”参数为960.0和540.0，如图 9-40 所示。

图 9-39

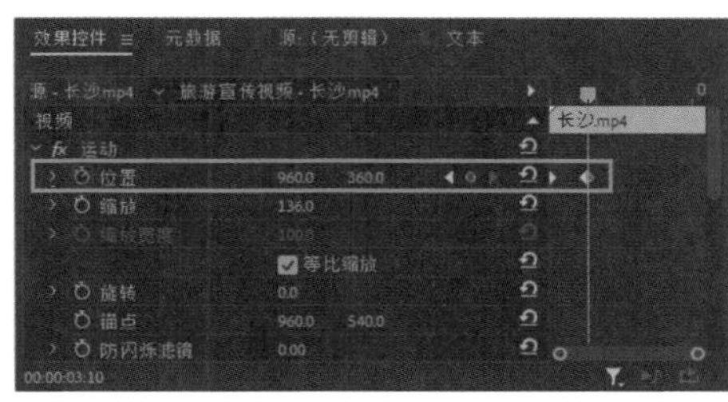

图 9-40

步骤 15 将时间线移至00:00:03:10位置，在“项目：抠图转场效果”面板中双击“长沙.mp4”素材，在“源：长沙.mp4”面板中查看素材文件，然后在素材的起始位置添加入点，在00:00:05:00位置添加出点。按住“仅拖动视频”按钮不放，将其拖曳至V6轨道，使其起始位置与时间线对齐，在素材的起始位置添加“交叉溶解”效果，如图 9-41 所示。

步骤 16 在“项目：抠图转场效果”面板中选择“音乐.wav”素材并将其拖曳至A1轨道上，用“剃刀工具”裁剪并删除多余的音频，使其尾部与V6轨道素材尾部对齐，如图 9-42 所示。

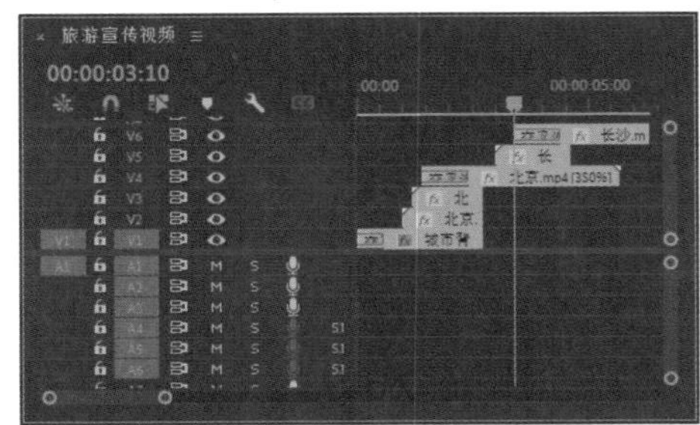

图 9-41

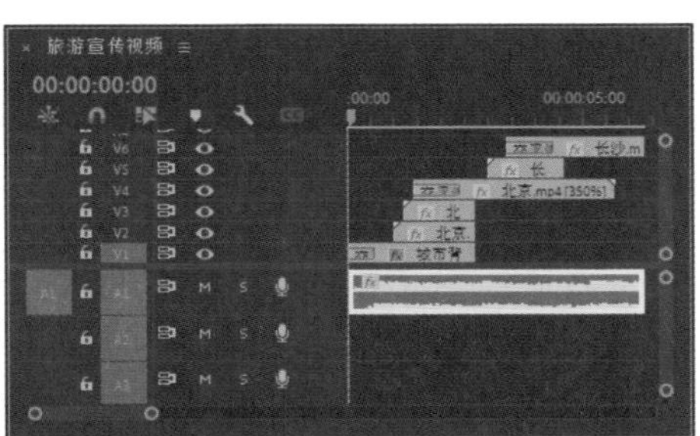

图 9-42

9.4 人物介绍视频 综艺感人物出场

本案例将详细讲解使用“油漆桶”效果制作人物出场效果的具体操作方法，案例效果如图 9-43 所示。

图 9-43

步骤 01 启动Premiere Pro 2023软件，在菜单栏中执行“文件→打开项目”命令，打开路径文件夹中的“人物介绍视频.prproj”文件。

步骤 02 可以看到“时间轴”面板中添加了素材，如图 9-44所示。在“节目：序列01”面板中可以预览当前素材的效果，如图 9-45所示。

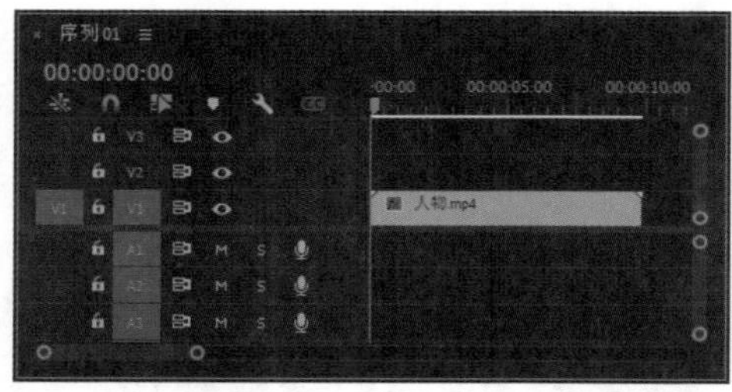

图 9-44

图 9-45

步骤 03 将时间线移至00:00:07:00位置，用“剃刀工具”进行裁剪，选中时间线后方的视频素材并右击，在弹出的快捷菜单中执行“添加帧定格”命令，如图 9-46所示。

步骤 04 选中V1轨道的第一段素材，将“速度”参数设置为200%，然后将后面定格的静帧素材缩短到00:00:05:00位置，如图 9-47所示。

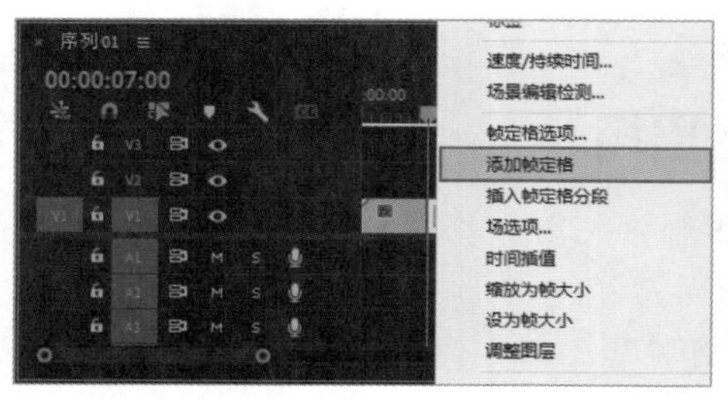

图 9-46

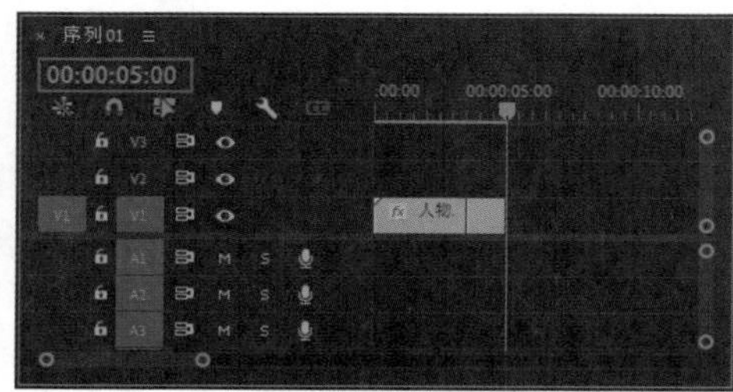

图 9-47

步骤 05 选中V1轨道的第二个片段，按住Alt键向上拖曳，复制一份，选中复制得到的素材，然后在“效果控件”面板中展开“不透明度”卷展栏，单击“自由绘制贝塞尔曲线”按钮，将人像部分抠取出来，如图9-48所示。

步骤 06 将抠像后的素材向上复制到V3轨道上。然后在V2轨道的素材上添加“油漆桶”效果，执行操作后，会发现颜色并没有填充到整个画面上，如图9-49所示。

图9-48

图9-49

步骤 07 选中V2轨道上的素材，删掉“油漆桶”效果，然后将素材转换为“嵌套序列01”，如图9-50所示，再次添加“油漆桶”效果，就可以将颜色填充到画面上，如图9-51所示。

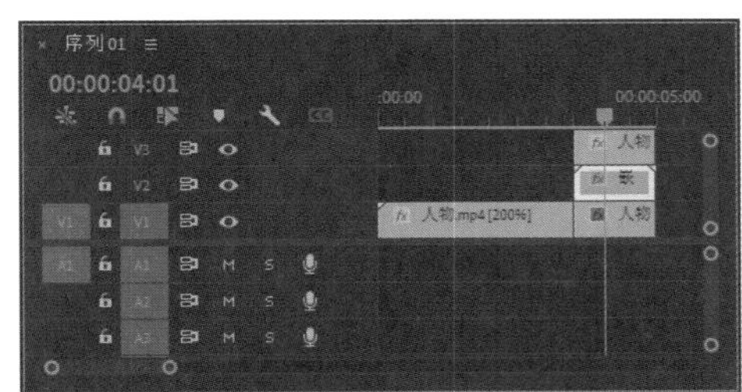

图9-50

图9-51

步骤 08 在“效果控件”面板中设置“描边”为“描边”，设置“描边宽度”参数为20.0、“容差”参数为30.0、“颜色”为白色，如图9-52所示。画面效果如图9-53所示。

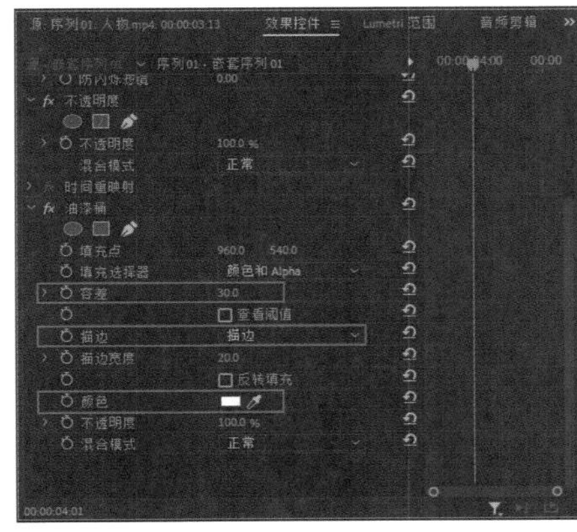

图9-52

图9-53

步骤 09　将V2和V3轨道的素材向上拖曳。在“项目：人物介绍视频”面板中双击“卡通背景.mp4”素材，然后在“源：卡通背景.mp4”面板中查看素材文件，然后在素材的00:00:01:00位置添加入点，在00:00:02:12位置添加出点，按住“仅拖动视频”按钮不放，将其拖曳至V2轨道，如图 9-54所示。画面效果如图 9-55所示。

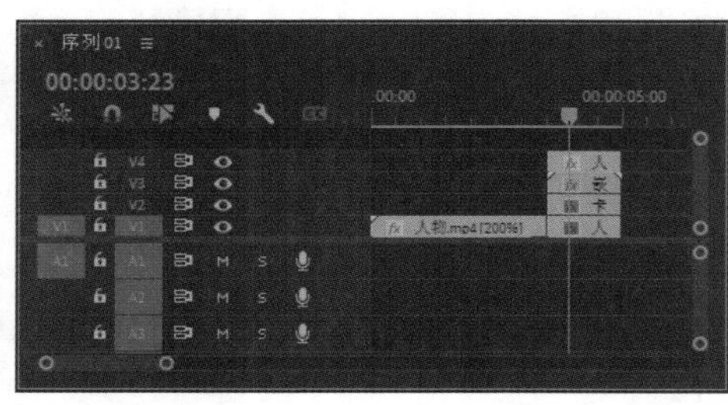

图9-54

图9-55

步骤 10　将V2和V3、V4轨道上的素材进行嵌套，然后设置“位置”参数为920.0和609.0、“缩放”参数为126.0、“旋转”参数为4.0°，如图 9-56所示。画面效果如图 9-57所示。

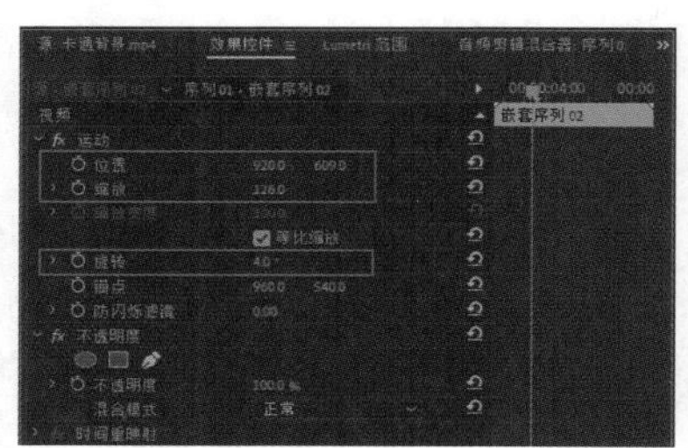

图9-56

图9-57

步骤 11　在“项目：人物介绍视频”面板中，选中“身份信息.mov”素材，将其拖曳到V3轨道上，使其与V2轨道的“嵌套序列02”长度一致，如图 9-58所示。

步骤 12　在“效果控件”面板设置“位置”参数为1481.0和729.0、“缩放”参数为53.0，如图 9-59所示。

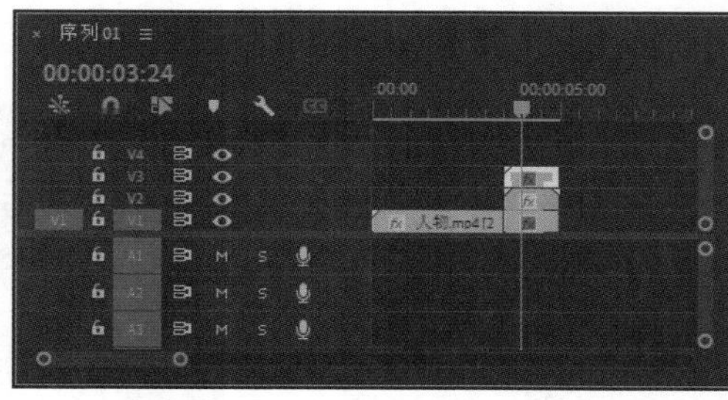

图9-58

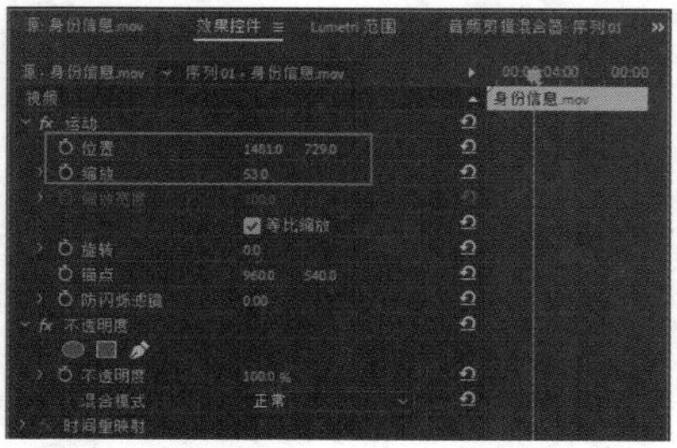

图9-59

步骤 13　为视频添加合适的背景音乐，将视频导出。

9.5 裸眼3D效果 超级动物世界

本案例将详细讲解使用蒙版，制作裸眼3D效果的具体操作方法，案例效果如图9-60所示。

图9-60

步骤01 启动Premiere Pro 2023软件，在菜单栏中执行“文件→打开项目”命令，打开路径文件夹中的“裸眼3D效果.prproj”文件。

步骤02 可以看到“时间轴”面板中添加了素材，如图9-61所示。在“节目：序列01”面板中可以预览当前素材的效果，如图9-62所示。

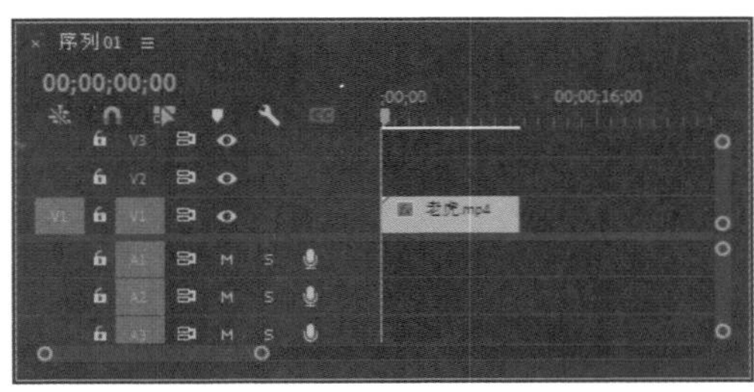

图9-61

图9-62

步骤03 在“效果”面板中搜索“变换”效果，将该效果拖曳至V1轨道的“老虎.mp4”素材上，然后在画面中绘制一个矩形蒙版，并设置“蒙版羽化”参数为0.0、“不透明度”参数为0.0，如图9-63所示。此时画面中的蒙版会显示为黑色，如图9-64所示。

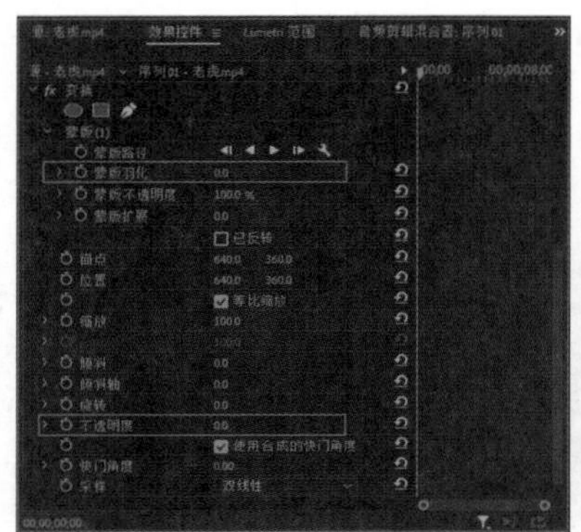

图9-63

图9-64

步骤 04　将“变换”效果复制一份，然后将蒙版向右移动，如图 9-65 所示。

步骤 05　选中 V1 轨道的“老虎.mp4”素材，按住 Alt 键向上拖曳，复制一份，如图 9-66 所示。

图9-65

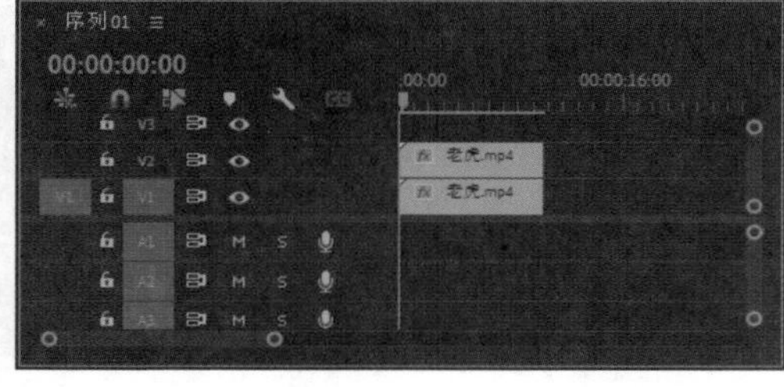

图9-66

步骤 06　将时间线移至 00:00:02:02 和 00:00:04:07 位置，用“剃刀工具”沿时间线的位置进行裁剪，如图 9-67 所示。

步骤 07　将时间线移至 V2 轨道的第二个素材片段的首部，在“效果控件”面板中删除原有的两个“变换”效果，添加一个新的“变换”效果，使用“钢笔工具”沿老虎的边缘进行绘制，如图 9-68 所示。

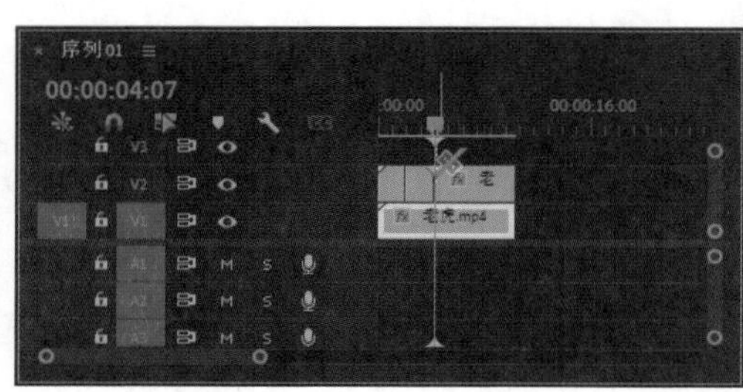

图9-67

图9-68

步骤 08　在“效果控件”面板中勾选“已反转”复选框，设置“不透明度”参数为 0.0，此时画面会显示绘制的老虎部分，并且遮盖下方的黑色遮罩，形成立体效果，如图 9-69 所示。

步骤 09　在“效果控件”面板中单击“蒙版路径”左侧的“切换动画”按钮，生成关键帧，如图 9-70 所示。

图 9-69

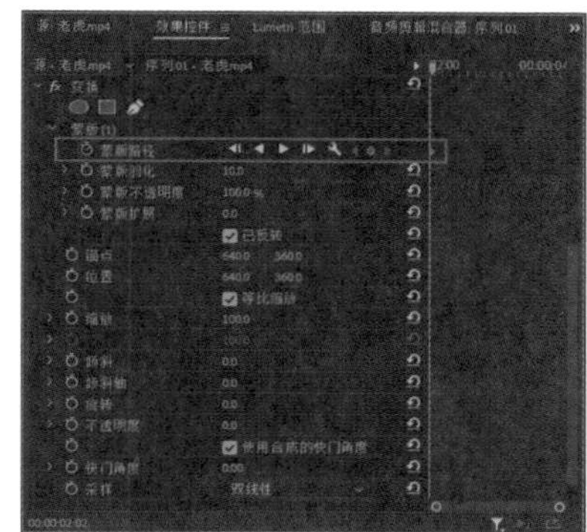

图 9-70

步骤 10　按照上述的操作步骤，为 V2 轨道的第二个片段的蒙版添加“蒙版路径”关键帧，如图 9-71 所示，使其与后方黑色遮罩形成正确的透视关系，画面效果如图 9-72 所示。

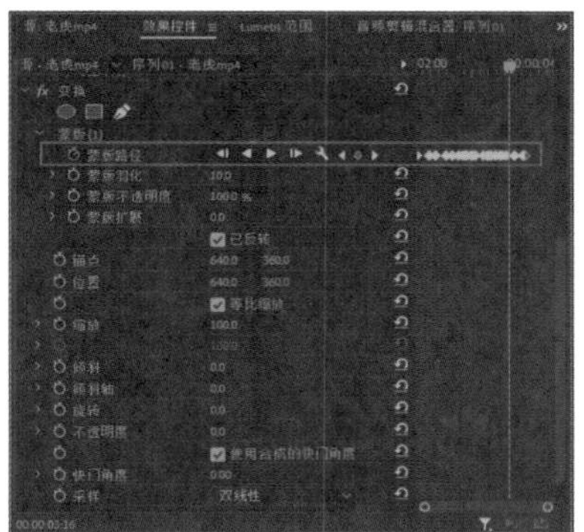

图 9-71

图 9-72

提示

因为画面中的老虎一直在动且幅度比较大，所以在添加关键帧时建议逐帧添加。

第 10 章

制作美食快闪视频

快闪视频是随着微信朋友圈、抖音、抖音火山版（原火山小视频）等平台兴起而出现的一种短视频形式。它以镜头快速切换为主要形式，具有节奏快、时间短、动感强、信息量大等特点。快闪视频的制作要点主要在于画面和音乐节奏的匹配，以及素材动画效果的呈现。本章将以美食快闪视频为例来讲解快闪视频的制作方法，案例效果如图 10-1 所示。

图 10-1

10.1 音频处理 添加背景音乐

快闪视频的配乐是非常重要的，素材画面的展示需要配合背景音乐的节奏才能具有动感。下面将导入背景音乐，并为其添加标记。

步骤 01 启动Premiere Pro 2023软件，在菜单栏中执行“文件→打开项目”命令，打开路径文件夹中的“制作美食快闪视频.prproj”文件。

步骤 02 在“项目：制作美食快闪视频”面板中双击“音乐.mp3”素材，在“源：音乐.mp3”面板中设置素材的起始位置为入点、00:00:21:05位置为出点。然后将入点和出点间的素材插到A1轨道上，如图 10-2 所示。设置入点为00:00:31:13、出点为00:00:39:20，然后将入点和出点间的素材插到A1轨道上，如图 10-3 所示。

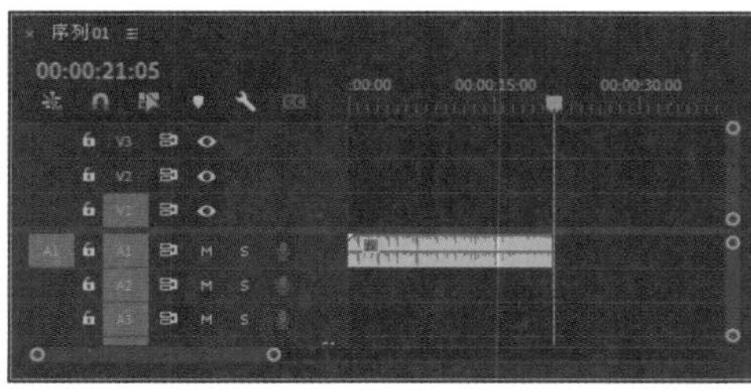

图 10-2

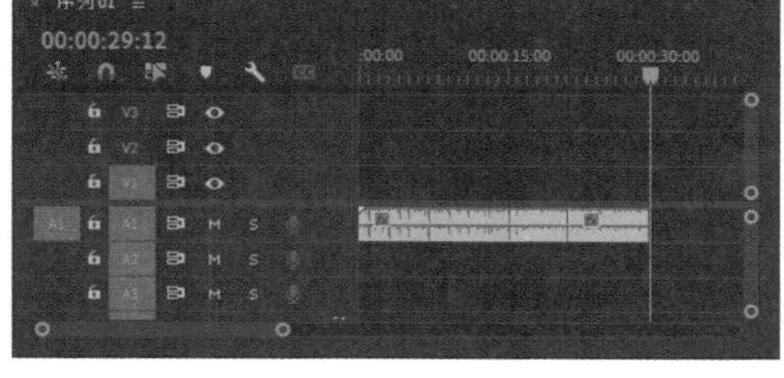

图 10-3

步骤 03 全选“时间轴”面板上的音频文件，按G键，在弹出的“音频增益”对话框中设置“调整增益值”参数为–10dB，单击“确定”按钮，如图 10-4 所示，效果如图 10-5 所示。

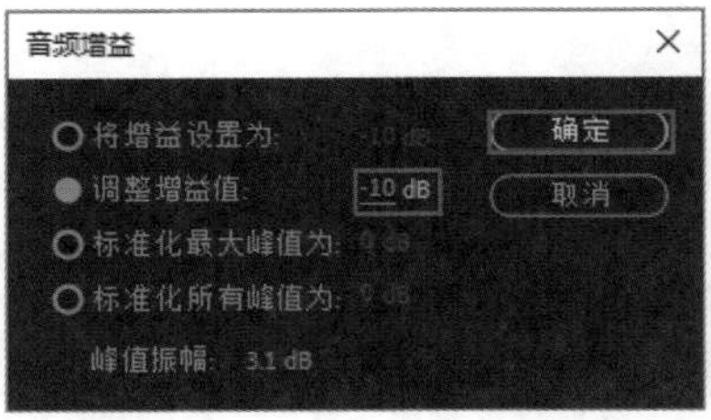

音频增益

将增益设置为：

调整增益值：-10 dB

标准化最大峰值为：

标准化所有峰值为：

峰值振幅：3.1 dB

确定

取消

图10-4

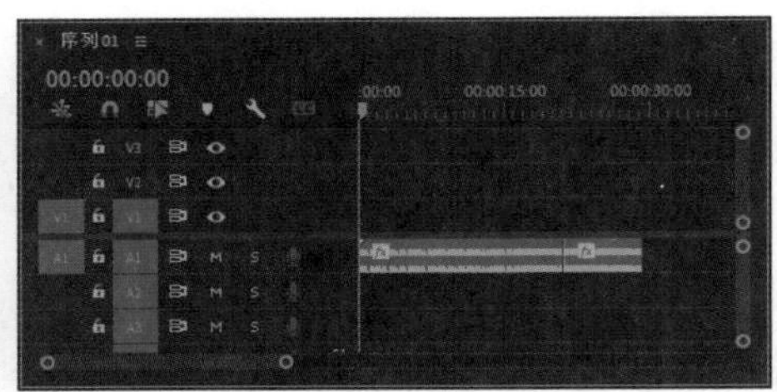

图10-5

步骤 04 将时间线移至00:00:26:00位置，在“效果控件”面板中单击“级别”右侧的“添加/移除关键帧”按钮◎，生成关键帧，如图 10-6所示，将时间线移至“音乐.mp3”素材的尾部，设置“级别”参数为–281.1dB，如图 10-7所示。

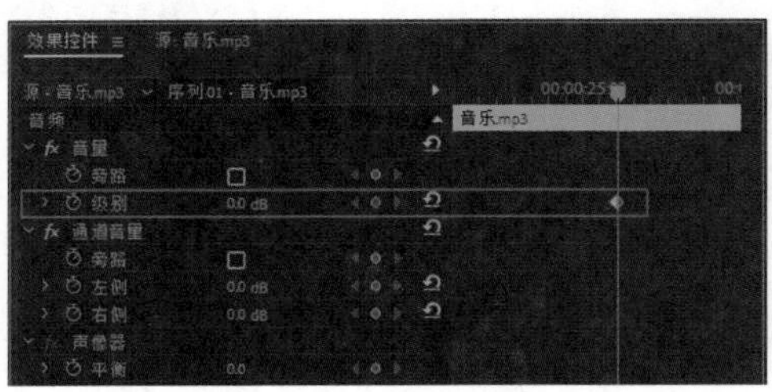

图10-6

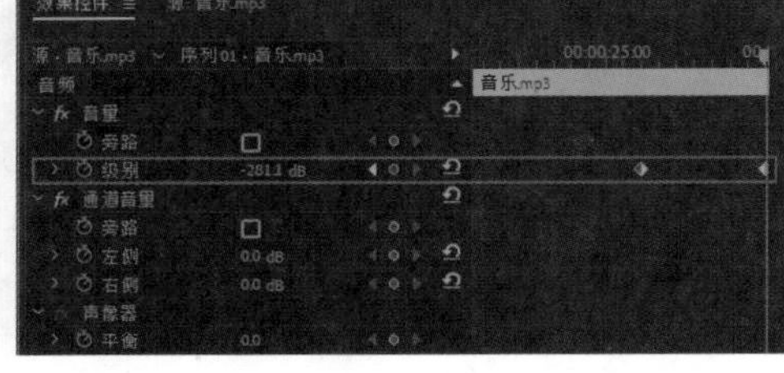

图10-7

步骤 05 在两段音频素材的相接处添加“恒定功率”效果，让音频过渡得更加自然，如图 10-8所示。

步骤 06 播放音频，在00:00:00:00、00:00:05:20、00:00:06:15、00:00:07:11、00:00:11:03、00:00:13:21、00:00:14:09、00:00:15:07、00:00:16:23、00:00:19:17、00:00:21:04、00:00:21:21、00:00:22:14、00:00:23:04、00:00:23:24、00:00:24:11、00:00:25:18位置添加标记，如图 10-9所示。

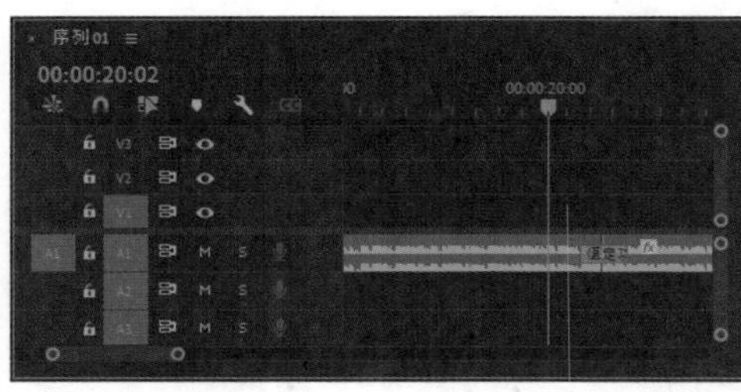

图10-8

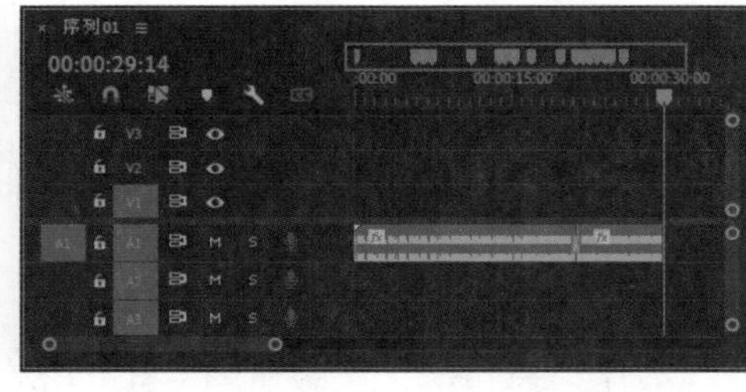

图10-9

提示

标记的位置不做强制规定，读者可按照自己的感觉添加标记，书中的标记位置仅供参考。

10.2　图片剪辑 制作转场效果

下面将为图片素材添加动画效果，并在素材之间添加转场效果，使视频画面更加生动有趣、画面之间的切换更加自然。

步骤 01　按照图片 01~17 编号顺序，将图片素材一次性拖曳到 V1 轨道上，使图片素材的起始位置与标记对齐，并调整其长度，如图 10-10 所示。

步骤 02　选中 V1 轨道的“01.jpg”“04.jpg”“09.jpg”素材，在“效果控件”面板中设置“旋转”参数为 90.0°，效果如图 10-11 所示。

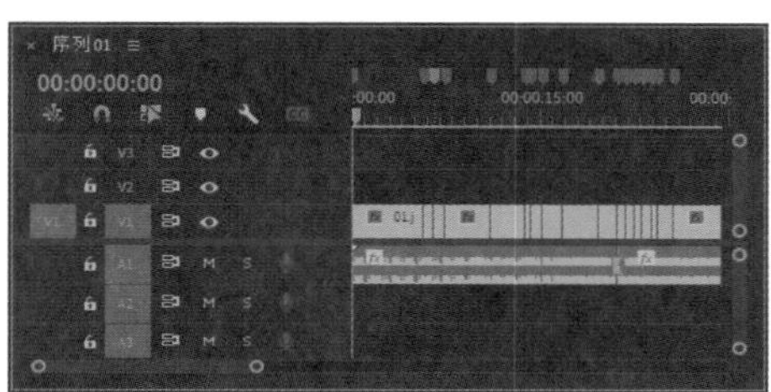

图 10-10

图 10-11

提示

标记不一定能非常准确地在节奏点处，所以还要根据音频来调整素材的长度。

步骤 03　将时间线移至 00:00:05:20 位置，选中 V1 轨道的“01.jpg”素材，在“效果控件”面板中单击“缩放”左侧的“切换动画”按钮，设置“缩放”参数为 43.0；移动时间线至 00:00:05:21 位置，设置“缩放”参数为 42.0，如图 10-12 所示。

步骤 04　将时间线移至 00:00:06:09 位置，单击“缩放”右侧的“添加/移除关键帧”按钮，然后再单击“旋转”右侧的“添加/移除关键帧”按钮，将时间线移至 00:00:06:12 位置，设置“缩放”参数为 70.0、“旋转”参数为 53.0°，如图 10-13 所示。

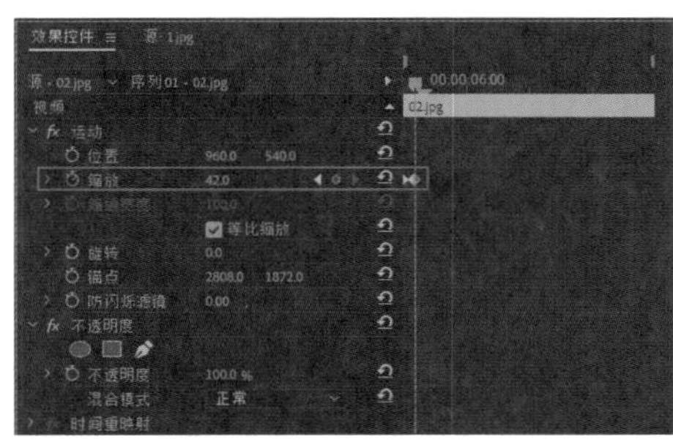

图 10-12

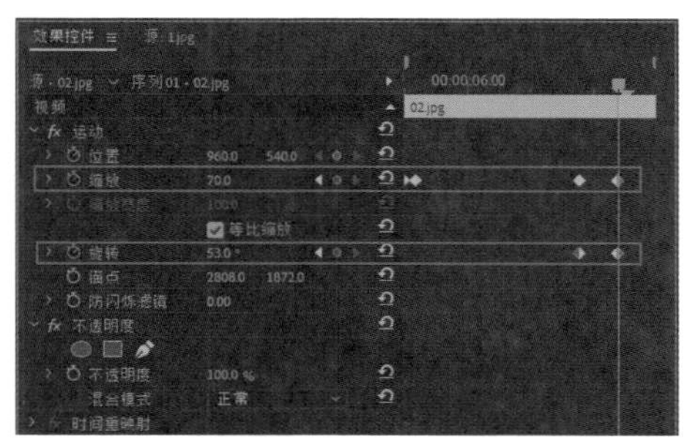

图 10-13

步骤 05　选中 V1 轨道的“01.jpg”素材，在“效果控件”面板中设置“缩放”参数为 28.0，效果如图 10-14 所示。

步骤 06　将时间线移至 00:00:14:06 位置，选中“06.jpg”素材，在“效果控件”面板中设置“缩放”参数为 55.0，并单击“缩放”左侧的“切换动画”按钮，生成关键帧；将时间线移至00:00:14:09位置，设置“缩放”参数为36.0，生成关键帧，如图 10-15所示。

图10-14

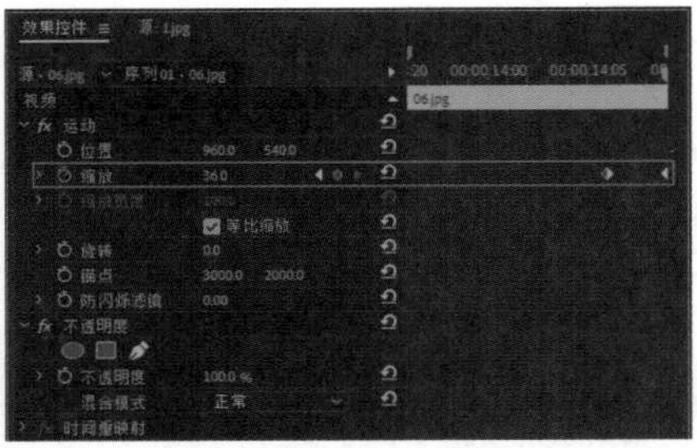

图10-15

步骤 07 在“05.jpg”与“06.jpg”素材的相接处添加“推”效果，设置“持续时间”为00:00:00:10，效果如图 10-16所示。

步骤 08 选中V1轨道的“07.jpg”素材，在“效果控件”面板中设置“缩放”参数为60.0，并单击“缩放”左侧的“切换动画”按钮，生成关键帧；将时间线移至00:00:14:12位置，设置“缩放”参数为55.0，生成关键帧，如图 10-17所示。

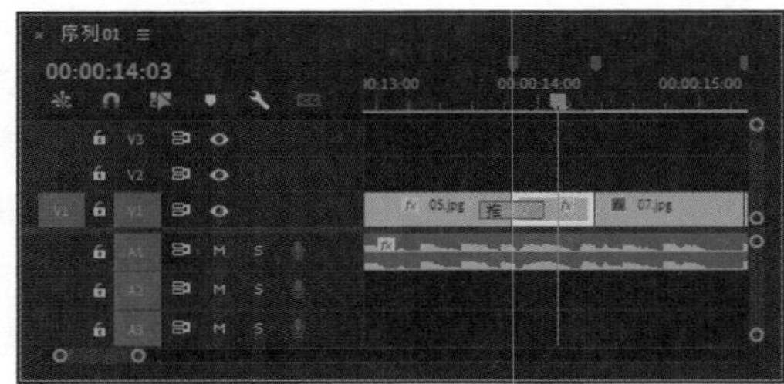

图10-16

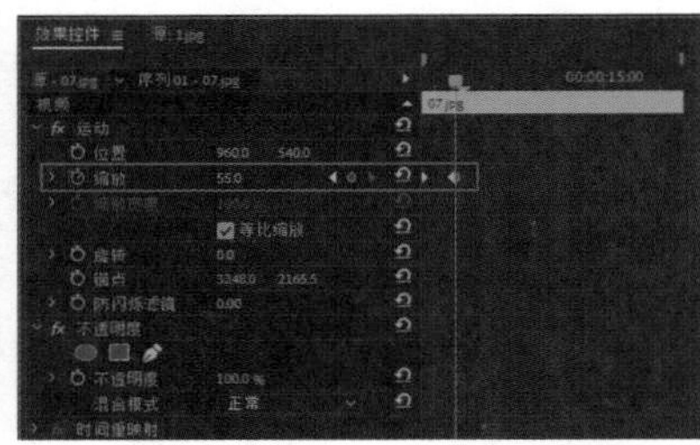

图10-17

步骤 09 将时间线移至00:00:15:01位置，单击“旋转”左侧的“切换动画”按钮，生成关键帧；将时间线移至00:00:15:07位置，设置“旋转”参数为32.0°，生成关键帧，如图 10-18所示。

步骤 10 选中V1轨道的“08.jpg”素材，设置“缩放”参数为39.0。将时间线移至00:00:15:22位置，设置“位置”参数为960.0和–749.0，并单击“位置”左侧的“切换动画”按钮，生成关键帧；将时间线移至00:00:16:03位置，设置“位置”参数为960.0和338.0，如图 10-19所示。

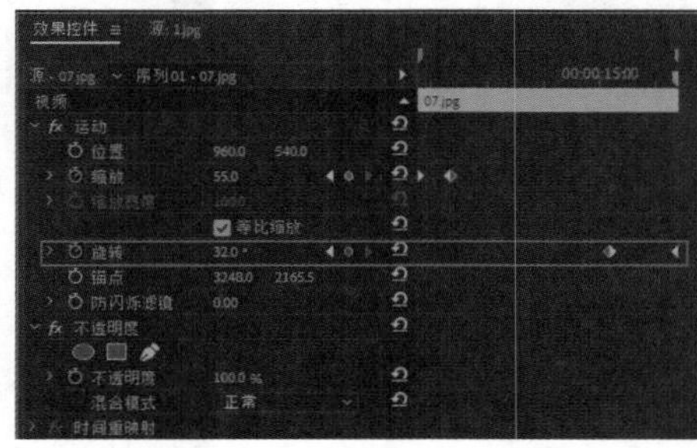

图10-18

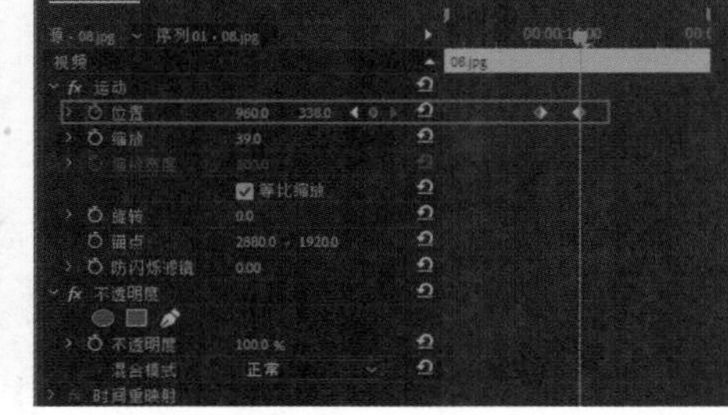

图10-19

步骤 11 将时间线移至00:00:19:17位置，选中V1轨道的“10.jpg”素材，在“效果控件”面板中设置“缩放”参数为27.0，并单击“缩放”左侧的“切换动画”按钮，生成关键帧；将时间线移至00:00:20:11位置，设置“缩放”参数为44.0，生成关键帧，如图10-20所示。

步骤 12 将时间线移至00:00:20:21位置，单击“旋转”左侧的“切换动画”按钮，生成关键帧；将时间线移至00:00:21:03位置，设置“旋转”参数为327.0°，生成关键帧，如图10-21所示。

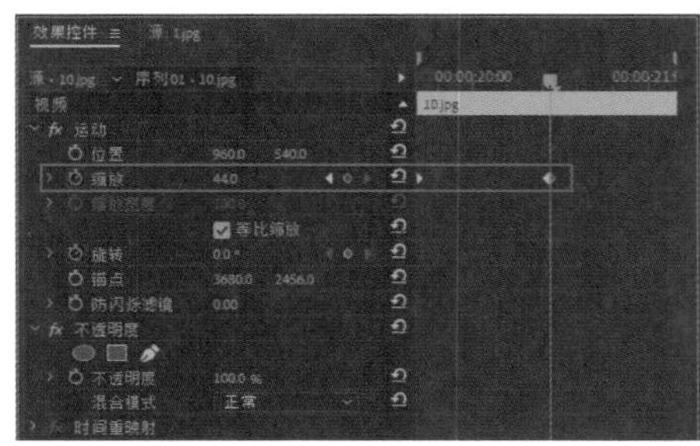

图10-20

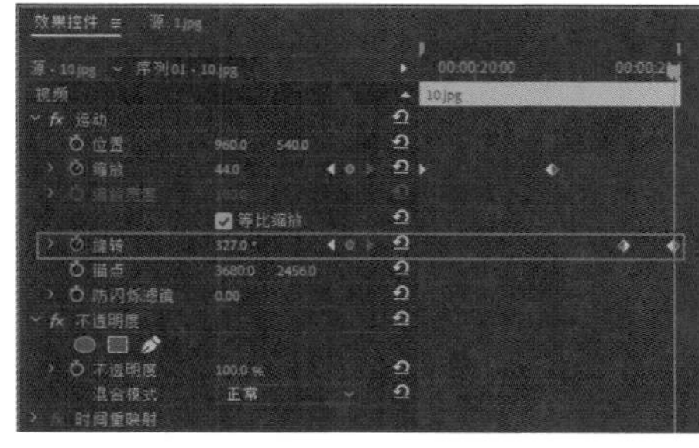

图10-21

步骤 13 将时间线移至00:00:21:04位置，选中V1轨道的“11.jpg”素材，在“效果控件”面板中设置“旋转”参数为–19.0°，并单击“旋转”左侧的“切换动画”按钮，生成关键帧；将时间线移至00:00:21:05位置，设置“旋转”参数为0.0°，生成关键帧，如图10-22所示。

步骤 14 将时间线移至00:00:21:17位置，设置“缩放”参数为47.0，并单击“缩放”左侧的“切换动画”按钮，生成关键帧；将时间线移至00:00:21:21位置，设置“缩放”参数为32.0，生成关键帧，如图10-23所示。

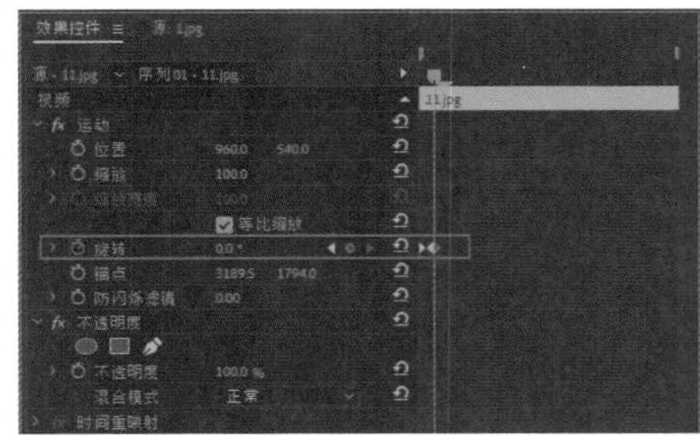

图10-22

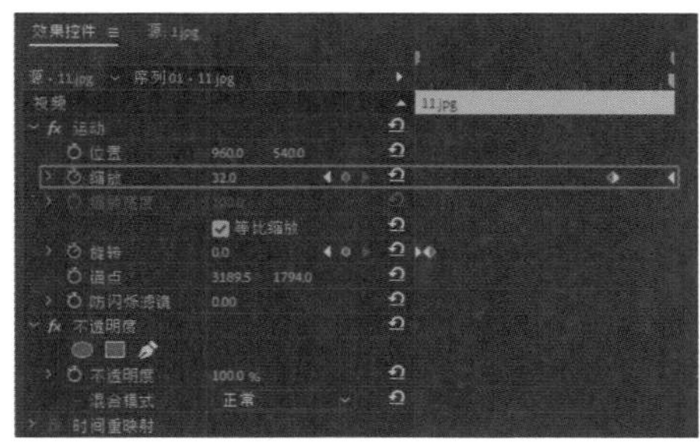

图10-23

步骤 15 选中V1轨道的“12.jpg”素材，设置“缩放”参数为63.0，并单击“缩放”左侧的“切换动画”按钮，生成关键帧，如图10-24所示；移动时

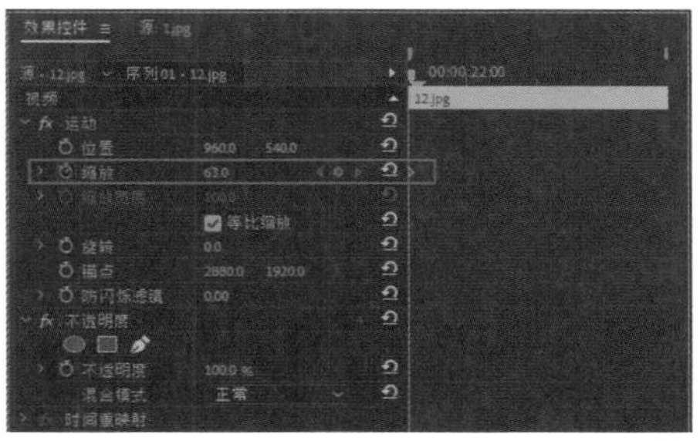

图10-24

间线至00:00:22:02位置，设置“缩放”参数为34.0，如图10-25所示。

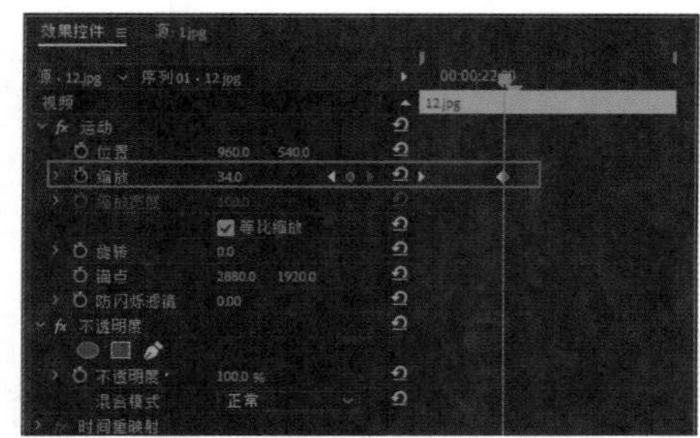

图10-25

步骤16 选中V1轨道的“12.jpg”素材并右击，在弹出的快捷菜单中执行“复制”命令，如图10-26所示。

步骤17 在“时间轴”面板中选中V1轨道的“13.jpg”“14.jpg”“15.jpg”素材并右击，在弹出的快捷菜单中执行“粘贴属性”命令，在弹出的“粘贴属性”对话框中勾选“运动”复选框并单击“确定”按钮，如图10-27所示。

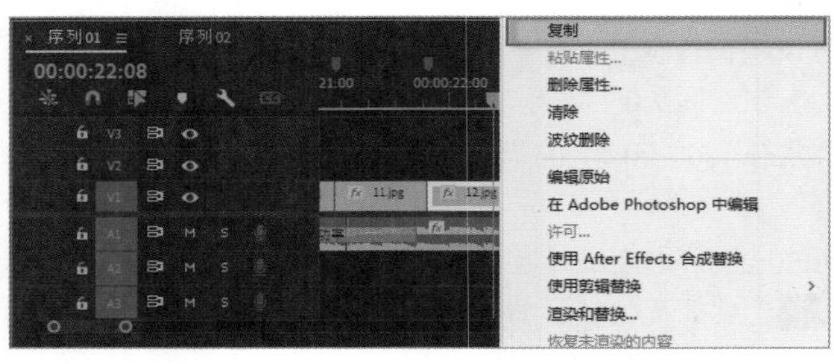

图10-26

图10-27

步骤18 将时间线移至00:00:24:11位置，单击“缩放”左侧的“切换动画”按钮，生成关键帧；将时间线移至00:00:24:13位置，设置“缩放”参数为60.0，生成关键帧，如图10-28所示。

步骤19 选中V1轨道的“17.jpg”素材，设置“缩放”参数为41.0，并单击“缩放”左侧的“切换动画”按钮；移动时间线至00:00:26:19位置，设置“缩放”参数为28.0，如图10-29所示。

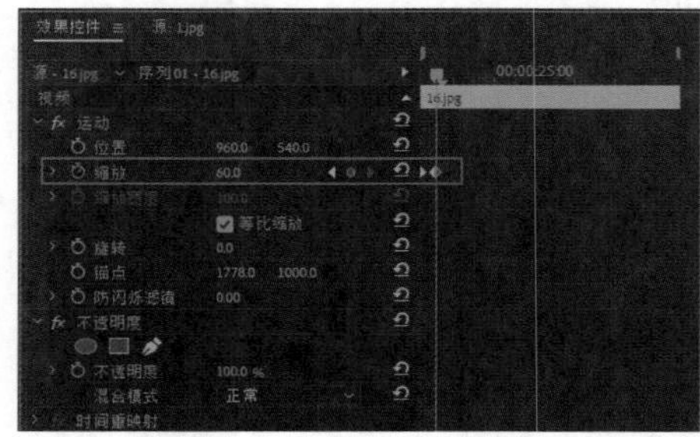

图10-28

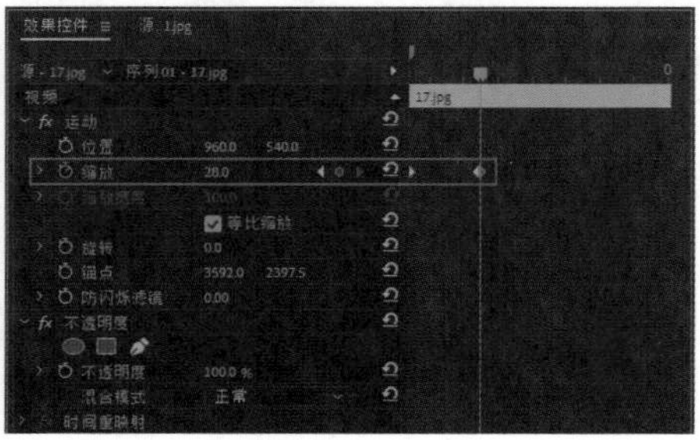

图10-29

步骤 20 在“项目：制作美食快闪视频”面板中选中“01.jpg”素材并将其拖曳至V2轨道上，选中“18.png”素材并将其拖曳至V3轨道上，调整长度，如图10-30所示。

步骤 21 将时间线移至00:00:00:17位置，选中V2轨道的“01.jpg”素材，在“效果控件”面板中单击“位置”左侧的“切换动画”按钮，生成关键帧；将时间线移至00:00:01:02位置，设置“位置”参数为960.0和–602.0、“缩放”参数为110.0、“旋转”参数为90.0°，如图10-31所示。

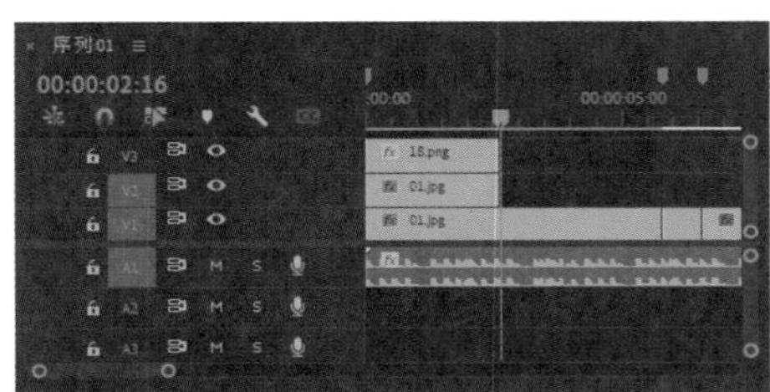

图10-30

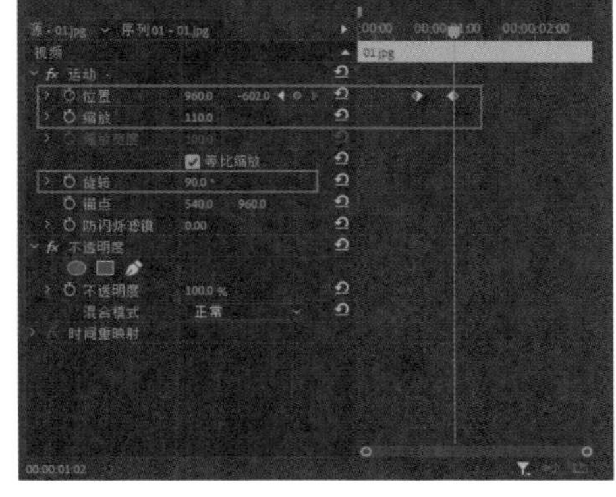

图10-31

步骤 22 移动时间线至00:00:00:00位置，选中V3轨道的“18.png”素材，在“效果控件”面板中设置“缩放”参数为56.0，并单击“缩放”左侧的“切换动画”按钮；移动时间线至00:00:00:17位置，单击“位置”左侧的“切换动画”按钮，设置“位置”参数为1009.0和487.0、设置“缩放”参数为21.8；移动时间线至00:00:00:21位置，单击“位置”右侧的“添加/移除关键帧”按钮，生成关键帧；移动时间线至00:00:01:05位置，设置“位置”参数为1009.0和276.0；移动时间线至00:00:01:22位置，设置“位置”参数为1009.0和276.0、设置“旋转”参数为–64.0°，如图10-32所示。

步骤 23 移动时间线至00:00:00:00位置，设置“不透明度”参数为38.0%，并单击“不透明度”左侧的“切换动画”按钮；移动时间线至00:00:00:17位置，设置“不透明度”参数为100.0%，如图10-33所示。

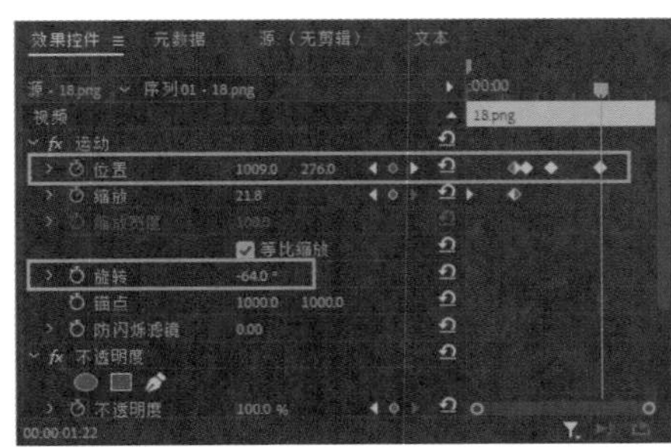

图10-32

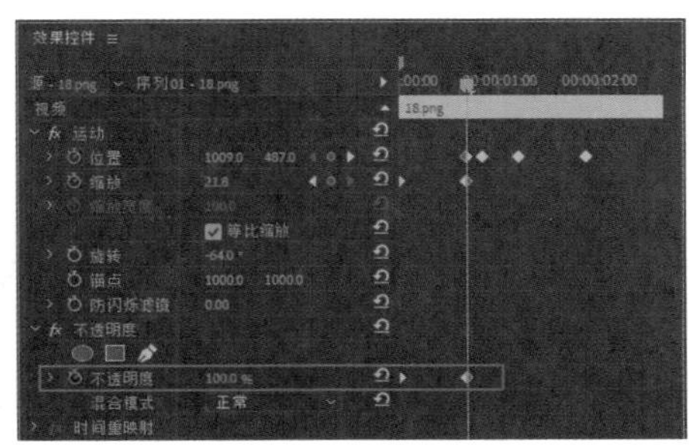

图10-33

步骤 24 在"项目：制作美食快闪视频"面板中选中"19.jpg"素材并将其拖曳至V2轨道上，选中"图形.mov"素材并将其拖曳至V3轨道上，调整长度，如图10-34所示。

步骤 25 选中V2轨道的"19.jpg"素材，在"效果控件"面板中设置"缩放"参数为12.0，如图10-35所示。

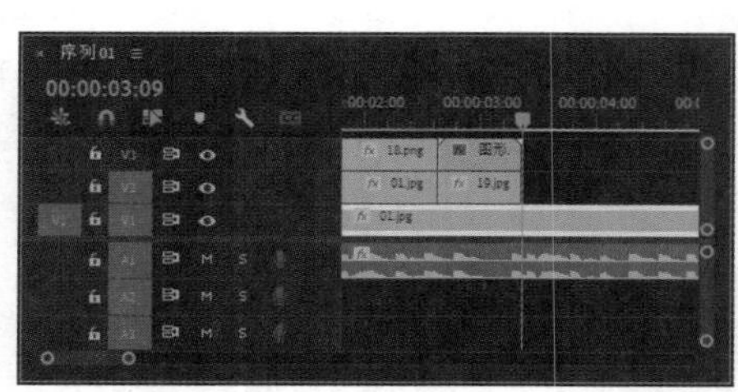

图10-34

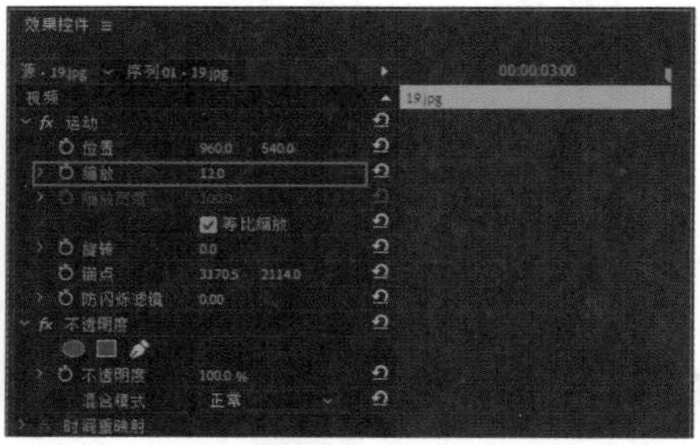

图10-35

步骤 26 移动时间线至00:00:03:08位置，选中V2轨道的"19.jpg"素材，在"效果控件"面板中单击"不透明度"卷展栏中的"创建椭圆形蒙版"按钮，在"节目：序列01"面板中调整椭圆形蒙版，使其与黄色圆圈重合，如图10-36所示。

步骤 27 单击"缩放"左侧的"切换动画"按钮，生成关键帧，将时间线移至00:00:02:16位置，设置"缩放"参数为0.0，生成关键帧，如图10-37所示。

图10-36

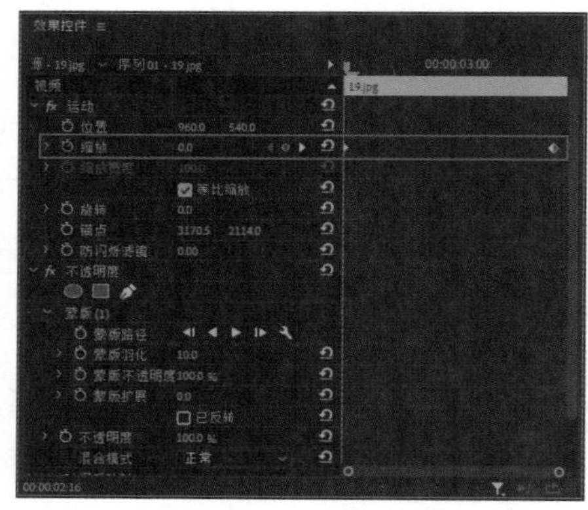

图10-37

步骤 28 在"项目：制作美食快闪视频"面板中选中"20.jpg"素材并将其拖曳至V2轨道上，调整长度，如图10-38所示。在"效果控件"面板中设置"缩放"参数为19.0，单击"不透明度"卷展栏中的"创建椭圆形蒙版"按钮，在"节目：序列01"面板中调整椭圆形蒙版，使其与碗的边缘重合，如图10-39所示。

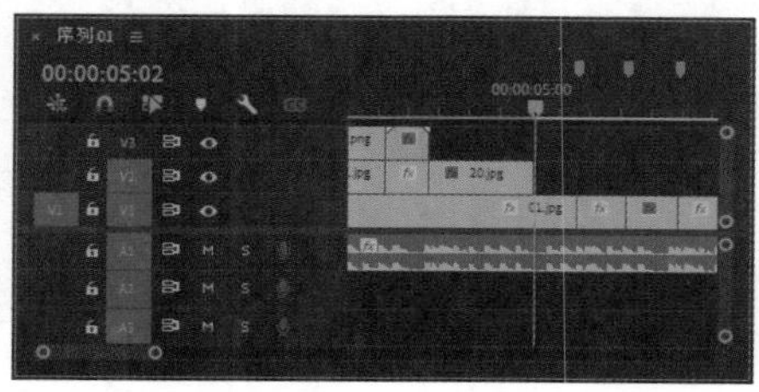

图10-38

图10-39

步骤 29 在“项目：制作美食快闪视频”面板中选中“21.png”素材并将其拖曳至V2轨道上，调整长度，如图 10-40所示，在“效果控件”面板中设置“缩放”参数为50.0。

步骤 30 将时间线移至00:00:07:06位置，在“项目：制作美食快闪视频”面板中选中“22.jpg”素材并将其拖曳至V2轨道上，其起始位置与时间线对齐，“持续时间”为00:00:01:02，如图 10-41所示。

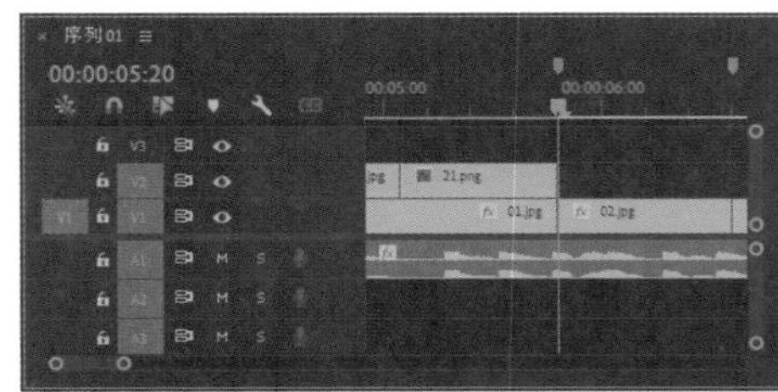

图10-40

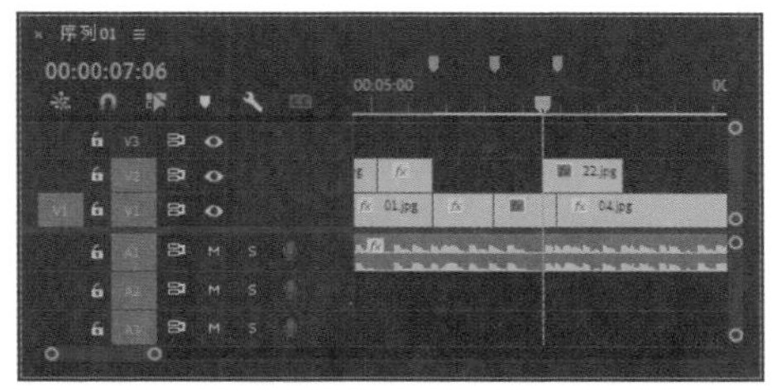

图10-41

步骤 31 选中V2轨道的“22.jpg”素材，在“效果控件”面板中单击“缩放”左侧的“切换动画”按钮，生成关键帧，如图 10-42所示。将时间线移至00:00:07:13位置，在“效果控件”面板中设置“缩放”参数为29.0，在“效果”面板中添加“裁剪”效果，设置“左侧”和“右侧”参数均为25.0%，如图 10-43所示。

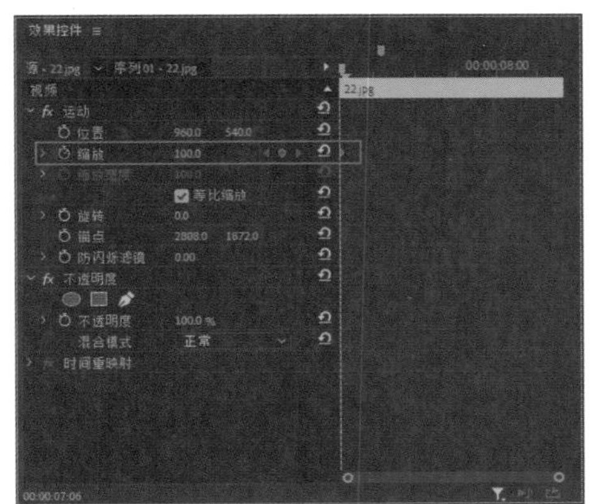

图10-42

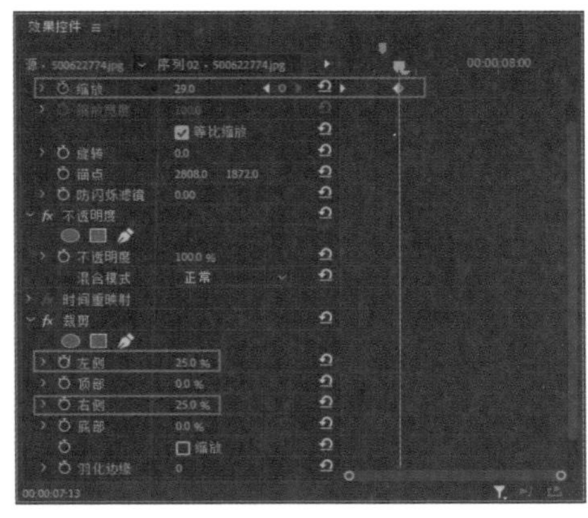

图10-43

步骤 32 将时间线移至00:00:08:08位置，在“项目：制作美食快闪视频”面板中选中“23.jpg”素材并将其拖曳至V2轨道上，其起始位置与时间线对齐，“持续时间”为00:00:00:17，如图 10-44所示。单击“缩放”左侧的“切换动画”按钮，设置“缩放”参数为73.0，生成关键帧；将时间线移至00:00:08:15位置，设置“缩放”参数为30.0，添加“裁剪”效果，设置“左侧”和“右侧”参数均为25.0%，如图 10-45所示。

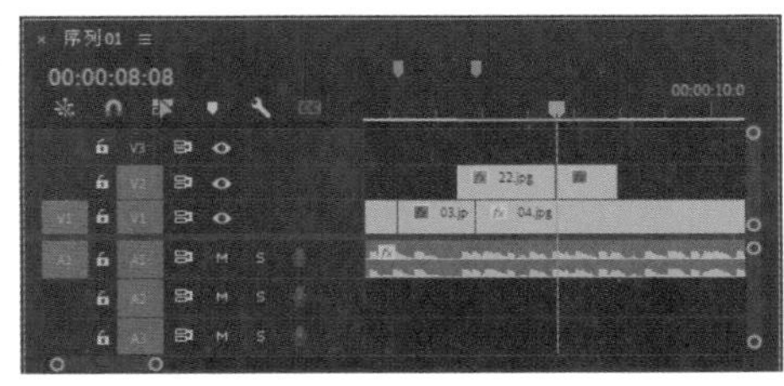

图10-44

步骤 33　将时间线移至00:00:09:00位置，在“项目：制作美食快闪视频”面板中选中“24.jpg”素材并将其拖曳至V2轨道上，其起始位置与时间线对齐，“持续时间”为00:00:01:23，如图 10-46所示。单击“缩放”左侧的“切换动画”按钮，设置“缩放”参数为45.0，生成关键帧。将时间线移至00:00:09:01位置，设置“缩放”参数为80.0。将时间线移至00:00:09:03位置，设置“缩放”参数为45.0。将时间线移至00:00:09:04位置，设置“缩放”参数为60.0，如图 10-47所示。

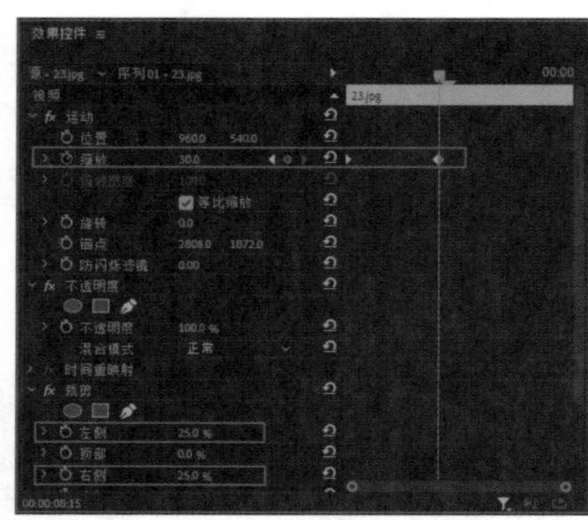

图10-45

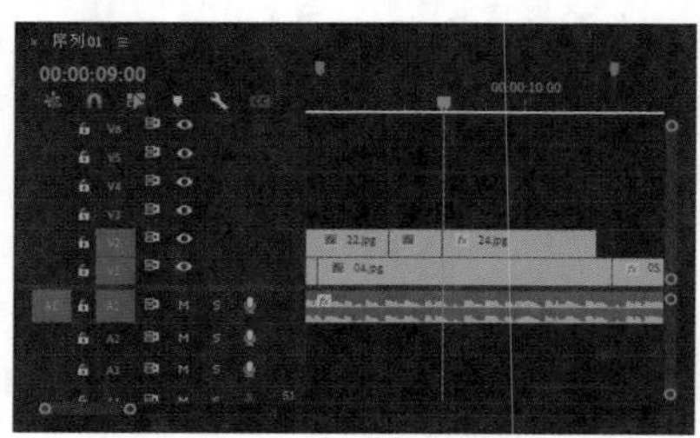

图10-46

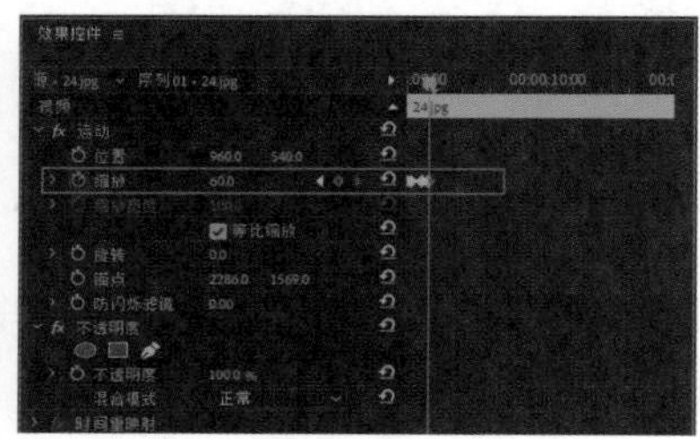

图10-47

步骤 34　将时间线移至00:00:09:12位置，在“项目：制作美食快闪视频”面板中选中“转场01.mov”素材并将其拖曳至V4轨道上，其起始位置与时间线对齐，如图 10-48所示。

步骤 35　将时间线移至00:00:12:01位置，在“项目：制作美食快闪视频”面板中选中“转场02.mov”素材并将其拖曳至V5轨道上，其起始位置与时间线对齐，如图 10-49所示。

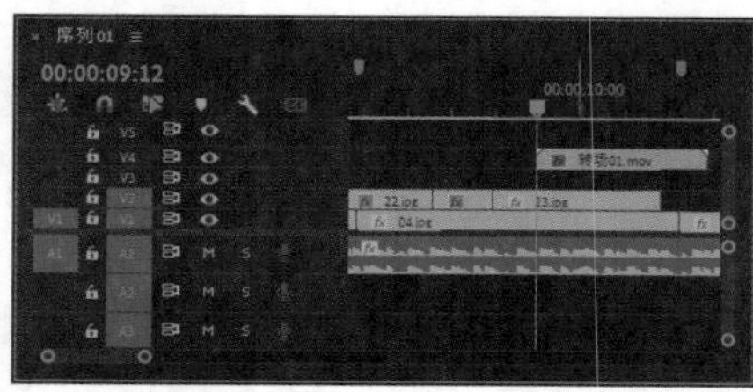

图10-48

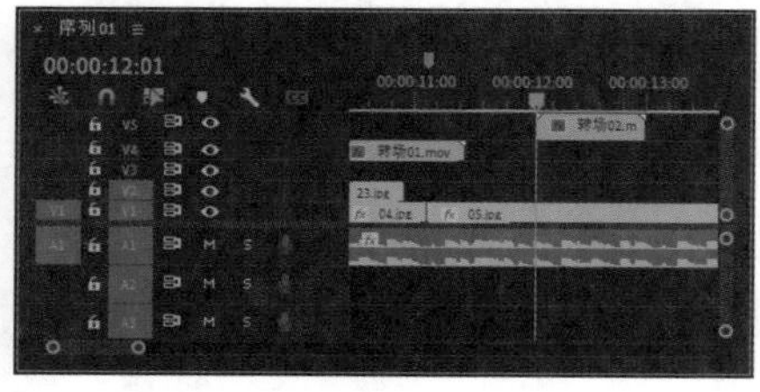

图10-49

步骤 36　将时间线移至00:00:15:02位置，在“项目：制作美食快闪视频”面板中选中“23.jpg”素材并将其拖曳至V2轨道上，其起始位置与时间线对齐，“持续时间”为00:00:01:16，如图 10-50所示。

步骤 37　将时间线移至00:00:16:05位置，在“效果控件”面板中单击“位置”左侧的“切换动画”按钮，生成关键帧；将时间线移至00:00:16:11位置，设置“位置”参数为960.0和1790.0，设置“缩放”参数为38.0，如图 10-51所示。

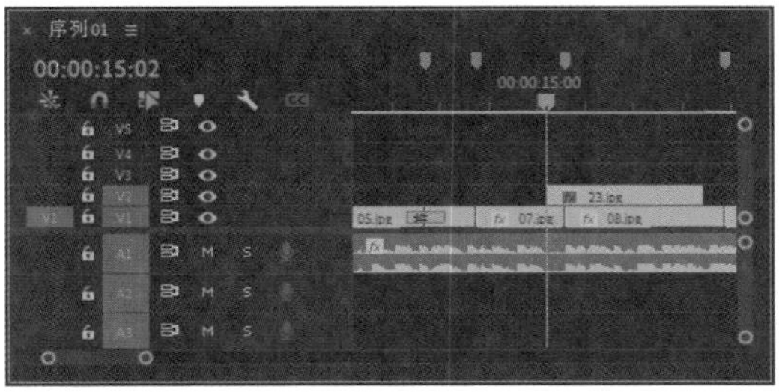

图10-50

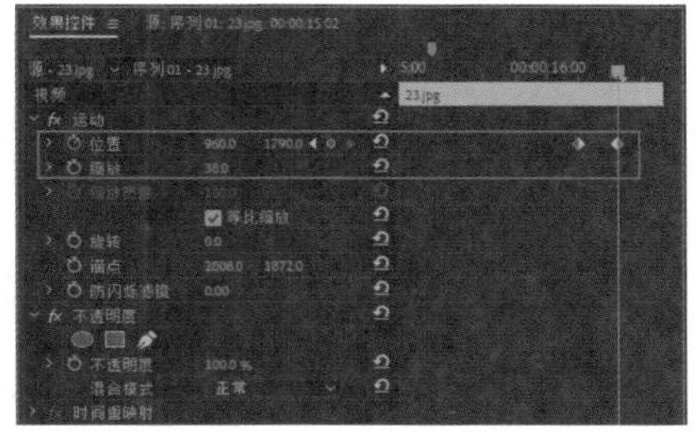

图10-51

步骤 38 在V3轨道上添加“11.jpg”素材，如图 10-52 所示。将时间线移至00:00:15:18位置，在“效果控件”面板中单击“位置”左侧的“切换动画”按钮，生成关键帧；移动时间线至00:00:15:24位置，设置“位置”参数为960.0和–648.0、“缩放”参数为36.0，如图 10-53 所示。

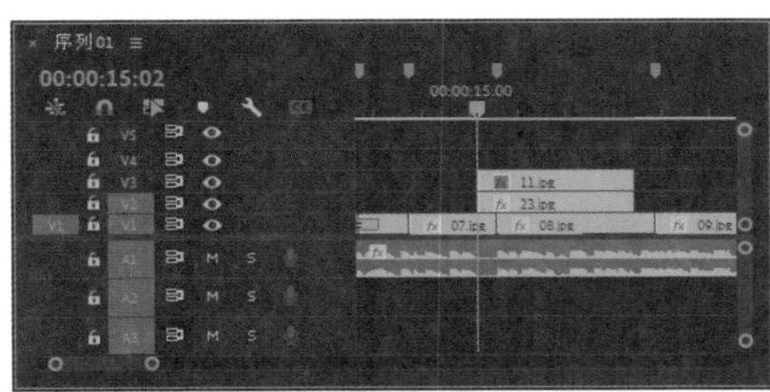

图10-52

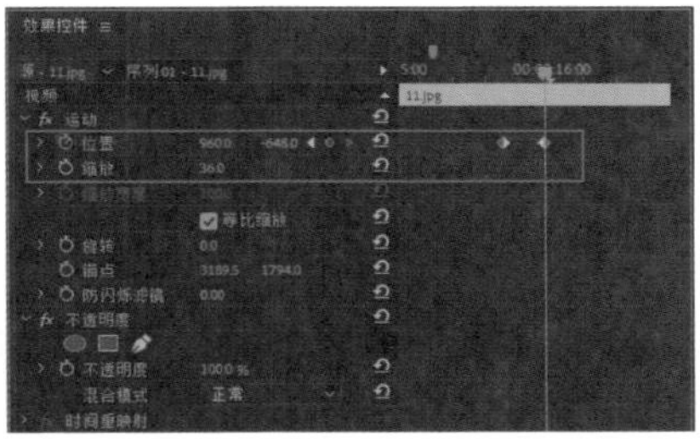

图10-53

步骤 39 将时间线移至00:00:17:04位置，在“项目：制作美食快闪视频”面板中选中“23.jpg”素材并将其拖曳至V3轨道上，其起始位置与时间线对齐，“持续时间”为00:00:01:22，如图 10-54 所示。

步骤 40 将时间线移至00:00:18:03位置，在“效果控件”面板中，设置“位置”参数为1897.0和513.0，并单击“位置”左侧的“切换动画”按钮，生成关键帧；将时间线移至00:00:18:11位置，设置“位置”参数为3454.0和513.0，设置“缩放”参数为55.0，如图 10-55 所示。

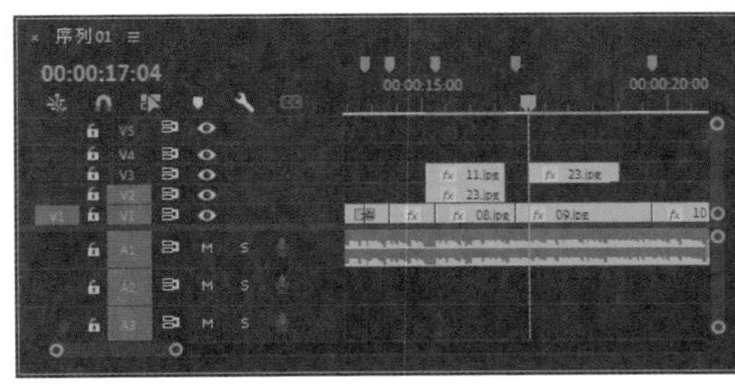

图10-54

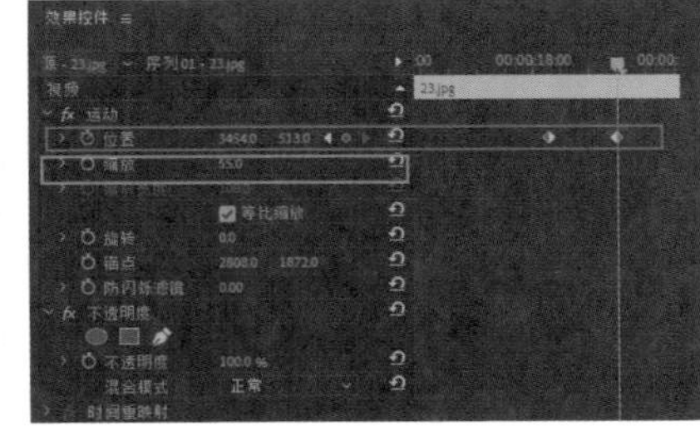

图10-55

步骤 41 选中V3轨道的“23.jpg”素材，在“效果控件”面板中单击“不透明度”卷展栏中的“创建椭圆形蒙版”按钮，在“节目：序列01”面板中调整椭圆形蒙版，使其与碗的边缘重合，如图 10-56 所示。

步骤 42 添加“交叉溶解”效果至“23.jpg”素材的起始位置，如图 10-57 所示。

图 10-56

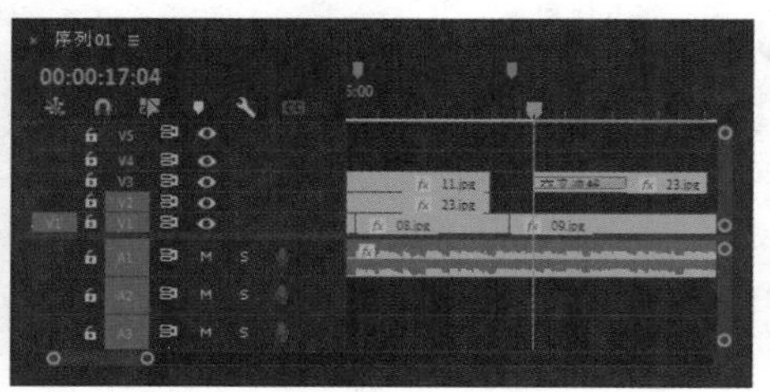

图 10-57

步骤 43 移动时间线至00:00:17:20位置，在“项目：制作美食快闪视频”面板中选中“25.jpg”素材并将其拖曳至V2轨道上，其起始位置与时间线对齐，“持续时间”为00:00:01:17，如图 10-58 所示。

步骤 44 移动时间线至00:00:18:03位置，在“效果控件”面板中，设置“缩放”参数为39.0、“位置”参数为–774.0和540.0，并单击“位置”左侧的“切换动画”按钮，生成关键帧。将时间线移至00:00:18:15位置，设置“位置”参数为862.0和540.0，如图 10-59 所示。

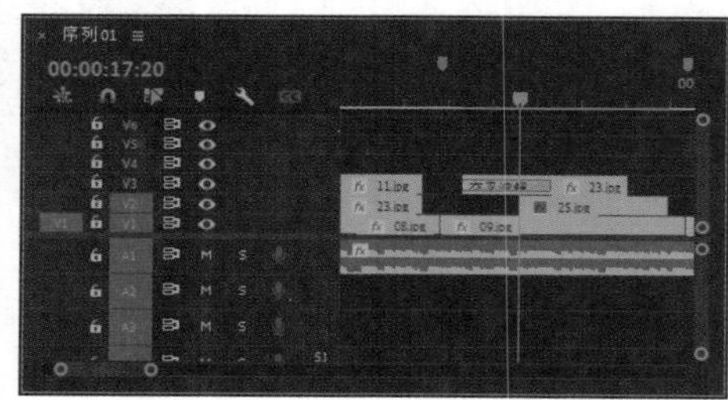

图 10-58

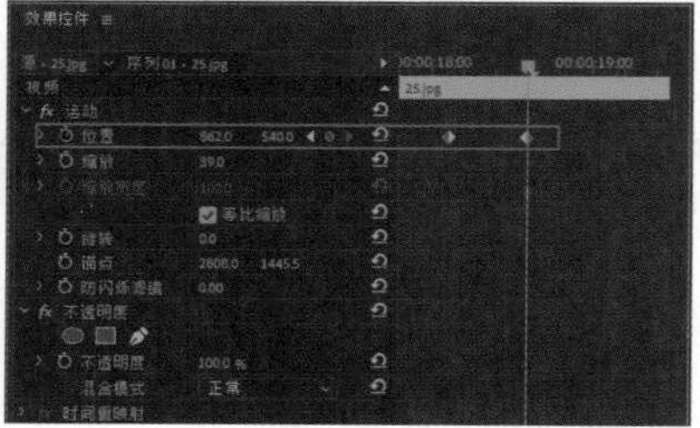

图 10-59

步骤 45 移动时间线至00:00:19:05位置，为V2轨道的“25.jpg”素材添加“裁剪”效果。在“效果控件”面板中单击“不透明度”卷展栏中的“创建椭圆形蒙版”按钮，在“节目：序列 01”面板中调整椭圆形蒙版，设置“蒙版扩展”参数为1000.0，勾选“已反转”复选框，设置“左侧”参数为100.0%，单击“蒙版路径”与“蒙版扩展”左侧的“切换动画”按钮，生成关键帧，如图 10-60 所示，画面效果如图 10-61 所示。

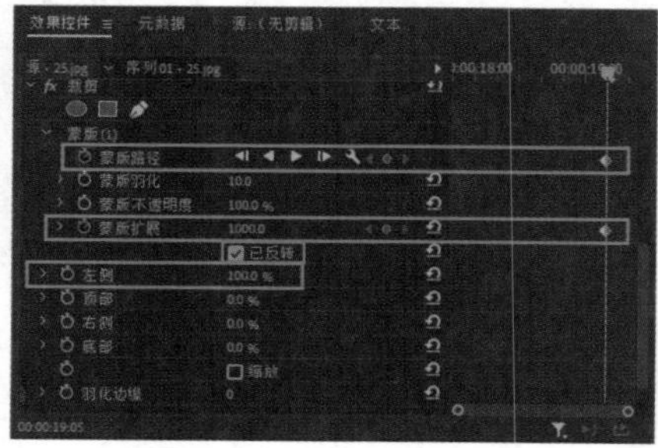

图 10-60

图 10-61

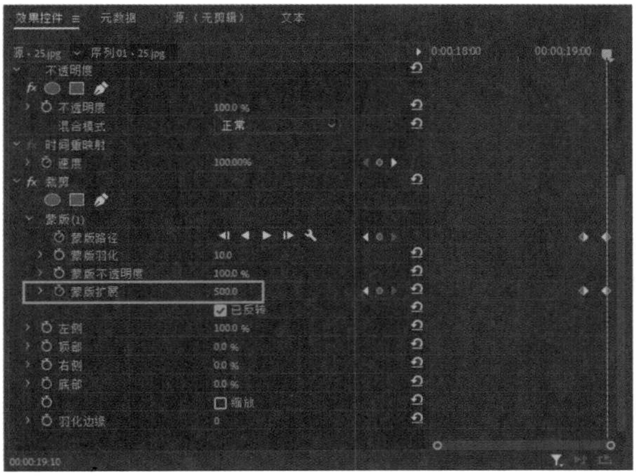

图10-62

步骤 46 移动时间线至00:00:19:10位置，调整蒙版为圆形，设置“蒙版扩展”参数为500.0，如图 10-62所示，画面效果如图 10-63所示。

图10-63

步骤 47 移动时间线至00:00:19:12位置，在“项目：制作美食快闪视频”面板中选中“图形1.mov”素材并将其拖曳至V3轨道上，其起始位置与时间线对齐，如图 10-64所示。在“效果控件”面板中设置“位置”参数为1030.0和540.0、“缩放”参数为161.0，效果如图 10-65所示。

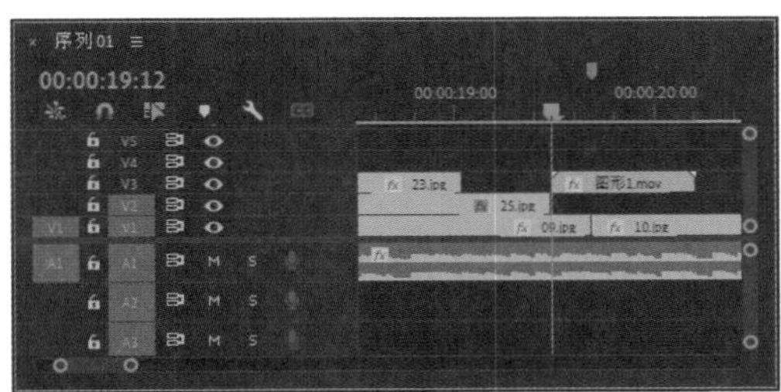

图10-64

图10-65

步骤 48 移动时间线至00:00:20:16位置，在“项目：制作美食快闪视频”面板中选中“图形2.mov”素材并将其拖曳至V3轨道上，其起始位置与时间线对齐，“持续时间”为00:00:00:09，如图 10-66所示。在“效果控件”面板中设置“缩放”参数为161.0，效果如图 10-67所示。

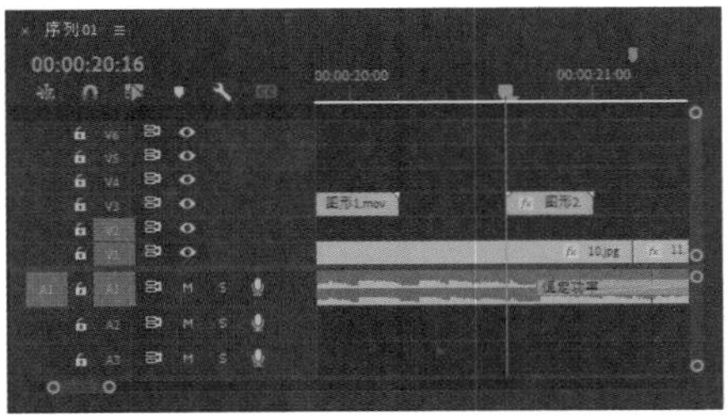

图10-66

图10-67

步骤 49　移动时间线至00:00:25:14位置，在“项目：制作美食快闪视频”面板中选中“图形.mov”素材并将其拖曳至V3轨道上，其起始位置与时间线对齐，如图 10-68所示。在“效果控件”面板中设置“缩放”参数为163.0，效果如图 10-69所示。

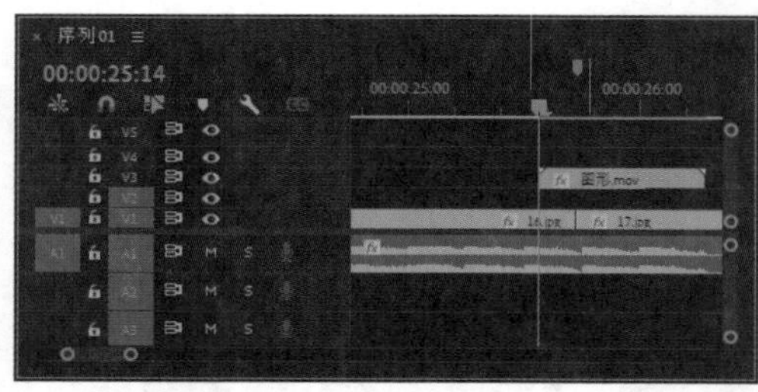

图10-68

图10-69

10.3　添加字幕 制作视频文案

下面将为视频添加字幕，制作好看的主题文字展示效果，为视频锦上添花，具体的操作方法如下。

步骤 01　将时间线移至00:00:00:00位置，在“工具”面板中单击“文字工具”按钮，在“节目：序列01”面板中输入“舌尖上的美食”文字，在“效果控件”面板中设置“字体”为“方正华隶_GBK”，设置“填充”颜色为白色，如图 10-70所示。画面效果如图 10-71所示。

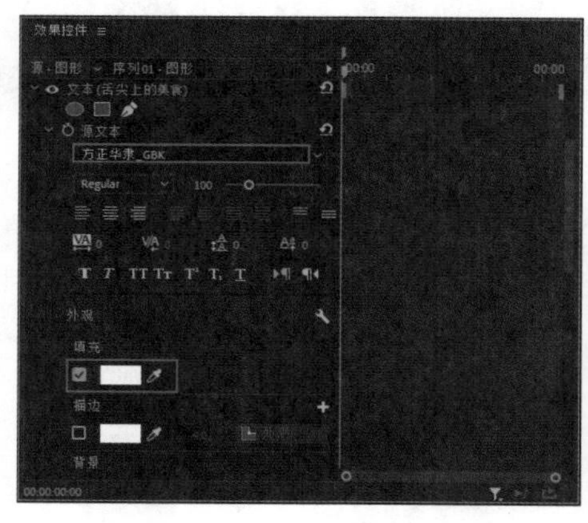

图10-70

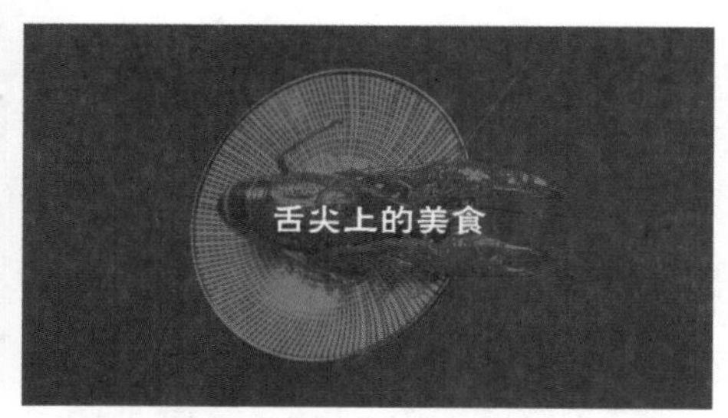

图10-71

步骤 02　添加“线性擦除”效果至V4轨道的“舌尖上的美食”字幕素材上，在“效果控件”面板中设置“过渡完成”参数为63%，单击“过渡完成”左侧的“切换动画”按钮，生成关键帧，设置“擦除角度”参数为270.0°、“羽化”参数为18.0。将时间线移至00:00:00:10位置，设置“过渡完成”参数为18%，如图 10-72所示。

步骤 03 将时间线移至00:00:00:21位置，设置“位置”参数为958.0和775.0、“缩放”参数为140.0、“不透明度”参数为13.0%，添加“位置”和“不透明度”关键帧。将时间线移至00:00:01:06位置，设置“位置”参数为960.0和552.0、“不透明度”参数为100.0%，将时间线移至00:00:02:15位置，设置“位置”参数为960.0和762.0，如图10-73所示。

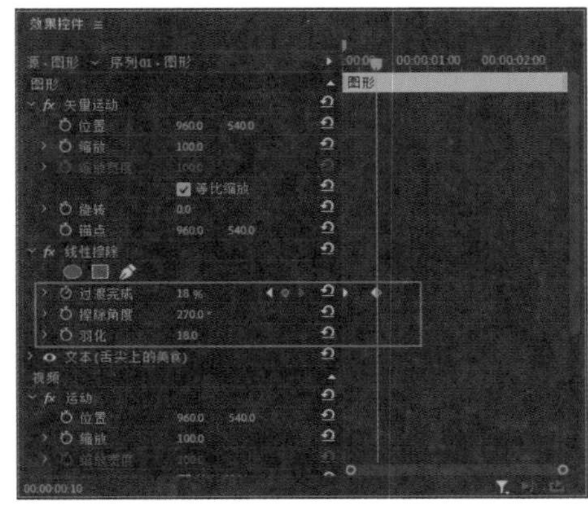

图10-72

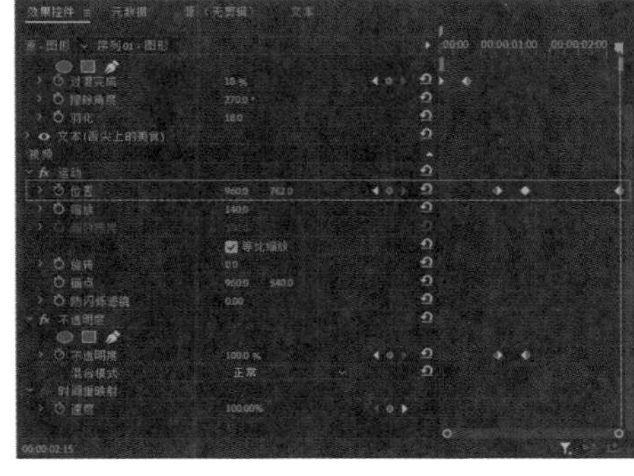

图10-73

步骤 04 移动时间线至00:00:00:00位置，在“工具”面板中单击“文字工具”按钮T，在“节目：序列01”面板中输入“香辣火锅”文字，在“效果控件”面板中设置“字体”为“方正华隶_GBK”，设置“字体大小”参数为300、“填充”颜色为白色，如图10-74所示，字幕效果如图10-75所示。

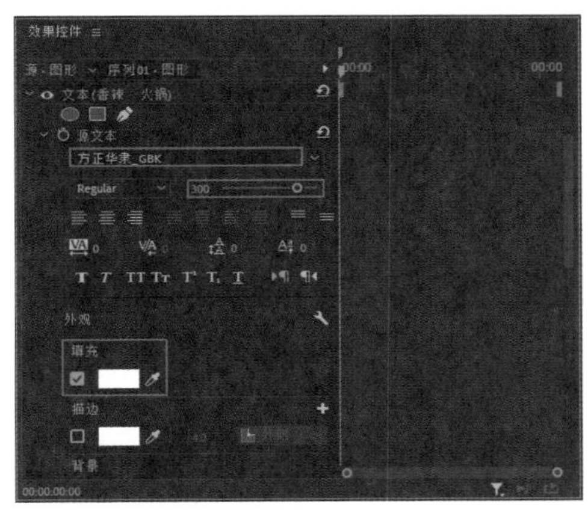

图10-74

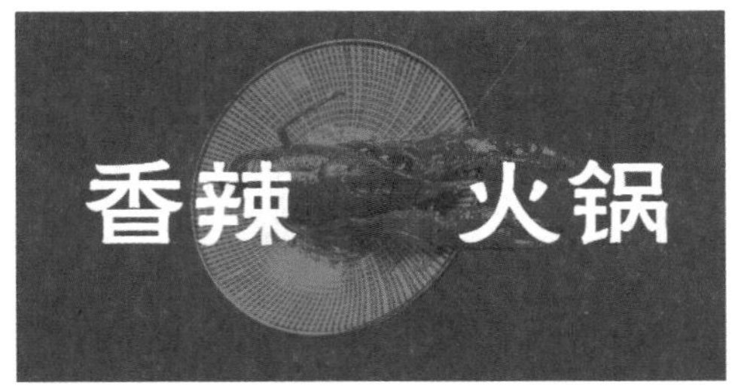

图10-75

步骤 05 在“效果控件”面板中设置“位置”参数为960.0和464.0、“缩放”参数为230.0，并单击“位置”与“缩放”左侧的“切换动画”按钮，生成关键帧。将时间线移至00:00:00:20位置，设置“位置”参数为960.0和464.0、“缩放”参数为82.0。将时间线移至00:00:01:06位置，设置“位置”参数为960.0和262.1。将时间线移至00:00:02:00位置，设置“位置”参数为960.0和299.2。将时间线移至00:00:02:15位置，设置“位置”参数为960.0和453.0，如图10-76所示。

步骤 06 将时间线移至00:00:00:00位置，设置“不透明度”参数为15.0%，添加关键帧。将时间线移至00:00:00:20位置，设置“不透明度”参数为100.0%，如图10-77所示。

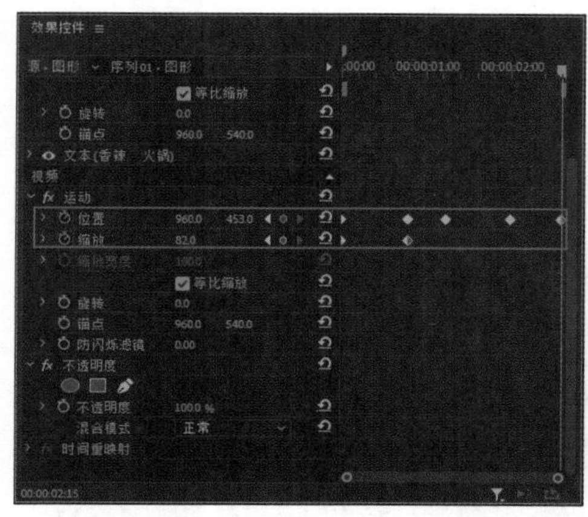

图10-76

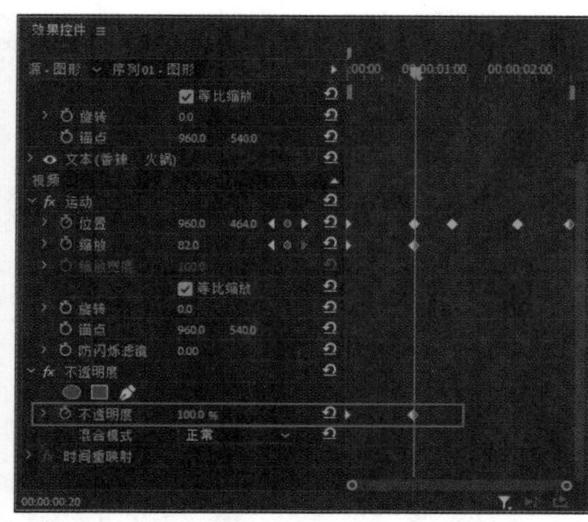

图10-77

步骤 07 移动时间线至00:00:00:00位置，在“工具”面板中单击“文字工具”按钮T，在“节目：序列01”面板中输入“川味大王”文字，在“效果控件”面板中设置“字体”为“方正华隶_GBK”，设置“字体大小”参数为130、“填充”颜色为白色，效果如图10-78所示。

步骤 08 将时间线移至00:00:02:00位置，设置“位置”参数为960.0和369.0，添加关键帧。将时间线移至00:00:02:15的位置，设置“位置”参数为960.0和635.0，如图10-79所示。

图10-78

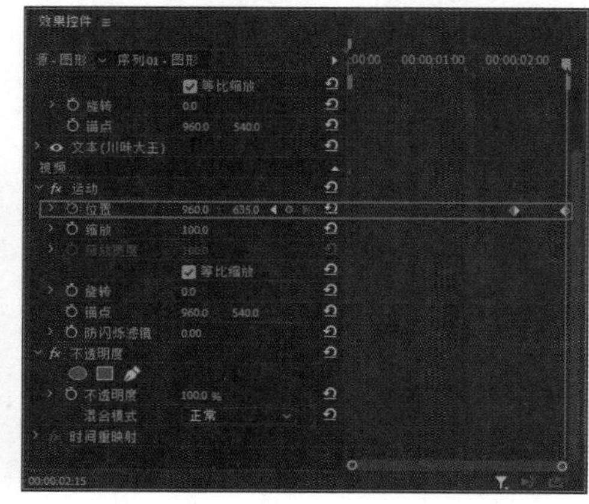

图10-79

步骤 09 将时间线移至00:00:03:09位置，在“工具”面板中单击“文字工具”按钮T，在“节目：序列01”面板中输入“‘香’三鲜高汤”文字，在“效果控件”面板中设置“字体”为“方正华隶_GBK”，设置“字体大小”参数为130，设置“对齐方式”为“居中对齐文本”，设置“填充”颜色为红色、“描边”颜色为白色、“描边宽度”参数为10.0，如图10-80所示，字幕效果如图10-81所示。

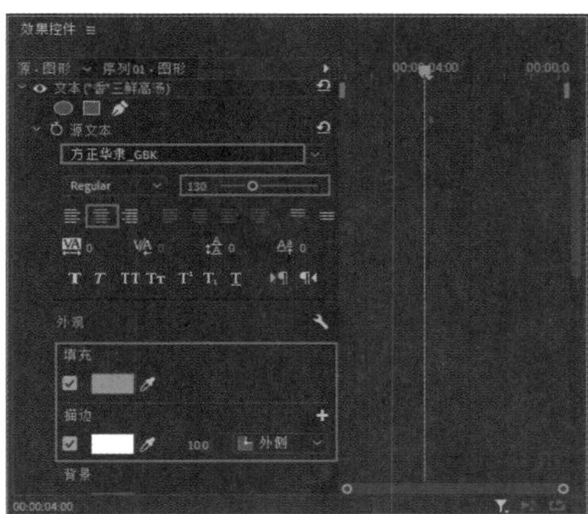

图10-80

图10-81

步骤 10 移动时间线至00:00:05:02位置，输入"'辣'"文字，效果如图 10-82所示。

步骤 11 移动时间线至00:00:05:20位置，使用"椭圆工具"在"序列：01"面板中绘制一个圆形，如图 10-83所示。

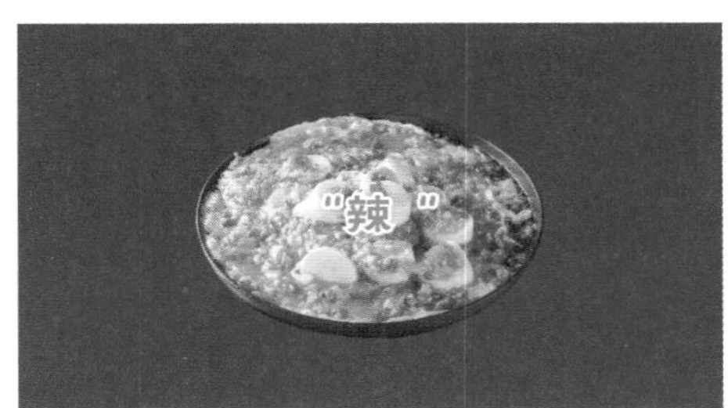

图10-82

图10-83

步骤 12 在"时间轴"面板中，选中V2轨道的"图形"素材，按住Alt键，向上拖曳，复制3份，如图 10-84所示。分别选中每个图形并调整位置，效果如图10-85所示。

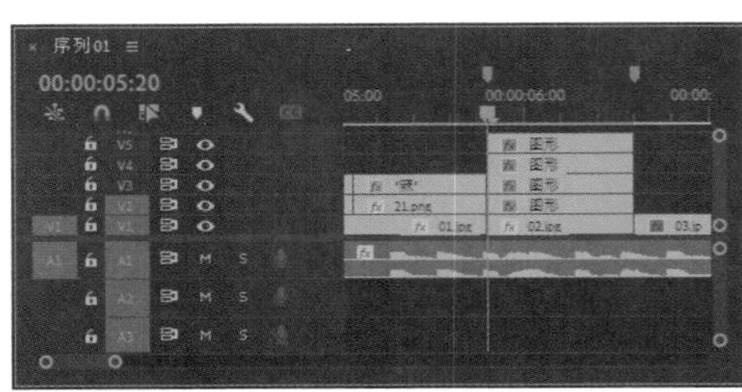

图10-84

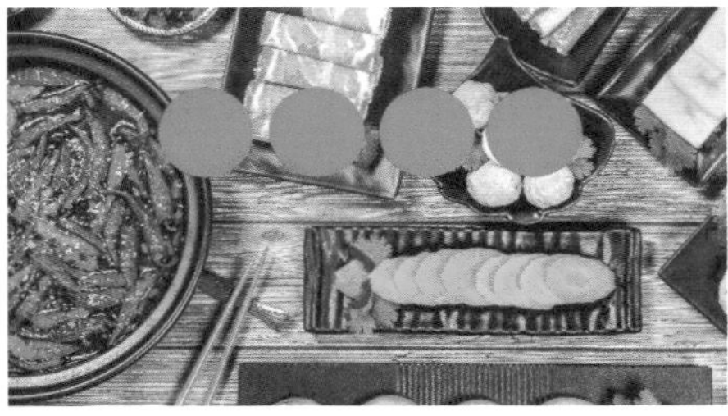

图10-85

步骤 13 在"工具"面板中单击"文字工具"按钮T，在"节目：序列01"面板中输入"麻辣鲜香"文字，效果如图 10-86所示。

步骤 14　将时间线移至00:00:06:15位置，输入“正宗原材料 川渝味”文字，效果如图10-87所示。

图10-86

图10-87

步骤 15　将时间线移至00:00:07:06位置，在“工具”面板中单击“文字工具”按钮T，在“节目：序列01”面板中输入“上等优选”文字，在“效果控件”面板中设置“字体”为“方正华隶_GBK”，设置、“字体大小”参数为170、“填充”颜色为白色，取消勾选“描边”复选框，勾选“阴影”复选框，如图10-88所示，设置“持续时间”为00:00:00:17，字幕效果如图10-89所示。

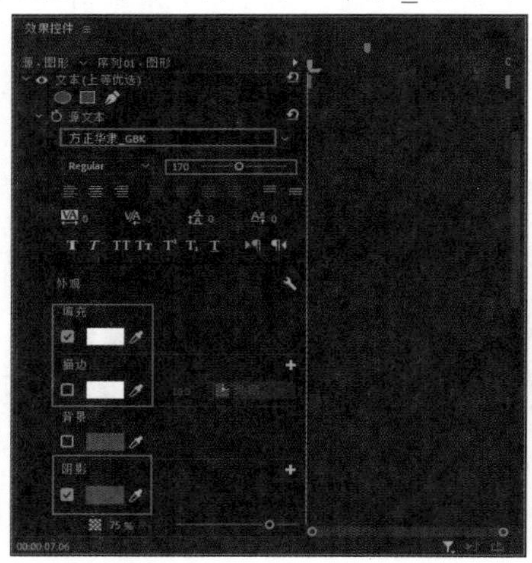

图10-88

图10-89

步骤 16　将时间线移至00:00:07:23位置，输入“产地追溯”文字，设置“持续时间”为00:00:00:10，如图10-90所示，字幕效果如图10-91所示。

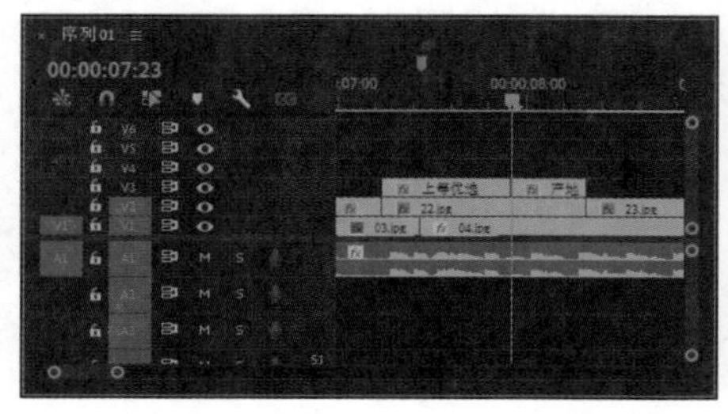

图10-90

图10-91

步骤 17　移动时间线至00:00:08:08位置，输入“重庆”文字，设置“持续时间”为00:00:00:17，如图10-92所示，字幕效果如图10-93所示。

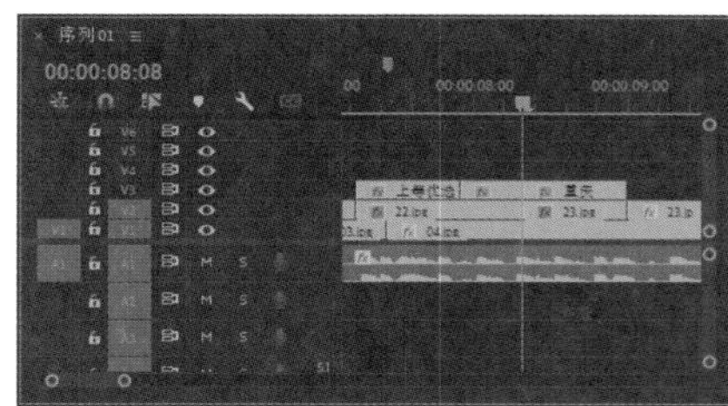

图10-92

图10-93

步骤 18 移动时间线至00:00:09:00位置，在“工具”面板中单击“文字工具”按钮T，在“节目：序列01”面板中输入“饕餮盛宴”文字，在“效果控件”面板中设置“字体”为“方正华隶_GBK”，设置“字体大小”参数为170、“填充”颜色为白色、“描边”颜色为红色、“描边宽度”参数为10.0，设置“持续时间”为00:00:00:12，如图10-94所示，字幕效果如图10-95所示。

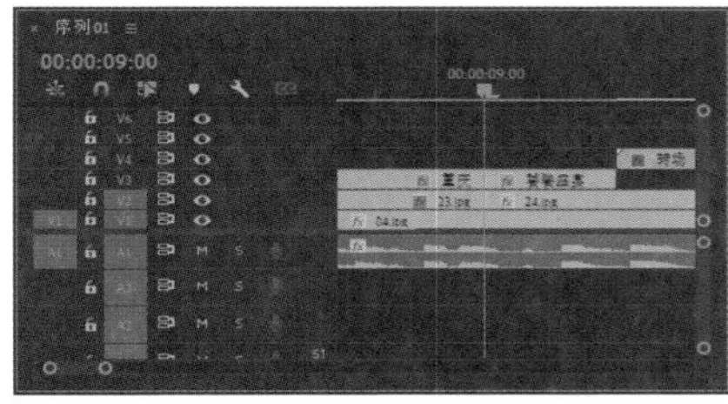

图10-94

图10-95

步骤 19 移动时间线至00:00:09:12位置，输入“尽情享用”文字，设置“持续时间”为00:00:00:17，如图10-96所示，字幕效果如图10-97所示。

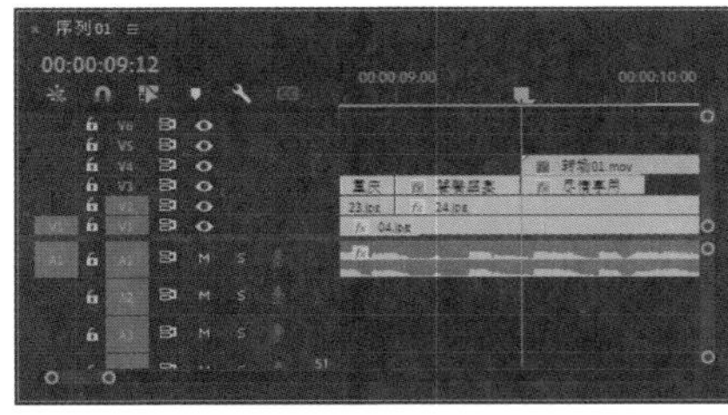

图10-96

图10-97

步骤 20 移动时间线至00:00:09:24位置，输入“一锅红宴沸腾生活”文字，设置“持续时间”为00:00:00:12，如图10-98所示，字幕效果如图10-99所示。

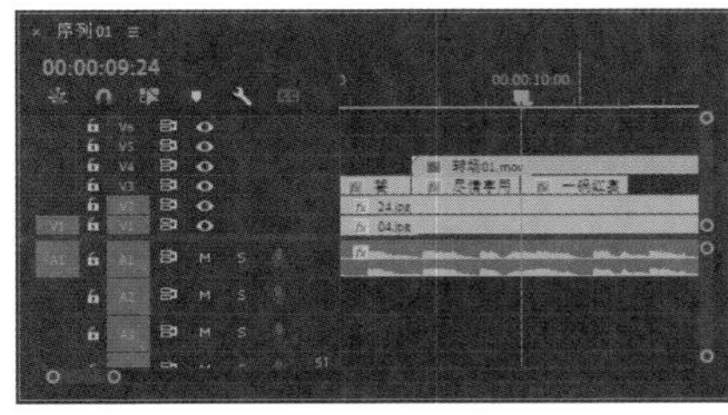

图10-98

图10-99

步骤 21 移动时间线至00:00:10:11位置，输入“麻辣的亲密接触”文字，设置“持续时间”为00:00:00:12，如图 10-100所示，字幕效果如图 10-101所示。

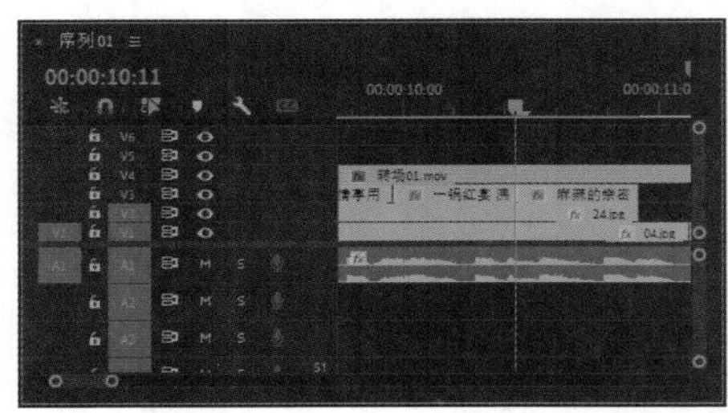

图10-100

图10-101

步骤 22 移动时间线至00:00:11:11位置，输入“环境”文字，设置“持续时间”为00:00:01:14，如图 10-102所示，字幕效果如图 10-103所示。

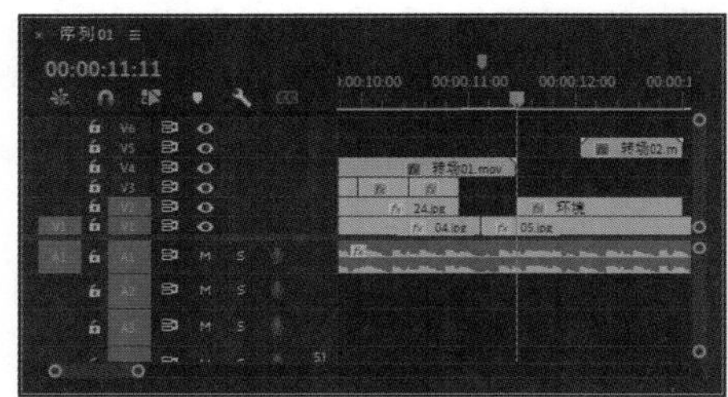

图10-102

图10-103

步骤 23 在“效果控件”面板中设置“缩放”参数为85.0，添加关键帧；将时间线移至00:00:11:14位置，设置“缩放”参数为135.0，如图 10-104所示。

步骤 24 移动时间线至00:00:11:11位置，输入“优”文字，设置“持续时间”为00:00:01:14，在“效果控件”面板中设置“缩放”参数为68.0，添加关键帧；移动时间线至00:00:11:14位置，设置“缩放”参数为135.0，效果如图 10-105所示。

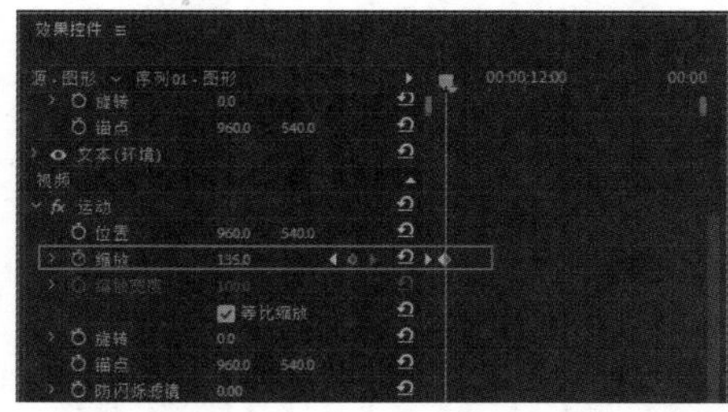

图10-104

图10-105

步骤 25 移动时间线至00:00:11:11位置，输入“雅”文字，设置“持续时间”为00:00:01:14，在“效果控件”面板中设置“缩放”参数为24.0；移动时间线至00:00:11:14位置，设置“缩放”参数为135.0，如图 10-106所示，字幕效果如图 10-107所示。

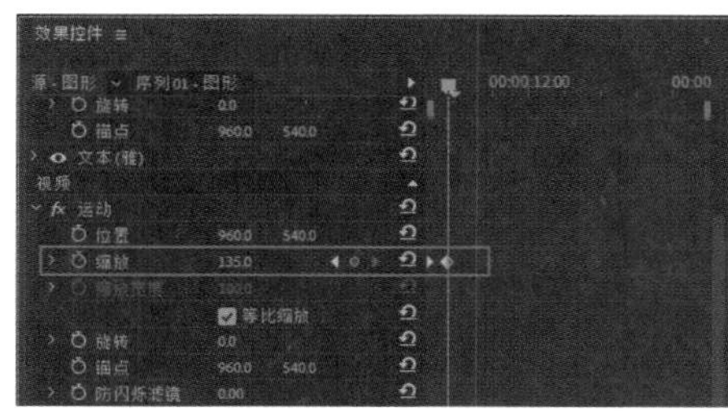

图10-106

图10-107

步骤 26 将时间线移至00:00:13:16位置，在“工具”面板中单击“文字工具”按钮，在“节目：序列01”面板中输入“卫生保障”文字，在“效果控件”面板中设置“字体”为“方正华隶_GBK”，设置“字体大小”参数为260、“填充”颜色为白色，取消勾选“描边”复选框，勾选“阴影”复选框，设置“持续时间”为00:00:00:17，如图 10-108 所示，字幕效果如图 10-109 所示。

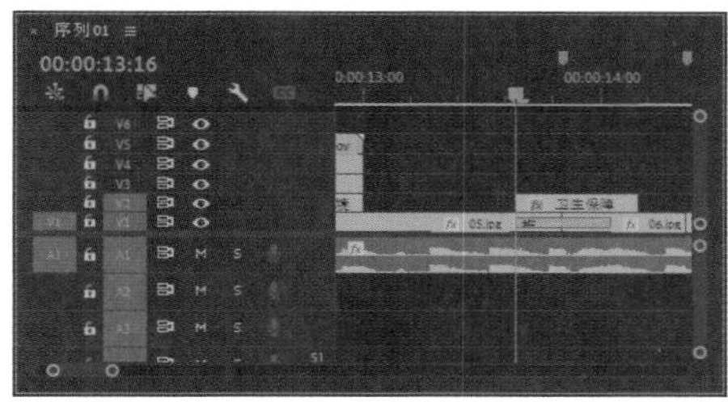

图10-108

图10-109

步骤 27 移动时间线至00:00:14:00位置，在“效果控件”面板中单击“缩放”左侧的“切换动画”按钮，生成关键帧；将时间线移至00:00:14:04位置，设置“缩放”参数为60.0，如图 10-110 所示。

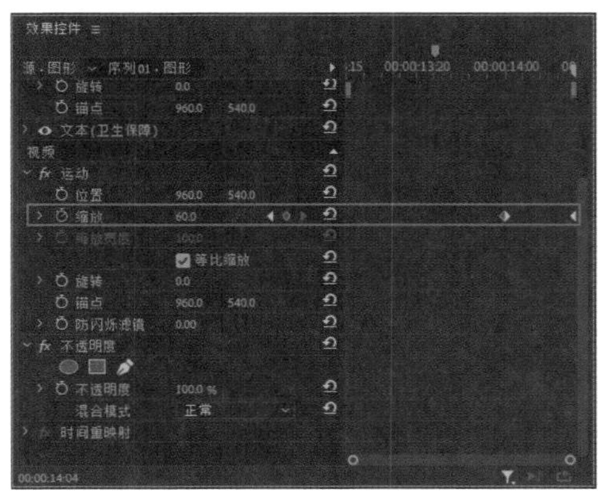

图10-110

步骤 28 移动时间线至00:00:14:04位置，输入“贴心服务”文字，设置“持续时间”为00:00:00:23，如图 10-111 所示。

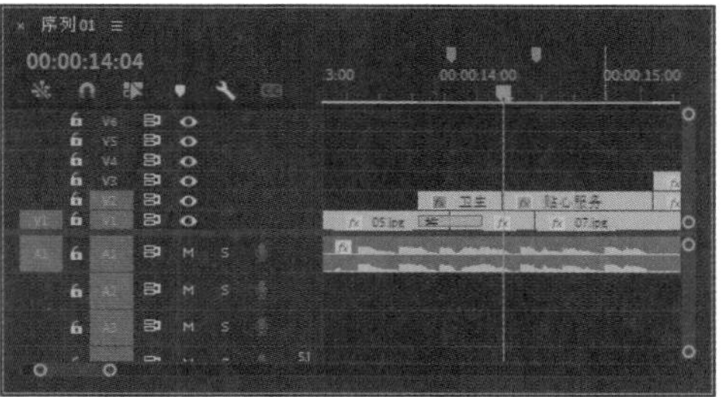

图10-111

步骤 29 在“效果控件”面板中设置“缩放”参数为170.0，并单击“缩放”左侧的“切换动画”按钮，生成关键帧；移动时间线至00:00:14:07位置，设置“缩放”参数为100.0，如图 10-112 所示。

步骤 30 移动时间线至00:00:15:02位置，单击“旋转”左侧的“切换动画”按钮，生成关键帧，如图 10-113 所示。

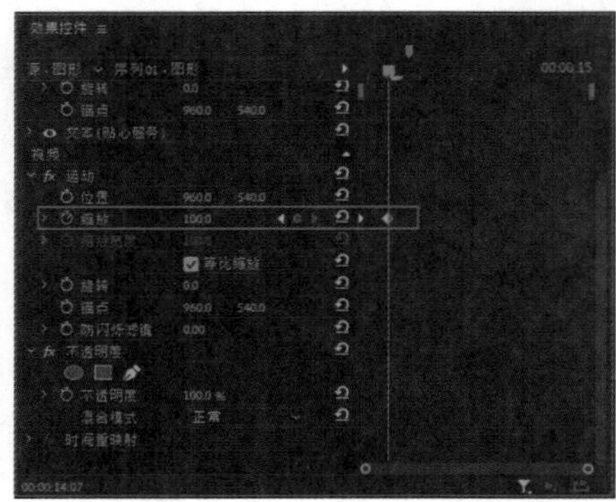

图10-112

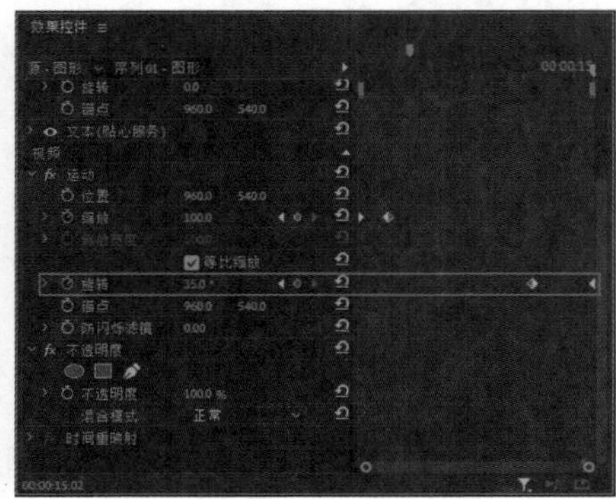

图10-113

步骤 31 将时间线移至00:00:15:02位置，输入“小肥羊锅仔”文字，设置“持续时间”为00:00:03:00，如图 10-114 所示。

步骤 32 移动时间线至00:00:15:05位置，在“效果控件”面板中设置“缩放”参数为200.0，添加关键帧。移动时间线至00:00:15:10位置，设置“缩放”参数为110.0。移动时间线至00:00:15:18位置，添加“位置”关键帧。移动时间线至00:00:15:24位置，设置“位置”参数为960.0和284.0，移动时间线至00:00:16:05位置，添加关键帧。移动时间线至00:00:16:09位置，设置“位置”参数为960.0和529.0，如图 10-115 所示。

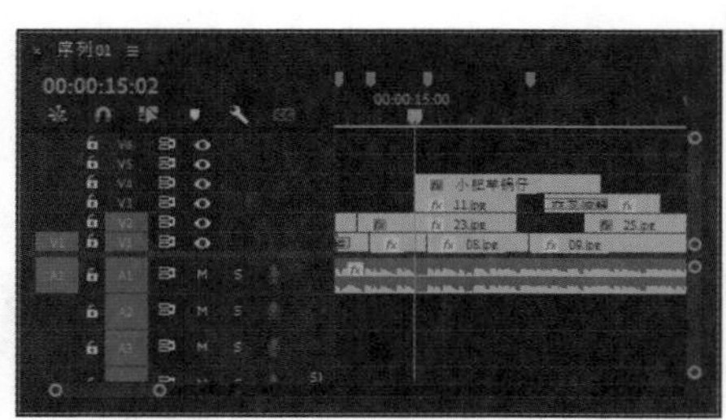

图10-114

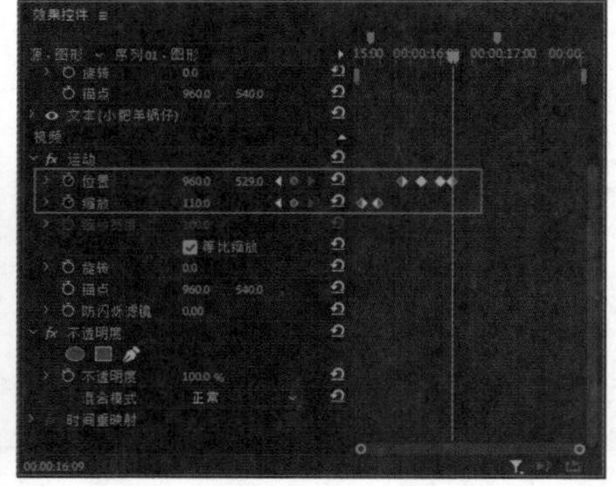

图10-115

步骤 33 移动时间线至00:00:15:05位置，设置“旋转”参数为–152.0°，添加关键帧。移动时间线至00:00:15:10位置，设置“旋转”参数为0.0°。移动时间线至00:00:17:16位置，添加关键帧。移动时间线至00:00:18:02位置，设置“旋转”参数为120.0°，如图 10-116 所示。

步骤 34 移动时间线至00:00:15:02位置，输入“正宗”文字，设置“持续时间”为00:00:02:18。移动时间线至00:00:16:05位置，在“效果控件”面板中设置“位置”参数为1154.0和140.0，单击“位置”左侧的“切换动画”按钮，生成关键

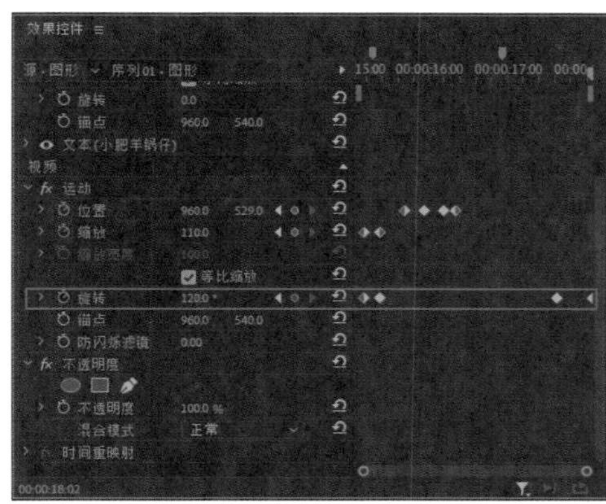

图10-116

帧。移动时间线至00:00:16:09位置，设置“位置”参数为1154.0和731.0，如图10-117所示。

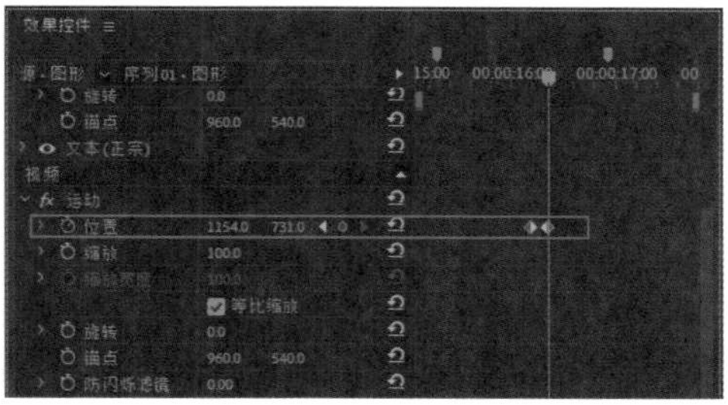

图10-117

步骤 35 移动时间线至00:00:18:02位置，输入“小肥牛锅仔”文字，设置“持续时间”为00:00:01:15，在“效果控件”面板中设置“字体大小”参数为200.0。移动时间线至00:00:18:10位置，设置“位置”参数为–676.0和540，并单击“位置”左侧的“切换动画”按钮，生成关键帧。移动时间线至00:00:19:02位置，设置“位置”参数为1216.0和540.0，如图10-118所示。

步骤 36 移动时间线至00:00:19:21位置，输入“火爆全场”文字，设置“持续时间”为00:00:01:03，如图10-119所示。

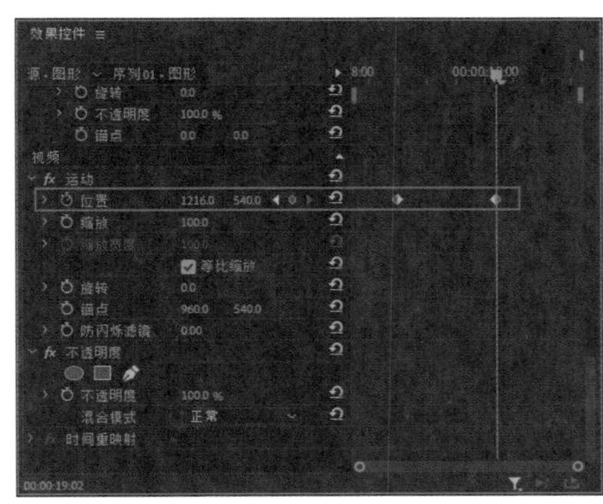

图10-118

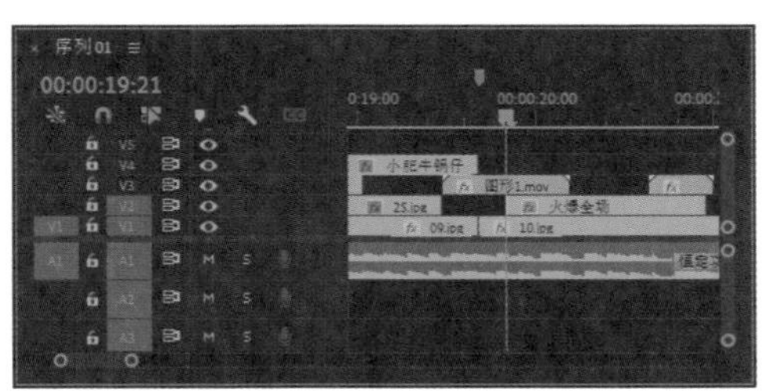

图10-119

步骤 37 移动时间线至00:00:19:22位置，设置“缩放”参数为240.0、“旋转”参数为145.0°，并单击“缩放”和“旋转”左侧的“切换动画”按钮，生成关键帧。移动时间线至00:00:20:07位置，设置“缩放”参数为127.0、“旋转”参数为0.0°。移动时间线至00:00:20:16位置，添加“旋转”关键帧。移动时间线至00:00:20:22的位置，设置“旋转”参数为334.0°，如图10-120所示。

步骤 38 移动时间线至00:00:21:04位置，输入“来吧 朋友”文字，设置“持续时间”为00:00:00:17，效果如图10-121所示。

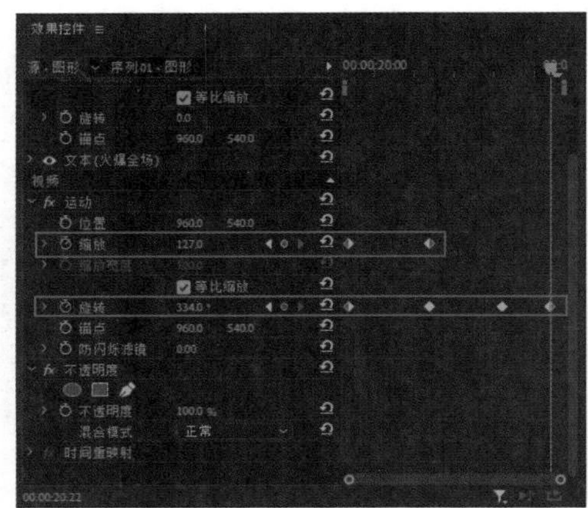

图10-120

图10-121

步骤 39 在“效果控件”面板中设置“旋转”参数为–66.0°，单击“旋转”左侧的“切换动画”按钮，生成关键帧。移动时间线至00:00:21:05的位置，设置“旋转”参数为0.0°。移动时间线至00:00:21:17的位置，设置“缩放”参数为144.0，并单击“缩放”左侧的“切换动画”按钮，生成关键帧。移动时间线至00:00:21:21位置，设置“缩放”参数为100.0，如图 10-122所示。

步骤 40 移动时间线至00:00:21:21位置，输入“欢迎你”文字，设置“持续时间”为00:00:00:18，在“效果控件”面板中设置“缩放”参数为280.0，并单击“缩放”左侧的“切换动画”按钮，生成关键帧。移动时间线至00:00:22:02的位置，设置“缩放”参数为100.0，如图 10-123所示。

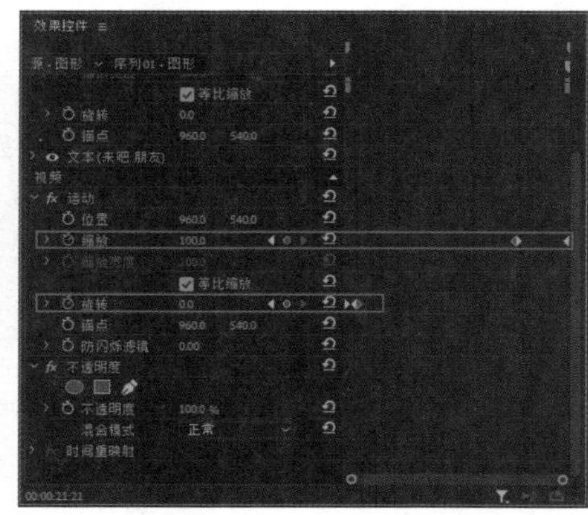

图10-122

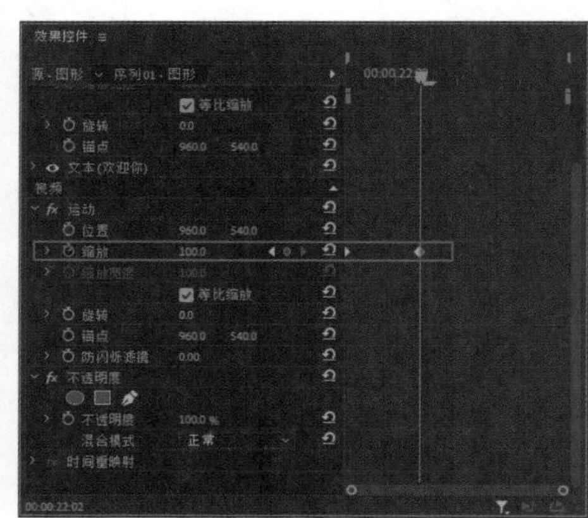

图10-123

步骤 41 移动时间线至00:00:22:14位置，输入“品尝”文字，如图 10-124所示，设置“持续时间”为00:00:00:15，在“效果控件”面板中设置“缩放”参数为446.0，并单击“缩放”左侧的“切换动画”按钮，生成关键帧。移动时间线至00:00:22:18位置，设置“缩放”参数为100.0，如图 10-125所示。

图10-124

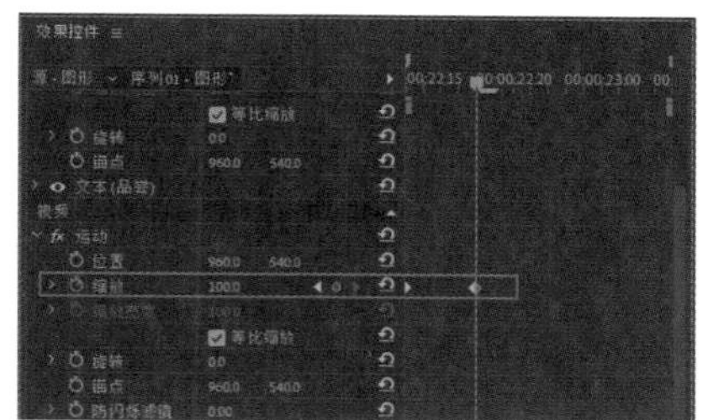

图10-125

步骤 42　移动时间线至00:00:23:04位置，输入“舌尖美味”文字，设置“持续时间”为00:00:00:20，如图 10-126所示。在“效果控件”面板中设置“缩放”参数为237.0，并单击“缩放”左侧的“切换动画”按钮，生成关键帧。移动时间线至00:00:22:18位置，设置“缩放”参数为100.0，如图 10-127所示。

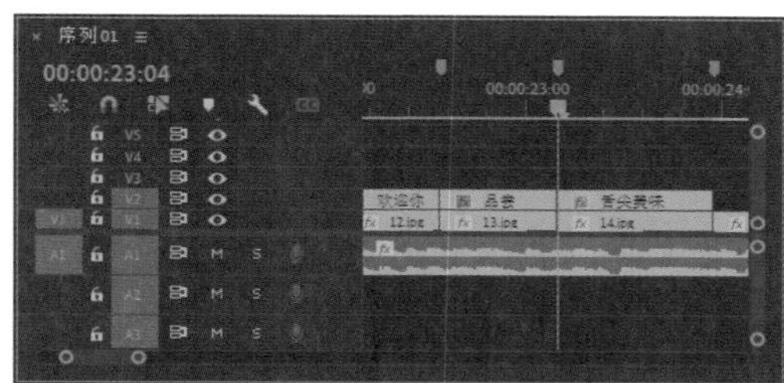

图10-126

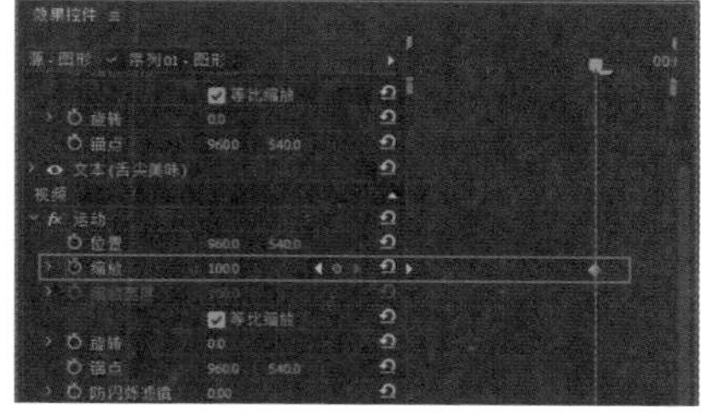

图10-127

10.4　视频调色 美化视频画面

下面将为视频调色，美化视频画面，使视频画面的风格整体一致，具体操作方法如下。

步骤 01　选中V1轨道的“01.jpg”素材，在“Lumetri颜色”面板中展开“色轮和匹配”卷展栏，然后设置“阴影”“中间调”“高光”均为橙色，如图 10-128所示，画面效果如图 10-129所示。

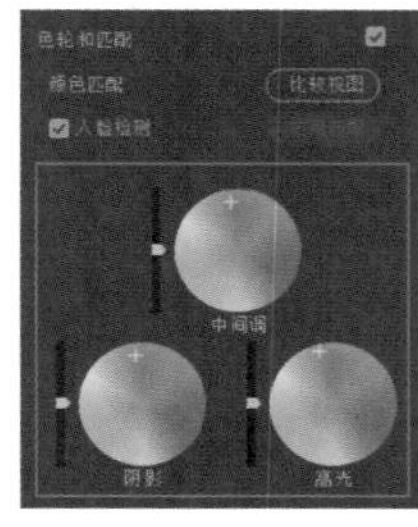

图10-128

图10-129

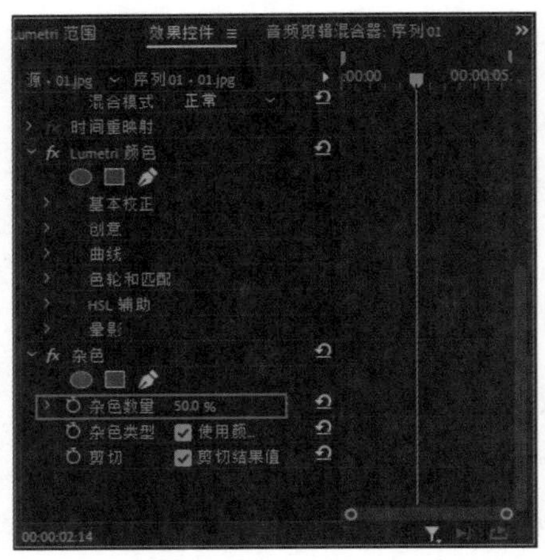

图10-130

步骤 02 在“效果”面板中搜索“杂色”效果并将该效果拖曳至V1轨道的“01.jpg”素材上，在“效果控件”面板中设置“杂色数量”参数为50.0%，如图10-130所示，画面效果如图10-131所示。

图10-131

步骤 03 在“效果”面板中搜索“渐变”效果并将该效果拖曳至V1轨道的“01.jpg”素材上，在“效果控件”面板中设置“渐变起点”参数为555.0和958.6、“起始颜色”为黄色、“渐变终点”参数为98.7和2314.7、“结束颜色”为红色、“渐变形状”为“径向渐变”、“与原始图像混合”参数为50.0%，如图10-132所示，画面效果如图10-133所示。

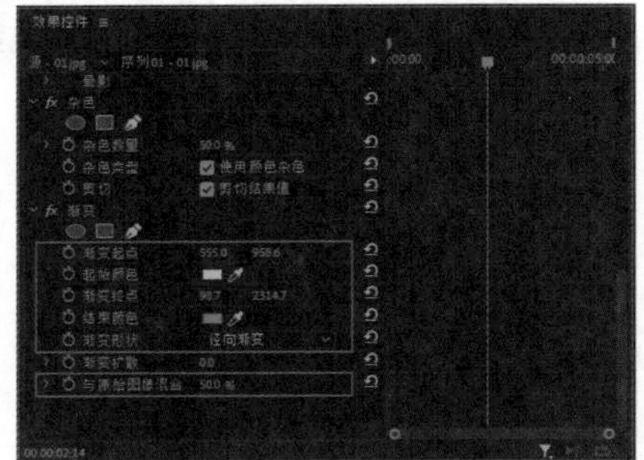

图10-132

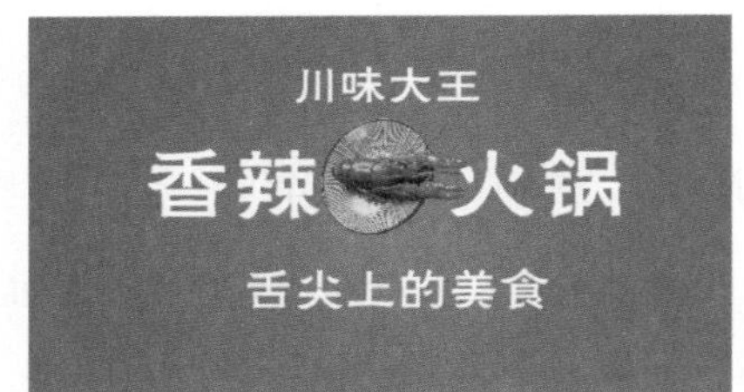

图10-133

步骤 04 选中V1轨道的“02.jpg”素材，在“Lumetri颜色”面板中展开“色轮和匹配”卷展栏，然后将“阴影”“中间调”“高光”均设置为橙色，在“效果”面板中搜索“杂色”并拖曳到V2轨道的“01.jpg”素材上，在“效果控件”面板中设置“杂色数量”为50.0%，如图10-134所示，画面效果如图10-135所示。

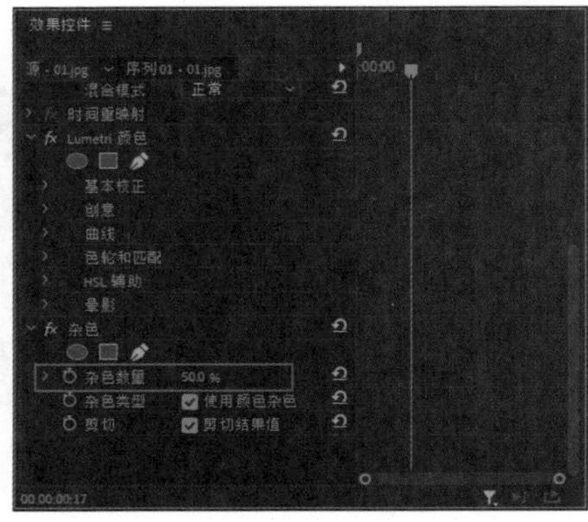

图10-134

图 10-135

步骤 05 选中V1轨道的“01.jpg”素材，在“Lumetri颜色”面板中展开“色轮和匹配”卷展栏，然后设置“阴影”“中间调”“高光”均为红色，如图 10-136所示，画面效果如图 10-137所示。

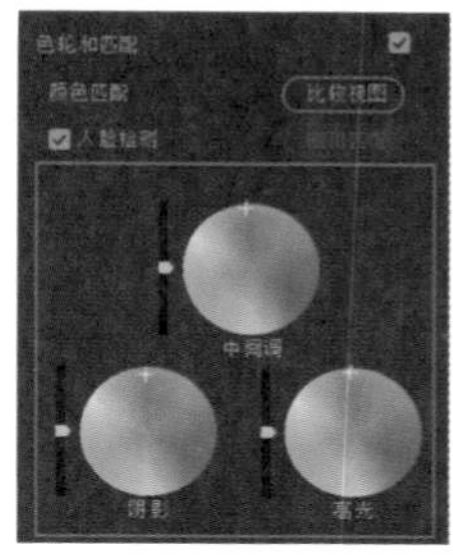

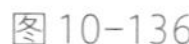
图 10-136

图 10-137

10.5 渲染输出 渲染输出最终成片

完成所有的视频剪辑工作之后，即可输出成片。下面将详细讲解渲染输出视频的操作方法。

步骤 01 完成剪辑工作后，在菜单栏中执行“文件→导出→媒体”命令，弹出“导出”界面，如图 10-138所示。

步骤 02 在“设置”区域中设置“格式”为“H.264”，如图 10-139所示。

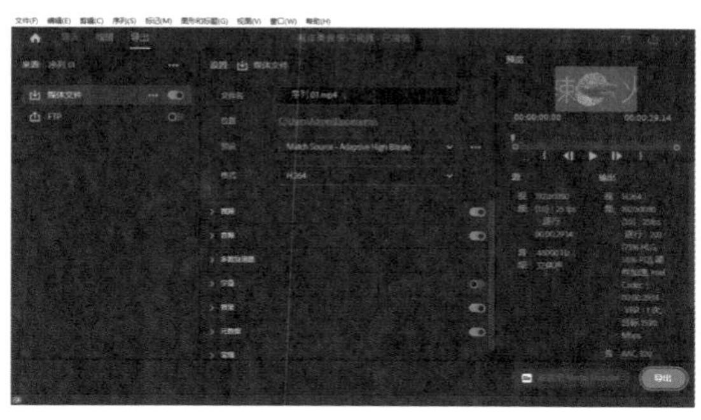

图 10-138

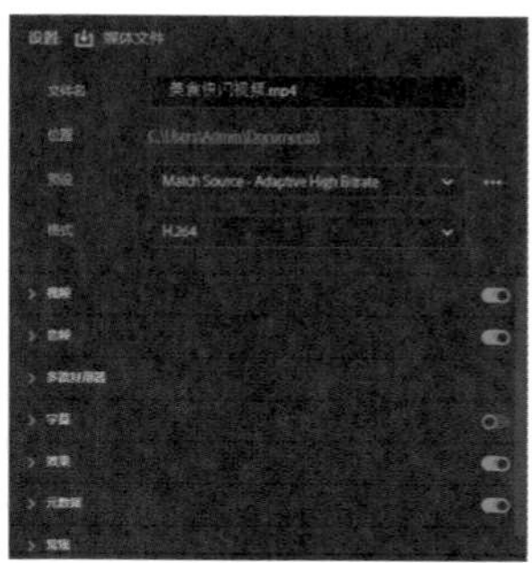

图 10-139

步骤 03 在“设置”区域中单击“位置”右侧的路径，在弹出的对话框中选择导出视频的保存位置，并设置导出视频的名称为“实战效果”。

步骤 04 单击“导出”按钮，开始渲染，系统会弹出对话框，显示渲染的进度。渲染完成后，就可以在设置的保存位置找到渲染完成的MP4格式的视频。

第 11 章

制作高级旅拍 Vlog

在“短视频和5G时代”，越来越多的人倾向于用 Vlog 来记录和分享自己的生活。旅拍 Vlog 也变得非常普遍，大家都喜欢在旅行时用 Vlog 记录美好。本章将以旅拍 Vlog 为例介绍 Vlog 的制作方法，案例效果如图 11-1所示。

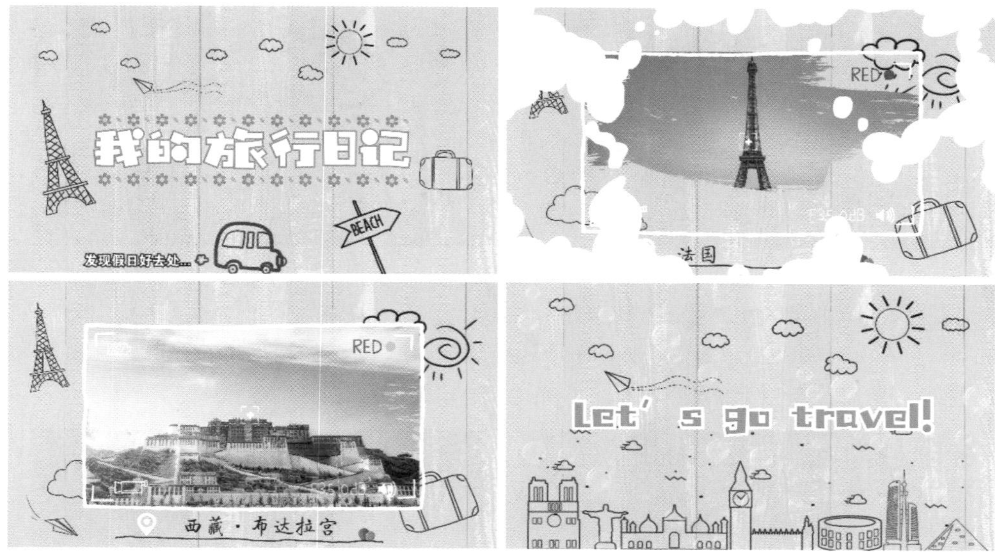

图 11-1

11.1 片头制作 卡通动漫效果

片头是短视频的重要组成部分，通常用来引入正片主题，可以使观众的注意力迅速集中并投入视频中。下面将详细讲解卡通动漫片头的制作方法。

步骤 01 启动 Premiere Pro 2023 软件，在菜单栏中执行“文件→打开项目”命令，打开路径文件夹中的“制作高级旅拍 Vlog.prproj”文件。

步骤 02 在“项目：制作高级感旅拍 Vlog”面板中选中“背景.jpg”素材，将其拖曳至 V1 轨道上，并调整到合适的大小，如图 11-2 和图 11-3 所示。

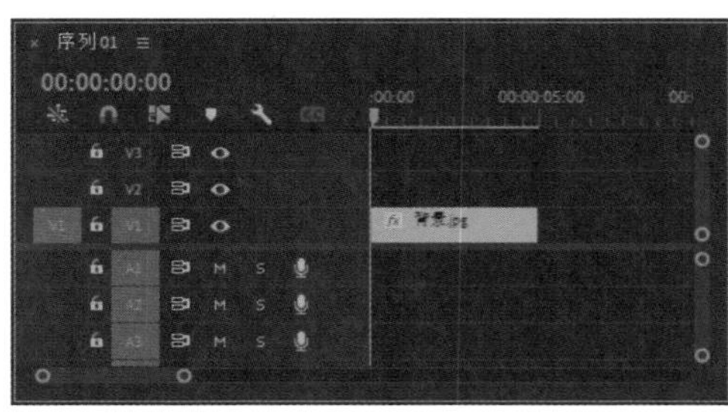

图 11-2

图 11-3

步骤 03 将“背景.jpg”素材延长至 40 秒，如图 11-4 所示。

步骤 04 在“项目：制作高级感旅拍 Vlog”面板中选中“花朵.png”素材，将其拖曳至 V2 轨道上，按住 Alt 键向上拖曳，复制一份到 V3 轨道，如图 11-5 所示。

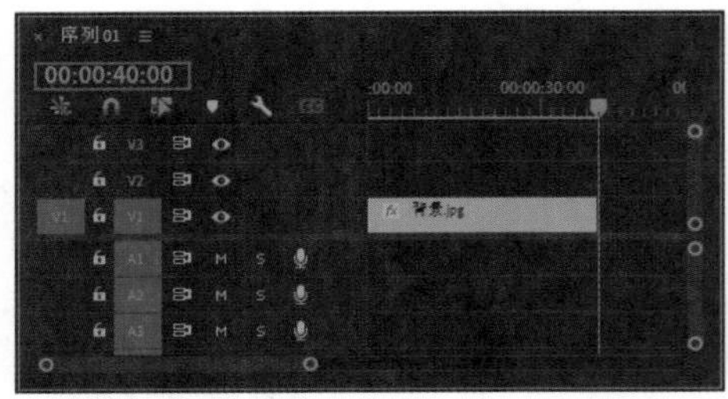

图11-4

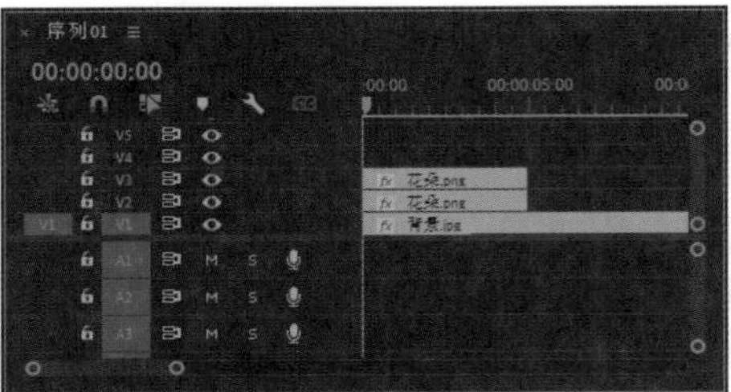

图11-5

步骤 05 选中V2轨道的“花朵.png”素材，在“效果控件”面板中设置“位置”参数为960.0和705.0，如图 11-6所示。选择V3轨道的“花朵.png”素材，在“效果控件”面板中设置“位置”参数为960.0和465.0，如图 11-7所示。

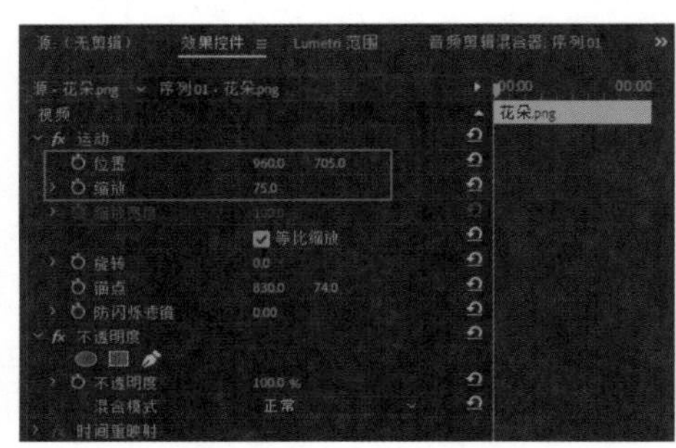

图11-6

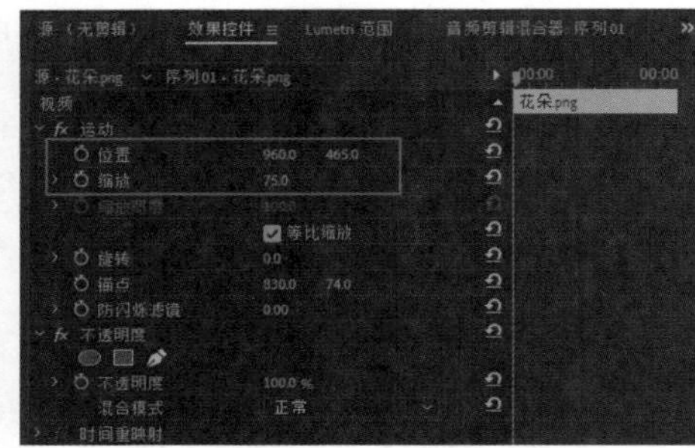

图11-7

步骤 06 在“工具”面板中单击“文字工具”按钮T，在“节目：序列01”面板中输入“我的旅行日记”文字，然后在“效果控件”面板中设置“字体”为“汉仪铸字童年体W”，设置“字体大小”参数为172、“填充”颜色为白色、“描边”颜色为玫红色、“描边宽度”参数为4.0，如图 11-8所示，效果如图 11-9所示。

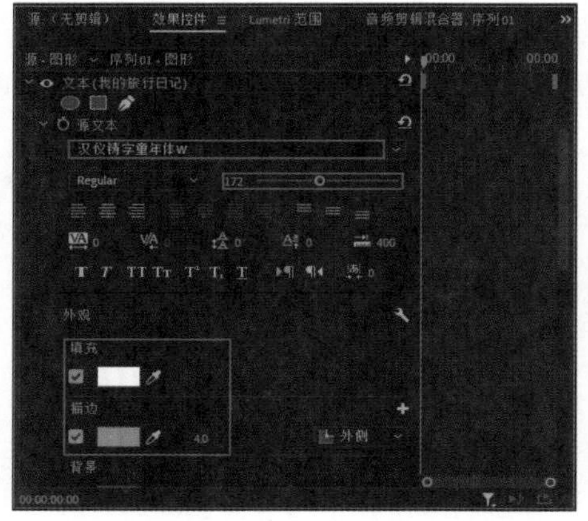

图11-8

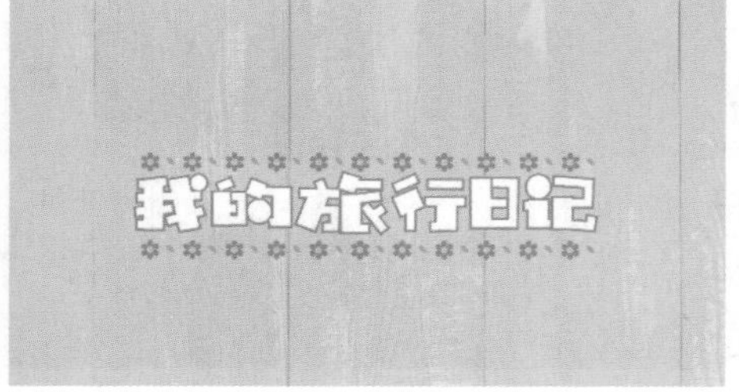

图11-9

步骤 07 在“时间轴”面板中全选V2、V3和V4轨道上的素材，将其转换成嵌套序列，并重命名为“片头文字”，如图 11-10所示。

提示

嵌套素材后，可方便识别和管理素材。

步骤 08 在“项目：制作高级感旅拍Vlog”面板中，选中“云朵太阳.png”素材并将其拖曳至V3轨道上，选中“铁塔.png”素材并将其拖曳至V4轨道上，选中“箱子.png”素材并将其拖曳至V5轨道上，选中“招牌.png”素材并将其拖曳至V6轨道上，如图 11-11 所示。

图 11-10

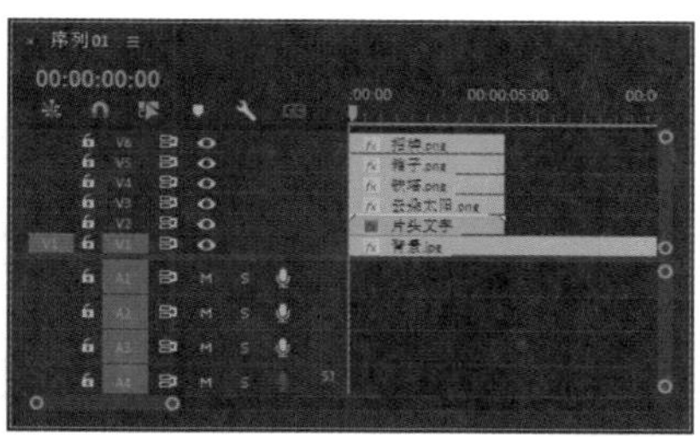

图 11-11

步骤 09 在“效果控件”面板中调整“云朵太阳.png”“铁塔.png”“箱子.png”“招牌.png”素材的“位置”“缩放”“旋转”参数，效果如图 11-12 所示。选中 V3、V4、V5 和 V6 轨道上的素材，将其转为嵌套序列，并重命名为“背景元素”，如图 11-13 所示。

图 11-12

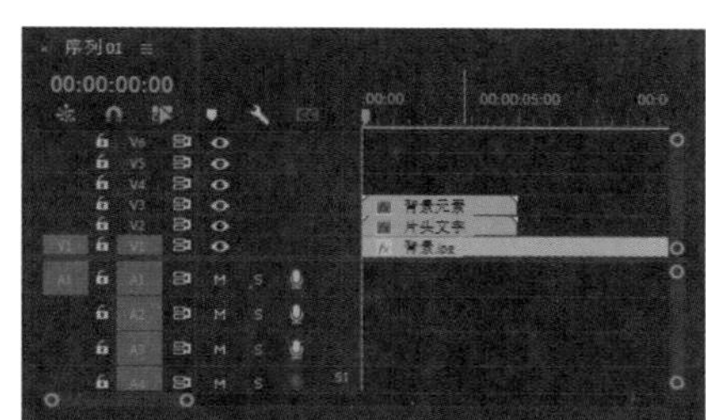

图 11-13

步骤 10 在“项目：制作高级感旅拍Vlog”面板中选中“车.png”素材并将其拖曳至V4轨道，在“工具”面板中单击“文字工具”按钮**T**，然后在“节目：序列 01”面板中输入“发现假日好去处...”文字，在“效果控件”面板中设置“字体”为“方正大黑_GBK”，设置“字体大小”参数为54、“填充”颜色为白色、“描边”颜色为黑色、“描边宽度”参数为4.0，如图 11-14 所示，效果如图 11-15 所示。

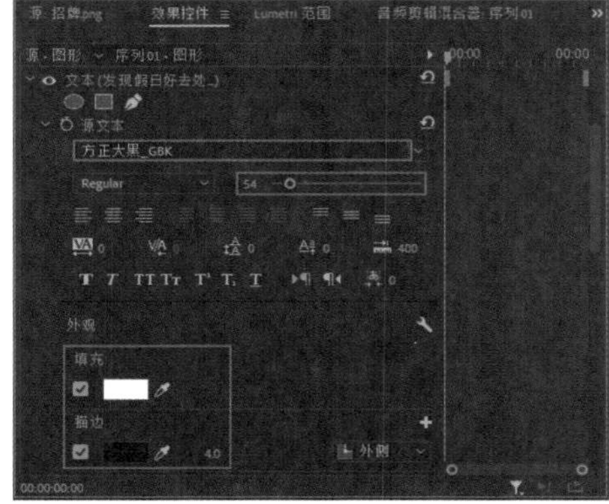

图 11-14

图 11-15

步骤 11 全选V4和V5轨道上的素材，将其转换为嵌套序列，并重命名为“小车”，如图11-16所示。

步骤 12 制作“小车”运动动画。选中V4轨道的“小车”嵌套序列，在“效果控件”面板中单击“位置”左侧的“切换动画”按钮，设置“位置”参数为-142.0和540.0，生成关键帧，如图11-17所示。

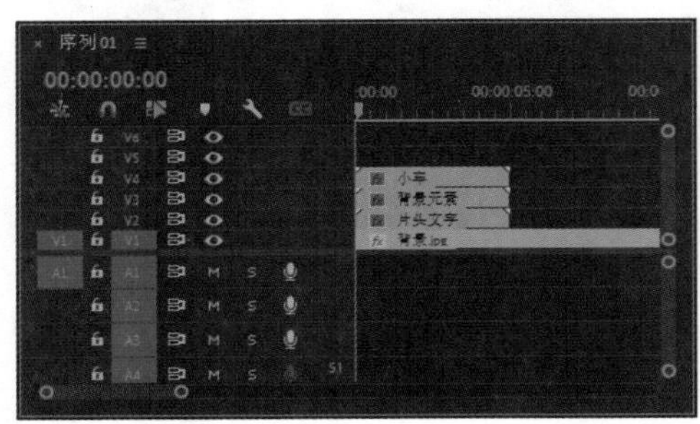

图11-16

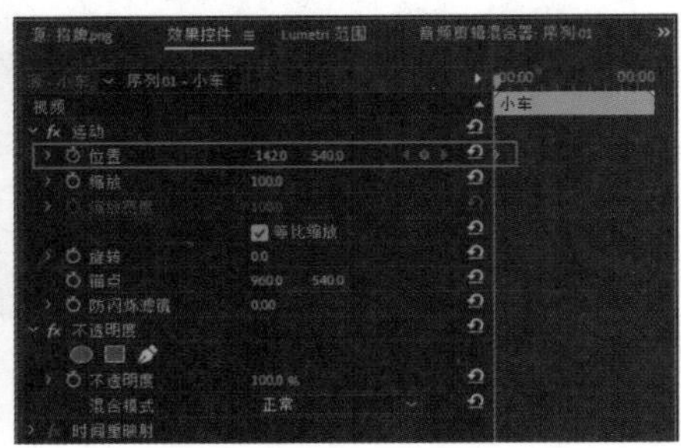

图11-17

提示

读者可根据画面进行“位置”参数的调整，不做硬性要求。

步骤 13 将时间线移至00:00:04:10位置，设置“位置”参数为1214.0和540.0，如图11-18所示，效果如图11-19所示。

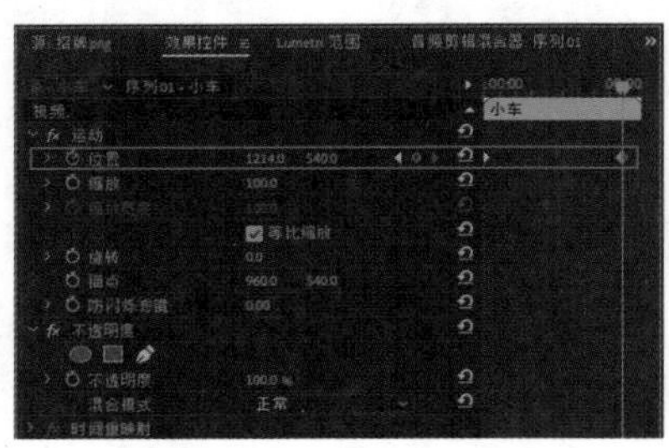

图11-18

图11-19

步骤 14 选中V2轨道的“片头文字”嵌套序列，在“效果控件”面板中单击“位置”左侧的“切换动画”按钮，设置“位置”参数为960.0和-199.0，生成关键帧，如图11-20所示。此时嵌套素材位于画面的外部，如图11-21所示。

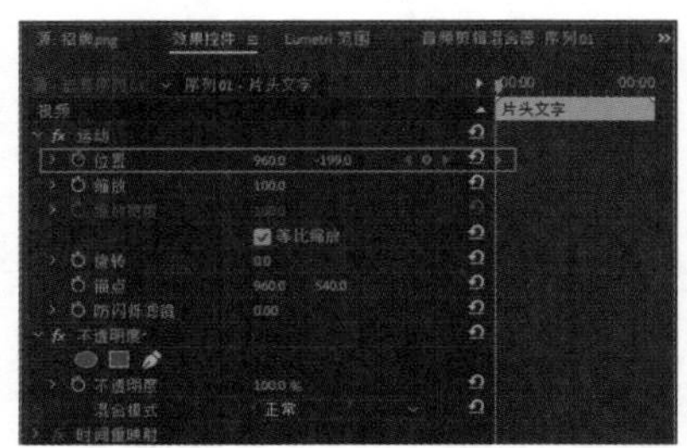

图11-20

图11-21

步骤 15 将时间线移至00:00:01:00位置，单击“位置”右侧的“重置参数”按钮，如图11-22所示，此时嵌套素材回到原始位置，如图11-23所示。

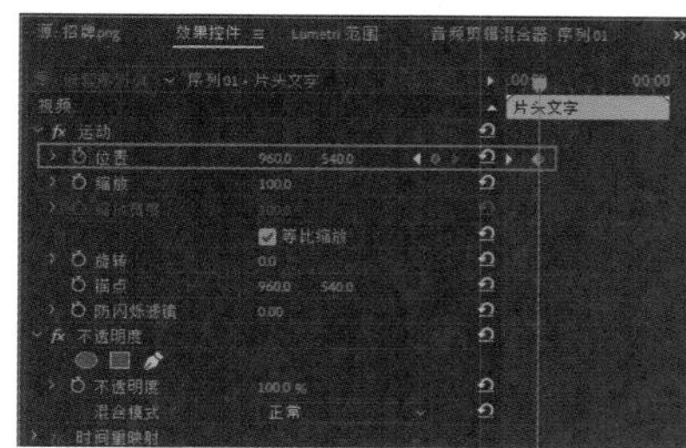

图11-22

图11-23

步骤 16 选中V3轨道的“背景元素”嵌套序列，在“效果控件”面板中单击“缩放”左侧的“切换动画”按钮，设置“缩放”参数为295.0，生成关键帧，如图11-24所示。此时嵌套素材位于画面的外部，如图11-25所示。

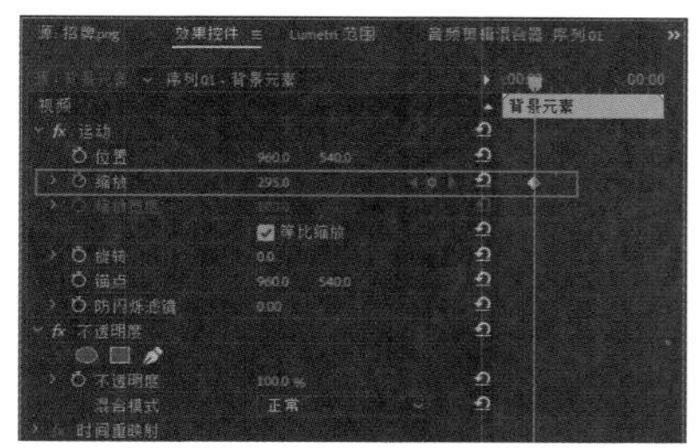

图11-24

图11-25

步骤 17 将时间线移至00:00:01:00位置，单击“缩放”右侧的“重置参数”按钮，如图11-26所示。此时嵌套素材回到原始位置，如图11-27所示。

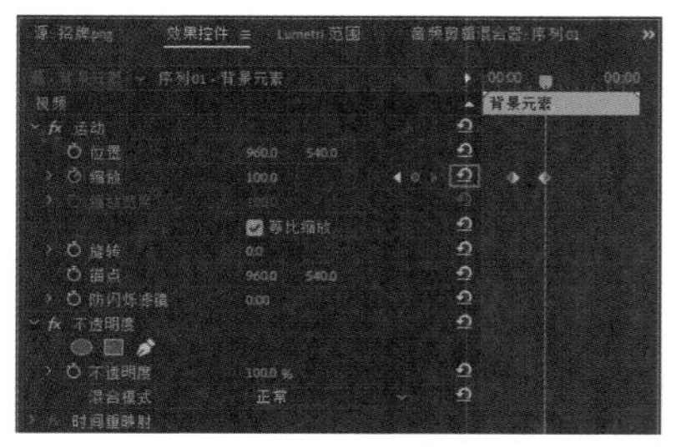

图11-26

图11-27

11.2 视频剪辑 制作转场效果

制作好视频片头之后，便可导入素材进行剪辑并为其制作转场效果，使画面的切换更加自然。下面将详细讲解使用“轨道遮罩键”效果制作转场效果的操作方法。

步骤 01　在“项目：制作高级感旅拍Vlog”面板中依次将“铁塔.png”“云.png”“纸飞机.png”“箱子.png”素材拖曳至“时间轴”面板中，将各素材延长，使其尾部与下方V1轨道的“背景.jpg”素材尾部对齐，如图11-28所示。在“效果控件”面板中设置各素材的“位置”“缩放”“旋转”参数，效果如图11-29所示。

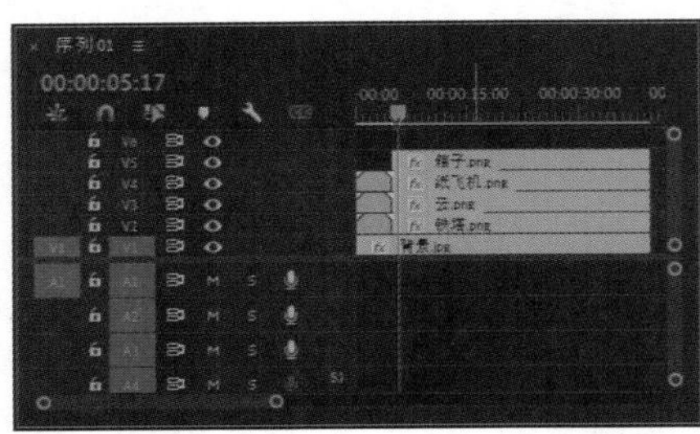

图11-28

图11-29

步骤 02　在“时间轴”面板中同时选中“铁塔.png”“云.png”“纸飞机.png”“箱子.png”素材文件，将其转换为嵌套序列，并重命名为“背景元素2”，如图11-30所示。

步骤 03　在“项目：制作高级感旅拍Vlog”面板中选中“希腊圣托里尼.jpg”素材并将其拖曳至V3轨道上。然后选中“水彩遮罩.mp4”素材，将其拖曳至V4轨道上，取消链接，并删除音频轨道上的素材，如图11-31所示。

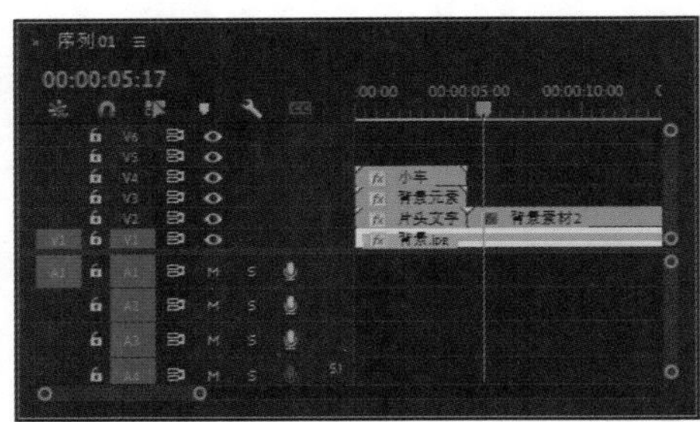

图11-30

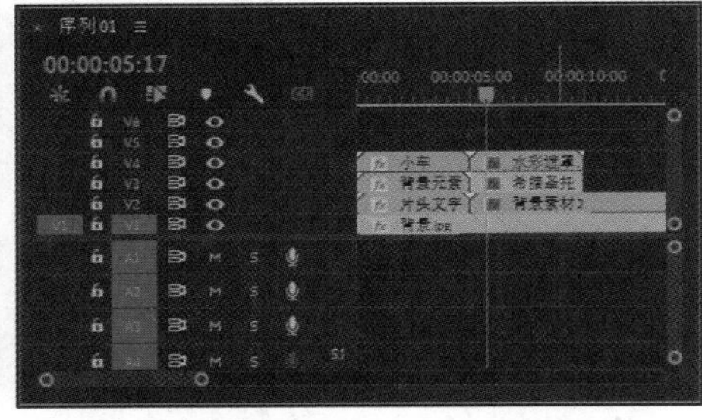

图11-31

步骤 04　在“效果”面板中搜索“轨道遮罩键”效果，将该效果拖曳至V3轨道的“希腊圣托里尼.jpg”素材上，如图11-32所示。

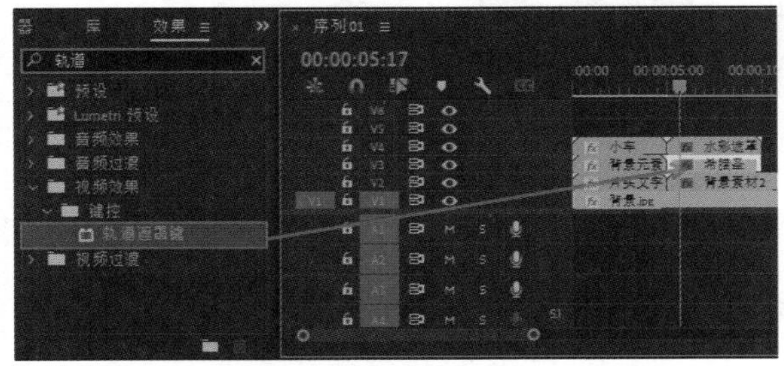

图11-32

步骤 05　在“效果控件”面板中，设置“缩放”参数为68.0，设置“遮罩”为“视频4”，设置“合成方式”为“亮度遮罩”，如图11-33所示，效果如图11-34所示。

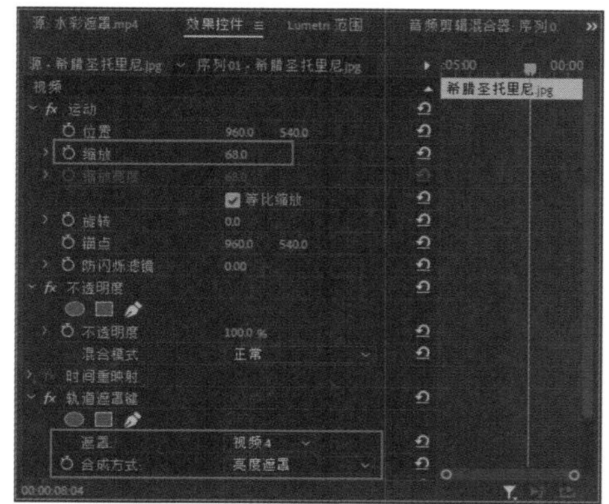

图11-33

图11-34

步骤06 在“项目：制作高级感旅拍Vlog”面板中选中“摄像机.mov”素材并将其拖曳至V5轨道上，将“摄像机.mov”素材尾部与下方V4轨道的“水彩遮罩.mp4”素材尾部对齐，如图11-35所示。在“效果控件”面板中设置“缩放”参数为68.0，效果如图11-36所示。

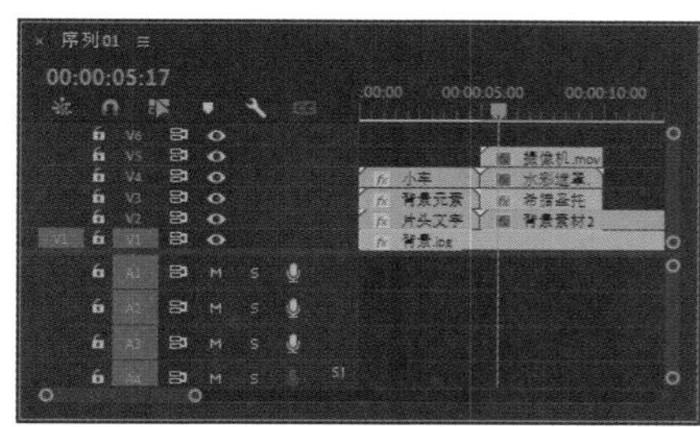

图11-35

图11-36

步骤07 在“时间轴”面板中同时选中“希腊圣托里尼.jpg”“水彩遮罩.mp4”“摄像机.mov”素材，将其转换为嵌套序列，并重命名为“图文01”，如图11-37所示。

步骤08 在“项目：制作高级感旅拍Vlog”面板中复制“图文01”嵌套序列，将新的嵌套序列重命名为“图文02”，如图11-38所示。

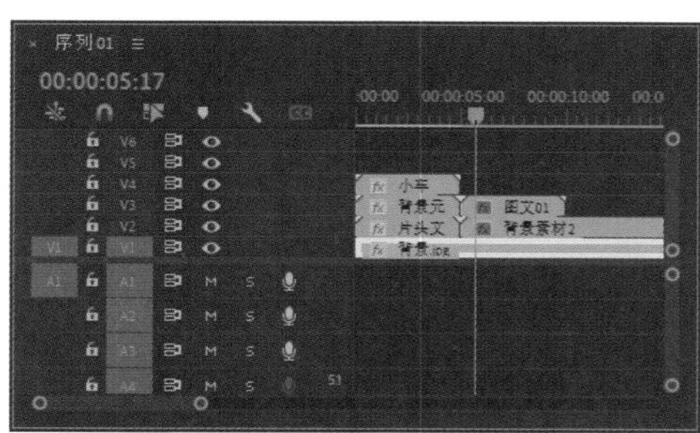

图11-37

图11-38

步骤09 在“项目：制作高级感旅拍Vlog”面板中双击进入“图文02”嵌套序列，如图11-39所示。

步骤 10　在“项目：制作高级感旅拍Vlog”面板中选中“中国长城.jpg”素材，接着在“图文02”面板中选中“希腊圣托里尼.jpg”素材并右击，在弹出的快捷菜单中执行“使用剪辑替换→从素材箱”命令，如图11-40所示。

图11-39

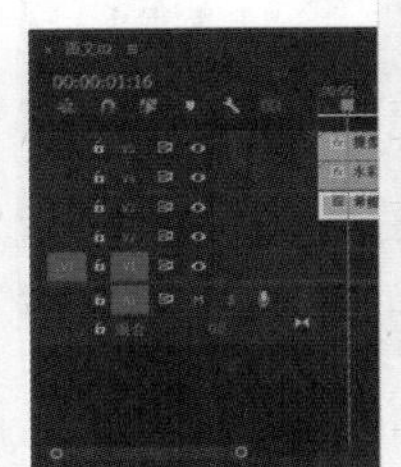

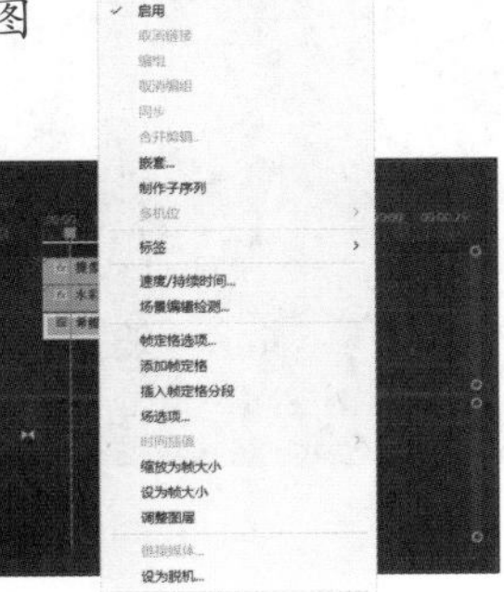

图11-40

步骤 11　此时“希腊圣托里尼.jpg”素材替换为“中国长城.jpg”素材，如图11-41所示。效果如图11-42所示。

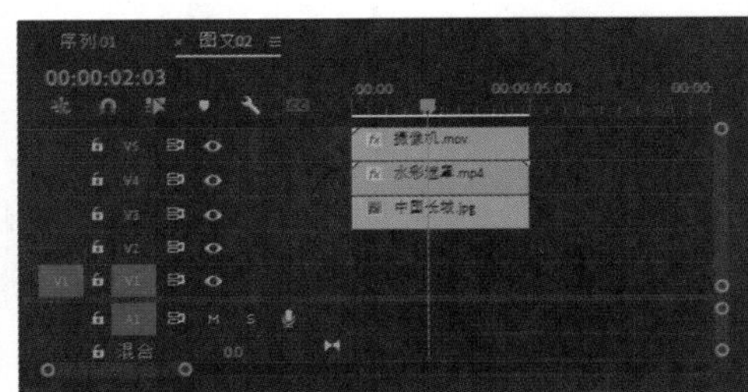

图11-41

图11-42

步骤 12　在“项目：制作高级感旅拍Vlog”面板中复制“图文02”嵌套序列，将新嵌套序列重命名为“图文03”，然后将其中的“上海迪士尼.jpg”素材替换为“法国巴黎铁塔.jpg”素材，如图11-43所示。效果如图11-44所示。

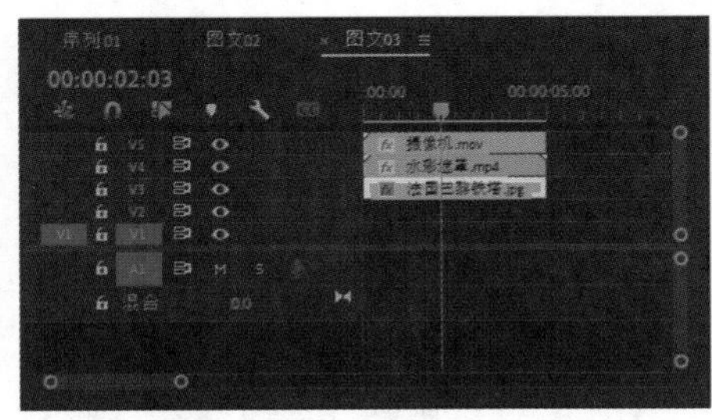

图11-43

图11-44

步骤 13　在“项目：制作高级感旅拍Vlog”面板中复制“图文03”嵌套序列，将新嵌套序列重命名为“图文04”，然后将其中的“法国巴黎铁塔.jpg”素材替换为“马来西亚海岛.jpg”素材，如图11-45所示。效果如图11-46所示。

图11-45

图11-46

步骤 14　在“项目：制作高级感旅拍Vlog”面板中复制“图文04”嵌套序列，将新嵌套序列重命名为“图文05”，然后将其中的“马来西亚海岛.jpg”素材替换为“厦门鼓浪屿.jpg”素材，如图 11-47所示。效果如图 11-48所示。

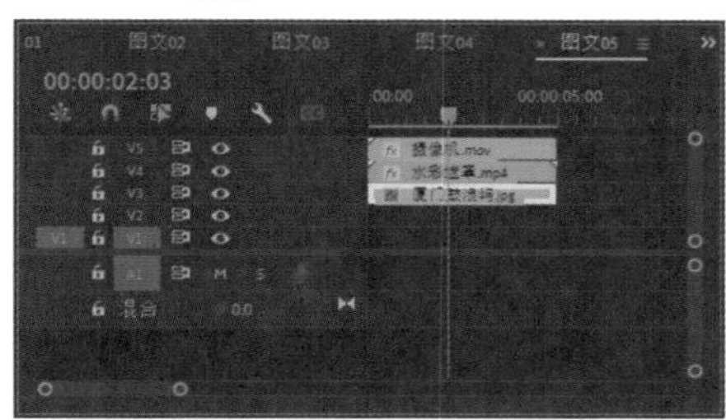

图11-47

图11-48

步骤 15　在“项目：制作高级感旅拍Vlog”面板中复制“图文05”嵌套序列，将新嵌套序列重命名为“图文06”，然后将其中的“厦门鼓浪屿.jpg”素材替换为“西藏布达拉宫.jpg”素材，如图 11-49所示。效果如图 11-50所示。

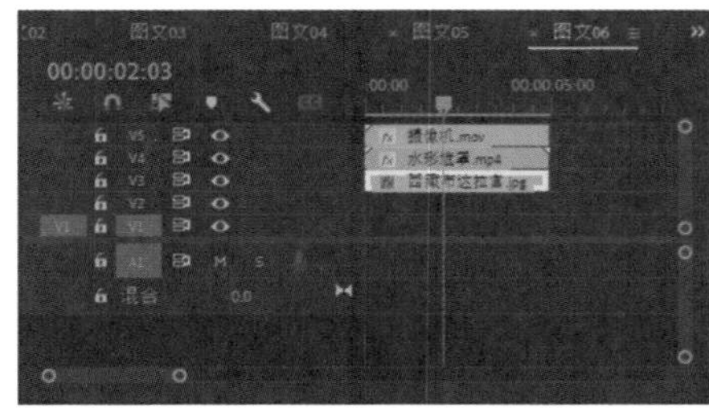

图11-49

图11-50

步骤 16　在“项目：制作高级感旅拍Vlog”面板中依次将“图文02”“图文03”“图文04”“图文05”“图文06”嵌套序列拖曳到V3轨道上，如图 11-51所示。

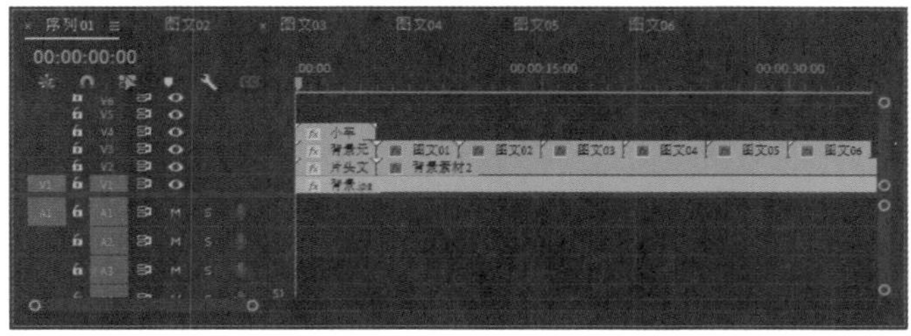

图11-51

11.3 片尾制作 素材叠加效果

片尾虽然通常只有短短几秒，但在视频之中却起着总结全片内容甚至升华主题的作用。下面将详细讲解通过叠加素材制作片尾的操作方法。

步骤 01 将V2轨道的“背景素材2”嵌套序列缩短至00:00:35:00位置，如图11-52所示。

步骤 02 在“项目：制作高级感旅拍Vlog”面板中选中“建筑.png”素材，将其拖曳至V2轨道上，如图11-53所示。

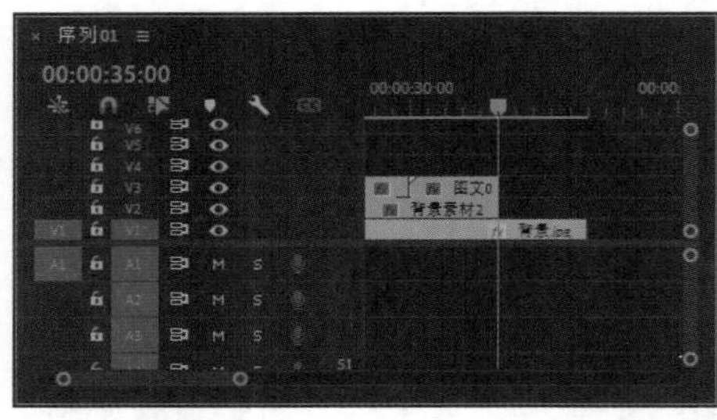

图11-52

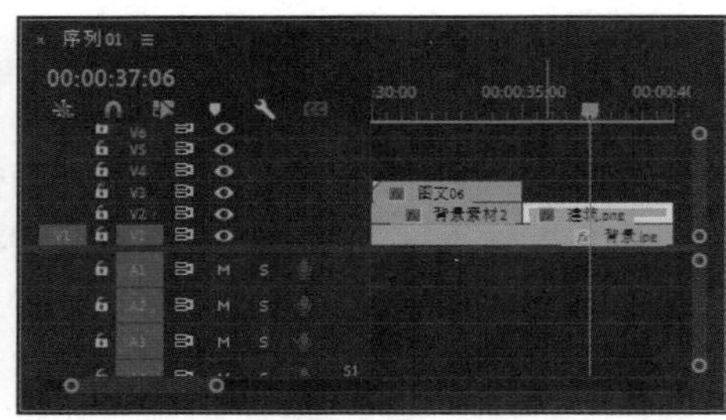

图11-53

步骤 03 在“效果”面板中搜索“更改为颜色”效果，将该效果拖曳至V2轨道的“建筑.png”素材上，然后在“效果控件”面板中单击“自”右侧的“吸管”按钮，吸取“节目：序列01”面板中的绿色，将“至”的颜色更改为黑色，设置“更改”为“色相和亮度”，设置“位置”参数为960.0和763.0、“缩放”参数为65.0，如图11-54所示，效果如图11-55所示。

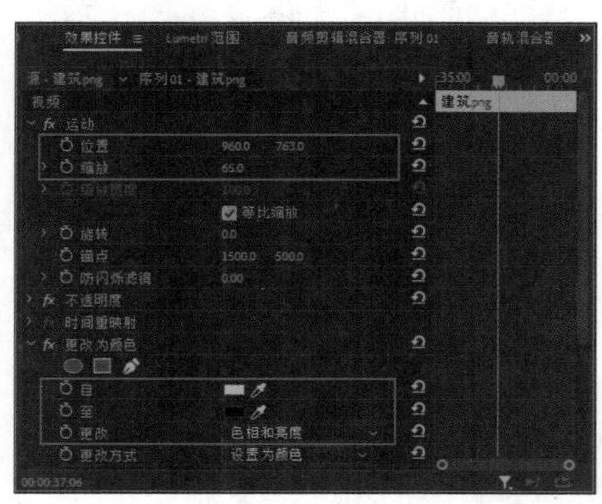

图11-54

图11-55

步骤 04 在“项目：制作高级感旅拍Vlog”面板中选中“云朵太阳.png”素材，将其拖曳至V3轨道上，如图11-56所示。在“效果控件”面板中设置“位置”参数为1057.0和350.0、“缩放”参数为89.0，效果如图11-57所示。

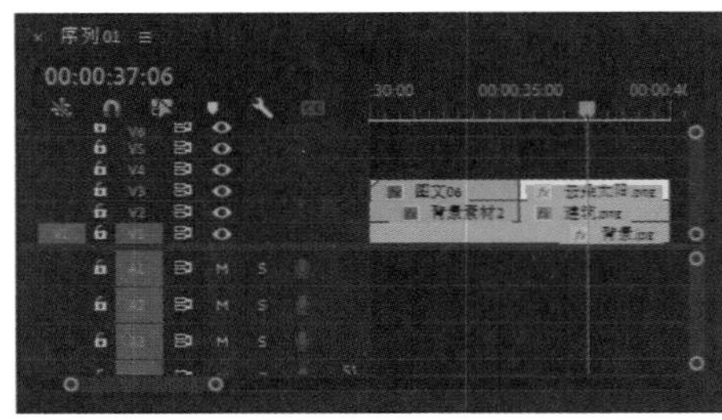

图11-56

图11-57

步骤 05 将时间线移至00:00:38:17位置，在“工具”面板中单击“文字工具”按钮T，在“节目：序列01”面板中输入“Let’s go travel!”文字，然后在“效果控件”面板中设置“字体”为“汉仪铸字童年体W”，设置“字体大小”参数为180、“填充”颜色为玫红色、“描边”颜色为白色、“描边宽度”参数为11.0，如图11-58所示，效果如图11-59所示。

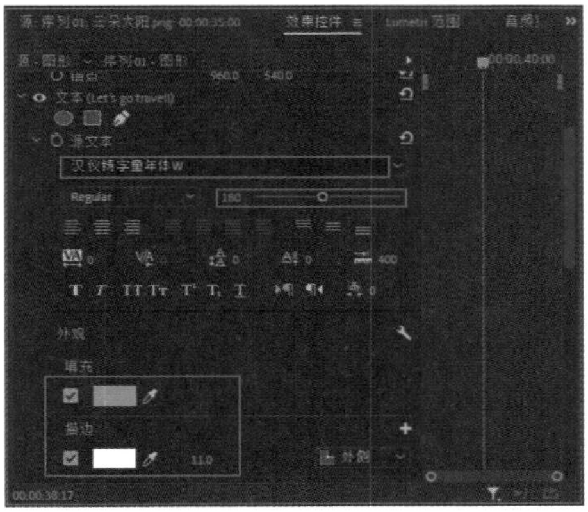

图11-58

图11-59

步骤 06 在“项目：制作高级感旅拍Vlog”面板中选中“泡泡.mov”素材，将其拖曳至V5轨道上，使其末尾与轨道下方的素材末尾对齐，如图11-60所示，效果如图11-61所示。

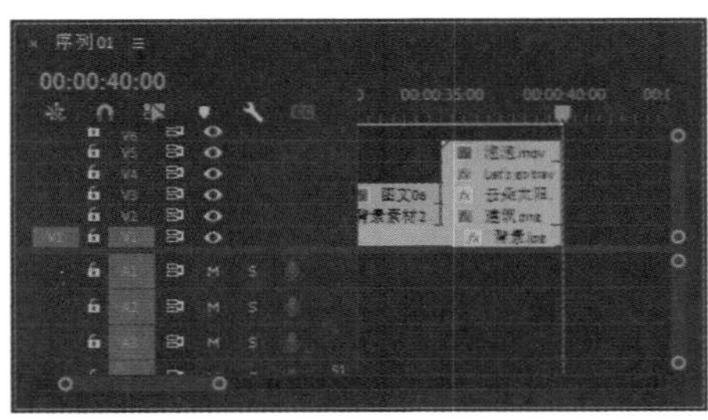

图11-60

图11-61

步骤 07 将时间线移至00:00:35:00位置，选中V4轨道的文字素材，然后在“效果控件”面板中单击“缩放”左侧的“切换动画”按钮，设置“缩放”参数为0.0，生成关键帧，如图11-62所示。将时间线移至00:00:36:00位置，设置“缩放”参数为100.0，如图11-63所示。

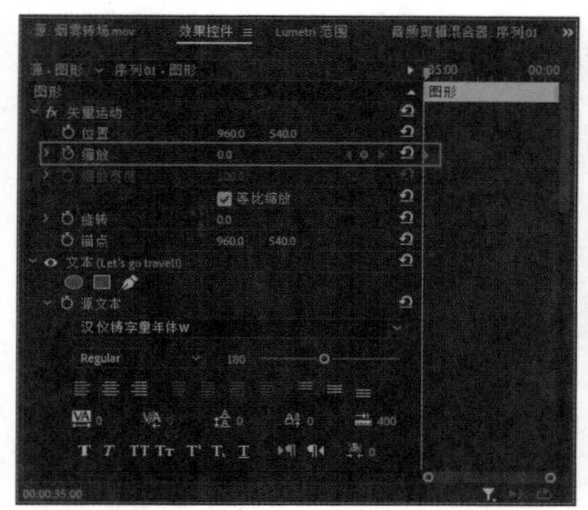

图11-62

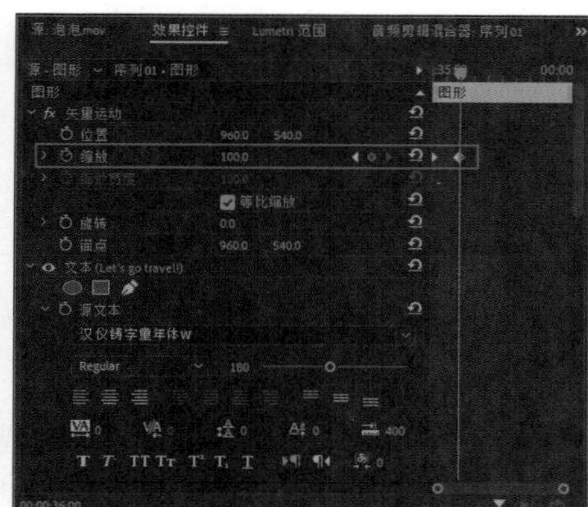

图11-63

11.4　添加字幕 制作花字效果

综艺节目中经常出现各式各样的花字，花字不仅能清晰地传达信息，还能提升画面美感及影片质感。下面将详细讲解花字效果的制作方法。

步骤 01 在“项目：制作高级感旅拍Vlog”面板中选中“地标.psd”素材并将其拖曳到V4轨道上，如图 11-64 所示。在“效果控件”面板中设置“位置”参数为 940.0 和 1043.0、“缩放”参数为 39.0，效果如图 11-65 所示。

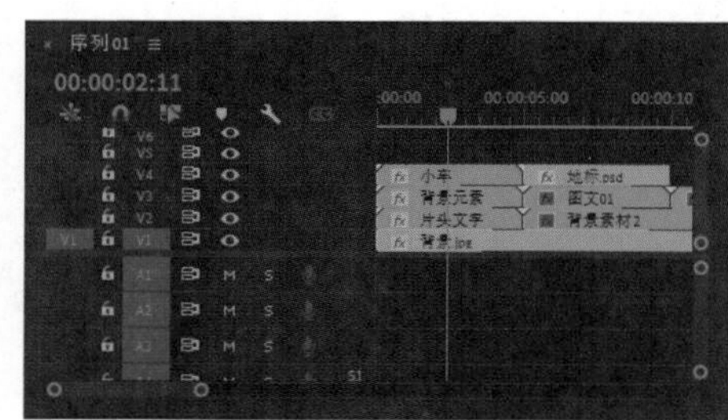

图11-64

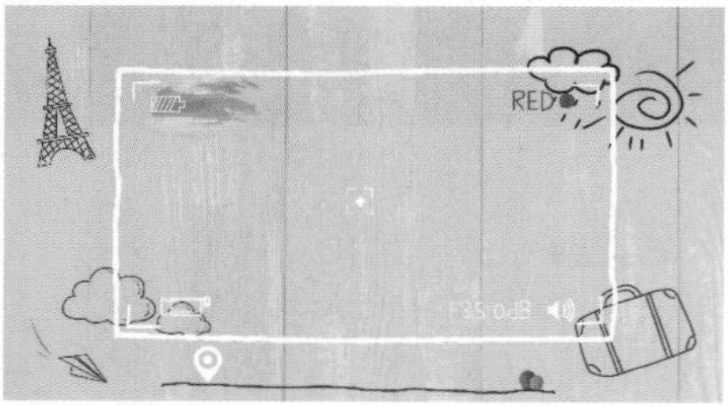

图11-65

步骤 02 将时间线移至00:00:05:00位置，在“工具”面板中单击“文字工具”按钮T，在“节目：序列 01”面板中输入“希腊 · 圣托里尼”文字，然后在“效果控件”面板中设置“字体”为“方正启体简体”，设置“字体大小”参数为88、“填充”颜色为黑色、“描边”颜色为白色、“描边宽度”参数为1.0，如图 11-66 所示，效果如图 11-67 所示。

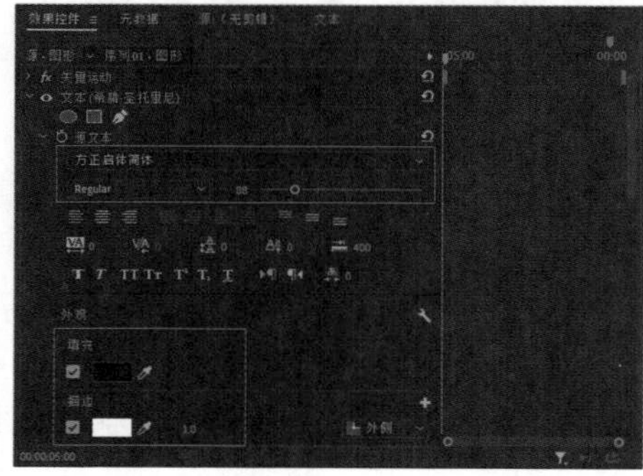

图11-66

步骤 03　选中“时间轴”面板的V4轨道的“地标.psd”素材，在“效果控件”面板中单击“创建4点多边形蒙版”按钮■，然后在“节目：序列01”面板中将蒙版移至“地标.psd”素材的左边，使“地标.psd”素材消失，如图11-68所示。

图11-67

步骤 04　在“效果控件”面板中单击“蒙版路径”左侧的“切换动画”按钮⏱，生成关键帧，如图11-69所示。

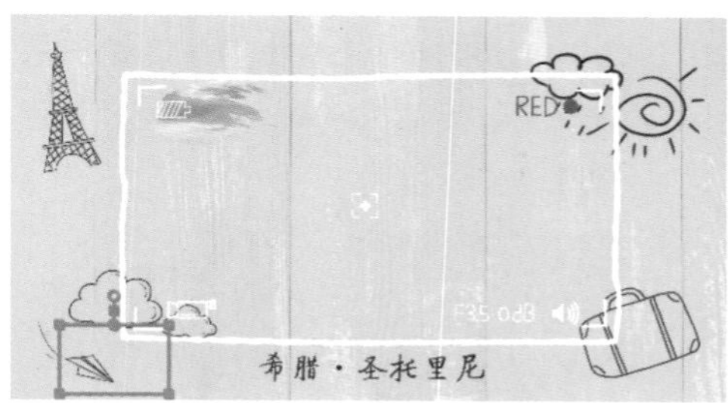

图11-68

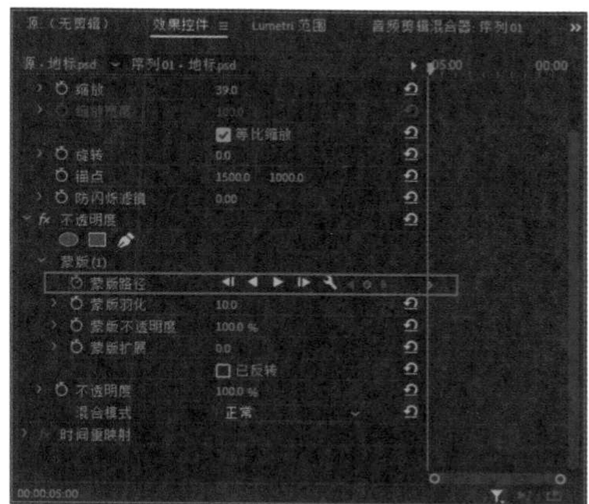

图11-69

步骤 05　将时间线移至00:00:05:10位置，在“节目：序列01”面板中调整蒙版形状，使“地标.psd”素材出现，如图11-70和图11-71所示。

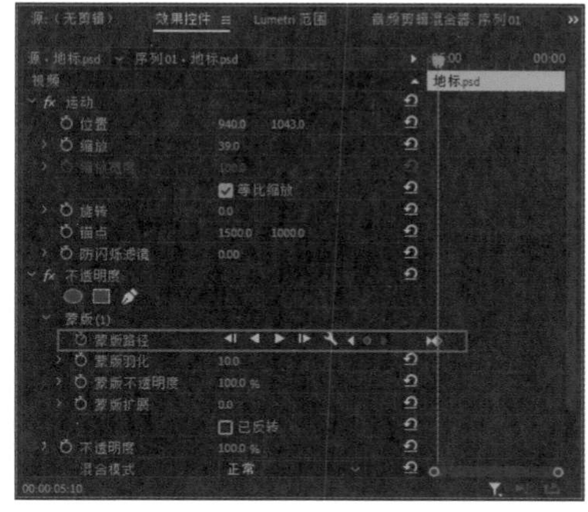

图11-70

图11-71

步骤 06　选中V5轨道的“希腊·圣托里尼”字幕素材，在“效果控件”面板中展开“不透明度”卷展栏，单击“创建4点多边形蒙版”按钮■，然后在“节目：序列01”面板中将蒙版移至“希腊·圣托里尼”字幕素材的左边，使“希腊·圣托里尼”字幕素材消失，如图 11-72 所示。

步骤 07 在“效果控件”面板中单击“蒙版路径”左侧的“切换动画”按钮⏱，生成关键帧，如图 11-73 所示。

图 11-72

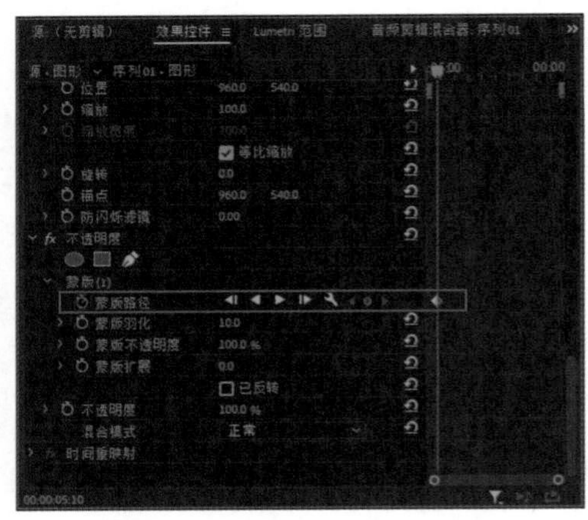

图 11-73

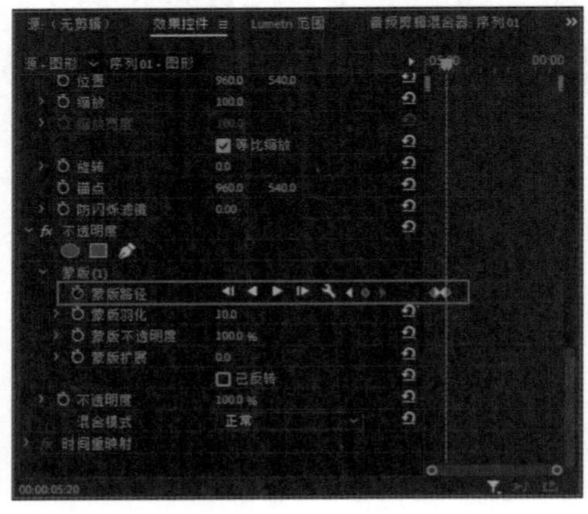

图 11-74

步骤 08 将时间线移至 00:00:05:20 位置，在“节目：序列 01”面板中调整蒙版形状，使“希腊 · 圣托里尼”字幕素材出现，如图 11-74 和图 11-75 所示。

图 11-75

步骤 09 按照上面的方法，制作“图文 02”嵌套序列的字幕。修改文字内容为“中国 • 长城”，添加动画效果。效果如图 11-76 所示。

步骤 10 制作“图文 03”嵌套序列的字幕。修改文字内容为“法国 · 巴黎铁塔”，添加动画效果。效果如图 11-77 所示。

图 11-76

图 11-77

步骤 11 制作“图文 04”嵌套序列的字幕。修改文字内容为“马来西亚 · 海岛”，添加动画效果。效果如图 11-78 所示。

步骤 12 制作“图文05”嵌套序列的字幕。修改文字内容为“厦门 · 鼓浪屿”，添加动画效果。效果如图 11-79 所示。

图11-78

图11-79

步骤 13 制作“图文06”嵌套序列的字幕。修改文字内容为“西藏 · 布达拉宫”，添加动画效果。效果如图 11-80 所示。“时间轴”面板如图 11-81 所示。

图11-80

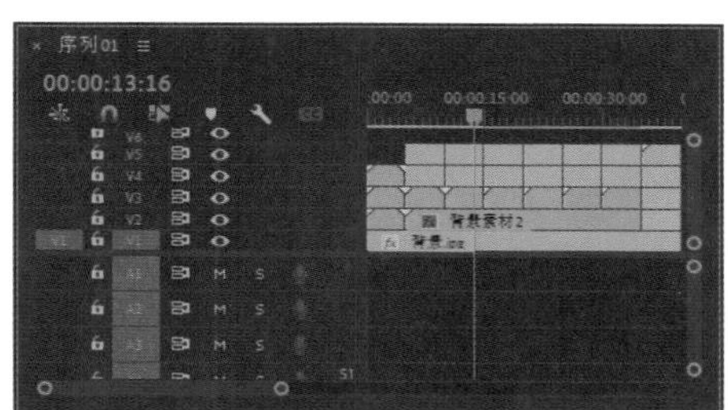

图11-81

11.5 添加转场 烟雾转场效果

添加好字幕后，下面将为视频制作烟雾转场效果，使画面之间的转换更加自然、流畅，具体的制作方法如下。

步骤 01 移动时间线，在 00:00:04:16、00:00:09:14、00:00:14:18、00:00:19:16、00:00:24:15、00:00:29:16、00:00:34:19 位置按 M 键添加标记，如图 11-82 所示。

步骤 02 在“项目：制作高级感旅拍 Vlog”面板中选中“烟雾转场 .mov”素材，依次将其拖曳至 V6 轨道上，使其起始位置与标记对齐，如图 11-83 所示。

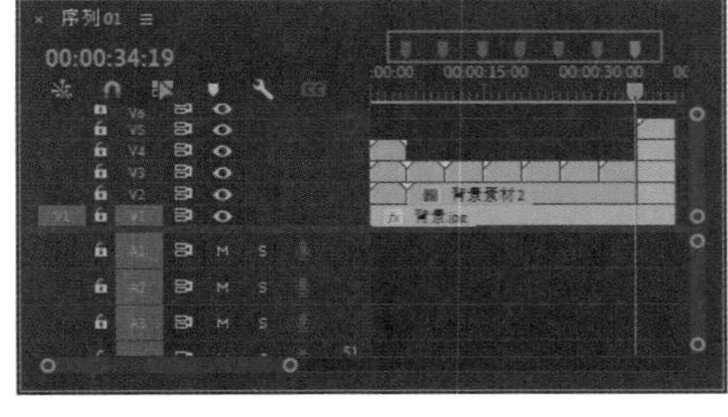

图11-82

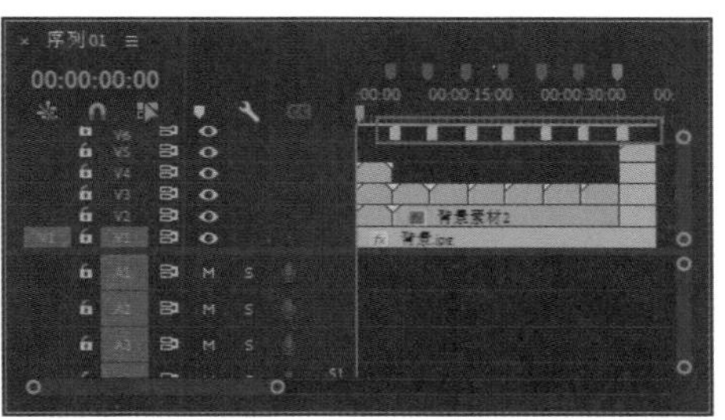

图11-83

步骤 03 按Space键预览画面，效果如图 11-84和图 11-85所示。

图11-84

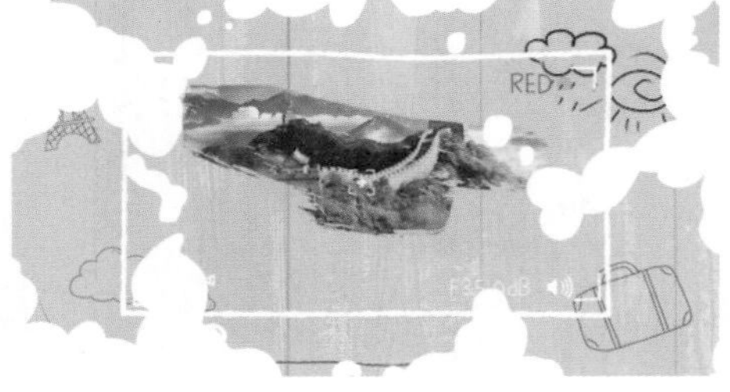
图11-85

11.6 音频处理 添加背景音乐

完成转场效果的制作后，下面将为视频添加背景音乐，并为其制作淡入、淡出效果，具体的操作方法如下。

步骤 01 在“项目：制作高级感旅拍Vlog”面板中选中“音乐.mp3”素材，将其拖曳至A1轨道上，如图 11-86所示。

步骤 02 用“剃刀工具”裁剪音频文件并将多余的音频删除，如图 11-87所示。

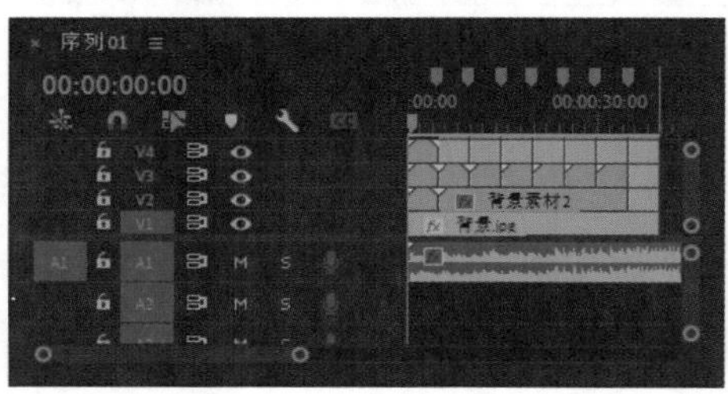
图11-86

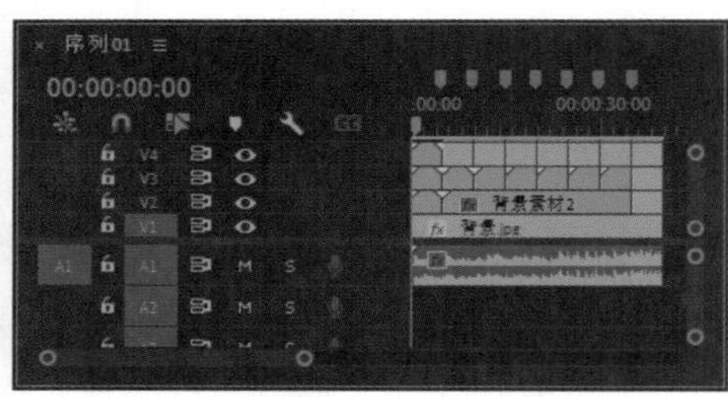
图11-87

步骤 03 将时间线移至00:00:00:10和00:00:39:05位置，选中A1轨道的“音乐.mp3”音频文件，在“效果控件”面板中添加“级别”关键帧，如图 11-88所示。在起始位置和末尾添加“级别”关键帧，设置起始位置和末尾的关键帧为–58.1dB，如图 11-89所示。

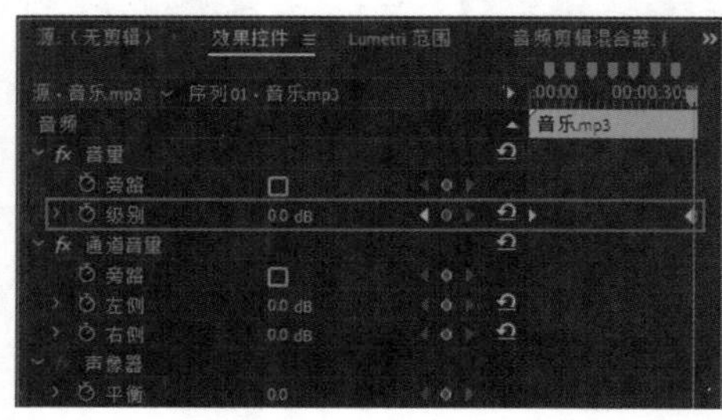
图11-88

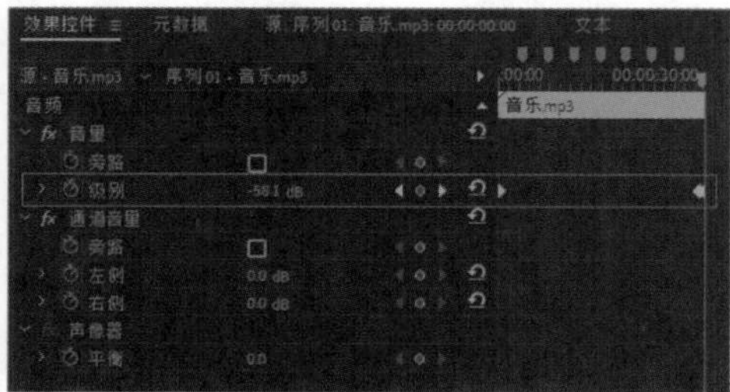
图11-89

11.7 渲染输出 渲染输出最终成片

完成视频的剪辑工作后，即可将成片导出。下面将详细讲解渲染输出视频的操作方法。

步骤 01 完成剪辑后，在菜单栏中执行“文件→导出→媒体”命令，弹出“导出”界面，如图 11-90 所示。

步骤 02 在“设置”区域中设置“格式”为“H.264”，如图 11-91 所示。

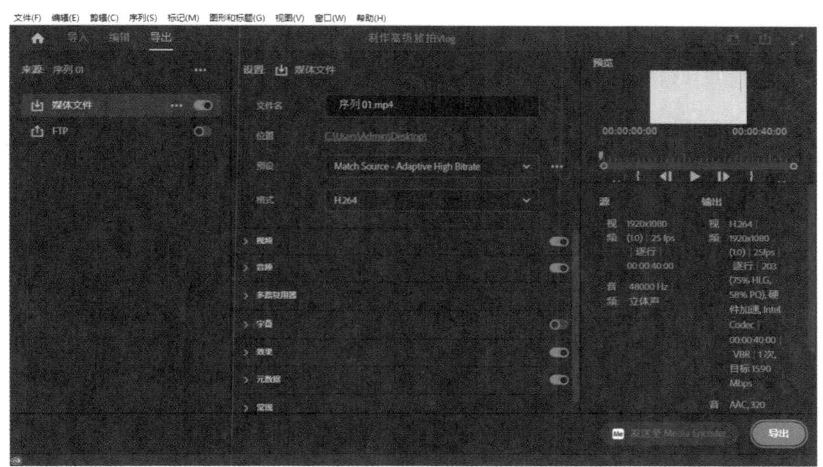

图 11-90

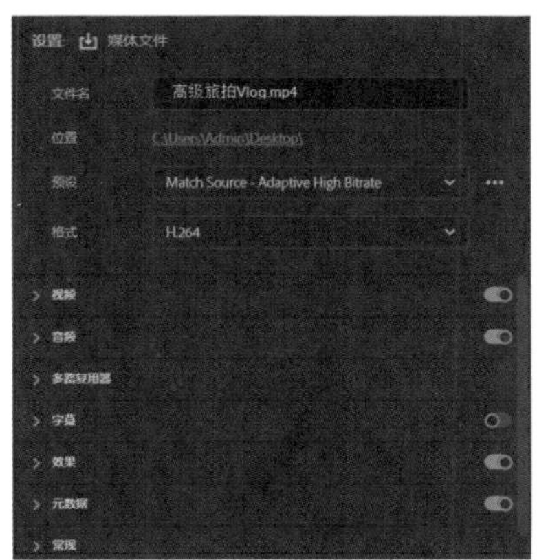

图 11-91

步骤 03 在“设置”区域中单击“位置”右侧的路径，在弹出的对话框中选择导出视频的保存位置，并设置导出视频的名称为“实战效果”。

步骤 04 单击“导出”按钮，开始渲染，系统会弹出对话框，显示渲染的进度。渲染完成后，就可以在设置的保存位置找到渲染完成的MP4格式的视频。

第 12 章

制作企业宣传视频

企业宣传视频是通过媒体手段传达企业文化的一种形式，同时具有广告的特性，可以用于企业文化推广和产品宣传等方面。制作企业宣传视频的目的是更好地向社会展示企业，彰显企业的实力，让社会上的人士对该企业有一个全面的认识。本章将详细讲解企业宣传视频的制作方法，案例效果如图 12-1 所示。

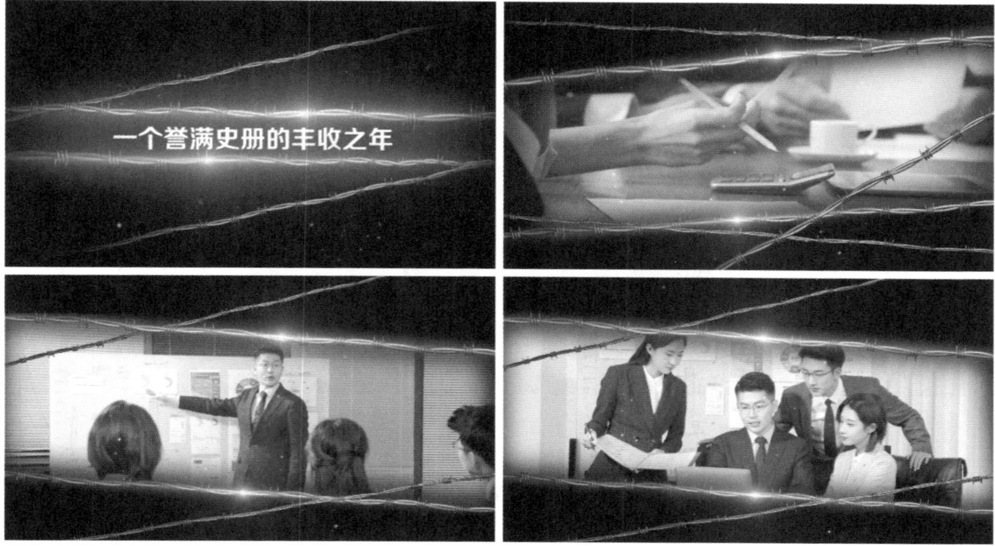

图 12-1

12.1 素材处理 选取适用素材

在正式进行视频的剪辑工作之前，需要导入素材，选取合适的素材片段并将其添加至“时间轴”面板，具体操作方法如下。

步骤 01 启动Premiere Pro 2023软件，在菜单栏中执行“文件→打开项目”命令，打开路径文件夹中的“制作企业宣传视频.prproj”文件。

步骤 02 依次将“项目：制作企业宣传视频”面板中的“背景合成1.mov”“背景合成2.mov”“背景合成3.mov”“背景合成4.mov”素材拖曳至V1轨道上，如图12-2和图12-3所示。

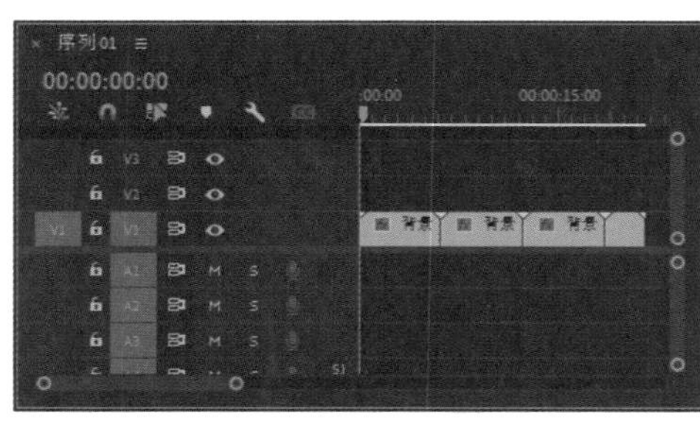

图 12-2

图 12-3

步骤 03 双击“01.mp4”素材，在“源：01.mp4”面板中设置入点为00:00:16:15、出点为00:00:19:21，如图12-4所示。

步骤 04 将时间线移至00:00:21:14位置，按键将入点和出点间的素材文件插到V1轨道上，如图12-5所示。

图12-4

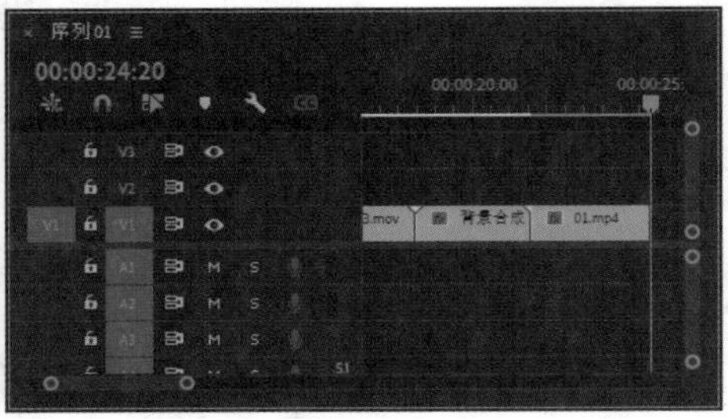

序列01
00:00:24:20
00:00:20:00
01.mp4

图12-5

步骤 05 双击"02.mp4"素材，在"源：02.mp4"面板中设置素材的起始位置为入点、00:00:03:06位置为出点，然后按,键将入点和出点间的素材插到V1轨道上，如图12-6和图12-7所示。

图12-6

图12-7

步骤 06 双击"03.mp4"素材，在"源：03.mp4"面板中设置素材的起始位置为入点、00:00:03:06位置为出点，然后按,键将入点和出点间的素材插到V1轨道上，如图12-8和图12-9所示。

图12-8

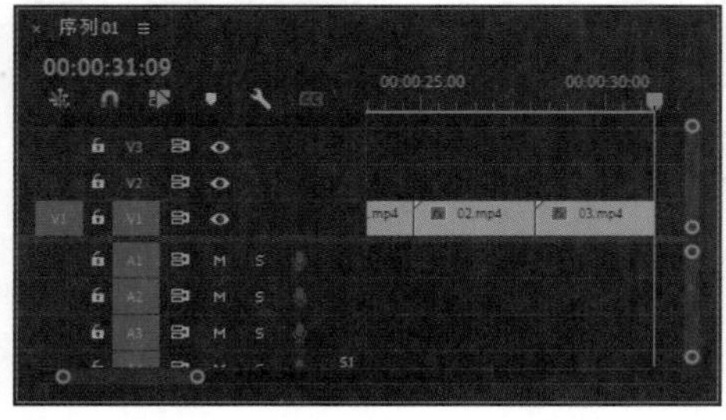

图12-9

步骤 07　在“时间轴”面板中同时选中“01.mp4”“02.mp4”“03.mp4”素材，右击并在弹出的快捷菜单中执行“缩放为帧大小”命令，如图 12-10 所示，效果如图 12-11 所示。

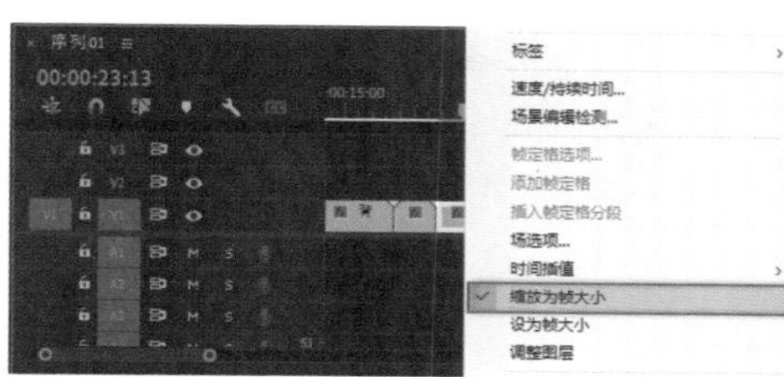

图 12-10

图 12-11

步骤 08　在“项目：制作企业宣传视频”面板中选中“背景合成1.mov”素材，将其拖曳至V1轨道上，如图 12-12 所示。

步骤 09　双击“04.mp4”素材，在“源：04.mp4”面板中设置素材的起始位置为入点、00:00:03:06 位置为出点，然后按,键将入点和出点间的素材插到V1轨道上，如图 12-13 所示。

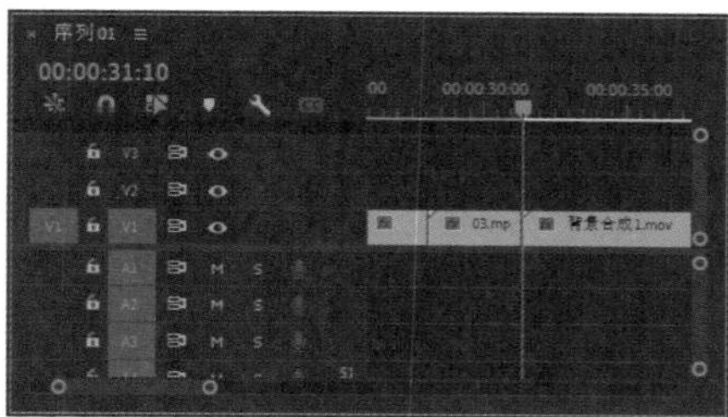

图 12-12

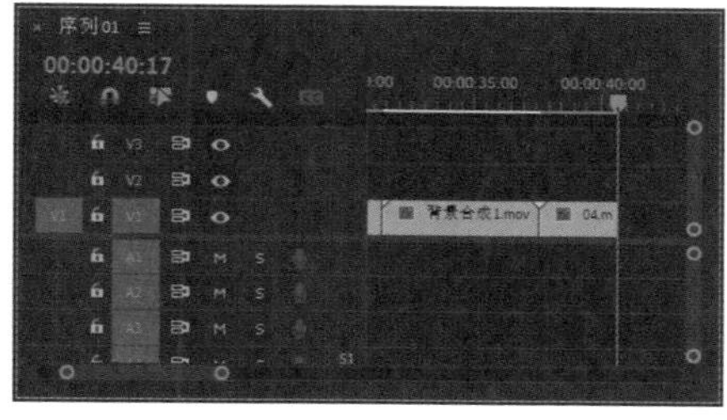

图 12-13

步骤 10　在“项目：制作企业宣传视频”面板中选中“背景合成1.mov”素材，将其拖曳至V1轨道上，如图 12-14 所示。

步骤 11　双击“05.mp4”素材，在“源：05.mp4”面板中设置 00:00:02:14 位置为入点、00:00:05:20 位置为出点，如图 12-15 所示。

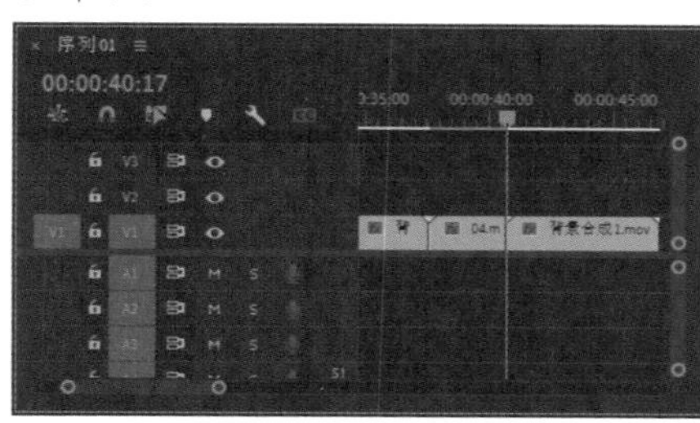

图 12-14

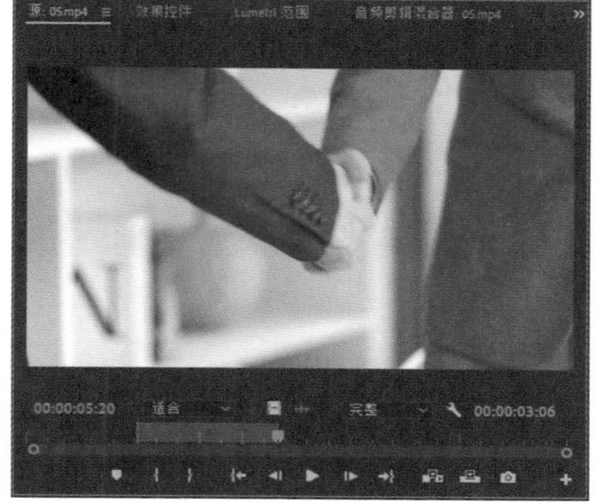

图 12-15

步骤 12　按，（逗号）键将入点和出点的素材文件插到V1轨道上，如图 12-16 所示。调整素材至合适大小，效果如图 12-17 所示。

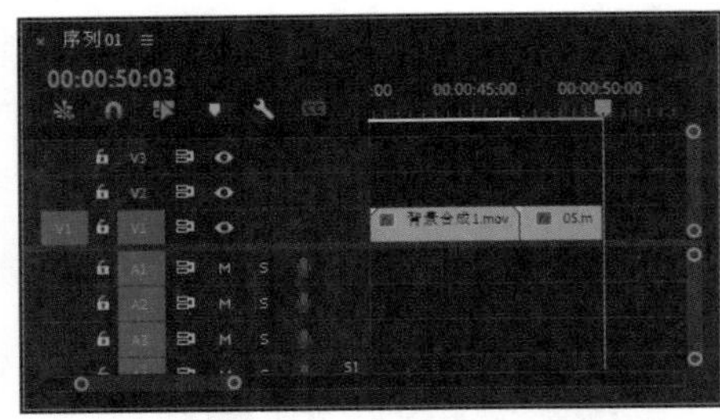

图12-16

图12-17

步骤13 在“项目：制作企业宣传视频”面板中选中“背景合成1.mov”素材，将其拖曳至V1轨道上，如图 12-18所示。

步骤14 双击“06.mp4”素材，在“源：06.mp4”面板中设置素材的起始位置为入点、00:00:03:06位置为出点，如图 12-19所示。

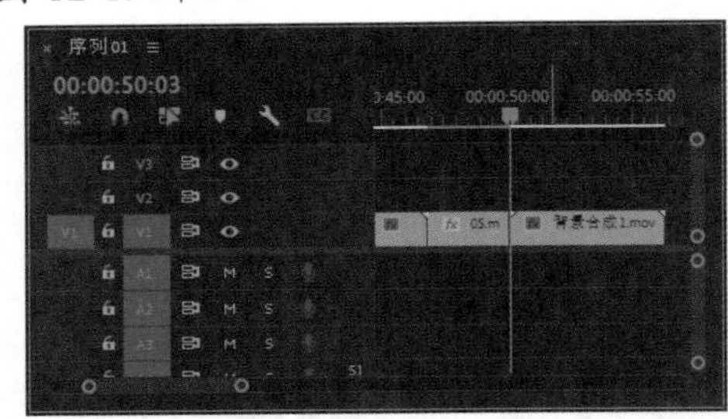

图12-18

图12-19

步骤15 按，（逗号）键将入点和出点间的素材插到V1轨道上，如图 12-20所示。调整素材至合适大小，效果如图 12-21所示。

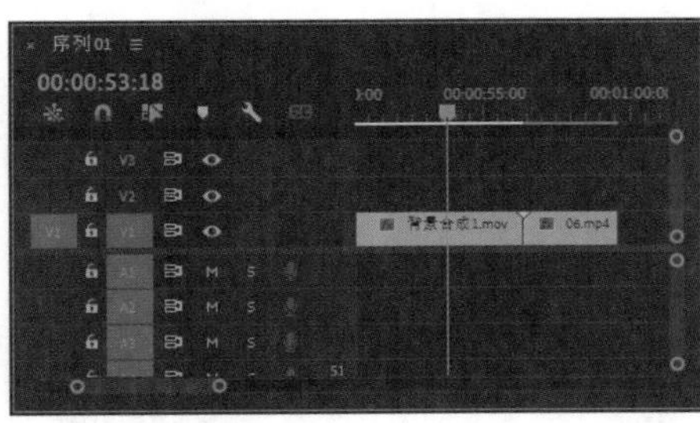

图12-20

图12-21

步骤16 在“项目：制作企业宣传视频”面板中选中“背景合成3.mov”素材，将其拖曳至V1轨道上，如图 12-22所示。

步骤17 双击“07.mp4”素材，在“源：07.mp4”面板中设置00:00:06:22位置为入点、00:00:10:03位置为出点，如图 12-23所示。

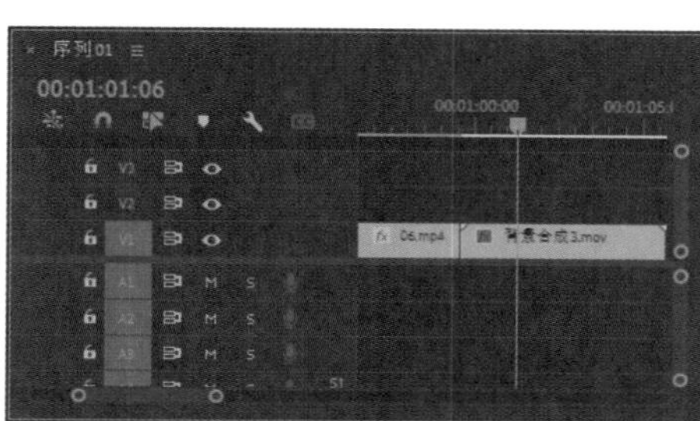

图12-22

图12-23

步骤18 按，（逗号）键将入点和出点间的素材插到V1轨道上，如图12-24所示。调整素材至合适大小，效果如图12-25所示。

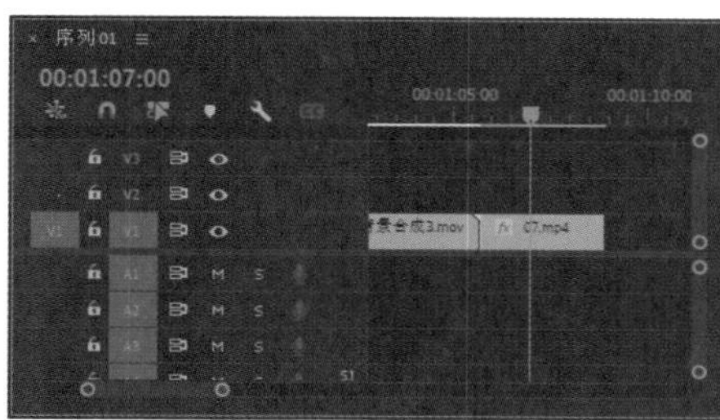

图12-24

图12-25

步骤19 在“项目：制作企业宣传视频”面板中选中“背景合成3.mov”素材，将其拖曳至V1轨道上，如图12-26所示。效果如图12-27所示。

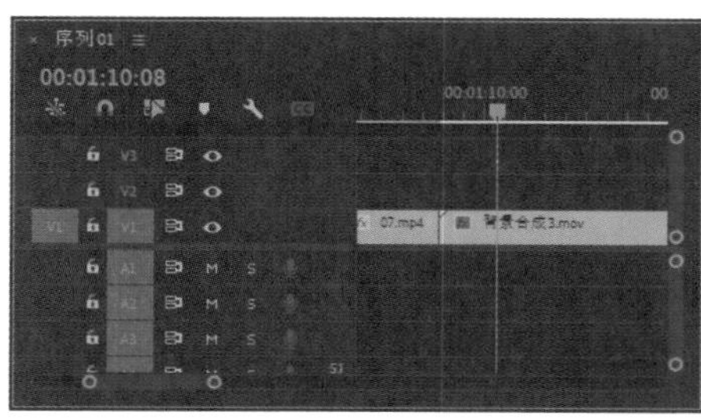

图12-26

图12-27

12.2 视频制作 制作遮罩效果

完成素材的基本处理之后，为避免视频画面单一，可以使用“轨道遮罩键”效果制作铁网画面效果，具体的操作方法如下。

步骤01 在“项目：制作企业宣传视频”面板中选中“遮罩1.BMP”素材，将其拖曳至V2轨道上，位于“01.mp4”素材的上方，如图12-28所示。效果如图12-29所示。

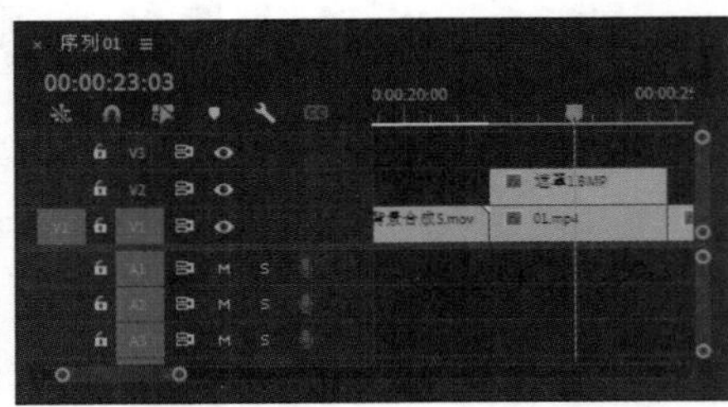

图12-28

图12-29

步骤 02 选中V2轨道的“遮罩1.BMP”素材，在“效果控件”面板中设置“不透明度”参数为80.0%、“位置”参数为960.0和406.0，如图 12-30所示。效果如图12-31所示。

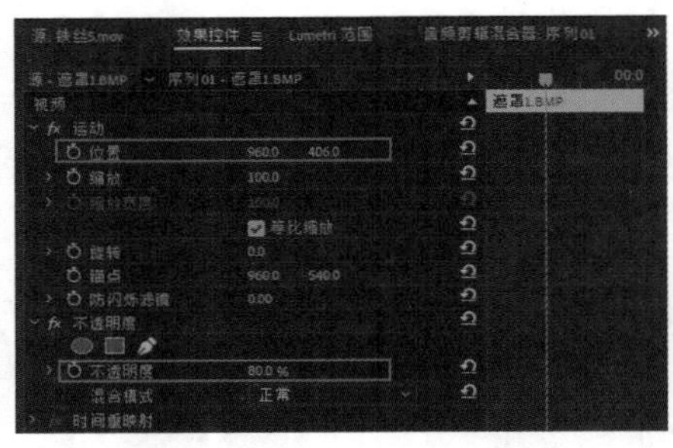

图12-30

图12-31

提示

设置“不透明度”参数是为了方便观察画面。添加“轨道遮罩键”效果后，白色为显示区域，黑色为遮罩区域，可通过设置“位置”参数移动遮罩至合适位置。

步骤 03 在“效果”面板中搜索“轨道遮罩键”效果，将该效果拖曳至V1轨道的“01.mp4”素材上，在“效果控件”面板中设置“遮罩”为“视频2”，设置“合成方式”为“亮度遮罩”，如图 12-32所示，效果如图 12-33所示。

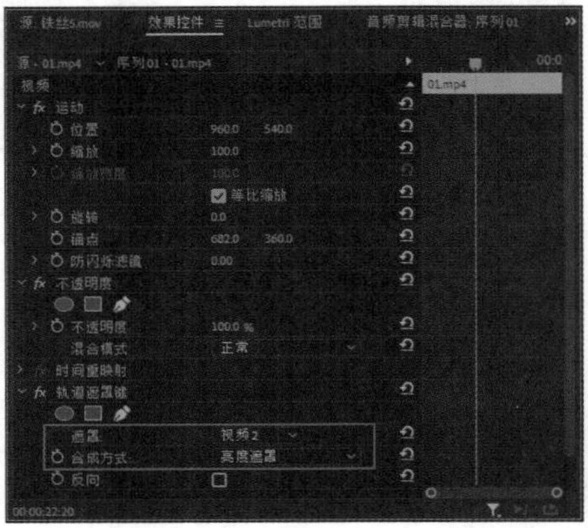

图12-32

图12-33

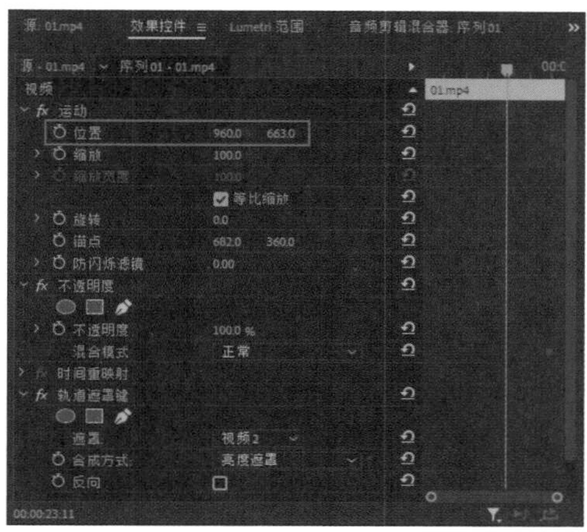

图12-34

步骤 04 选中V1轨道的“01.mp4”素材，在“效果控件”面板中设置“位置”参数为960.0和663.0，如图12-34所示，效果如图12-35所示。

图12-35

步骤 05 在“项目：制作企业宣传视频”面板中，将“铁丝1.mov”素材拖曳至V3轨道上，将“相片光效粒子1.mov”素材拖曳至V4轨道上，如图12-36所示，

步骤 06 选中V4轨道的“相片光效粒子1.mov”素材，在“效果控件”面板中设置“混合模式”为“滤色”，如图12-37所示。

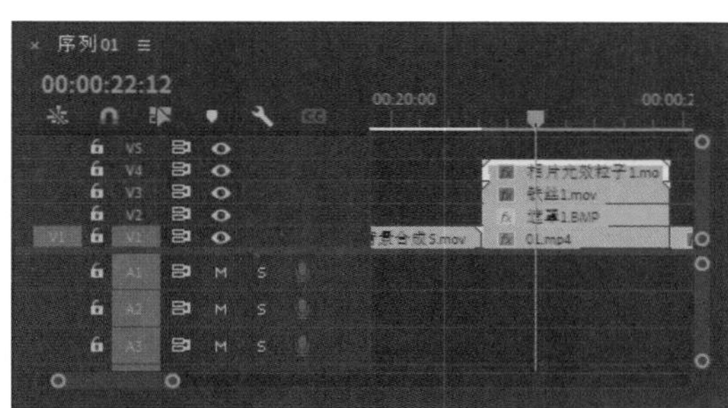

图12-36

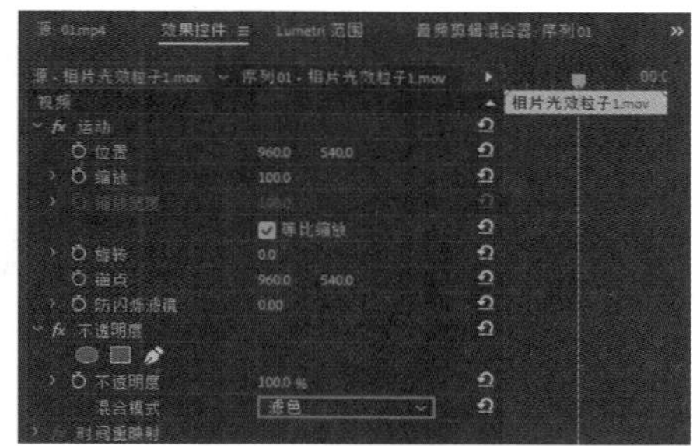

图12-37

步骤 07 选中V2轨道的“遮罩1.BMP”素材，在“效果控件”面板中单击“不透明度”右侧的“重置参数”按钮，使参数恢复为原始状态，如图12-38所示，重置后的效果如图12-39所示。

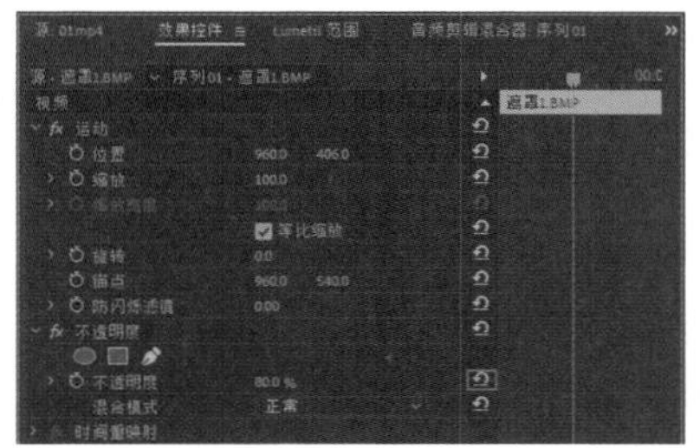

图12-38

图12-39

步骤 08 在“项目：制作企业宣传视频”面板中选中“遮罩2.BMP”素材，将其拖曳至V2轨道上，位于“02.mp4”素材的上方，如图 12-40 所示。效果如图 12-41 所示。

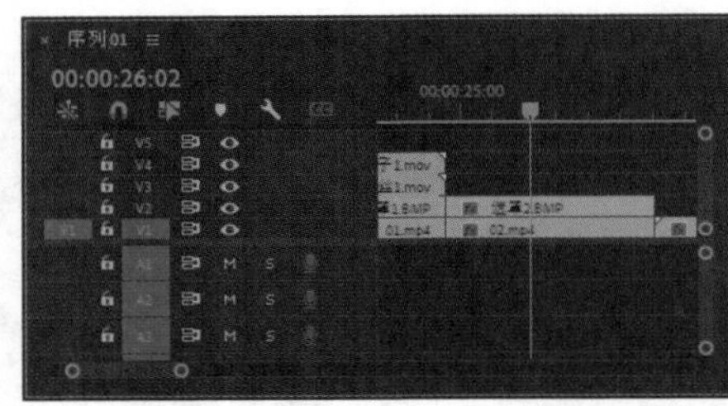

图12-40

图12-41

步骤 09 在“效果”面板中搜索“轨道遮罩键”效果，将该效果添加至V1轨道的“02.mp4”素材上，在“效果控件”面板中设置“遮罩”为“视频2”，设置“合成方式”为“亮度遮罩”，如图12-42所示，效果如图 12-43 所示。

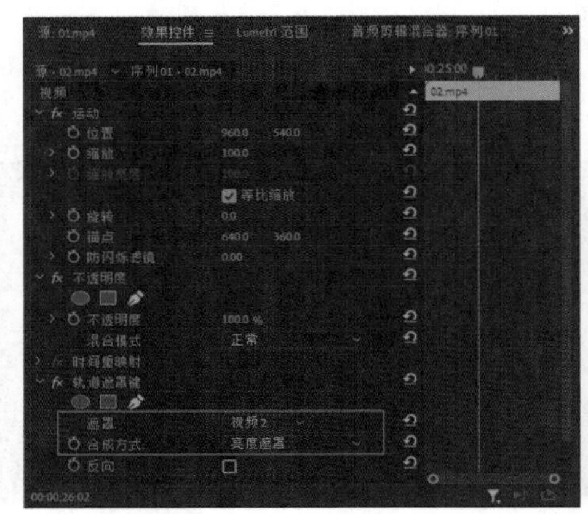

图12-42

图12-43

步骤 10 在“项目：制作企业宣传视频”面板中，将“铁丝2.mov”素材拖曳至V3轨道上，将“相片光效粒子2.mov”素材拖曳至V4轨道上，如图 12-44 所示，

步骤 11 选中V4轨道的“相片光效粒子2.mov”素材，在“效果控件”面板中设置“混合模式”为“滤色”，效果如图 12-45 所示。

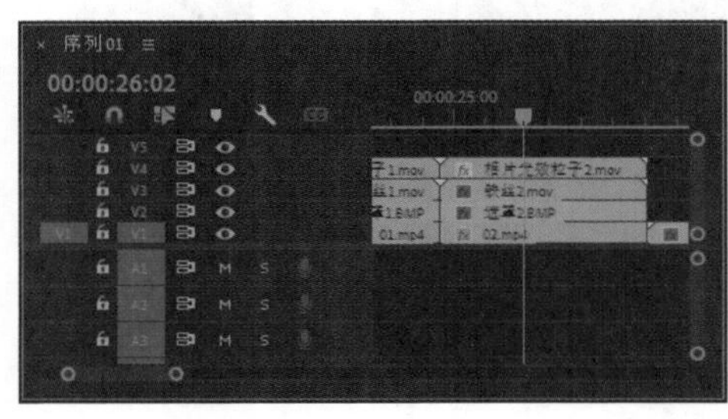

图12-44

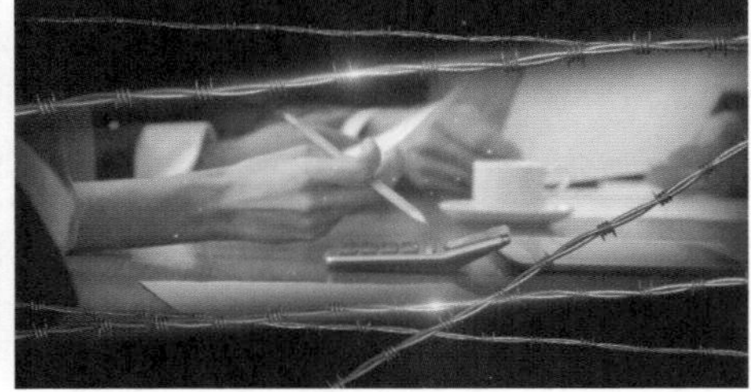

图12-45

步骤 12 根据上述操作方法，为“03.mp4”素材制作视频遮罩效果，如图 12-46和图 12-47所示。

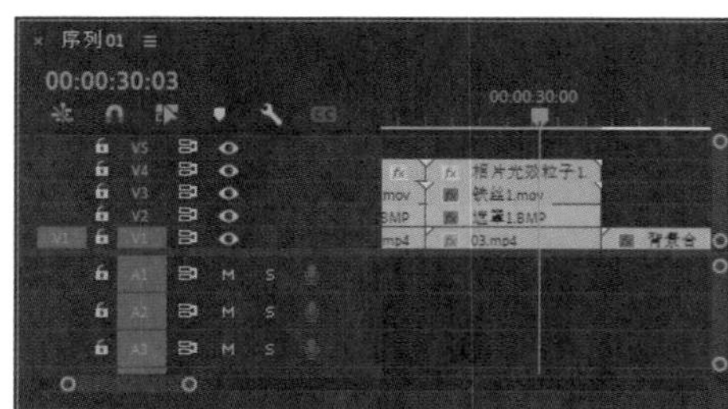

图12-46

图12-47

步骤 13 为“04.mp4”素材制作视频遮罩效果，如图 12-48和图 12-49所示。

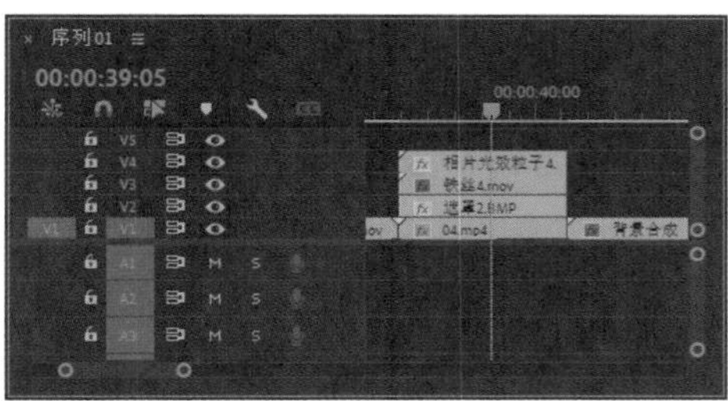

图12-48

图12-49

步骤 14 为“05.mp4”素材制作视频遮罩效果，如图 12-50和图 12-51所示。

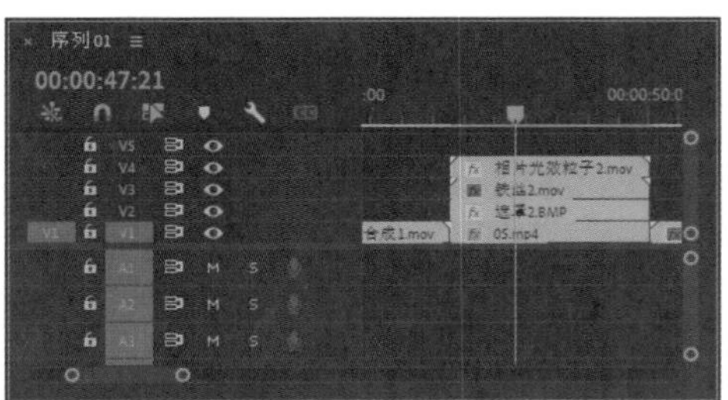

图12-50

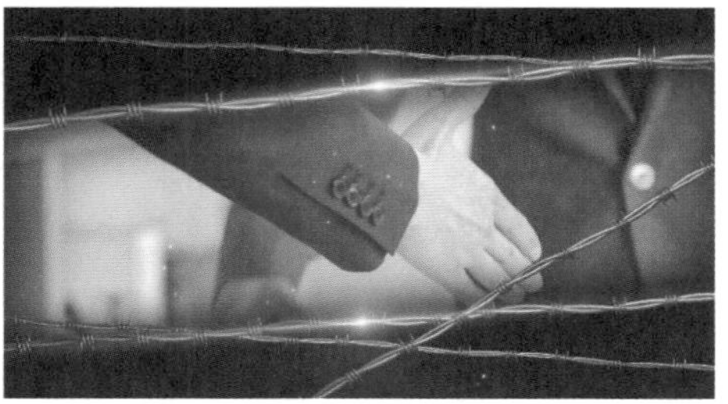

图12-51

步骤 15 为“06.mp4”素材制作视频遮罩效果，如图 12-52和图 12-53所示。

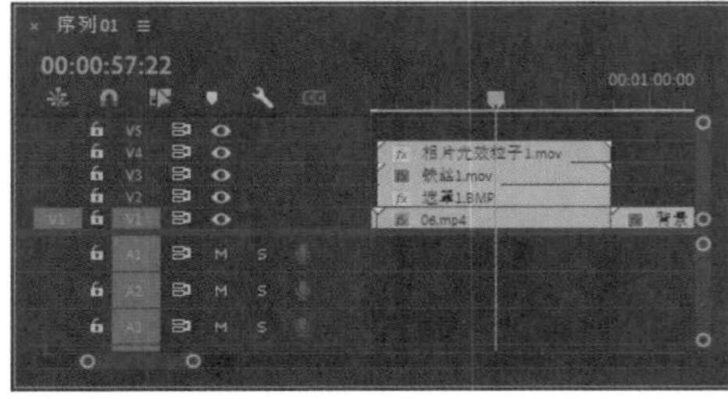

图12-52

图12-53

步骤 16 为“07.mp4”素材制作视频遮罩效果，如图 12-54和图 12-55所示。

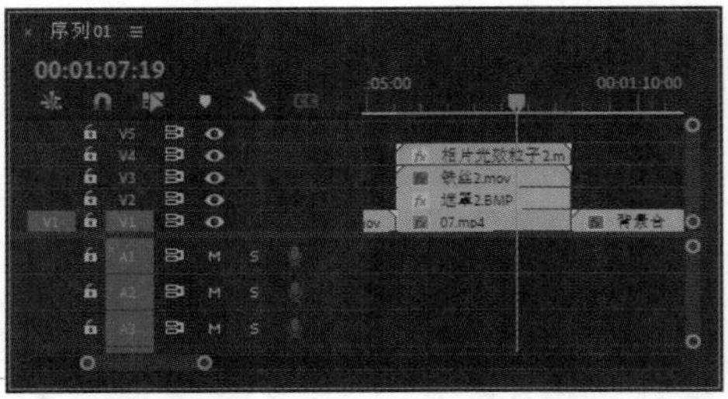

图12-54

图12-55

12.3 文字制作 添加视频文案

下面将为视频添加字幕，制作好看的主题文字展示效果，为视频锦上添花，具体的操作方法如下。

步骤 01 将时间线移至00:00:00:00位置，在“工具”面板中单击“文字工具”按钮T，在“节目：序列01”面板中输入“一个激情澎湃的创新之年”文字，在“效果控件”面板中设置“字体”为“方正正粗黑简体”，设置“字体大小”参数为100，“填充”颜色为白色，如图 12-56所示，效果如图 12-57所示。

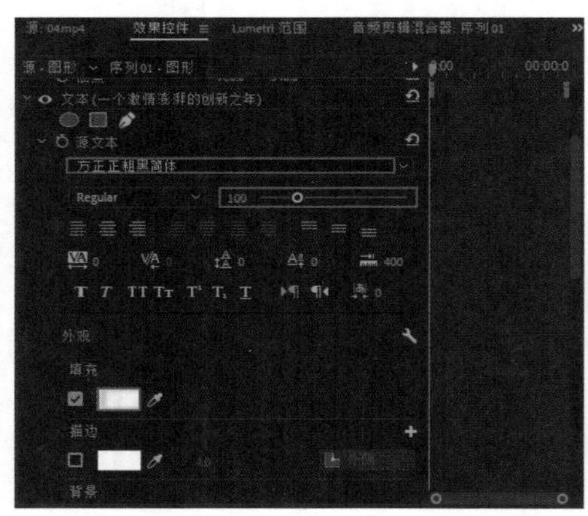

图12-56

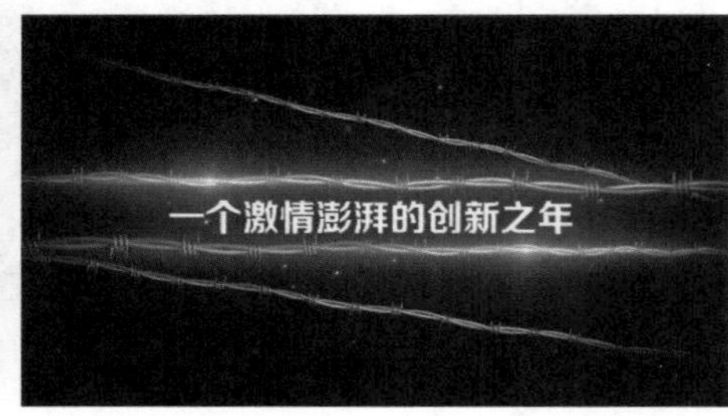

图12-57

步骤 02 选中V2轨道的字幕素材，在“效果控件”面板中设置“缩放”参数为0.0、“不透明度”参数为0.0%，并单击“缩放”和“不透明度”左侧的“切换动画”按钮，生成关键帧，如图 12-58所示。

步骤 03 将时间线移至00:00:00:10位置，设置“缩放”参数为100.0、“不透明度”参数为100.0%，生成关键帧，如图 12-59所示。

步骤 04 移动时间线至00:00:06:05位置，添加字幕，字幕内容为“一个誉满史册的丰收之年”，效果如图 12-60所示。

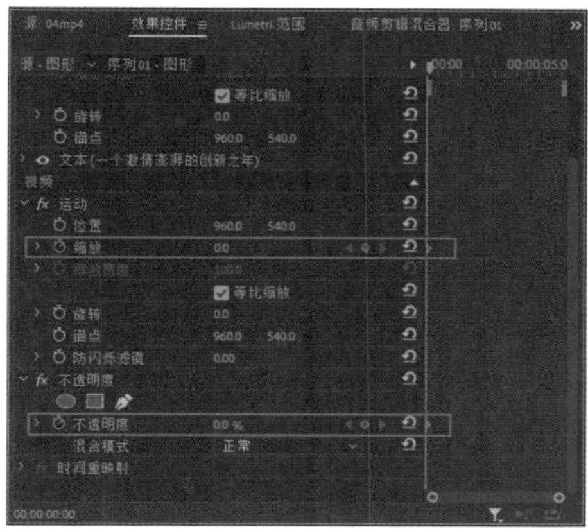

图12-58

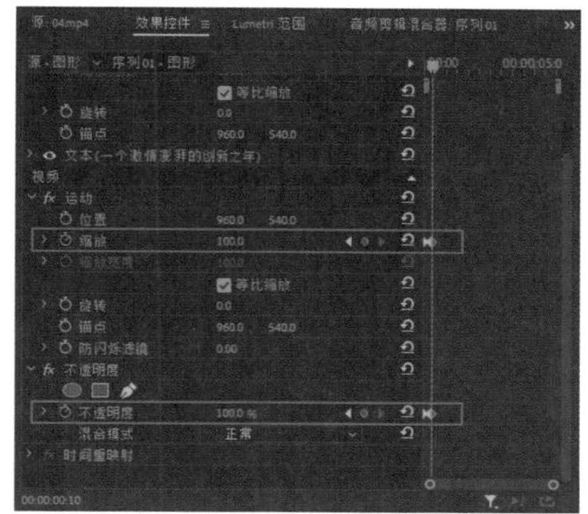

图12-59

步骤 05 移动时间线至00:00:12:10位置，添加字幕，字幕内容为“一份尊贵的荣耀 一份卓越的成就”，效果如图 12-61 所示。

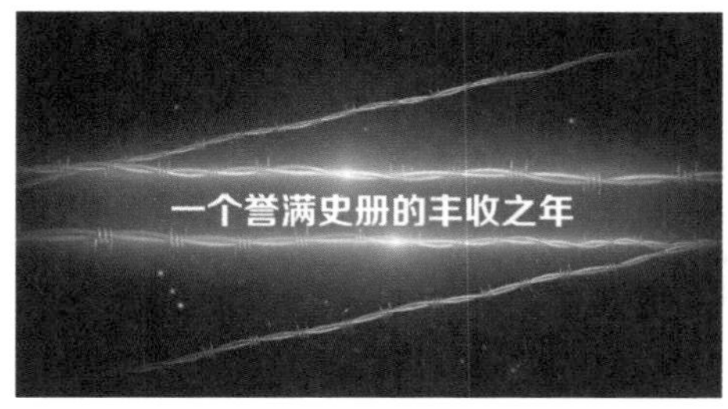

图12-60

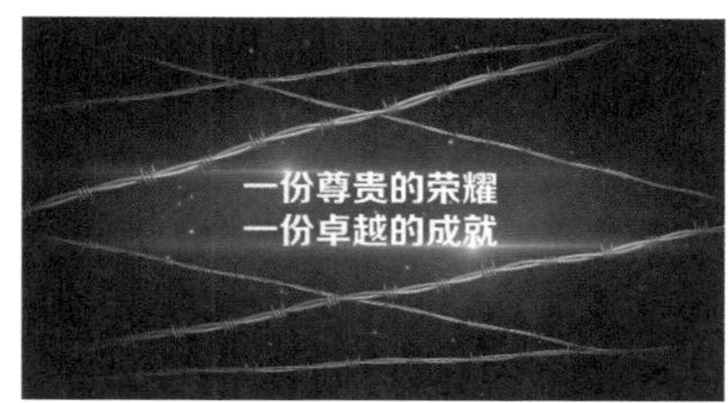

图12-61

步骤 06 移动时间线至00:00:18:12位置，添加字幕，字幕内容为“张开梦想的翅膀 释放心中的力量”，效果如图 12-62 所示。

步骤 07 移动时间线至00:00:31:07位置，添加字幕，字幕内容为“每一步都是一种信仰”，效果如图 12-63 所示。

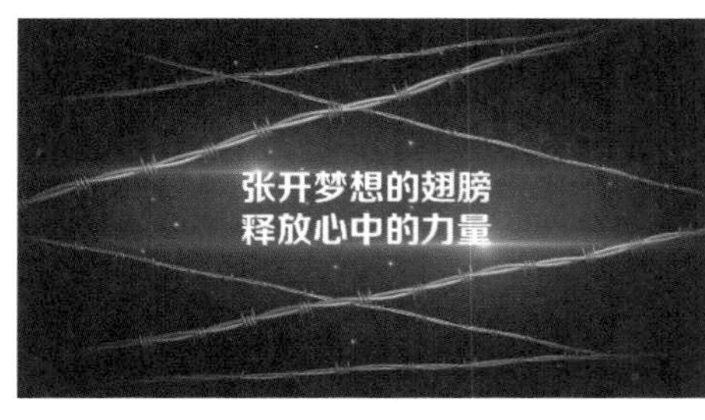

图12-62

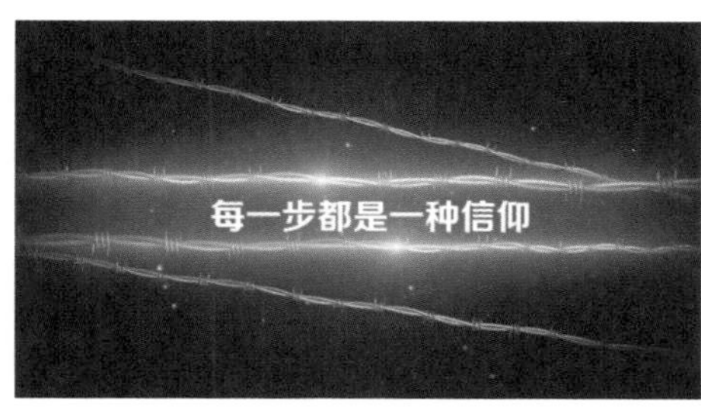

图12-63

步骤 08 移动时间线至00:00:40:15位置，添加字幕，字幕内容为“每一行都有一种力量”，效果如图 12-64 所示。

步骤 09 移动时间线至00:00:50:01位置，添加字幕，字幕内容为“我们用脚印拓出历史的文字”，效果如图 12-65 所示。

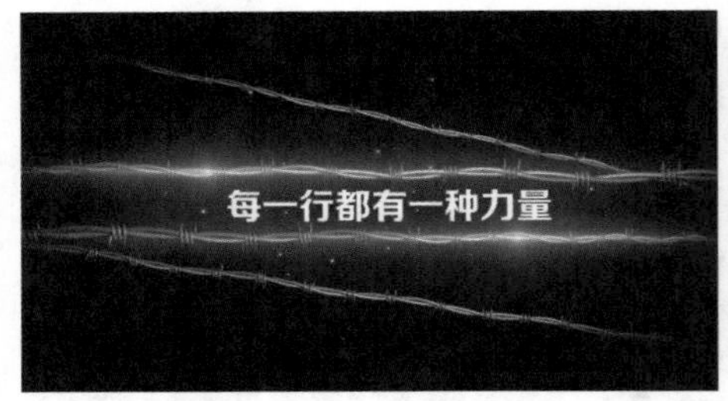

图12-64

图12-65

步骤 10 移动时间线至00:00:59:12位置，添加字幕，字幕内容为“用路程铺就弥新的方向”，效果如图 12-66所示。

步骤 11 移动时间线至00:01:08:20位置，添加字幕，字幕内容为“做行业的领跑者一路奋进！”，效果如图 12-67所示。

图12-66

图12-67

12.4 音频处理 添加背景音乐

为视频添加好字幕之后，下面将为视频添加背景音乐，使视频更具感染力，具体的操作方法如下。

步骤 01 在“项目：制作企业宣传视频”面板中选中“音乐.mp3”素材，将其拖曳至A1轨道上，如图 12-68所示。

步骤 02 移动时间线至00:01:14:22位置，用“剃刀工具”裁剪音频，如图 12-69所示。

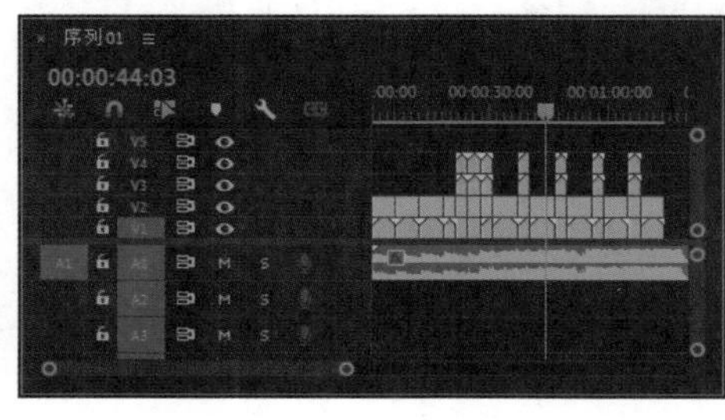

图12-68

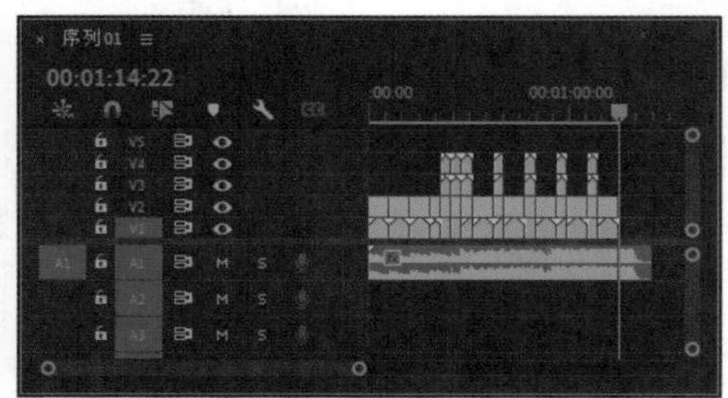

图12-69

步骤 03 移动时间线至00:01:08:20位置，选中最后一段音频素材，向左拖曳，使其起始位置与时间线对齐，如图 12-70 所示。

步骤 04 用“剃刀工具”裁剪音频文件并将多余的音频删除，如图 12-71 所示。

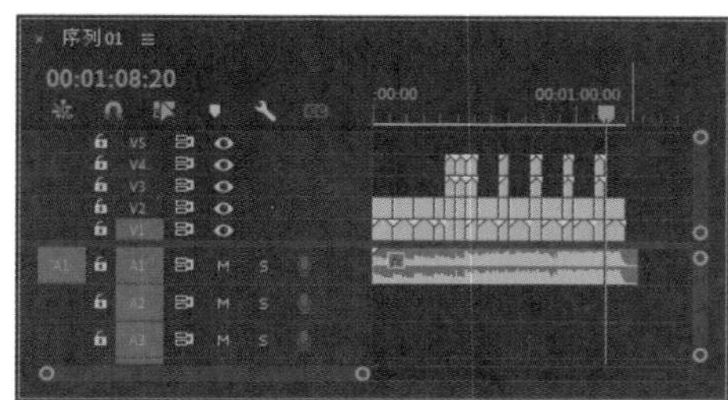

图 12-70

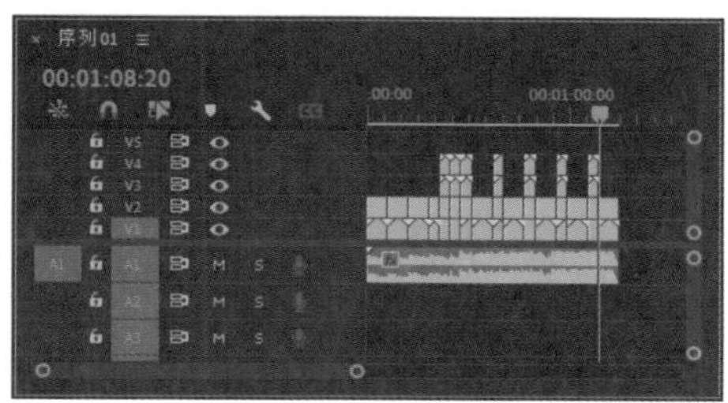

图 12-71

12.5 渲染输出 渲染输出最终成片

完成所有的剪辑工作之后，即可输出成片。下面将详细讲解渲染输出视频的操作方法。

步骤 01 完成剪辑后，在菜单栏中执行“文件→导出→媒体”命令，弹出“导出”界面，如图 12-72 所示。

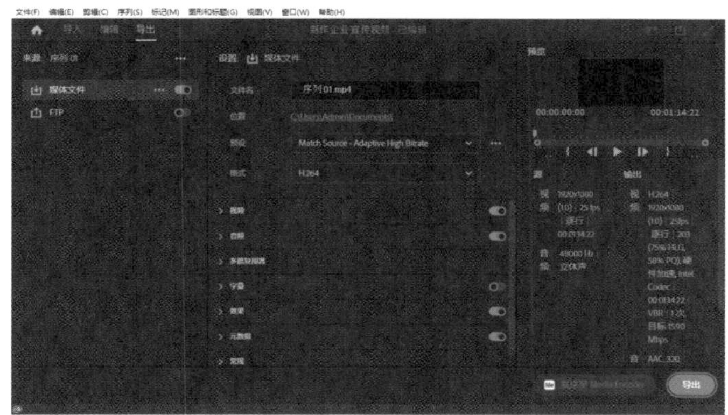

图 12-72

步骤 02 在“设置”区域中设置“格式”为“H.264”，如图 12-73 所示。

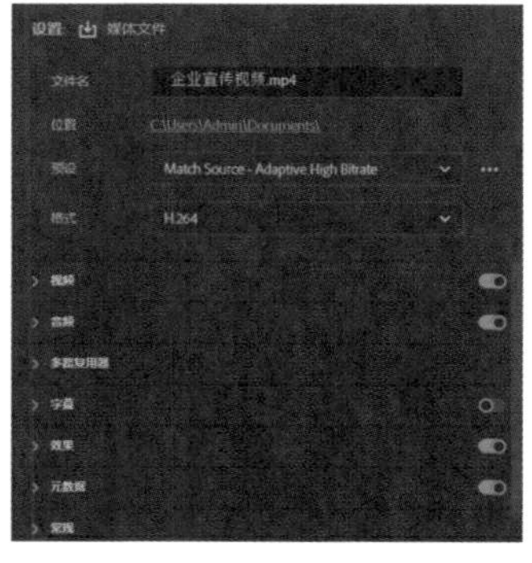

图 12-73

步骤 03 在“设置”区域中单击“位置”右侧的路径，在弹出的对话框中选择导出视频的保存位置，并设置导出视频的名称为“实战效果”。

步骤 04 单击“导出”按钮，开始渲染，系统会弹出对话框，显示渲染的进度。渲染完成后，就可以在设置的保存位置找到渲染完成的MP4格式的视频。

第 13 章

制作微电影预告片

微电影预告片是将精华片段经过刻意安排剪辑，以制造出令人难忘的内容，从而达到吸引人的效果的电影短片。微电影预告片主要的作用还是宣传电影，获得流量与提高电影观看量。本案例的创作思路是先添加合适的背景音乐，根据音乐节奏添加标记，然后使用图片制作三屏效果，最后制作遮罩文字，案例效果如图 13-1 所示。

图 13-1

13.1 音频处理 添加背景音乐

在进行正式的剪辑工作之前，需要导入背景音乐，并为其添加标记，为后续的剪辑打好基础，具体的操作方法如下。

步骤 01 启动 Premiere Pro 2023 软件，在菜单栏中执行“文件→打开项目”命令，打开路径文件夹中的“制作微电影预告片.prproj”文件。

步骤 02 在“项目：制作微电影预告片”面板中选中“音乐.mp3”素材，将其拖曳至“时间轴”面板的 A1 轨道上，如图 13-2 所示。

步骤 03 选中 A1 轨道的“音乐.mp3”素材，在“效果控件”面板中设置“级别”参数为 –5.0dB，如图 13-3 所示。

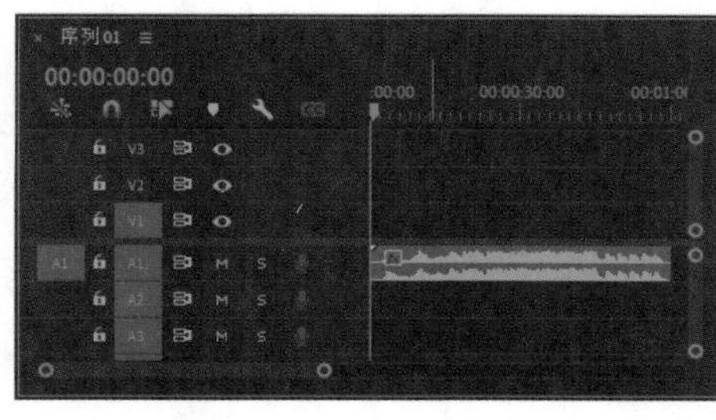

图 13-2

图 13-3

步骤 04 播放音频，在 00:00:03:09、00:00:09:13、00:00:15:23、00:00:18:08、00:00:19:13、00:00:19:26、00:00:20:08、00:00:20:20、00:00:23:00、00:00:24:06、

00:00:24:19、00:00:25:01、00:00:25:16、00:00:27:27、00:00:29:00、00:00:29:14、00:00:29:26、00:00:30:06、00:00:32:19、00:00:33:23、00:00:34:06、00:00:34:18、00:00:35:01、00:00:37:12、00:00:38:17、00:00:39:01、00:00:39:13、00:00:39:23、00:00:42:06、00:00:43:11、00:00:43:23、00:00:44:06、00:00:46:22、00:00:49:01、00:00:51:13、00:00:53:26、00:00:56:05位置添加标记，如图13-4所示。

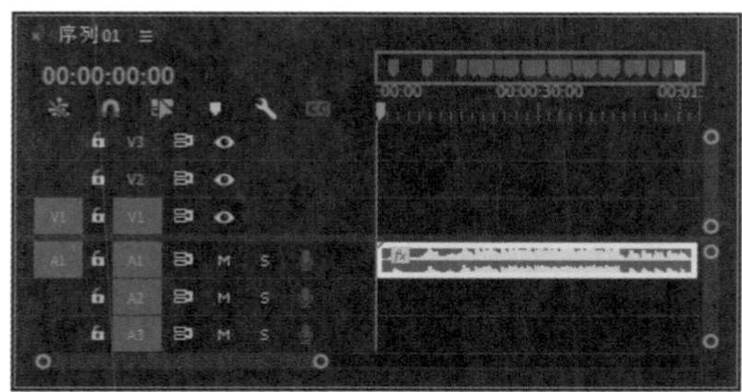

图13-4

步骤05 在“效果”面板中搜索“室内混响”效果，将该效果添加到A1轨道的“音乐.mp3”素材上，如图13-5所示。

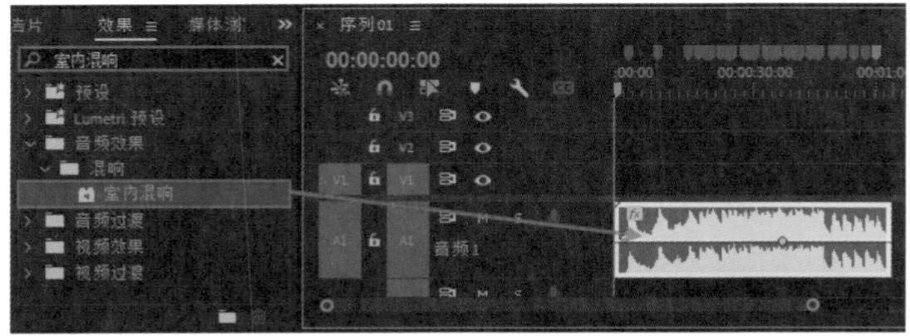

图13-5

步骤06 在“效果控件”面板中单击“编辑”按钮，如图13-6所示，在打开的对话框中设置“预设”为“大厅”，将“房间大小”和“衰减”参数调到最大，如图13-7所示。

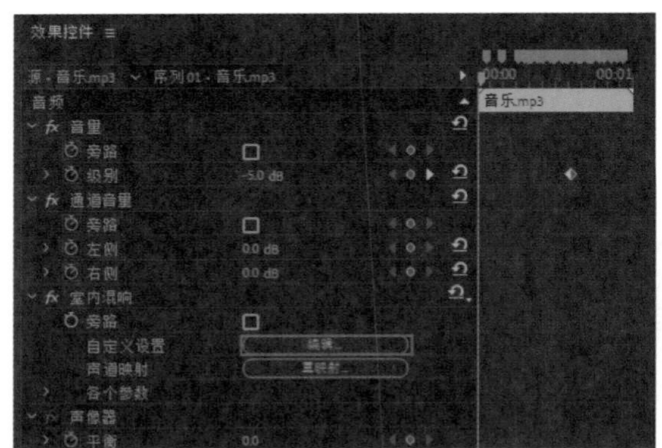

图13-6

图13-7

13.2 图片剪辑 制作转场效果

完成音频的处理工作之后，便可为视频制作转场效果，使画面的切换更加自然，具体的操作方法。

步骤 01 移动时间线至00:00:15:23位置，在V1轨道上添加“01.jpg”素材，使其尾部与第5个标记点对齐，如图13-8所示。

步骤 02 移动时间线至00:00:19:13位置，在V1轨道上添加“02.jpg”素材，在V2轨道上添加“03.jpg”素材，在V3轨道上添加“04.jpg”素材，使素材的末尾位置与第9个标记点对齐，如图13-9所示。

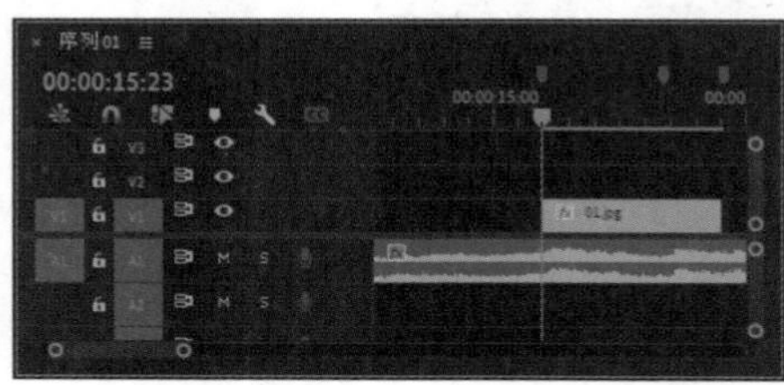

图13-8

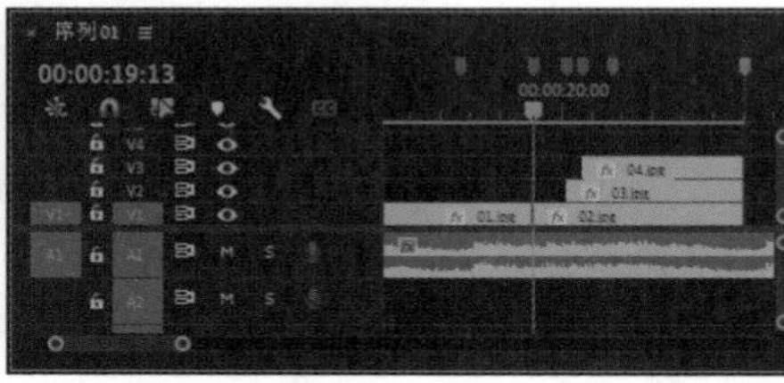

图13-9

步骤 03 移动时间线至00:00:25:16位置，在V1轨道上添加“05.jpg”素材，使其尾部与标记对齐，如图13-10所示。

步骤 04 移动时间线至00:00:29:00位置，在V1轨道上添加“06.jpg”素材，在V2轨道上添加“07.jpg”素材，在V3轨道上添加“08.jpg”素材，使素材的起始与末尾位置与标记对齐，如图13-11所示。

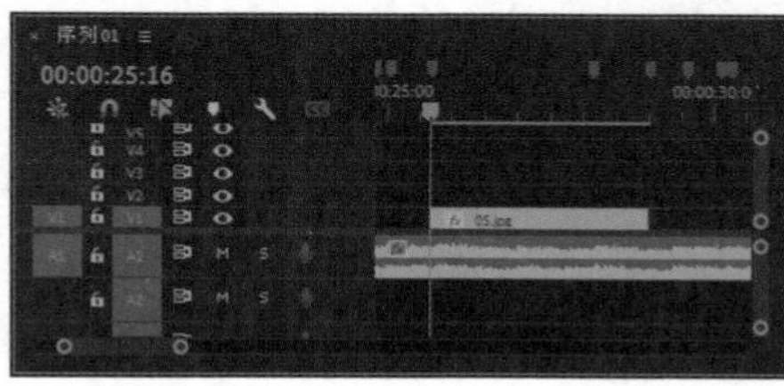

图13-10

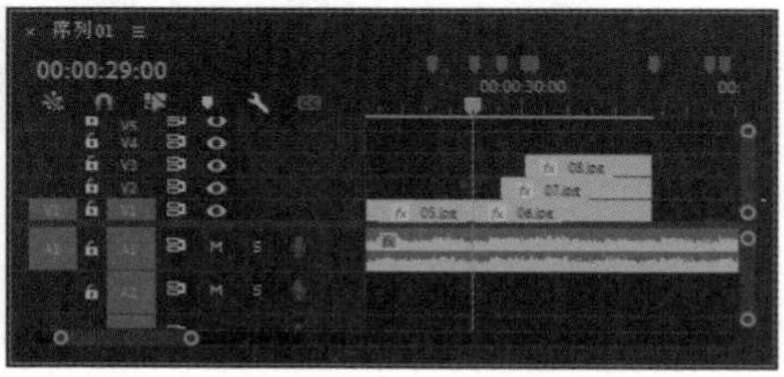

图13-11

步骤 05 移动时间线至00:00:35:01位置，在V1轨道上添加“09.jpg”素材，使其尾部与标记对齐，如图13-12所示。

步骤 06 移动时间线至00:00:38:17位置，在V1轨道上添加“10.jpg”素材，在V2轨道上添加“11.jpg”素材，在V3轨道上添加“12.jpg”素材，使素材的起始与末尾位置与标记对齐，如图13-13所示。

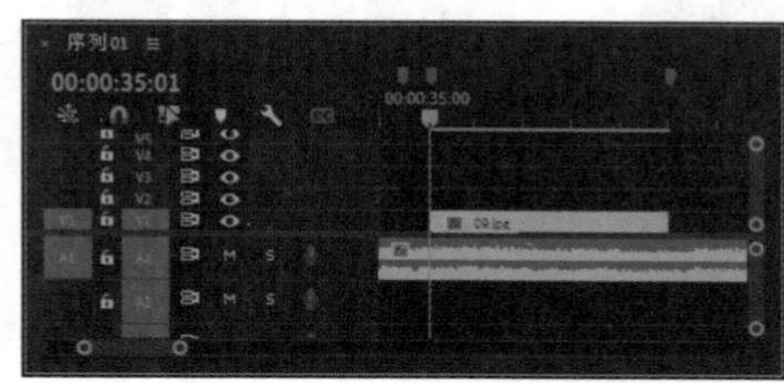

图13-12

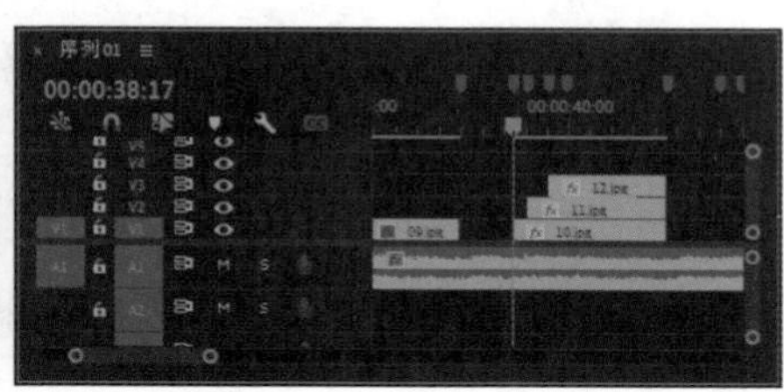

图13-13

步骤 07 在“项目：制作微电影预告片”面板中选中“背景.mp4”素材，将其拖曳至V1轨道的“01.jpg”素材的上方，使其与下方的“01.jpg”素材等长，如图13-14所示。

步骤 08 选中V2轨道的“背景.mp4”素材，在“效果控件”面板中设置“混合模式”为“滤色”。选中V1轨道的“01.jpg”素材，在“效果控件”面板中设置“位置”参数为1920.0和1233.0、“缩放”参数为120.0，效果如图13-15所示。

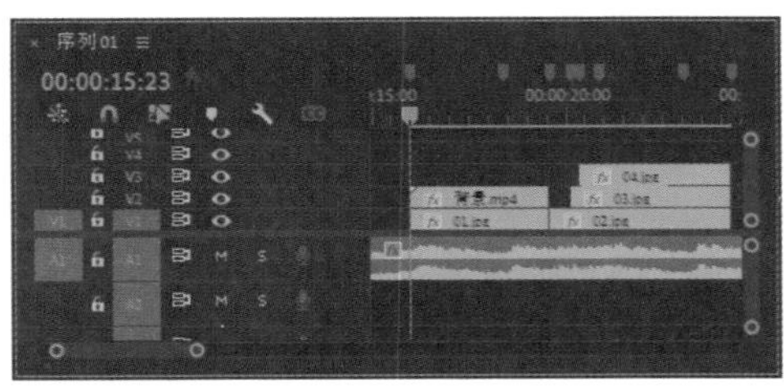
图13-14

图13-15

步骤 09 同时选中V2轨道的“03.jpg”素材和V3轨道的“04.jpg”素材，将其向上移动一层，如图13-16所示。

步骤 10 移动时间线至00:00:19:13位置，选中V2轨道的“背景.mp4”素材，按住Alt键进行拖曳，复制一份到V1轨道的“02.jpg”素材的上方，使其起始位置与时间线对齐，末尾与“02.jpg”素材末尾对齐，如图13-17所示。

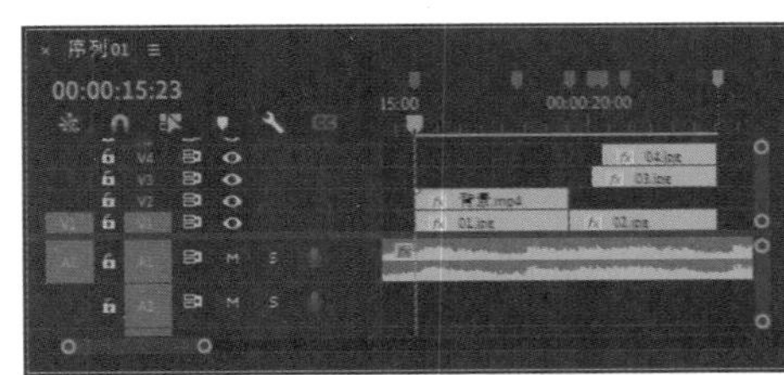
图13-16

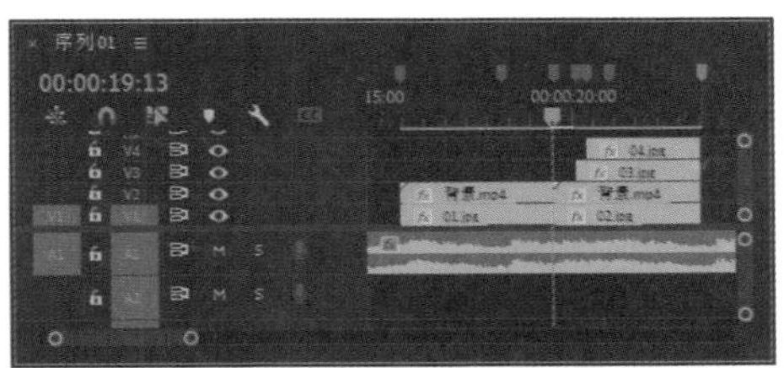
图13-17

步骤 11 选中V4轨道的“04.mp4”素材，将其向上移动一层，如图13-18所示。

步骤 12 移动时间线至00:00:20:02位置，选中V2轨道的“背景.mp4”素材，按住Alt键进行拖曳，复制一份到V3轨道的“03.jpg”素材的上方，使其起始位置与时间线对齐，末尾与“03.jpg”素材末尾对齐，如图13-19所示。

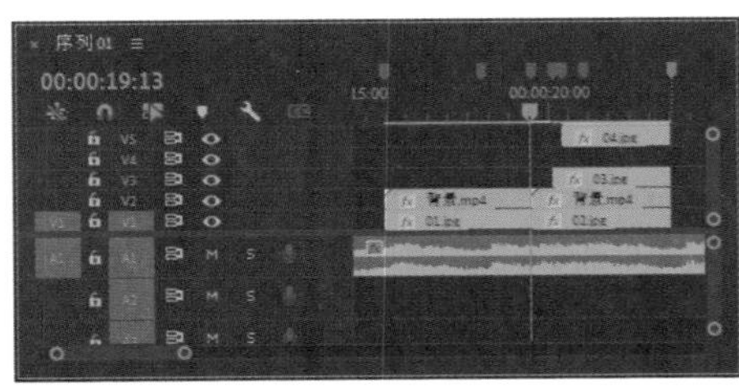
图13-18

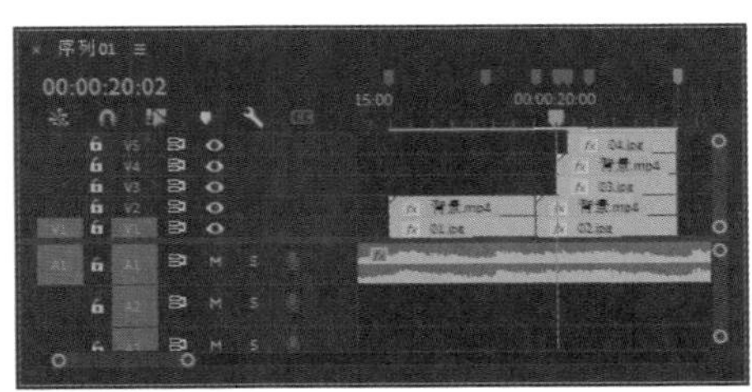
图13-19

步骤 13 移动时间线至00:00:20:08位置，选中V4轨道的“背景.mp4”素材，按住Alt键进行拖曳，复制一份到V5轨道的“04.jpg”素材的上方，使其起始位置与时间线对齐，末尾与“04.jpg”素材末尾对齐，如图 13-20所示。

步骤 14 按照上述的操作方法，对后面的素材进行操作，效果如图 13-21所示。

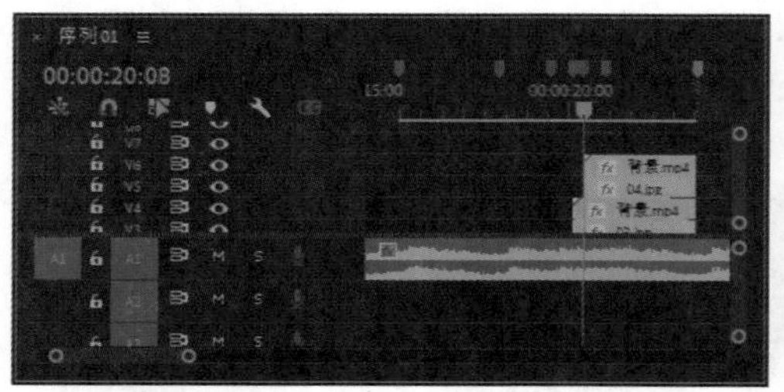

图13-20

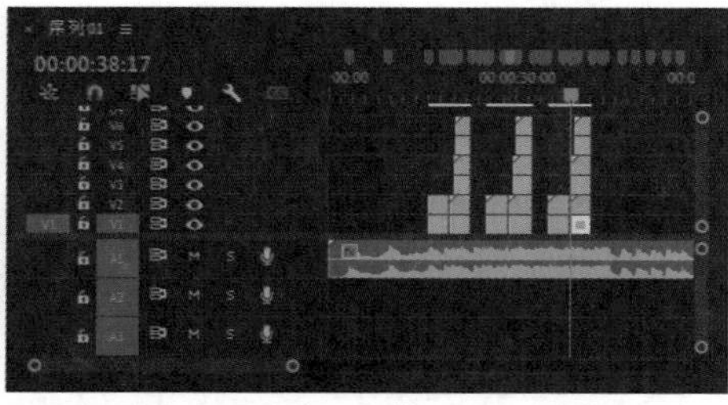

图13-21

步骤 15 在“工具”面板中单击“矩形工具”按钮■，在“节目：序列01”面板中绘制一个矩形，在“效果控件”面板中设置“填充”颜色为白色、“位置”参数为924.5和1097.0、“旋转”参数为18.0°，如图 13-22所示，效果如图 13-23所示。

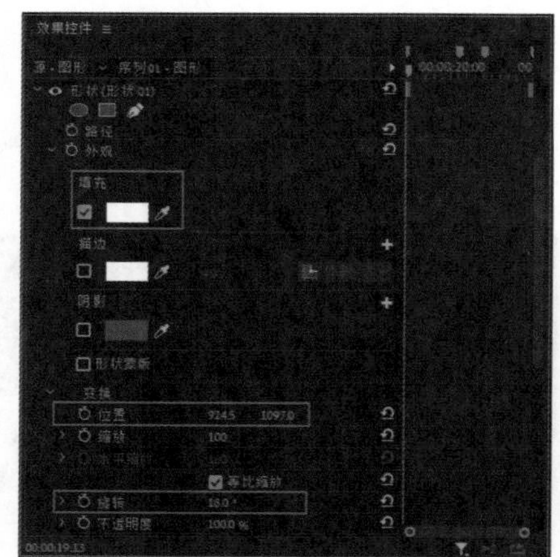

图13-22

图13-23

步骤 16 将新建的矩形素材复制一份到V8轨道，如图 13-24所示。

步骤 17 在“效果控件”面板中设置“位置”参数为3745.0和1080.0，效果如图 13-25所示。

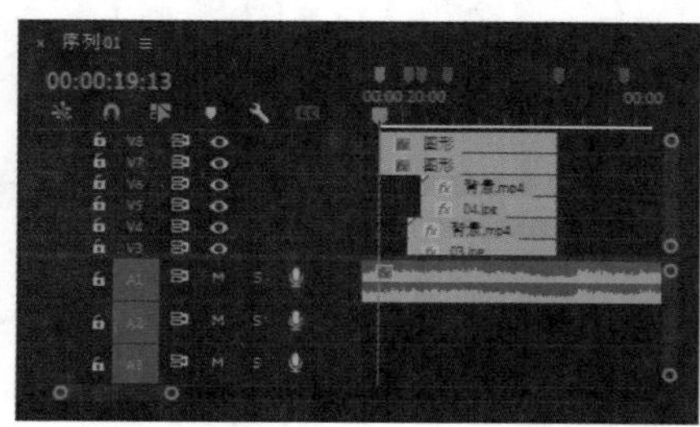

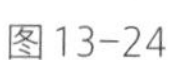

图13-24

图13-25

步骤18 选中V1轨道的“02.jpg”素材，在“效果控件”面板中设置“位置”参数为1191.0和1089.0、“缩放”参数为120.0，并单击“创建4点多边形蒙版”按钮▣，如图13-26所示。

步骤19 在“节目：序列01”面板中沿两个白色矩形绘制一个蒙版，效果如图13-27所示。

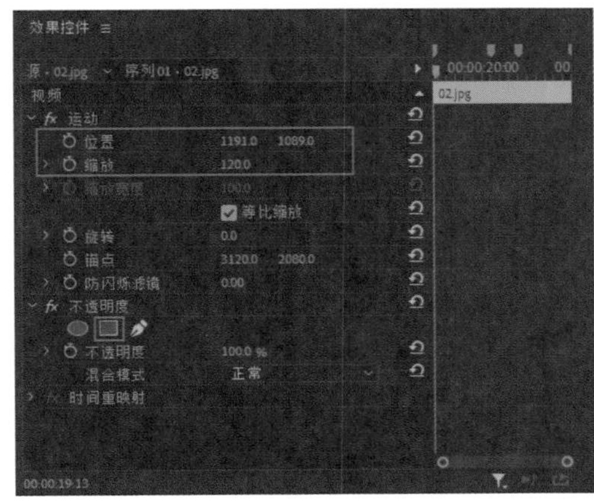

图13-26

图13-27

步骤20 选中V3轨道的“03.jpg”素材，在“效果控件”面板中设置“位置”参数为2890.0和1080.0，并单击“创建4点多边形蒙版”按钮▣，如图13-28所示。

步骤21 在“节目：序列01”面板中沿右边的白色矩形绘制一个蒙版，效果如图13-29所示。

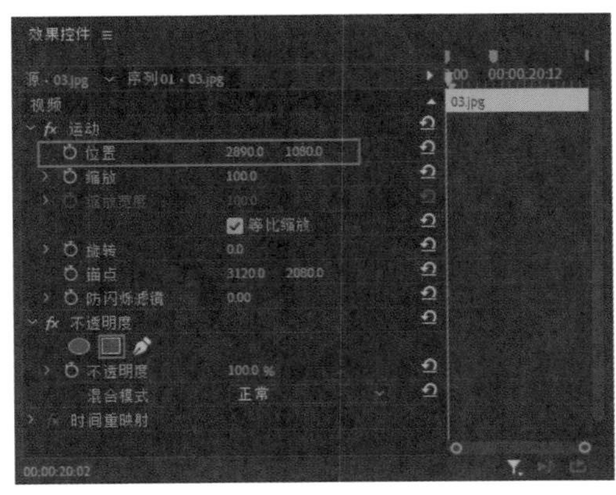

图13-28

图13-29

步骤22 选中V5轨道的“04.jpg”素材，在“效果控件”面板中设置“位置”参数为1240.0和952.0、“缩放”参数为136.0，并单击“创建4点多边形蒙版”按钮▣，如图13-30所示。

步骤23 在“节目：序列01”面板中沿左边的白色矩形绘制一个蒙版，效果如图13-31所示。

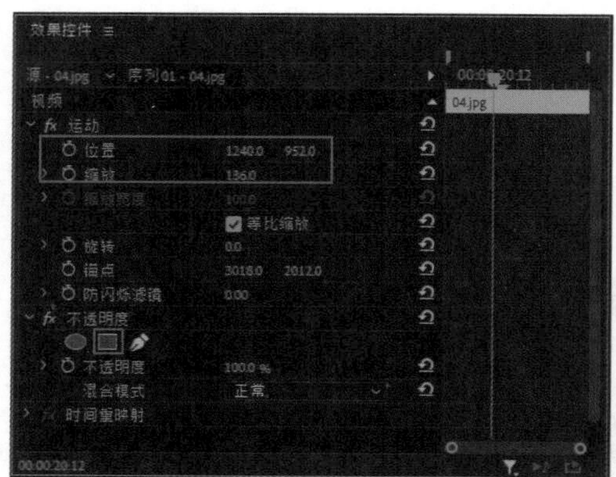

图 13-30

图 13-31

步骤 24 按照上述操作方法，对后面的素材进行操作，效果如图 13-32 和图 13-33 所示。

图 13-32

图 13-33

步骤 25 同时选中 V1 轨道的“01.jpg”素材和 V2 轨道的“背景.mp4”素材，将其转换为嵌套序列，如图 13-34 所示。

步骤 26 选中“嵌套序列 01”，在“效果控件”面板中设置“缩放”参数为 699.0。移动时间线至 00:00:16:06 位置，设置“缩放”参数为 100.0，如图 13-35 所示。

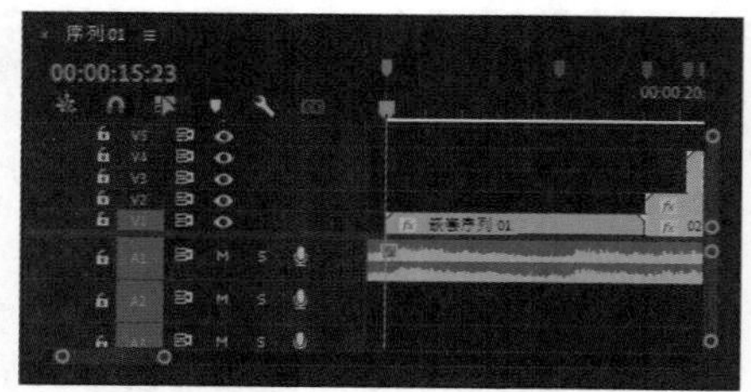

图 13-34

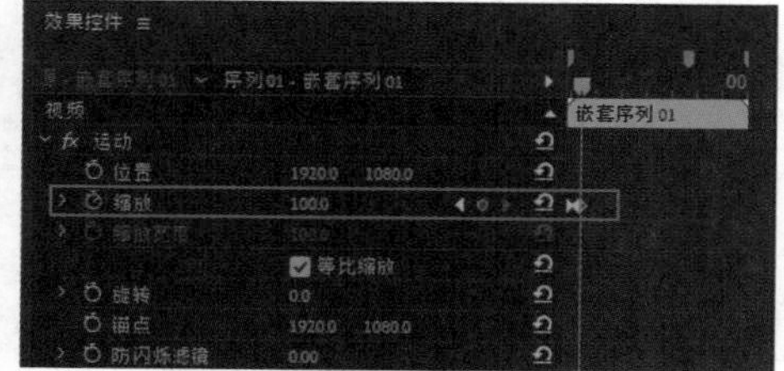

图 13-35

步骤 27 同时选中 V1 轨道的“05.jpg”素材和 V2 轨道的“背景.mp4”素材，将其转换为嵌套序列，如图 13-36 所示。

步骤 28 移动时间线至 00:00:25:16 位置，选中“嵌套序列 02”，在“效果控件”面板中设置“缩放”参数为 2235.0。移动时间线至 00:00:25:22 位置，设置“缩放”参数为 100.0，如图 13-37 所示。

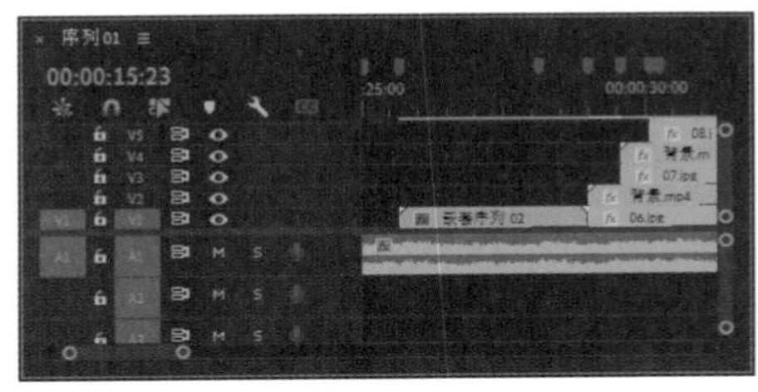
图 13-36

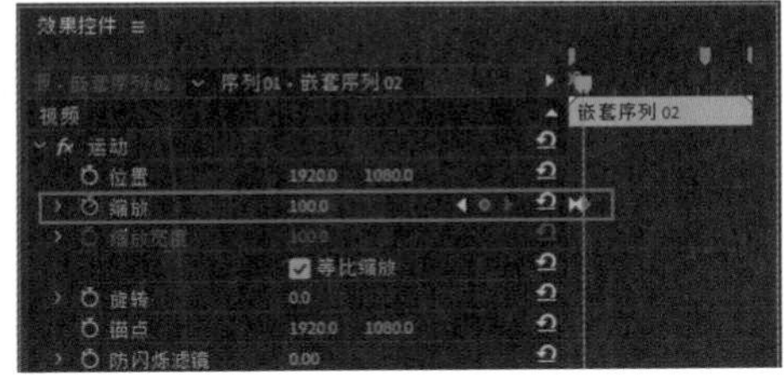
图 13-37

步骤 29 同时选中V1轨道的“09.jpg”素材和V2轨道的“背景.mp4”素材，将其转换为嵌套序列，如图 13-38 所示。

步骤 30 移动时间线至00:00:35:01位置，选中“嵌套序列03”，在“效果控件”面板中设置“缩放”参数为800.0，移动时间线至00:00:35:07位置，设置“缩放”参数为100.0，如图 13-39 所示。

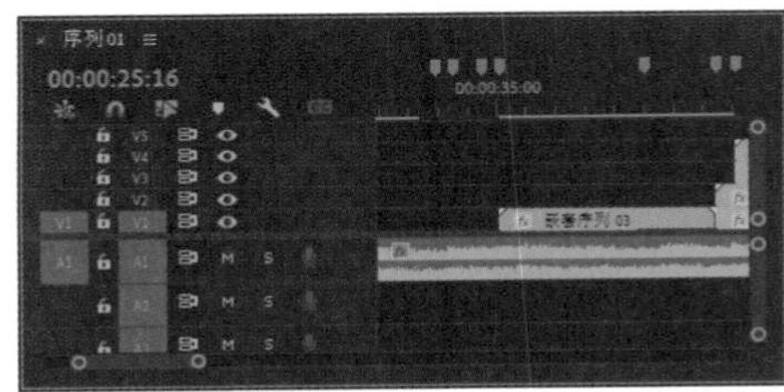
图 13-38

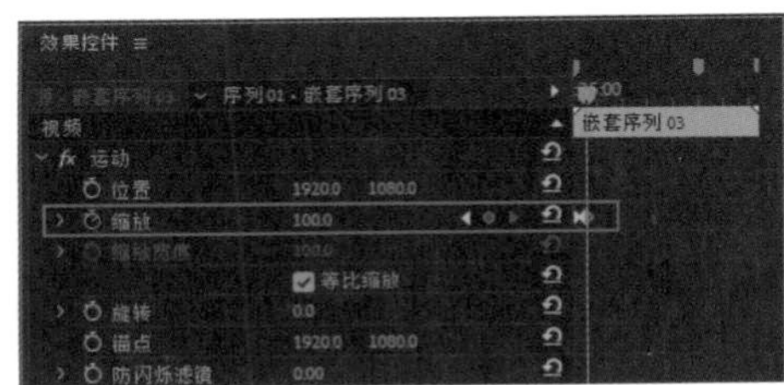
图 13-39

13.3 文字制作 制作遮罩文字

下面将为视频添加字幕，制作好看的主题文字展示效果，为视频锦上添花，具体的操作方法如下。

步骤 01 移动时间线至00:00:03:09位置，在“项目：制作微电影预告片”面板中选中“背景.mp4”素材，将其拖曳至V1轨道上，使其起始位置与时间线对齐，末尾与第2个标记点对齐，如图 13-40 所示。

步骤 02 选中V1轨道的“背景.mp4”素材，向后复制一份，效果如图 13-41 所示。

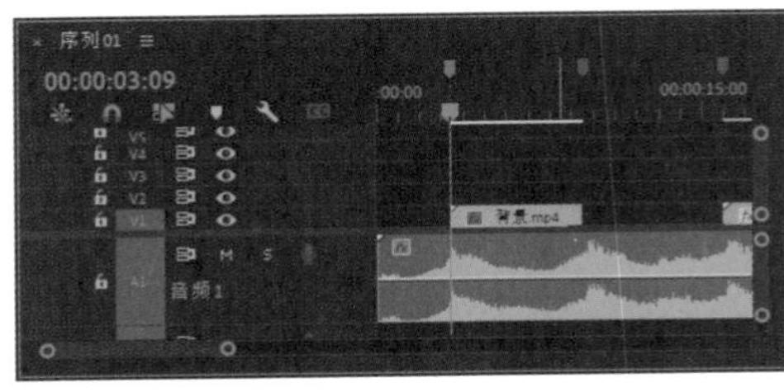
图 13-40

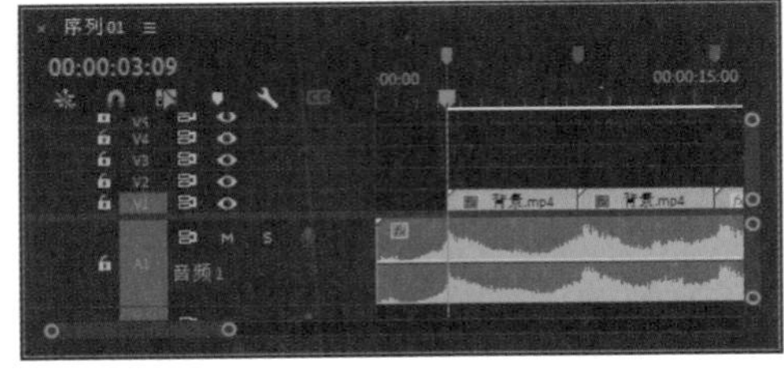
图 13-41

步骤 03 在“项目：制作微电影预告片”面板中选中“纹理.jpg”素材，将其拖曳至V2轨道上，设置“持续时间”为00:00:06:04，如图 13-42 所示。

步骤 04 在“工具”面板中单击“文字工具”按钮T，然后在“节目：序列01”面板中输入“PLAYERUNKNOWN’S BATTLEGROUNDS 绝地求生”文字，然后在“效果控件”面板中设置“字体”为“汉仪菱心体简”，设置“字体大小”参数为209，单击“居中对齐文本”按钮，设置“填充”颜色为白色，如图 13-43 所示。

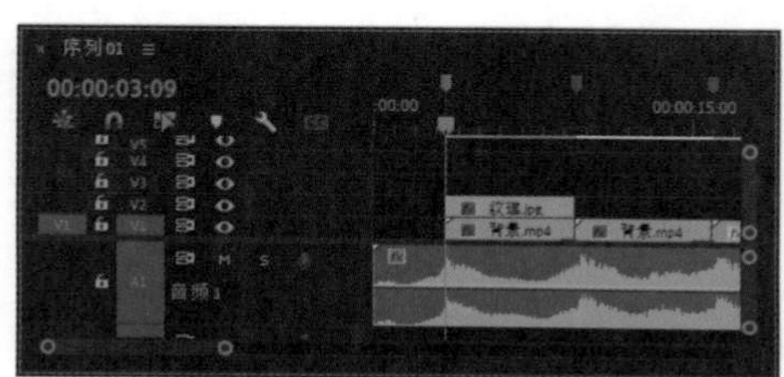

图13-42

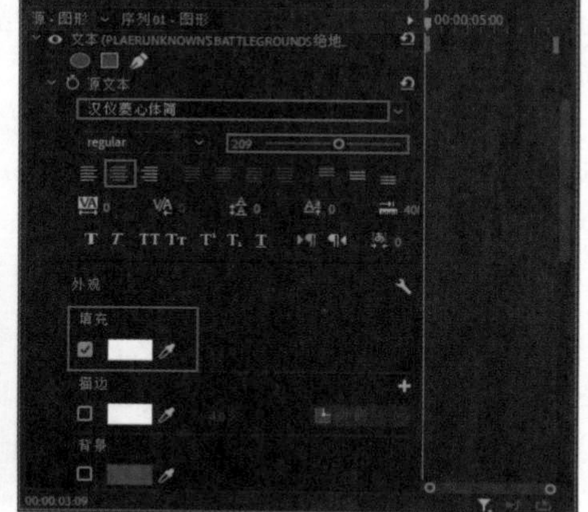

图13-43

步骤 05 在“效果”面板中搜索“轨道遮罩键”效果，将该效果拖曳到“时间轴”面板的V2轨道的“纹理.jpg”素材上，然后在“效果控件”面板中设置“遮罩”为“视频3”，设置“合成方式”为“亮度遮罩”，如图 13-44 所示，效果如图 13-45 所示。

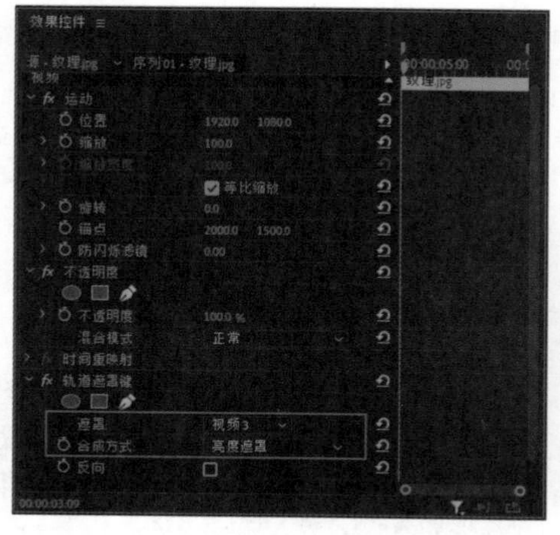

图13-44

图13-45

步骤 06 选中V2轨道的“纹理.jpg”素材和V3轨道的“PLAYERUNKNOWN’S BATTLEGROUNDS 绝地求生”字幕素材，将其转换为嵌套序列，如图 13-46 所示。

步骤07 选中V2轨道的“嵌套序列04”，在“效果控件”面板中设置“缩放”参数为2000.0，并单击“缩放”左侧的“切换动画”按钮，生成关键帧；将时间线移至00:00:03:15位置，设置“缩放”参数为100.0，如图13-47所示。

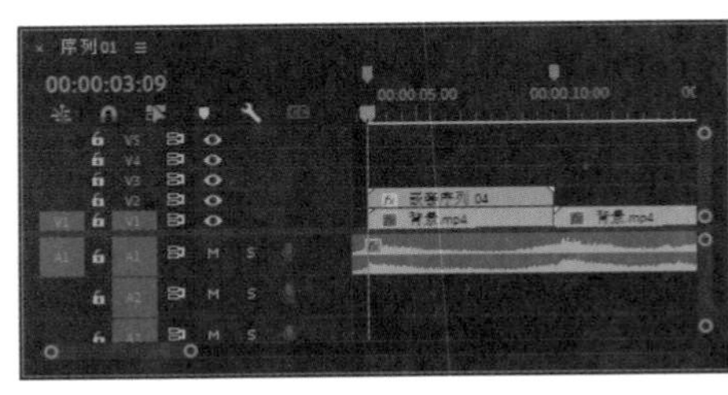

图13-46

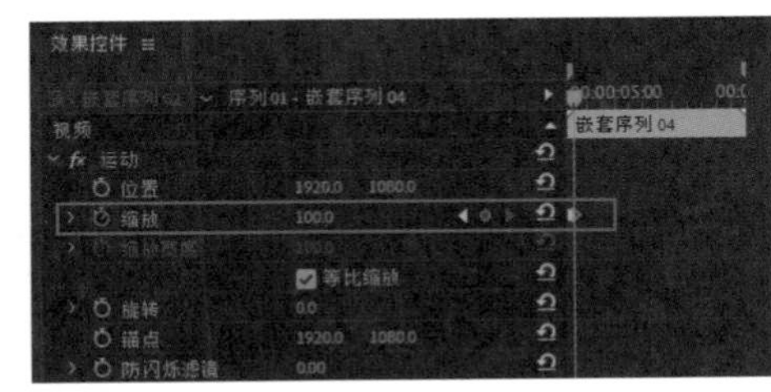

图13-47

步骤08 在“项目：制作微电影预告片”面板中选择“嵌套序列04”，按Ctrl+C快捷键复制，然后按Ctrl+V快捷键进行粘贴，并修改新嵌套序列的名称为“嵌套序列05”，如图13-48所示。将“嵌套序列05”拖曳至V1轨道的“嵌套序列04”的后面，如图13-49所示。

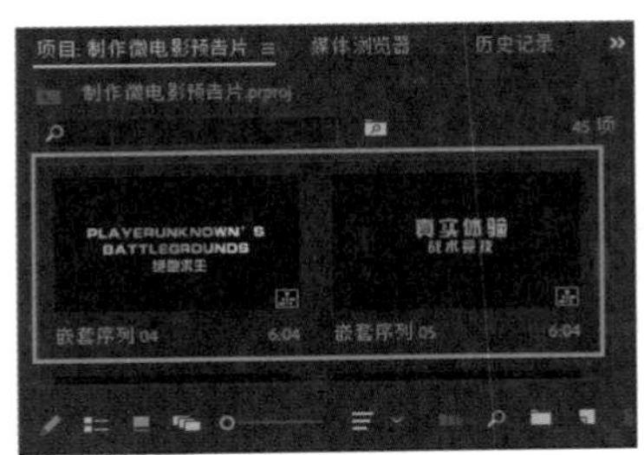

图13-48

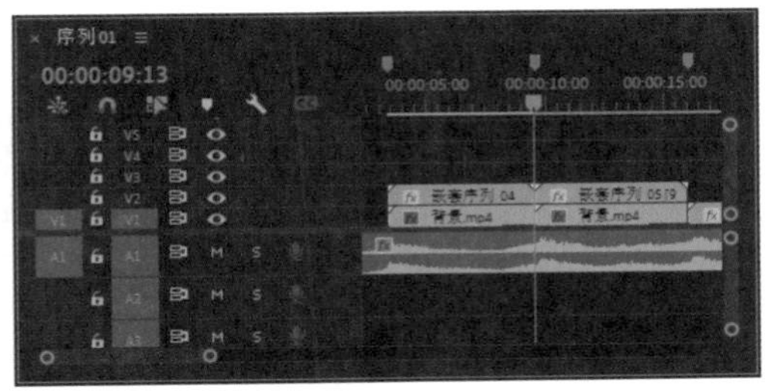

图13-49

步骤09 双击“时间轴”面板的V2轨道的“嵌套序列05”，单击“工具”面板中的“文字工具”按钮，在“节目：嵌套序列05”面板中修改文字内容为“真实体验 战术竞技”，并调整字体大小与行距，效果如图13-50所示。

步骤10 复制得到的嵌套序列中没有“缩放”关键帧，无法呈现缩放效果。在“时间轴”面板中选择V2轨道的“嵌套序列04”，右击并在弹出的快捷菜单中执行“复制”命令，如图13-51所示。

图13-50

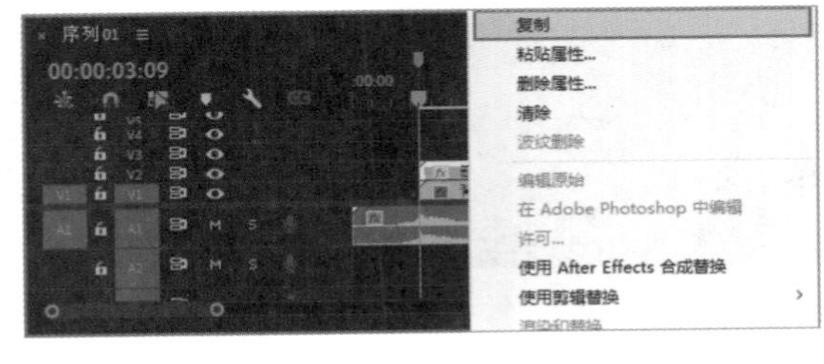

图13-51

步骤11 在“时间轴”面板中选择V2轨道的“嵌套序列05”，右击并在弹出的快捷菜单中执行“粘贴属性”命令，如图13-52所示，在弹出的“粘贴属性”对话框中勾选“运动”复选框，然后单击“确定”按钮，如图13-53所示。此时“嵌套序列04”的“缩放”关键帧会被复制给“嵌套序列05”。

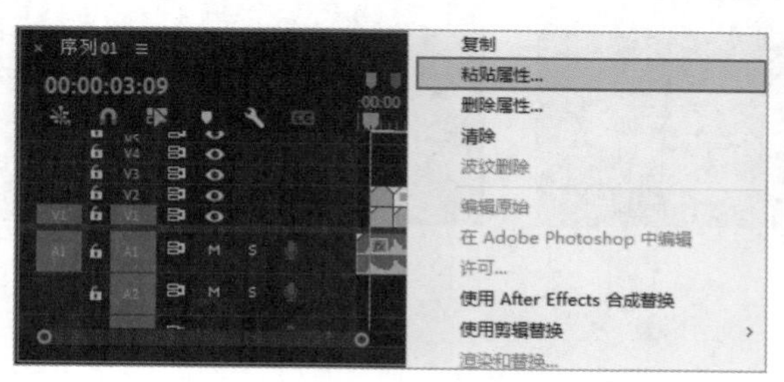

图13-52

图13-53

步骤 12　按照上述操作方法，移动时间线至00:00:18:08位置，复制出一个“嵌套序列06”并将其拖曳到V2轨道上，如图13-54所示。修改文字内容为“瞬息万变 策略为王”，添加动画效果。效果如图13-55所示。

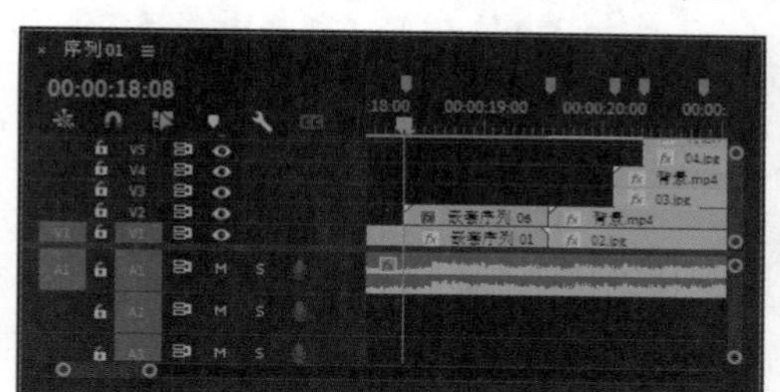

图13-54

图13-55

步骤 13　移动时间线至00:00:20:20位置，复制出一个“嵌套序列07”并将其拖曳到V9轨道上，如图13-56所示。修改文字内容为“组队开车 团队竞技”，添加动画效果。效果如图13-57所示。

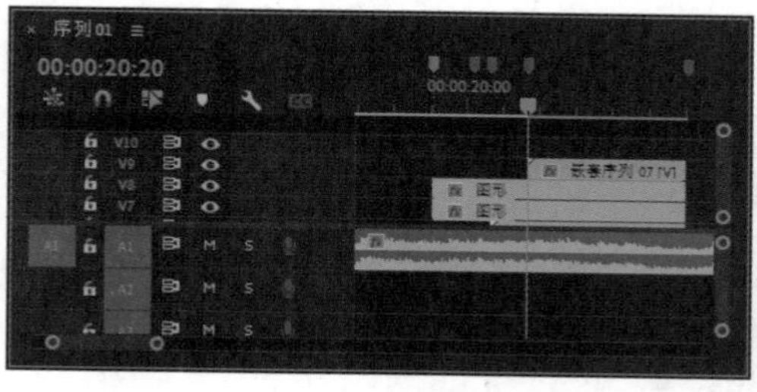

图13-56

图13-57

步骤 14　移动时间线至00:00:23:00位置，复制出一个“嵌套序列08”并将其拖曳到V2轨道上，如图13-58所示。修改文字内容为“萨诺地图 全新来袭”，添加动画效果。效果如图13-59所示。

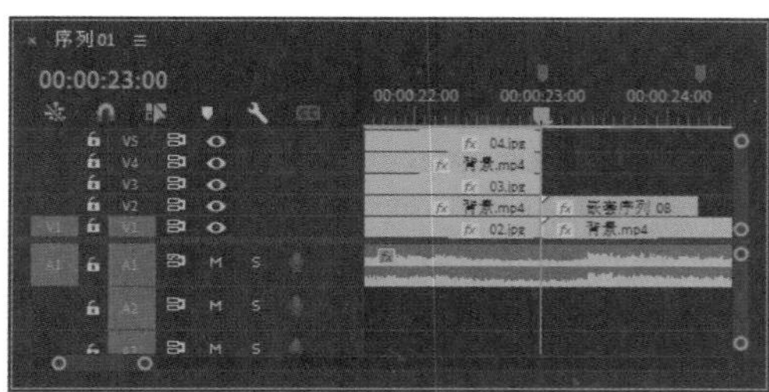

图13-58

图13-59

步骤 15 移动时间线至00:00:24:06位置，复制出一个“嵌套序列09”并将其拖曳到V2轨道上，如图13-60所示。修改文字内容为“战斗细节优化”，添加动画效果。效果如图13-61所示。

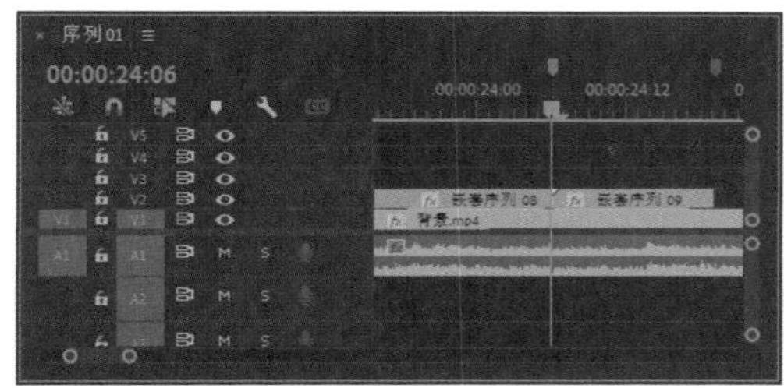

图13-60

图13-61

步骤 16 移动时间线至00:00:24:19位置，复制出一个“嵌套序列10”并将其拖曳到V2轨道上，使其尾端与00:00:25:01处的标记点对齐，如图13-62所示。修改文字内容为“全新服装更新”，添加动画效果。效果如图13-63所示。

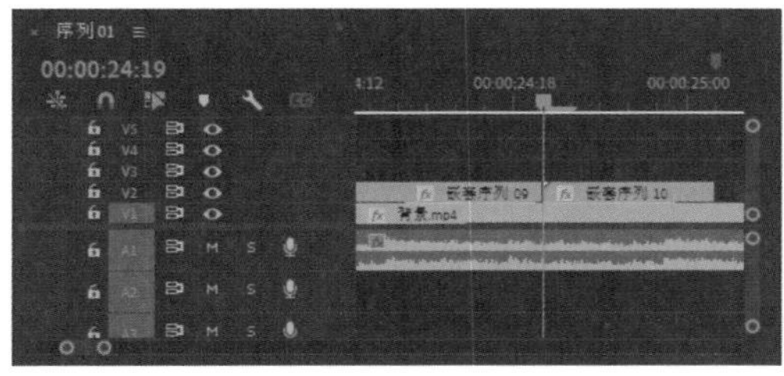

图13-62

图13-63

步骤 17 移动时间线至00:00:25:01位置，复制出一个“嵌套序列11”并将其拖曳到V2轨道上，如图13-64所示。修改文字内容为“星昼交替模式”，添加动画效果。效果如图13-65所示。

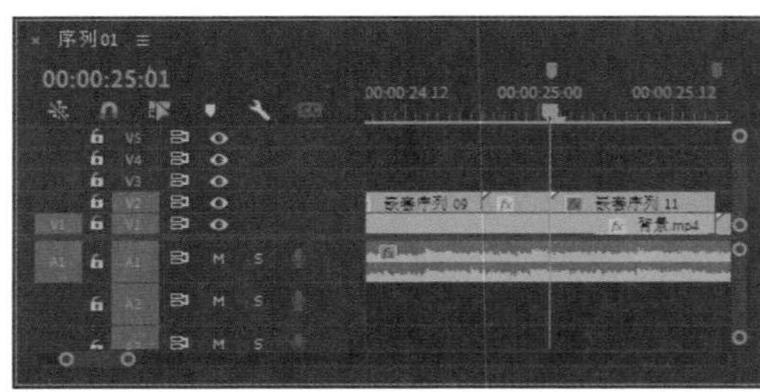

图13-64

图13-65

步骤 18　移动时间线至00:00:28:03位置，复制出一个“嵌套序列12”并将其拖曳到V2轨道上，如图 13-66所示。修改文字内容为“机械皮肤 见证不凡 感受射击新体验”，添加动画效果。效果如图 13-67所示。

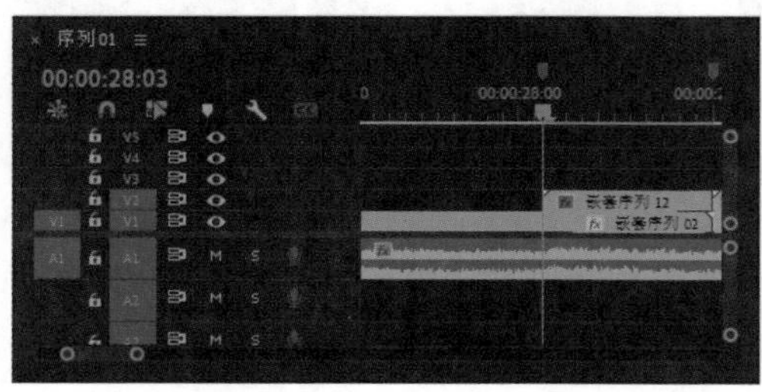

图13-66

图13-67

步骤 19　移动时间线至00:00:30:06位置，复制出一个“嵌套序列13”并将其拖曳到V9轨道上，如图 13-68所示。修改文字内容为“表情互动 解锁新选择 花式互动 趣味无穷”，添加动画效果。效果如图 13-69所示。

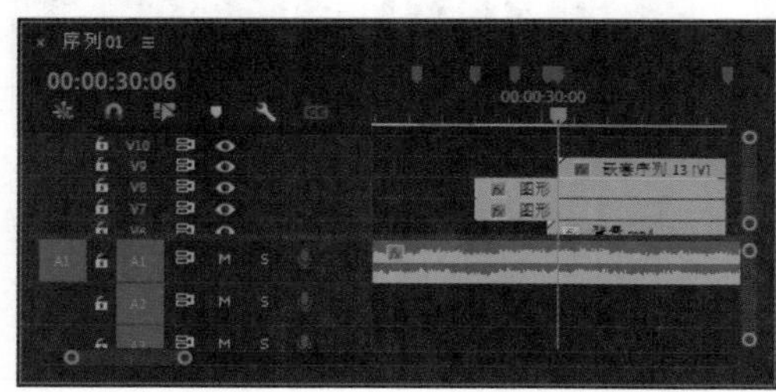

图13-68

图13-69

步骤 20　移动时间线至00:00:32:19位置，复制出一个“嵌套序列14”并将其拖曳到V2轨道上，如图 13-70所示。修改文字内容为“S3赛季 即刻开启 征程再起 为新荣誉而战”，添加动画效果。效果如图 13-71所示。

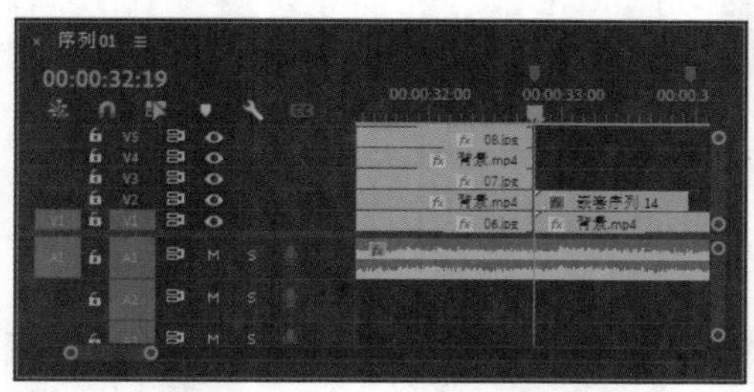

图13-70

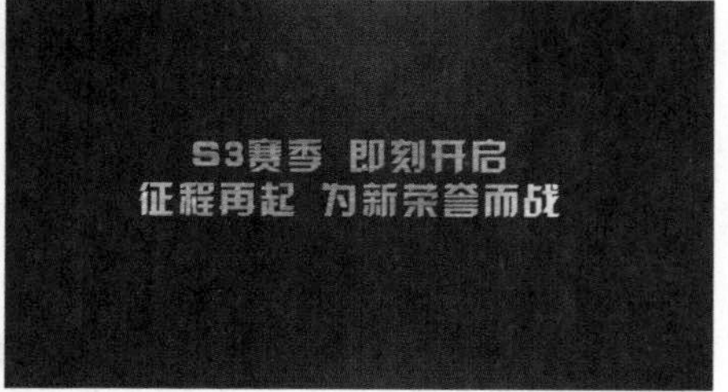

图13-71

步骤 21　移动时间线至00:00:33:23位置，复制出一个“嵌套序列15”并将其拖曳到V2轨道上，如图 13-72所示。修改文字内容为“夏日新版”，添加动画效果。效果如图 13-73所示。

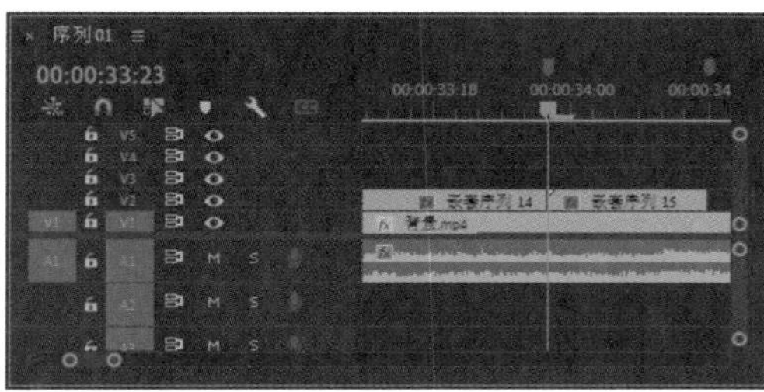

图 13-72

图 13-73

步骤 22 移动时间线至00:00:34:06位置，复制出一个“嵌套序列16”并将其拖曳到V2轨道上，如图 13-74 所示。修改文字内容为“互动一夏”，添加动画效果。效果如图 13-75 所示。

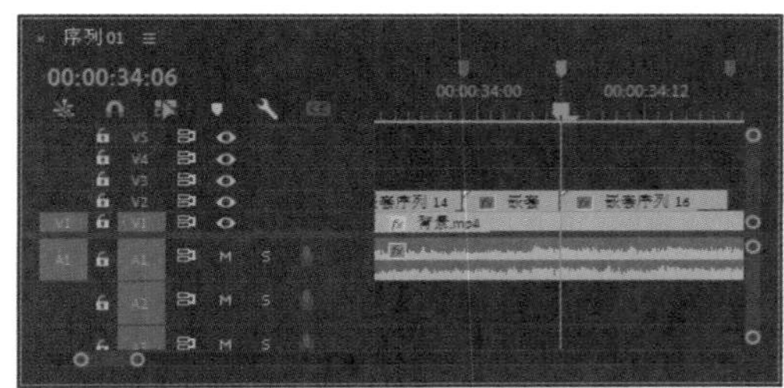

图 13-74

图 13-75

步骤 23 移动时间线至00:00:34:18位置，复制出一个“嵌套序列17”并将其拖曳到V2轨道上，如图 13-76 所示。修改文字内容为“全新驾驶模式”，添加动画效果。效果如图 13-77 所示。

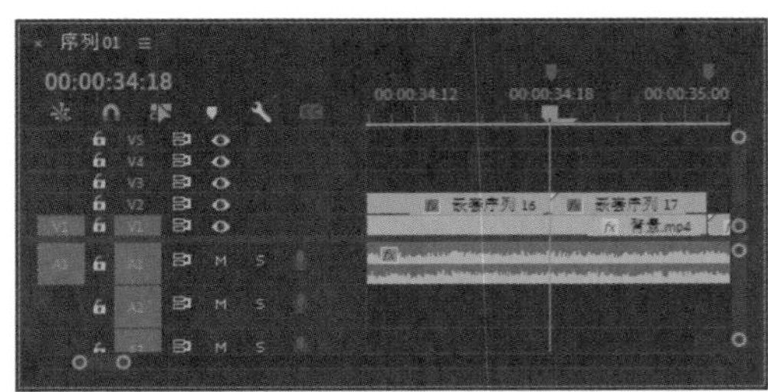

图 13-76

图 13-77

步骤 24 移动时间线至00:00:37:12位置，复制出一个“嵌套序列18”并将其拖曳到V2轨道上，如图 13-78 所示。修改文字内容为“新版本 空投新武器”，添加动画效果。效果如图 13-79 所示。

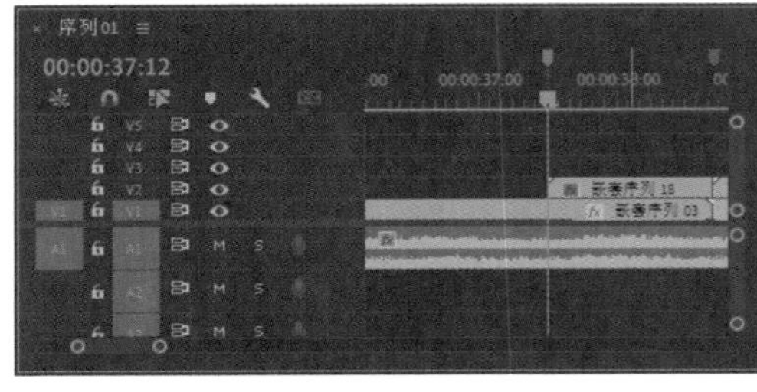

图 13-78

图 13-79

步骤 25　移动时间线至00:00:39:23位置，复制出一个“嵌套序列19”并将其拖曳到V9轨道上，如图 13-80所示。修改文字内容为“真实体验团队竞技”，添加动画效果。效果如图 13-81所示。

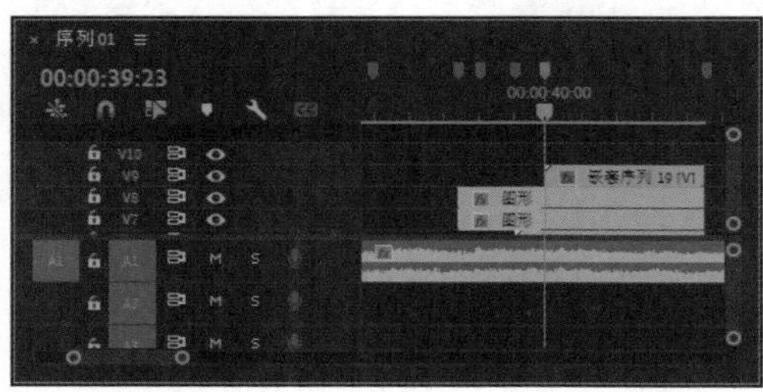

图13-80

图13-81

步骤 26　移动时间线至00:00:42:06位置，复制出一个“嵌套序列20”并将其拖曳到V2轨道上，如图 13-82所示。修改文字内容为“超大经典地图 高清极致画面”，添加动画效果。效果如图 13-83所示。

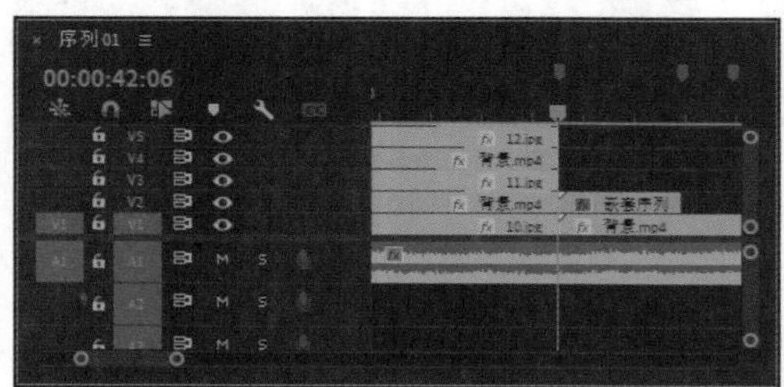

图13-82

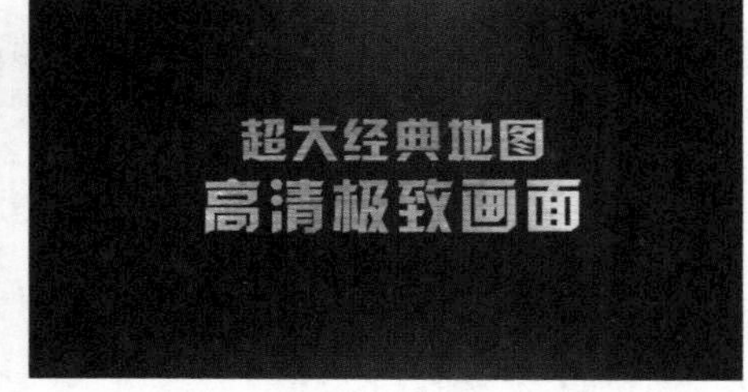

图13-83

步骤 27　移动时间线至00:00:43:11位置，复制出一个“嵌套序列21”并将其拖曳到V2轨道上，如图 13-84所示。修改文字内容为“操作便捷流畅”，添加动画效果。效果如图 13-85所示。

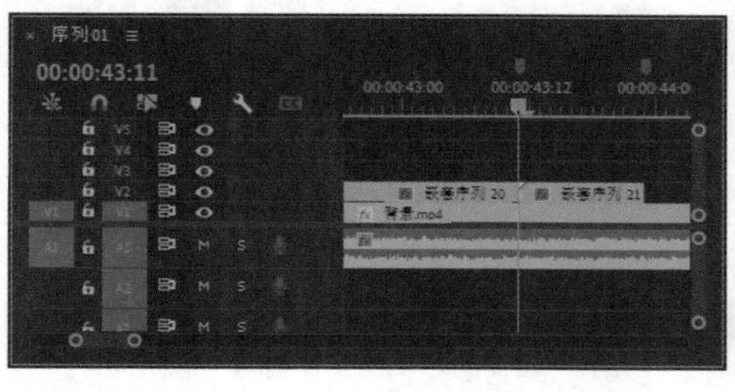

图13-84

图13-85

步骤 28　移动时间线至00:00:43:23位置，复制出一个“嵌套序列22”并将其拖曳到V2轨道上，如图 13-86所示。修改文字内容为“真实射击手感”，添加动画效果。效果如图 13-87所示。

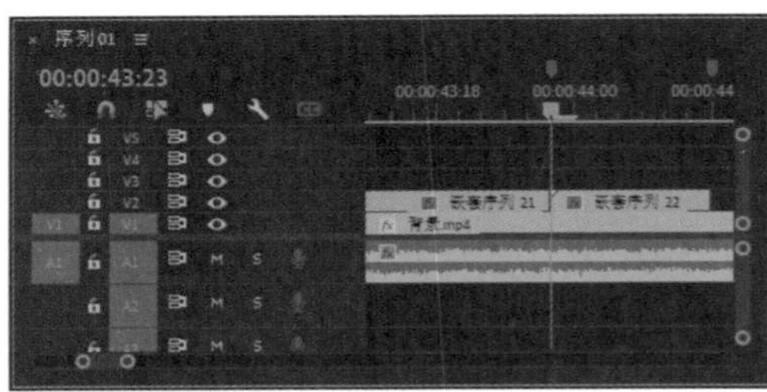

图13-86　　图13-87

步骤 29 移动时间线至00:00:44:06位置，复制出一个“嵌套序列23”并将其拖曳到V2轨道上，如图 13-88所示。修改文字内容为“百人公平竞技”，添加动画效果。效果如图 13-89所示。

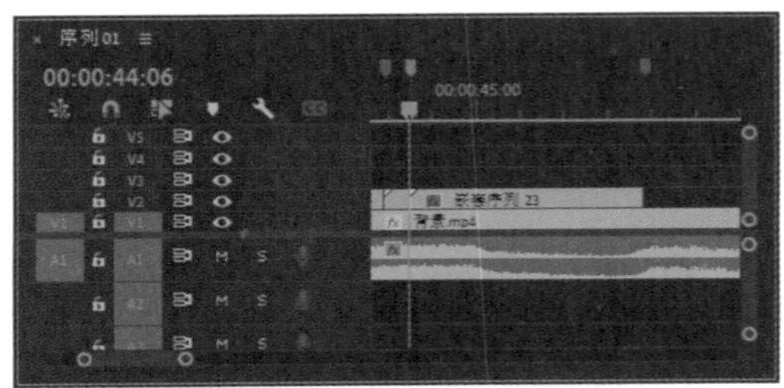

图13-88　　图13-89

步骤 30 移动时间线至00:00:46:22位置，复制出一个“嵌套序列24”并将其拖曳到V2轨道上，如图 13-90所示。修改文字内容为“自由、随机、战术自定义 战术策略玩法”，添加动画效果。效果如图 13-91所示。

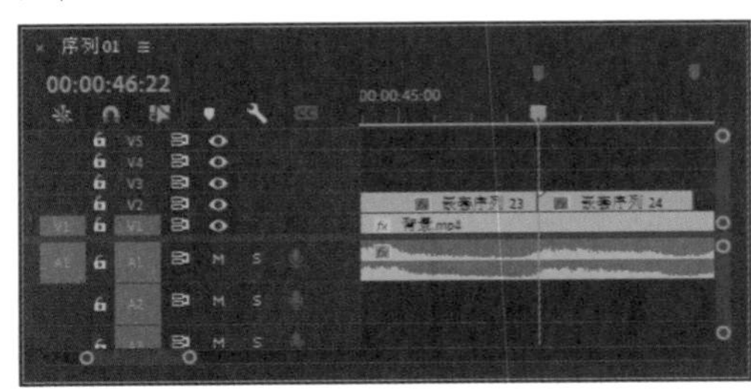

图13-90　　图13-91

步骤 31 移动时间线至00:00:49:01位置，复制出一个“嵌套序列25”并将其拖曳到V2轨道上，如图 13-92所示。修改文字内容为“一键组队 双排、四排 灵活组队开黑”，添加动画效果。效果如图 13-93所示。

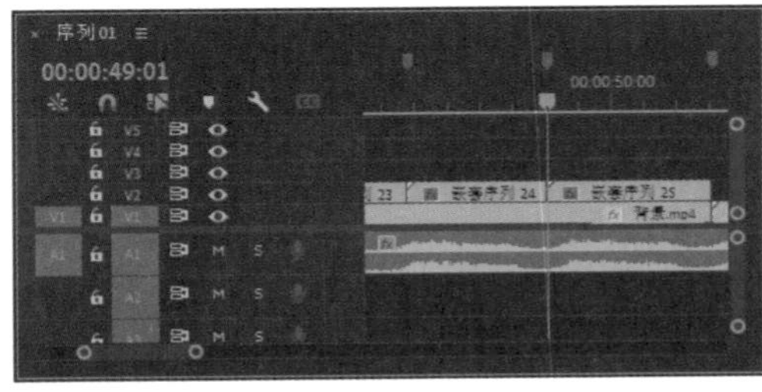

图13-92　　图13-93

步骤 32 移动时间线至00:00:51:13位置，复制出一个“嵌套序列26”并将其拖曳到V2轨道上，如图 13-94所示。修改文字内容为“智能语音 有伙伴更好玩 随时畅快语音”，添加动画效果。效果如图 13-95所示。

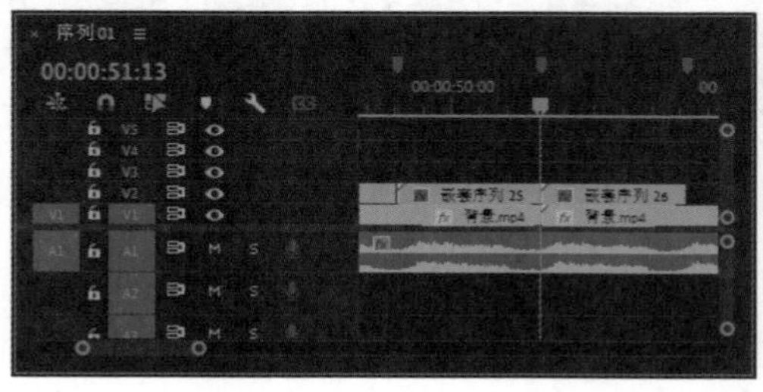

图13-94

图13-95

步骤 33 移动时间线至00:00:54:02位置，复制出一个“嵌套序列27”并将其拖曳到V2轨道上，如图 13-96所示。修改文字内容为“萨诺 全新雨林地图”，添加动画效果。效果如图 13-97所示。

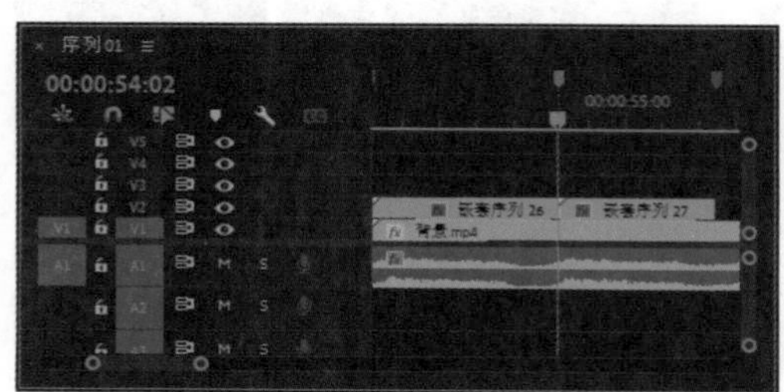

图13-96

萨诺
全新雨林地图

图13-97

步骤 34 移动时间线至00:00:56:05位置，复制出一个“嵌套序列28”并将其拖曳到V2轨道上，如图 13-98所示。修改文字内容为“现已开启 快来体验吧！”，添加动画效果。效果如图 13-99所示。

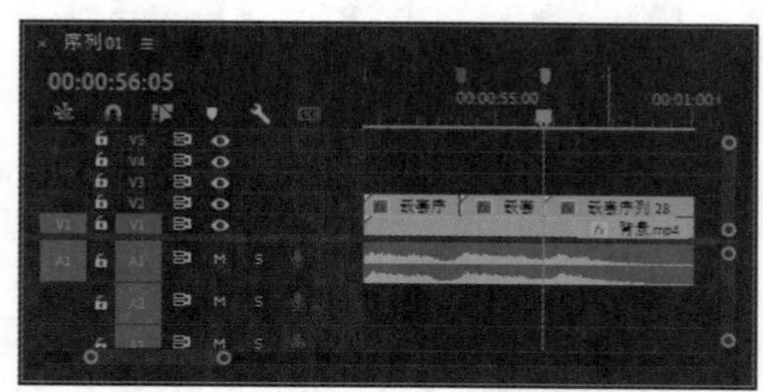

图13-98

图13-99

13.4 渲染输出 渲染输出最终成片

完成所有的剪辑工作之后，即可输出成片。下面将详细讲解渲染输出视频的操作方法。

步骤 01 完成剪辑后，在菜单栏中执行“文件→导出→媒体”命令，弹出“导出”界面，如图 13-100 所示。

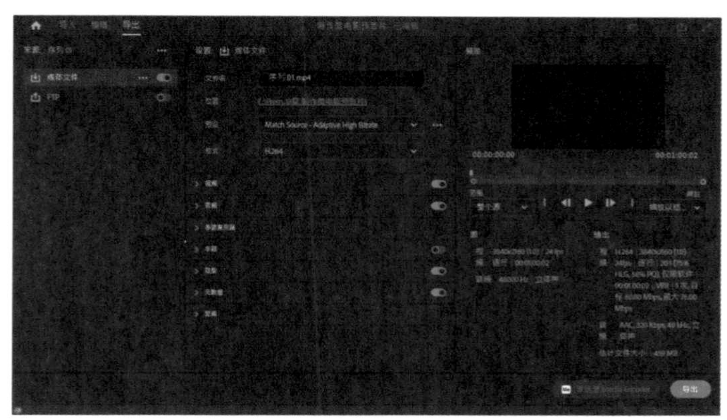

图 13-100

步骤 02 在“设置”区域中设置“格式”为“H.264”，如图 13-101 所示。

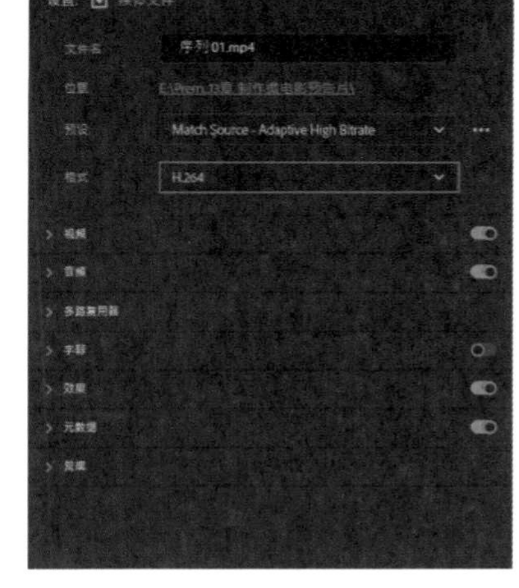

图 13-101

步骤 03 在“设置”区域中单击“位置”右侧的路径，如图 13-102 所示，在弹出的对话框中选择导出视频的保存位置，并设置导出视频的名称为“实战效果”，单击“保存”按钮，如图 13-103 所示。

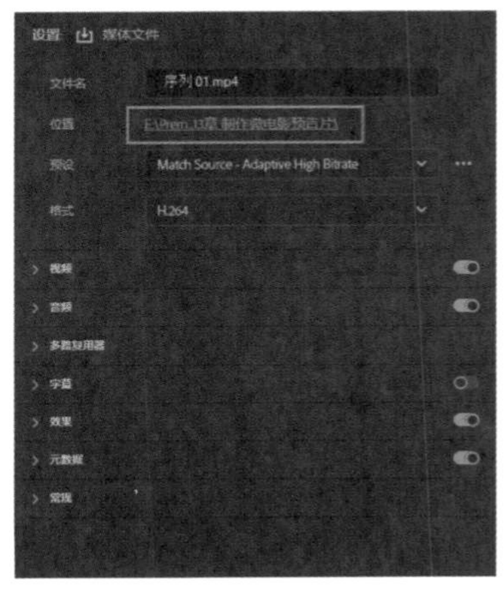

图 13-102

图 13-103

步骤 04 单击“导出”按钮，开始渲染，如图 13-104 所示。系统会弹出对话框，显示渲染的进度，如图 13-105 所示。渲染完成后，就可以在之前设置的保存路径里找到渲染完成的MP4格式的视频。

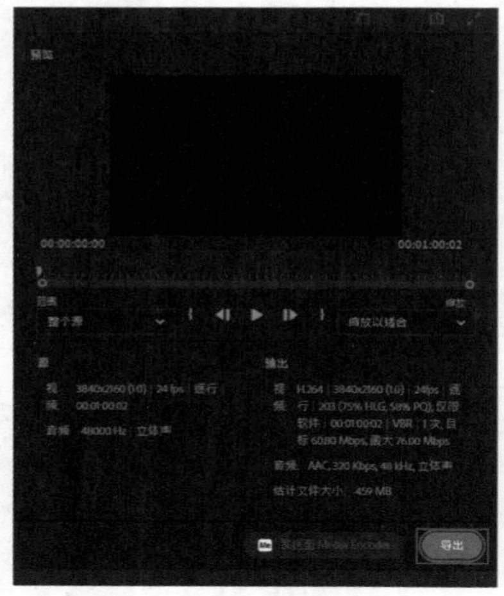

图 13-104

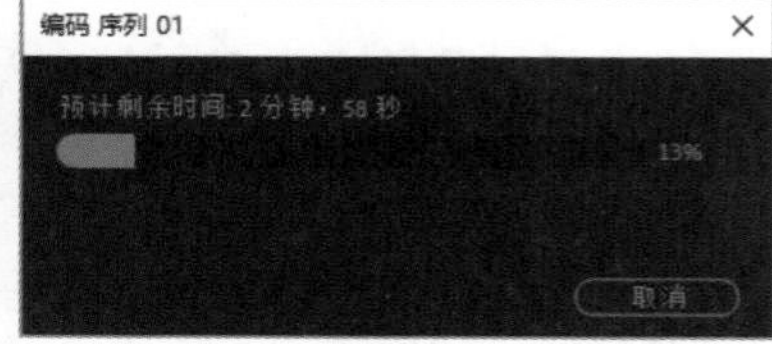

图 13-105